生物化学实验教程

（第二版）

主　　编　王金亭　　方　俊

副 主 编　李　峰　　李　燕　　卢晓英　　周晓明
　　　　　夏　婷　　李横江

编写人员　（按姓氏笔画排序）

　　　　　王兴平　　王金亭　　方　俊　　卢晓英
　　　　　刘鹏举　　李　荣　　李　峰　　李　燕
　　　　　李雪雁　　李横江　　吴广庆　　周晓明
　　　　　胡　超　　夏　婷

华中科技大学出版社

中国·武汉

内 容 简 介

全书包括两篇共 10 章。第一篇是生物化学实验基础,主要是规范学生实验行为,介绍传统的、现代的生物化学实验技术。第二篇是生物化学实验,按照配套教材《生物化学》的知识体系,根据参编院校实验清单和部分文献,选编了 65 个实验,包括基础性实验、综合性实验和设计性实验。最后是附录,选择了常用的实验数据共 26 个表格供参考。

本书可作为应用型本科院校各类理工科专业生物化学实验教材或参考书。

图书在版编目(CIP)数据

生物化学实验教程/王金亭,方俊主编. —2 版. —武汉:华中科技大学出版社,2020.7(2024.7 重印)
ISBN 978-7-5680-6180-3

Ⅰ.①生… Ⅱ.①王… ②方… Ⅲ.生物化学-化学实验-高等学校-教材 Ⅳ.Q5-33

中国版本图书馆 CIP 数据核字(2020)第 094554 号

生物化学实验教程(第二版) 王金亭 方 俊 主编
Shengwu Huaxue Shiyan Jiaocheng(Di-er Ban)

策划编辑:王新华
责任编辑:王新华
封面设计:原色设计
责任校对:曾 婷
责任监印:周治超
出版发行:华中科技大学出版社(中国·武汉)   电话:(027)81321913
         武汉市东湖新技术开发区华工科技园   邮编:430223
录 排:武汉正风图文照排中心
印 刷:武汉市首壹印务有限公司
开 本:787mm×1092mm 1/16
印 张:17.25
字 数:446 千字
版 次:2024 年 7 月第 2 版第 3 次印刷
定 价:39.80 元

第二版前言

生物化学是生物科学、生物技术、生物工程、食品工程、应用化学,以及农、林、医等专业的基础学科。生物化学是以实验为基础的学科,生物化学实验的技术和方法直接推动了生物化学的发展。相对于理论教学,生物化学实验的教学具有实践性、综合性和创新性。生物化学实验教学的宗旨是让学生掌握生物化学的基本实验方法和基本技能,培养学生观察问题、分析问题和解决问题的能力,培养学生严谨、务实、创新的科学作风,为日后从事相关工作和研究奠定坚实的知识基础。

国家积极引导和推动地方本科高校向应用型高校的转型与发展,近年来应用型高校建设呈现良好势头。为适应应用型高校教材建设的形势,华中科技大学出版社组织了应用型本科院校化学课程联编教材的编写工作。多所院校一线教师结合多年的实验教学经验,围绕"宽口径、应用型、高素质"的目标,突出实用、适用、够用和创新的"三用一新"特点,共同编写了这本生物化学实验教程。本书第一版问世后,承蒙读者厚爱,被全国不少应用型高校选用为实验教材,已重印多次。许多任课教师和读者给予好评,普遍反映该教材编写风格简明、实验方案顺畅、实验结果明显。同时,对不足之处也提出了许多宝贵意见。在此,全体编者向各位同仁和读者表示衷心的感谢。

全书共分两篇10章。第一篇是生物化学实验基础,主要是规范学生实验行为,介绍传统的、现代的生物化学实验技术。第二篇是生物化学实验,根据参编院校实验清单和部分文献,选编了65个实验,包括基础性实验、综合性实验和设计性实验。选编这些实验,一是为了充分将生物化学技术应用于实验教学,二是为了配合本系列联编教材《生物化学》的编排体系,三是为了适应各地应用型高校发展的不均衡性,方便各校有选择性地开展实验教学。设计性实验均为编者在科研或指导学生课题研究中据实设计的,旨在培养部分学生的科研、创新能力。最后是附录,附以生物化学实验中常用的实验数据。本书可作为应用型本科院校各类理工科专业生物化学实验教材或参考书。

此次编写分工如下:聊城大学东昌学院王金亭、吴广庆编写第1、2章和实验1、2、6~8、16、22、28、30、31、36、43、44、59、64,湖南农业大学方俊、周晓明、胡超编写第3章第4、5节和实验4、11、17~19、23、26、37、52、55、62,湖南文理学院李峰和李荣、宁夏大学王兴平编写第3章第1、2节和实验10、21、61,武昌首义学院李横江编写第3章第3、6节和实验25、53、54、56、63,上海海洋大学李燕编写实验14、38~41、45、50、51、60,西南交通大学卢晓英编写实验24、46~49、65,天津科技大学夏婷编写实验3、20、29、42、57、58,电子科技大学中山学院李雪雁编写实验5、9、12、15、27,沈阳农业大学刘鹏举编写实验13、32~35。附录部分由王金亭和方俊提供,最后由王金亭和方俊负责全书的统稿工作,吴广庆也参与了部分校订工作。另外,杜希华、林佳、周存山、张小菊曾参与第一版的编写工作,华中科技大学出版社对本教材的编写给予了大力支持与帮助,在此谨致谢意。同时对选用的参考文献及有关材料的作者也表示衷心的感谢。

第二版教材虽经全体编者悉心勘校,疏漏和不妥之处仍在所难免,恳请广大读者继续给予热忱关注和支持,并提出宝贵意见。

编　者

2020 年 1 月

目　　录

第一篇　生物化学实验基础

第二篇　生物化学实验

第一篇

生物化学实验基础

第1章 生物化学实验的基本知识

1.1 实验室规范

1.1.1 实验室规则

1. 实验室守则

（1）实验室是实验教学和科学研究的重要基地，要求布局科学合理，设施设备完好，电路、水路、气路规范，通风、照明符合要求，环境整洁、优美、安全。

（2）进入实验室学习、工作的学生、教师，必须遵守实验室各项规章制度。

（3）建立健全各种管理制度，明确责任人，明确实验室工作流程。经常开展安全教育活动，安装醒目的安全警示标志，制订应急预案，保持安全通道畅通。

（4）实验室的仪器设备，由专人管理维护，保证设备的完好率；使用仪器设备时必须严格遵守操作规程，违者管理人员有责任停止其使用。

（5）仪器设备损坏、丢失以及实验耗材的正常耗损，要及时上报，按有关规定处理。

（6）实验室的物资，应妥善保存、管理，特别对有毒、有害、易燃、易爆物品和贵重金属等，要求专人严格管理，专门存放，严格领用，严防意外事故的发生。

（7）实验进行中，实验人员不得擅自离开岗位，确需离开时，应交代他人照管并讲明注意事项。

（8）实验室内保持安静、整洁、卫生，严禁喧哗，不得吸烟、饮食。

（9）保护实验室环境，妥善处理实验室"三废"。

（10）实验结束后，关闭水、电、气阀门，切断水源、电源、气源。

2. 指导教师守则

（1）实验指导教师是指承担实验课教学的教师，由课程组负责安排。

（2）实验指导教师进入实验室，必须遵守实验室管理制度，穿戴统一的实验服装，按照实验室工作流程开展实验教学。

（3）实验指导教师必须在开学初、实验前主动与实验室管理人员联系，提交实验计划备案，以便实验室人员做好仪器、药品的调配并协助工作。

（4）实验指导教师必须在正式实验前做完预备实验，并留存记录。

（5）实验指导教师负责实验计划、实验报告、实验考核和实验运行记录等实验教学环节的实施；指导教师必须现场指导学生开展实验，对学生实验期间的安全负责。

3. 学生实验守则

（1）学生进入实验室进行实验学习，必须严格遵守实验室各项规章制度，穿戴学校统一的实验服装，服从教师指导和管理，注意安全。

（2）保持实验室整洁、安静，严禁喧哗、逗打，不得吸烟、饮食、随地吐痰、乱扔纸屑和其他杂物。

（3）实验前必须认真预习，明确实验目的、原理和操作步骤及注意事项，熟悉仪器设备性能及操作规程，经指导教师允许，方可开始实验。

（4）实验时必须遵守操作规程，认真观察、准确记录、注意安全，未经教师允许，不得擅自离开岗位，实验中发生异常情况要及时报告指导教师。

（5）实验过程中不做与实验无关的事情，不妨碍他人实验。

（6）爱护实验仪器设备，节约水、电和耗材，如损坏仪器设备，应按有关规定进行赔偿。

（7）实验结束后，应及时切断电源、水源、气源，整理好仪器设备和器材，做好清洁工作。在实验教师检查仪器设备、工具、材料及实验记录后，经允许方可离开。

4．实验操作须知

（1）挪动干净玻璃仪器时，勿使手指接触仪器内部。

（2）容量瓶不要用作盛器。容量瓶等带有磨口玻璃塞，不要把塞子盖错，如果暂时不用，要用纸条把瓶塞和瓶口隔开。

（3）洗净的仪器要放在干净的纱布或仪器架子上晾干，切忌用抹布擦拭仪器内壁。

（4）不要用纸片覆盖烧杯和锥形瓶等，不要用滤纸称量药品，也不能用滤纸记录。

（5）配制试剂要贴标签，标签纸要与试剂瓶大小相当，标签上注明试剂名称、规格、浓度、配制时间及配制人，粘贴在细长容器的上部或烧杯、试剂瓶的2/3位置处。

（6）如需要在玻璃仪器上作标记，使用铅笔时要在磨砂玻璃处标记，使用签字笔时要在光滑面上标记。

（7）取用试剂或标准溶液后，要立即将瓶塞盖严并放回原处；取出的试剂或标准溶液如未用尽，切勿倒回试剂瓶。

（8）凡是产生烟雾、有毒气体和有臭味气体的实验，均应在通风橱内进行，应紧闭通风橱门，非必要时不宜打开。

（9）进行动物活体实验或解剖动物时，要尊重动物。

（10）使用贵重仪器、精密仪器前，应熟知其使用方法，严格遵守操作规程，出现问题及时报告指导教师。发生仪器故障时应立即关闭仪器，停止使用。

1.1.2　实验室安全及一般事故的处理

1．实验室安全知识

生物化学实验用药品中，很多是易燃、易爆、有毒或有腐蚀性的危险品，必须高度重视安全问题，严格遵守实验安全守则。

（1）学生实验前必须充分了解实验中的安全注意事项，了解哪些药品是危险品，哪些化学反应是有危险性的，牢记操作的安全注意事项；实验开始前，指导教师必须重申实验中应特别注意的安全事项，明确安全、正确的操作方法。

（2）使用电器时，要防止人体与电器导电部位直接接触，不能用湿手或手握湿物接触电插头，实验后应立即切断电源。

（3）使用易燃、易爆药品时要远离明火并避免各种火星的产生，对于需要点燃的气体要了解其爆炸极限并检验其纯度，用毕立即按规范封存。

（4）使用有毒药品时要戴手套，操作后立即洗手，不得让五官或伤口触及毒品，产生有刺激性或有毒气体的实验必须在通风橱内进行。

（5）取用浓酸、浓碱等强腐蚀性物品时，切勿溅在皮肤或衣服上，特别要注意保护眼睛。

（6）使用氢气钢瓶、酒精喷灯时,注意随时检查其连接导管,一旦发现异常要立即熄灭火源,开窗通风,并报告教师。

（7）实验室内严禁饮食、吸烟,严禁随意混合各种化学药品,严禁将剩余药品带出实验室,严格遵守药品尤其是危险品的开启、取用、稀释、混合、研磨、存放、交还等各种操作规程。

（8）水、电、气使用完毕应立即关闭,指导教师和实验员在锁门前要再次检查水、电、气等是否关闭。

（9）实验过程中,如发生安全事故,应立即报告教师,并采取适当急救措施。

2．化学试剂伤害的处理

实验时稍有不慎,化学试剂可能溅到皮肤上或眼睛内,此时首先要实施急救,消除化学试剂的伤害,然后送医院,常见的皮肤灼伤处理办法主要有以下几种。

（1）被酸灼伤:先用流水冲洗,再用 3％～5％碳酸氢钠溶液或 5％氨水擦洗,最后用流水冲洗,严重时要消毒,拭干后涂烫伤油膏。

（2）被碱灼伤:先用流水冲洗,再用 5％硼酸溶液或 2％醋酸溶液擦洗,最后用流水冲洗,严重时处理同上。

（3）被溴灼伤:先用流水冲洗,再用酒精擦至无溴液存在,最后涂上甘油或烫伤油膏。

如果是眼睛受到伤害,由于角膜比较敏感,急救用消除伤害的特殊试剂浓度一定要低,消除酸伤害可用 1％碳酸氢钠溶液,消除碱伤害可用 1％醋酸溶液,急救后立即送医院进一步救治。

3．毒物伤害的处理

（1）吸入有毒气体:首先转移至室外,解开衣领及纽扣,吸入煤气者深呼吸换气即可,严重中毒者需进行人工呼吸并送医院;吸入少量氯气或溴者,可用碳酸氢钠溶液漱口。

（2）误食有毒物质:有毒物质误入口中,未咽下的立即吐出,并用水漱口;如不慎吞下,应根据毒物性质给以解毒剂,并立即送医院。对腐蚀性毒物,先饮大量水,如为强酸则服用弱碱性药物、鸡蛋白,强碱则服用醋、酸果汁、鸡蛋白,然后不论酸、碱皆给以牛乳灌注,不要服用呕吐剂。对刺激剂及神经性毒物,先用牛乳或鸡蛋白缓和毒性,再用手指伸入喉部或服用硫酸镁（约 30 g 溶于一杯水中）催吐,然后立即送医院。

4．机械损伤的处理

刀具、玻璃或其他机械损伤时,首先要去除伤口中的异物,再用蒸馏水冲洗,切勿用手揉动,然后涂上碘酒或红药水并包扎,大伤口则应先按紧主要血管以防止大量出血,然后立即送医院。

5．其他事故的处理

（1）触电:发生触电事故,首先要切断电源,或用绝缘的木棍、竹竿等使触电者与电源脱离。在没有断开电源时,不可直接接触触电者,以确保施救者自身安全。

（2）失火:起火后要保持镇静,首先果断地采取相应措施,如切断电源、停止通风、移走易燃物品等,防止火势扩展或引发其他事故,同时立即组织实施灭火。灭火的方法要适当,一般的小火可用湿布、石棉布或沙子覆盖燃烧物,火势较大时可使用灭火器,但电器设备起火时只能使用 CO_2 或 CCl_4 灭火器;酒精或其他易溶液体着火时,可用水灭火;汽油、乙醚、甲苯等比水轻的有机溶剂或与水发生剧烈作用的化学药品着火时,不能用水急救,应用石棉布、沙土灭火;衣服着火时,要赶快脱下衣服或就地卧倒打几个滚,或用石棉布覆盖着火处,伤者须送医院治疗。

（3）烫伤:一般可涂抹苦味酸软膏或医用橄榄油,如果出现水泡,不要挑破以免感染,如伤处皮肤变色要急送医院救治。

1.2 玻璃仪器

1.2.1 玻璃仪器的清洗

生物化学实验需要大量的玻璃仪器,实验用仪器不清洁或被污染会产生实验误差,直接影响实验结果,甚至导致实验失败。因此,玻璃仪器的清洗不仅是实验前后的常规工作,也是一项重要的基本技术。下面分三种情况介绍常见玻璃仪器的清洗方法。

1. 新购玻璃仪器的清洗

新购买的玻璃仪器表面常有灰尘,或附有游离的碱性物质,使用前可先用 0.5% 的去污剂刷洗,再用自来水洗净,然后浸泡在 1%~2% 盐酸中过夜(或 2~6 h),再用自来水充分冲洗,最后用蒸馏水冲洗两次,在 100~120 ℃ 的烘箱内烘干备用。

2. 重复使用玻璃仪器的清洗

(1)试管、烧杯、锥形瓶、量筒的清洗:先用自来水冲洗,再用毛刷蘸取去污粉或洗涤剂刷洗,将器皿内外壁细心地刷洗,使其尽量多地产生泡沫,然后用自来水洗干净,洗至容器内壁光洁不挂水珠为止,最后用蒸馏水冲洗 2~3 次,晾干备用。

(2)带有磨口塞的玻璃仪器的清洗:容量瓶等带有磨口塞,塞与瓶是配套的,洗涤时注意不要张冠李戴,应当用橡皮筋联系起来。清洗后如果暂时不用,应在塞与磨砂瓶口处用纸条隔开,以免使用时打不开。

(3)滴定管、移液管的清洗:这类仪器口小、管细,不适合用试管刷清洗,污物干涸后很难清除,使用后须立即清洗。清洗方法是,用流水冲洗后,在洗涤液中振荡几分钟,再次冲洗并沥干,若仍有污物可用铬酸洗液浸泡过夜,然后用自来水反复冲洗,最后用蒸馏水冲洗 2~3 次,晾干备用。

(4)比色皿的清洗:石英或玻璃比色皿要求良好的透光性,不能用试管刷或粗糙的纸擦洗,可用棉棒作刷洗工具,用自来水反复冲洗,如不干净可用 1%~2% 的去污剂浸泡,如沾有有机污物,可用盐酸-乙醇混合液浸泡,再用自来水冲洗干净,直至外壁不挂水珠,冲洗后倒置晾干备用。注意:不能用强碱或强氧化剂清洗,也不能用超声波清洗。

3. 其他玻璃仪器的清洗

对于比较脏或不方便刷洗的仪器,先用流水冲洗去除污物,如果沾有凡士林或油污先用软纸擦除,再用有机溶剂(如乙醇、乙醚)擦净,然后冲洗沥干,放入铬酸洗液浸泡过夜,取出后充分冲洗干净。

对于病毒、细菌、血清污染的容器,先高压消毒后再进行清洗;对于盛装有毒药品,特别是剧毒药品或放射性物质的容器,必须经过专门处理后,方可进行清洗。

另外,聚乙烯、聚丙烯等塑料器皿,在生物化学实验中应用得越来越多。首次使用时,可先用 8 mol/L 尿素(用浓盐酸调 pH=1)清洗,接着依次用去离子水、1 mol/L KOH 溶液和蒸馏水清洗,然后用 3~10 mol/L EDTA 溶液去除金属离子的污染,最后用蒸馏水彻底清洗;以后反复使用时,可只用 0.5% 的去污剂清洗,然后用自来水和蒸馏水洗净。

4. 常用的玻璃仪器洗涤液

生物化学实验中常用的洗涤液主要有以下几种。

(1)合成洗涤剂:它是最常用的洗涤剂,主要利用其乳化作用来除去污垢,一般玻璃仪器均可用其洗涤,最好用热的清洗液。

（2）工业浓盐酸:常用来清洗水垢或无机盐沉淀。

（3）有机溶剂:乙醇、丙酮、乙醚等常用来洗涤油脂、脂溶性污物;二甲苯可用来清洗油漆。

（4）5％～10％的磷酸三钠($Na_3PO_4 \cdot 12H_2O$)溶液:可用来洗涤油污。

（5）45％的尿素洗液:蛋白质的良好溶剂,适用于洗涤盛蛋白质制剂及血样的容器。

（6）铬酸洗液（重铬酸钾-硫酸洗液）:广泛用于玻璃仪器的洗涤,其清洁效力来自它的强氧化性(Cr^{6+})和强酸性,铬酸洗液可反复多次使用。铬可致癌,铬酸洗液具有强腐蚀性,使用时应注意安全。使用铬酸洗液时应注意以下几点。①需用洗液浸泡的容器,在浸泡前应尽量沥干,否则会因洗液被稀释而降低洗液的氧化力。②Hg^{2+}、Ba^{2+}、Pb^{2+}等离子可与洗液发生化学反应,生成不溶性化合物,沉积在容器壁上,因此凡接触过上述离子的容器,应先除去上述离子(可用稀硝酸或5％～10％EDTA溶液去除)。③油类、有机溶剂等有机物可使洗液还原失效,故容器壁上附有油类、有机污物时应先除去。④洗液的酸性和氧化性很强,千万不要滴落在皮肤或衣物上,以免灼伤或烧坏。⑤洗液颜色由深棕色变为绿色时,说明重铬酸已变成硫酸铬,不再具有氧化性,洗液已经失效,应停止使用,并更换新液或补加浓硫酸。

铬酸洗液的主要成分是重铬酸钾、水和浓硫酸,配制比例详见表1-1。重铬酸钾需要研碎以促进溶解,研磨时要在通风橱内进行,以免吸入体内;没有水,则洗液不稳定,密闭放置一个月,会析出大量CrO_3红色沉淀;浓硫酸具有保持洗液强氧化性的作用,可用工业级或化学纯级,不必用分析纯级。配制时,先用水溶解重铬酸钾,水温60 ℃比较合适,然后边搅拌边慢慢加入工业级硫酸(98％),加入硫酸时最好少量多次,每次不超过10 mL。注意:此时可产生高热,为防止容器破裂,应选用耐高温的玻璃器皿,切忌用量筒及试剂瓶等配制。

表 1-1　铬酸洗液配制比例

重铬酸钾质量/g	水体积/mL	浓硫酸体积/mL
5	5	100
10	100	30
20	40	400
80	1 000	100
200	500	500

（7）5％～10％乙二胺四乙酸二钠(Na_2EDTA)溶液:利用EDTA和金属离子的强配位效应,加热煮沸可去除玻璃器皿内部钙、镁盐类的白色沉淀和不易溶解的重金属盐类。

（8）乙醇-浓硝酸混合液:用于清洗一般方法难于洗净的有机物,最适合于洗涤滴定管。使用时,在滴定管中加入乙醇3 mL,然后沿管壁加入4 mL浓硝酸(相对密度1.4),盖住滴定管口,利用产生的氧化氮洗净滴定管。

（9）5％的草酸溶液:取5.0 g草酸晶体,溶于100 mL水中,加入数滴浓硫酸酸化后,可用来清洗高锰酸钾痕迹。

1.2.2　玻璃仪器的干燥

1. 晾干法

玻璃仪器洗净后,通常倒置在干净的仪器柜、托盘或纱布上,对于口径较小或倒置不稳的仪器,倒插在试管架、格栅板上,置于通风干燥处自然晾干。

2. 吹干法

洗涤后需要立即使用的仪器,将水沥干后直接用吹风机吹干,也可先加入少量的乙醇后再用吹风机吹干,先吹冷风 1～2 min,再吹热风直至完全干燥。

3. 高温干燥法

烧杯、试管、培养皿、锥形瓶等普通玻璃仪器可置于烘箱内高温烘干,通常是将其清洗干净后沥干水分,置于烘箱隔板上,瓶口向上,箱内温度设置为 105 ℃,或倒插在烘干器上,烘至无水,降温后取出。

4. 低温烘干法

对于有刻度的离心管、滴定管、移液枪、量筒、容量瓶等不宜加热烘干,通常采用自然晾干或低温(60 ℃以下)干燥,置于烘箱内鼓风,烘至无水取出保存备用。分光光度计中的比色皿,四壁是用特殊的胶水黏合而成的,不易受热干燥,所以不能烘干。

1.2.3　玻璃量器的使用

1. 用于粗略量取液体的量筒和量杯

量筒和量杯是实验室常用的计量仪器,适合于量取要求不太严格的溶液的体积,可用于定性分析和粗略的定量分析实验。

量筒和量杯外壁上有刻度,规格以所能量取的最大容量(mL)表示,最大容积值刻于上方,没有"0"刻度,"0"刻度即为其底部。量筒管径上下一致,刻度均匀,规格有 5 mL、10 mL、25 mL、50 mL、100 mL、200 mL、250 mL、500 mL、1 000 mL、2 000 mL 共 10 种;规格越大,直径越大,读数误差越大。量杯管径上大下小,刻度上密下疏,规格有 5 mL、10 mL、20 mL、50 mL、100 mL、250 mL、500 mL、1 000 mL、2 000 mL 共 9 种。

使用量筒和量杯时应注意以下几点。

(1) 观察刻度时,应把仪器放在水平的桌面上,使视线、刻度线和仪器凹液面的最低点在同一水平面上,读取和凹面相切的刻度。

(2) 量取液体体积只是一种粗略的计量法,在使用中必须选用合适的规格,用大规格量取小体积和用小规格量取大体积都会人为增大误差。

(3) 仪器刻度是指室温 20 ℃时的体积,温度升高可能发生热膨胀,容积会增大,因此绝不能用来加热或量取热的液体,也不宜在其中溶解物质、稀释和混合液体,更不能用作反应容器。

2. 用于配制一定量溶液的容量瓶

容量瓶又称量瓶,是用来配制一定体积、一定物质的量浓度溶液的精密计量仪器。

容量瓶为细颈、梨形、平底容器,带有磨砂玻璃塞或塑料塞,颈部刻有一条环形标线,以示液体定容到此处的体积。容量瓶的规格以容积表示,规格有 1 mL、2 mL、5 mL、10 mL、25 mL、50 mL、100 mL、200 mL、250 mL、500 mL、1 000 mL、2 000 mL 共 12 种,有白色、棕色两种颜色。使用容量瓶时应注意以下几点。

(1) 容量瓶的容积是特定的,刻度不连续,所以一种型号的容量瓶只能配制同一体积的溶液。在配制溶液前,先要弄清楚需要配制的溶液的体积,然后再选用相同规格的容量瓶。

(2) 使用前应检查是否漏水。具体方法如下:注入半瓶水,把瓶口和瓶塞擦干,不涂任何油脂,塞紧瓶塞;用右手食指顶住瓶塞,拇指和其余三指抓住瓶颈,另一只手的五指托住容量瓶底,将瓶颠倒(瓶口朝下),静置 10 s 以上,反复 3 次;然后用滤纸条在塞紧瓶塞的瓶口处检查,若不渗水,则可使用。

（3）配制溶液时,先将溶质在烧杯中完全溶解,待温度与室温一致后,用玻璃棒引流,移入容量瓶(注意不要让溶液在刻度线上面沿瓶壁流下);为保证溶质尽可能全部转移到容量瓶中,应用蒸馏水洗涤烧杯和玻璃棒 2～3 次,并将每次洗涤后的溶液全部注入容量瓶中;分次加水,当加水近环形标线 2～3 cm 处时,改用胶头滴管小心加水定容,至瓶内凹液面底部与环形标线相切为止;加塞盖紧容量瓶,轻轻振荡、颠倒容量瓶,使溶液充分混合,竖放容量瓶时可能出现液面低于刻线的现象,这是因为有极少量的液体沾在瓶塞或磨口处,摇匀后无须补加蒸馏水。

（4）容量瓶只能用来配制溶液,不能久贮溶液,尤其是存放碱液,更不能用作反应器;用后应及时洗净,塞上塞子,塞子与瓶口间夹一纸条,以防止黏结。

（5）容量瓶不能用直火加热,也不能在烘箱内烘烤,以免影响其精度。

3. 用于容量分析的滴定管

滴定管是专门用于滴定操作的精密玻璃仪器,种类较多,常见的有酸式滴定管和碱式滴定管两种。酸式滴定管用于盛装酸性或氧化性溶液,下端带有磨砂玻璃阀(常称活塞)。碱式滴定管用于盛装碱性溶液,下端用一小段橡胶管将滴定管柱与滴头连接,橡胶管内有一个外径略大于胶管内径的玻璃珠用来封闭液体。滴定管的分度表数值自上而下排列,分布均匀,"0"刻度在上方,最大容积值在下方,规格有 5 mL、10 mL、25 mL、50 mL、100 mL 共 5 种,常用的是 25 mL 和 50 mL 两种规格。

使用滴定管时需注意以下几点。

（1）使用前应检查活塞是否转动良好,玻璃珠是否挤压灵活。

（2）检查是否漏水。具体方法如下:在滴定管内装满水,竖直安放在滴定管架上,静置几分钟,观察有无水滴漏下;然后,旋转活塞或稍微移动玻璃珠,再静置几分钟,观察有无水滴漏下;如均不漏水,滴定管即可使用。若酸式滴定管漏水,可取下玻璃活塞,擦干活塞及活塞槽,涂抹少量凡士林,然后转动活塞,重新检查是否漏水。若碱式滴定管漏水,可将玻璃珠略微上、下推动一下,重新检查,如果仍然漏水,则更换玻璃珠或橡胶管(见图 1-1)。

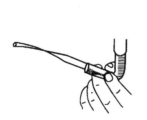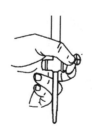

图 1-1　滴定管的使用

（3）润洗滴定管。水检后,滴定管内壁有一层薄薄的水膜,为了使装入的滴定液不被稀释,要先用滴定液润洗滴定管。具体方法如下:在滴定管内注入滴定液 5～6 mL,把滴定管水平转动几周,使溶液流遍全管后自下端流出,如此润洗 2～3 次即可。

（4）装入滴定液时,滴定管下端出口处往往有气泡不能充满液体,为了使之完全充满液体,可将酸式滴定管倾斜 30°,左手迅速打开活塞,使溶液冲出;碱式滴定管可将橡胶管向上弯曲、挤压玻璃珠,使溶液从滴头喷出而排出气泡。

（5）装液时要直接从试剂瓶注入滴定管,加入溶液至"0"刻度处,读数时确保滴定管与地面垂直。

4. 用于精确转移液体的吸量管

吸量管是用来精确转移一定体积溶液的量器。根据有无分度,分成单标线吸量管和分度吸量管两类。单标线吸量管,只有一条位于吸量管上方的环形标线,用来标示吸量管的最大容积,属于完全流出式,主要有 1.0 mL、2.0 mL、3.0 mL、5.0 mL、10 mL、15 mL、20 mL、25 mL、50 mL、100 mL 10 种规格。目前,单刻度的奥氏吸量管和移液管(见图 1-2)在生物化学实验中已基本不用。分度吸量管包括完全流出式、不完全流出式和吹出式三种。完全流出式吸量管,有的上端有"0"刻度下端有总量刻度,有的上端有总量刻度下端无"0"刻度,这种吸量管有快、慢两种,慢的要求在溶液放尽后等待 15 s 并沿壁旋转。吹出式吸量管的上端标示着"吹"字,在溶液放尽后,必须将尖嘴部分残留液吹入容器内。不完全流出式吸量管上既有总量刻度也有"0"刻度,使用时全速流出即可。分度吸量管的规格有 0.1 mL、0.2 mL、0.25 mL、0.5 mL、1.0 mL、2.0 mL、5.0 mL、10 mL、25 mL、50 mL 10 种,在吸量管上端往往印有各种彩环以示区别。

使用吸量管移取液体时,操作方法如下。

(1) 执管:用右手拇指和中指夹持吸量管顶端部分,以食指控制流速,将刻度数字朝向实验者以便观察。

(2) 取液:把吸量管竖直插入液体内,左手捏洗耳球,排除球内空气,置于吸量管上口,吸取液体至要求刻度上 1~2 cm 处,然后迅速用食指按紧吸量管上口,使管内液体不再流出。

(3) 调准刻度:将吸量管提出液面与视线水平,用食指控制液体流至所需刻度,立即按紧吸量管上口。

(4) 放液:将吸量管移至容器处,管尖接触容器内壁,放松食指,让液体自然流出,液体流完后再等 15 s,如吸量管标有"吹"字,应将管口残余液滴吹入容器内(见图 1-3)。

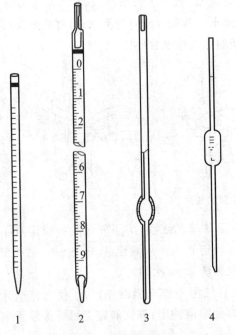

图 1-2　三种吸量管简图

1、2—分度吸量管;3—奥氏吸量管;4—移液管

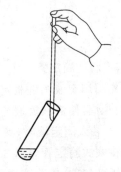

图 1-3　放液时的姿势

使用吸量管时需注意以下几点。

（1）选择吸量管要弄清楚需要移取的溶液体积，应选用相同规格或略大于取液量的吸量管；在一次完成移液的情况下，应选用容量较小的吸量管；同一次实验中移取同一试剂时，应使用同一支吸量管。

（2）为了不影响移取的溶液浓度，要用待取液润洗吸量管 2~3 次。

（3）对于刻度自下而上的吸量管，应尽量使用上端的刻度。

（4）吸量管尖端残液的处理视情况而定，一般来说，1.0 mL 及以下的均需吹出，大于 1.0 mL 的按标记处理，标有"吹"字的吹出式吸量管需要吹出，标有"快"字的应自然流下。

（5）使用吸量管移取血液、血清等黏稠液体及标本（尿液），用后要及时用自来水冲洗干净；吸取一般试剂的吸量管可不必马上冲洗，待实验完毕后再冲洗。

1.3　生物化学实验常用仪器

除了玻璃仪器外，生物化学实验常用的仪器还有很多。下面简单介绍移液枪、酸度计、分析天平、恒温振荡器、旋转蒸发仪、紫外-可见分光光度计等常规生化仪器的使用，关于离心机、电泳仪的使用将在第 3 章中分述。

1.3.1　移液枪

移液枪（pipette）又称可调式移液器、微量加样器、移液器，是一种取液量连续可调的精密取样仪器。1956 年由德国生理化学研究所的 Schnitger 发明，1958 年由德国 Eppendorf 公司开始生产。移液枪发展到今天，不但加样更为精确，而且品种更加多种多样，有手动的、有电动的，有单通道的、有多通道的，多通道又有 8 通道、12 通道；规格从 0.1 μL 到 5 000 μL，应有尽有，实验者可根据需要购置。每种移液枪都有其专用的聚丙烯塑料吸头，称为移液尖，移液尖通常是一次性使用，当然也可以超声清洗后重复使用。目前，移液枪在生物化学实验中普遍使用，主要用于多次重复的快速定量移液，可用一只手操作，十分方便。

手动移液枪主要由按钮、枪体和枪头三部分组成。按钮有两个，一个是推动按钮（往往兼有调节轮的功能），可以推动枪内活塞上下移动，另一个是卸尖按钮，按下时可以卸掉枪头的移液尖；枪体上有调节轮和容积刻度显示窗口；枪头用来安装移液尖。使用移液枪时，通过调节轮设定取样量，手握枪体，拇指按动按钮，推动活塞上下移动完成液体的吸、放过程（见图 1-4）。

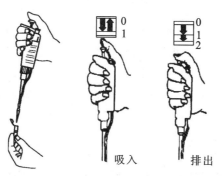

吸入　　　　排出

图 1-4　移液枪的使用

1. 移液枪的使用方法

使用移液枪包括六个步骤。

(1) 设定容量。旋转调节轮将容量值调整至目标值,注意不要将按钮旋出量程,否则会卡住内部机械装置而损坏移液枪。使用过程中,如果由大到小调至目标值,逆时针旋转调至刚好就行;如果由小到大调至目标值,应先顺时针旋转至调超三分之一圈后再返回,这样可以弥补计数器里的空隙,保证量取的最高精确度。

(2) 安装移液尖。正确的操作是旋转安装法,把移液枪顶端垂直插入移液尖,轻轻用力下压,同时稍微用力左右微微转动即可使其紧密结合。切记用力不能过猛,更不能采取敲击移液尖的方法来进行安装,否则会导致移液枪的内部配件(如弹簧)变得松散,甚至会导致刻度调节旋钮卡住。

(3) 润洗移液尖。为确保移液工作的精度和准度,使用新的移液尖或增大容量后,常将需要转移的液体吸取、排放 2～3 次,目的是在移液尖内壁形成一层同质液膜,使整个移液过程具有极高的重现性。

(4) 吸取液体。手握移液枪,按下推动按钮至第一挡,将移液尖垂直浸入待取液体中,浸入深度为 1～4 mm(移液尖浸入液体过深,液压会对吸液的精确度产生一定的影响),2～3 s后缓慢松开推动按钮,停留 1～2 s 后将移液枪移出液面,用纱布或滤纸将附着在尖头外表面的液体擦掉,注意不要接触到移液尖头部的孔表面。

(5) 排放液体。将移液枪插入目标容器,移液尖紧贴容器内壁,慢慢按下推动按钮至第一挡,略作停顿以后,再继续按至第二挡,此时液体全部排出,为确保吸头内无残留液体,可将移液尖沿着容器内壁滑动几次,然后移走移液枪,松开推动按钮,完成排液过程。

(6) 卸掉移液尖。按动卸尖按钮,推掉移液尖,卸掉的移液尖不能和新尖混放,以免产生交叉污染。

2. 注意事项

(1) 根据移取液体量,合理选择相近规格的移液枪,切忌量小枪大,也不宜量大枪小、多次移液。

(2) 使用移液枪旋转调节轮,必须看清刻度,不要超过其最大刻度。

(3) 吸取液体时一定要缓慢平稳地松开拇指,绝不允许突然松开,以防将溶液吸入过快而冲入取液器内腐蚀柱塞而造成漏气。

(4) 移取血浆、血清等黏稠样品时,在移液尖的内表面会留下一层薄膜(这个量值对同一个移液尖是一个常数),为获得较好的精度,在取液时应先润洗移液尖,以避免排液量偏小而产生误差。

(5) 当移液枪中有液体时,移液枪不能倒放,防止残留液体倒流,导致枪内弹簧生锈。

(6) 使用完毕要把移液枪的量程调至最大值的刻度,使弹簧处于松弛状态以保护弹簧。

(7) 移取不同样液时,必须更换移液尖。

(8) 禁止使用移液枪吸取有强挥发性、强腐蚀性的液体(如浓酸、浓碱、有机物等),严禁使用移液枪混匀液体。

1.3.2　PHS-3C 型酸度计

PHS-3C 型酸度计是一种精密数字显示酸度计,其测量范围宽(pH＝0～14),重复偏差小,在生物化学实验中普遍使用。

　　PHS-3C 型酸度计由主机、复合电极、多功能电极架三部分组成。主机上有五个按钮,它们分别是"选择"(pH/mV)、"定位"、"斜率"、"温度"和"确认"按钮。按"选择"键一次进入"pH"测定状态,再按一次转化为"mV"测定状态;"定位"、"斜率"、"温度"按钮都有"△"键和"▽"键,分别表示定位、斜率、温度数值的增减;按"确认"键表示对上一步操作的确定,当仪器操作不当出现异常时,按住此键可使仪器恢复初始状态。

　　1. 使用方法

　　(1) 连接多功能电极架、复合电极、主机和电源,分别插入相应的插座中,将复合电极固定在多功能电极架上,打开电源开关预热(不低于 30 min)。

　　(2) 按"选择"键,使仪器进入 pH 测量状态。

　　(3) 根据溶液温度调节"温度"键至相应温度值,按"确认"键,回到 pH 测量状态;调节"斜率"按钮至最大值并按"确认"键确认。

　　(4) 根据待测溶液的 pH 范围,确定酸度计定位标准缓冲液。例如:25 ℃条件下,如果待测溶液呈酸性,可选择 pH＝4.00 和 pH＝6.86 的标准缓冲液;如果待测溶液呈碱性,可选择 pH＝6.86 和 pH＝9.18 的标准缓冲液。

　　(5) 取下复合电极下端的电极保护套,用蒸馏水清洗电极,用滤纸吸干残留水分;将复合电极放入 pH＝6.86 的标准缓冲液,使溶液淹没电极头部的玻璃球,轻轻摇匀,待指示灯停止闪烁且读数稳定后,调节"定位"键,使显示值为该溶液 25 ℃时的标准 pH,即 pH＝6.86,然后按"确认"键,回到 pH 测量状态。

　　(6) 取出复合电极并用蒸馏水反复清洗,用滤纸吸干残留水分,再次将复合电极插入 pH＝4.00(或 pH＝9.18)的标准缓冲液,使溶液淹没电极头部的玻璃球,轻轻摇匀,待指示灯停止闪烁且读数稳定后,调节"斜率"键,使显示值为该溶液 25 ℃时的标准 pH,即 pH＝4.00 (或 pH＝9.18),然后按"确认"键,回到 pH 测量状态,指示灯停止闪烁,完成标定过程。

　　(7) 必要时可重复步骤(5)、(6)一次,直到两标准溶液的测量值与标准 pH 基本相符为止。

　　(8) 用蒸馏水充分清洗复合电极,用滤纸吸干水分,插入待测溶液,轻轻摇动,待读数稳定后,记录读数,完成 pH 测定。

　　(9) 完成测试后,移走溶液,用蒸馏水冲洗电极,用滤纸吸干水分,套上套管,关闭电源,结束实验。

　　2. 注意事项

　　(1) 仪器使用前须进行预热,预热时间越长越稳定,一般 30 min 即可。

　　(2) 为了保证 pH 的测量精度,每次使用前必须用标准溶液校正,校正时标准溶液的温度应与被测溶液的温度一致;但如果在 48 h 内使用仪器,只要仪器按钮无变动就可不重复标定。用标准缓冲液标定时,首先要保证标准缓冲液的精度,否则将引起严重的测量误差。

　　(3) 为了保证精度,建议重复标定 1~2 次。一旦仪器校正完毕,"定位"键和"斜率"键不得再有任何变动。

　　(4) 如果标定过程中操作失败或按键错误而使仪器测量不正常,可关闭电源,然后按住"确认"键,重新开启电源,使仪器恢复初始状态,然后重新标定。

　　(5) 标定后,如果不慎触动"定位"键及"斜率"键,此时仪器 pH 指示灯闪烁,不要按"确认"键,而应按"选择"键(pH/mV),使仪器重新进入 pH 测量状态,无须再进行标定。

　　(6) 复合电极离开溶液即需用蒸馏水充分冲洗,并用滤纸吸干残留水分。

(7) 复合电极适宜在 5～60 ℃温度范围内使用,如果在低于 5 ℃或高于 60 ℃时使用,须分别选用特殊的低温电极或高温电极。

(8) 在 pH 电极停用时,应将电极的敏感部分浸泡在 pH 浸泡液中,这对改善电极响应迟钝和延长电极寿命非常有利。pH 浸泡液的配制方法如下:取 pH＝4.00 的缓冲剂(250 mL)1 包,溶于 250 mL 纯水中,再加入 56 g KCl(AR),适当加热、搅拌至完全溶解即可。如果电极长期不用,在使用前应按要求在 pH 浸泡液中浸泡 24 h。

(9) 不可在无水或脱水的液体(如四氯化碳、无水酒精)中浸泡电极,不可在碱性或氟化物的体系、黏土及其他胶体溶液中长时间放置电极,严禁用浓硫酸或铬酸洗液洗涤电极的敏感部位。

1.3.3　电子分析天平

分析天平是广泛应用的精密质量计量仪器。机械分析天平因称量慢,校准、去皮运算等均需人工完成,操作十分麻烦,已逐渐淡出市场。现代实验室多配置电子分析天平(简称电子天平),如 AR1140 型电子天平,精确度为 0.1 mg,量程为 0～110 g,可去皮、连续称量、数字显示,一目了然。主机上有水平泡指示器和两只水平调节旋钮,能方便调整仪器的水平。机后有标准的 RS232 接口,可以外接打印机或电脑,面板上有打印键(PRINT),对称量样品自动编号,打印称量结果准确无误。称量盘上有防风护罩,能防止或减弱空气流动对称量造成的影响,适宜在普通实验室内使用。

1. 打印设置

(1) 按住"O/T"键直到出现"MENU",松开按键后显示"UNITS"字样,进入打印设置菜单。

(2) 反复按"Mode Off"键,直到出现"PRINT"。

(3) 设置波特率:按住"O/T"键直到"bd 2400"出现,按"O/T"键显示进入"PAR no"(校验)。

(4) 设置校验:反复按"Mode Off"键,选择代表奇或偶,再按"O/T"键,显示"DATA 7"字样。

(5) 设置数位:按"Mode Off"键,选择 7 或 8 位,再按"O/T"键显示"STOP 2"字样。

(6) 设置停止位:按"Mode Off"键,选择 1 或 2,再按"O/T"键显示"STBL ON"字样。

(7) 设置打印模式:天平提供手动打印和自动打印两种模式,一次只能设置一种模式。当出现"STBL ON"字样时,按"Mode Off"键,选择"ON"或"OFF",再按"O/T"键,显示"AUTO OFF"。如选择自动打印"Auto Print ON",天平读数显示变化 5 个字时,天平自动打印稳定值。按"Mode Off"键,选择"ON"或"OFF",按"O/T"键显示"END",再用"O/T"键保存设置。"MENU END"出现后,按"O/T"键回到称量状态。

2. 线性校准

线性校准是在天平的称量范围内最小化实际值与显示值的偏差,它使用三点校准,即零点、量程范围内的一点和靠近天平技术指标的量程最大值的一点。线性校准必须使用有效砝码,本天平出厂配备的校准砝码为 50 g 或 100 g。具体校准步骤如下。

(1) 关机,按住"O/T"键直到出现"MENU",松开按键后显示"UNITS"字样,按"Mode Off"键直到出现"LIN"字样。

(2) 按"O/T"键,显现"-C-"后会出现需在称量盘上放置的第一个砝码值,按要求把第一个校准砝码放置在称量盘上。

（3）快速按下"O/T"键,显现"-C-"后会出现需在称量盘上放置的第二个砝码值,按要求把第二个校准砝码放置在称量盘上。

（4）快速按下"O/T"键,显现"-C-"后,天平会显示称量盘上的砝码值,出现稳定指示时,天平校准完毕,回到称量状态。

3. 使用方法

（1）去掉防尘罩,首先检查称量盘和防风护罩内有无撒落的药品,清扫干净后方可使用。

（2）观察仪器是否水平,必要时进行调整,务必使水平泡处在中央位置。

（3）插上电源,打开天平左后方的电源开关,显示屏闪烁几次之后出现"0.0000",如有其他读数,按"O/T"键使读数回零,初次称量最好预热 20～30 min。

（4）将称量瓶轻轻放在称量盘中央,待数值显示稳定后,按"O/T"键扣除皮重,使数字显示为 0;然后小心加入被称量物,待数字显示稳定后,即可读数;记录称量结果或用打印机自动记录。

（5）称量完毕,取下被称量物,关闭电源开关,拔下插头。

（6）检查并做必要的清洁工作,罩上防尘罩,并登记使用情况。

4. 注意事项

（1）电子天平是精密称量仪器,使用时务必按规程操作,如无异常可工作数年无须维修。

（2）天平必须安放在稳固、表面平整的工作台上,远离气体对流、腐蚀性、震动以及温度、湿度变化较大的环境。

（3）每次使用前应确保水平泡在中央位置,需要预热 20～30 min。

（4）天平校准应使用原厂配置的校准砝码。

1.3.4　数显水浴恒温振荡器

水浴恒温振荡器是一种温度可控的恒温水浴槽和振荡器相结合的生物化学实验仪器,主要适用于各大中院校、医疗、石油化工、卫生防疫、环境监测等科研部门作生化、细胞、菌种等各种液态、固态化合物的振荡培养。下面以 SHA-B(A)型数显水浴恒温振荡器为例介绍其使用规程。

1. 主要特点

（1）内腔采用不锈钢制作,抗腐蚀性能良好。

（2）温控范围为室温至 100 ℃,数字显示精确。

（3）振荡方式有往复、回旋可选,振幅 20 mm,回旋运动每分钟 60～200 次、往复运动每分钟 55～170 次可调,振荡时有小浪花,但无浪花飞溅,运转平稳,操作简便安全。

（4）设有机械定时,定时范围 5～120 min 可调,如需长时间工作可选择"常开"。

（5）采用万能弹簧试瓶架,特别适合作多种对比实验的生物样品的培养和制备。

2. 使用说明

（1）拿开机器盖子,在水箱内注入适量的水,一般加入水箱的 2/3 为宜,水面至少高于加热管 3 cm。

（2）接通电源,打开开关,设置恒温温度,开始加热,将控制部分开关置于"测温"端,此时显示屏显示的温度为水箱内的实际温度,随着箱内水温的变化,显示的数字也会相应变化;当加热到设定的温度时,加热会自动停止,绿色指示灯亮。

（3）待水温升至设置的温度时,将需要水浴加热、振荡、培养的样品置于试管或烧瓶中,安放于摇床的万能弹簧夹具上。

（4）根据实验要求设置振荡方式、振荡频率,调速应从低速慢慢调至高速。

（5）根据实验要求设置时间,如需长时间工作可选择"常开"。

（6）实验结束后,关闭电源,待水温降至室温时将箱内水排出,盖上不锈钢盖子。

3. 注意事项

（1）器具应放置在平整地面或较牢固的工作台面上,环境应清洁整齐,通风良好。

（2）严禁在正常工作时移动机器,严禁物体撞击机器,严禁样品溢出,进入水箱,严禁儿童接近机器,以防发生意外。

（3）打开电源开关,使用前在箱内注入适量水,水箱内未加水之前,调节控温旋钮至"0"位,以防损坏加热管。

（4）启动振荡工作时,将调速旋钮调至最低位置,以免高速启动损坏电机。

（5）使用结束后应及时清理机器,不能有水滴、污物残留;仪器长期不用,应将水箱中的水排除,并将水箱擦干净,放置于干燥通风处。

1.3.5　旋转蒸发仪

旋转蒸发仪是将烧瓶在合适的速度下恒速旋转,在加热、恒温、负压条件下,使瓶内溶液扩散蒸发,然后再冷凝回收溶剂的仪器,它是化学化工、生物化学、食品工程、医药工业等行业用于浓缩、结晶、分离、回收等较为理想的必备仪器。下面以 RE-52 型旋转蒸发仪为例介绍其使用规程。

RE-52 型旋转蒸发仪主要由加热槽、主机、立式冷凝管、蒸发管、四通球、烧瓶六部分组成,需要连接真空泵使用。主机上有旋转体、升降立柱、自动控温数显仪和控制面板,旋转体和升降系统连成一体,最大升距 150 mm,旋转范围 0~45°;控制面板上有电源开关、加热开关、温度数显屏和调温按钮,自动控温数显仪连接加热槽中的温度传感器,按设置水温自动控制加热器电源,维持恒温状态。

1. 仪器的安装

（1）连接加热槽和主机,箱体背面有金属连接片,可用螺钉紧固。

（2）将大支架杆固定在主机上,圆形移动夹套入大支架杆。

（3）将四通球插入主机头左侧白色锥孔,将冷凝管下端插入四通球,上端套入大支架杆的圆形移动夹固定。

（4）将加料管插入四通球磨口,插入蒸发管,将锁紧螺帽轻轻旋入锁紧螺丝。

（5）将收集瓶与四通球磨口连接,蒸发瓶与锁紧螺帽连接,并用绿色塑料卡扣牢牢固定。

（6）凡是磨口处均需涂抹凡士林,以增强密封性。

（7）调节旋转体高度和倾斜度,连接真空泵和水龙头,检查气密性。

2. 使用方法

（1）取三段橡胶管,其一连接真空泵和冷凝管上端抽真空接头,其二连接自来水龙头和冷凝管下端进水口,其三一端连接冷凝管出水口,另一端置于排水池内。

（2）调节旋转体至适宜的高度和倾斜度。

（3）在加热槽内注水,至少没过加热管 2 cm,最高不超过槽高的 2/3;接通电源,打开开关,调节调温按钮,设置合适的温度。

（4）在蒸发瓶内注入溶液,容量一般不超过 50%,将蒸发瓶和收集瓶分别固定在相应位置上。

（5）打开电源开关,抽真空,开机旋转,拧开水龙头保持流水冷凝。

3. 注意事项

（1）玻璃仪器应轻拿轻放,装前应清洗干净,擦干或烘干,各磨口、密封面、密封圈及接头安装前都需要涂一层真空脂。

（2）加热槽通电前必须加水,不允许干烧。

（3）真空效果不良时,需检查接口密封情况、橡胶管是否漏气等。

1.3.6　722E 型可见分光光度计

722 型可见分光光度计的测试波长范围为 325~1 100 nm,能在近紫外、可见光谱区域内对样品物质作定性和定量的分析,广泛应用于医药卫生、临床检验、生物化学、石油化工、环境保护、质量控制等领域。722E 型在保持 722 标准型基本性能的基础上,将仪器的部分功能进行了简化,是一款经济型的分光光度计,在同类产品中性价比很高,常作为教学仪器,因使用简单而成为同类产品中的佼佼者,是目前高校实验室常用分析仪器之一。

1. 使用方法

（1）使用仪器前,使用者应熟悉仪器的结构和工作原理,了解各个操作旋钮的功能;在接通电源前,对仪器进行检查,要求放置平稳、接线正确,然后再接通电源开关。

（2）开启电源,指示灯亮,预热仪器 20 min。

（3）按动“MODE”按钮,选择开关置于“T”;旋转波长旋钮,调至测试用波长。

（4）打开试样室盖,将样品和参比液分别装入比色皿,将参比样品置于第一挡,测试样品分别置于其他挡位,盖上试样室盖,拉动比色皿架拉杆,置参比于光路,按“100%T/0A”按钮,调节 100%透光率,使数字显示为“100.0”字样。

（5）向外拉动比色皿架拉杆半挡,调节“0T”旋钮,使数字显示为“00.0”字样。

（6）重复调零和满度,直到“100.0”和“00.0”保持稳定不变,即可开始测定。

（7）拉动比色皿架拉杆,置参比于光路,按动“MODE”按钮,选择开关置于“A”,按“100%T/0A”按钮,使数字显示为“.000”字样。

（8）拉动比色皿架拉杆,置样品于光路,按“100%T/0A”按钮,数字显示值即为被测样品的吸光度数值,依次拉动拉杆,测定其他比色皿样品的吸光度值。

（9）如需测定其他波长下的吸光度值,必须重复步骤（6）、（7）、（8）,重新调整后使用。

2. 注意事项

（1）仪器必须预热 20 min,待仪器稳定后使用。

（2）实验中如果需要改变测试波长,必须对仪器进行重新调整。如果大幅度改变测试波长,需等数分钟后才能正常工作（因波长由长波向短波或短波向长波移动时,光能量急剧变化,光电管受光后响应较慢,需一段光响应平衡时间）。

（3）测定有色溶液的吸光度时,一定要用有色溶液润洗比色皿内壁 2~3 次,以免改变有色溶液的浓度。

（4）在测定一系列溶液的吸光度时,需按溶液浓度由低到高的顺序测定,以减小测量误差。

（5）每台仪器所配比色皿必须成套,不能与其他仪器上的比色皿单个调换使用。

（6）拿比色皿时，手指只能捏住比色皿的毛玻璃面，不要碰比色皿的透光面，以免污染比色皿。

（7）每次实验完毕，应立即洗净比色皿。清洗比色皿时，一般先用水冲洗，再用蒸馏水洗净。若比色皿被有机物沾污，可用 0.1 mol/L HCl-乙醇溶液（1∶2）浸泡片刻，再用水冲洗。不能用碱溶液或氧化性强的洗涤液洗比色皿，以免损坏，也不能用毛刷清洗比色皿，以免损伤它的透光面。比色皿外壁的水要用擦镜纸或细软的吸水纸吸干，以保护透光面。

（8）连续使用仪器不应超过 2 h，使用后必须间歇 0.5 h 才能再次使用。

第2章　生物化学实验的基本要求

2.1　实验样品的制备

生物化学实验中需要的糖类、蛋白质、酶类、核酸等实验样品,除了采购外,有些可以在实验室自行制备,制备的原材料来自微生物或动物、植物的组织、器官。选材一般要求:①来源丰富、收集容易、材料新鲜;②有效成分含量高;③目的物与非目的物容易分离。当然,上述条件不一定要同时具备,可根据实际情况进行取舍。

2.1.1　生物材料的前期处理

选定原材料后,要及时使用,否则需要进行预处理。动物、植物、微生物材料的生物学特性各异,进行前期处理的方法和要求也各不相同。

1. 动物材料

动物内脏含有效成分比较丰富,但脏器表面常附有脂肪和筋膜等结缔组织,必须首先进行脱脂肪、去筋皮处理。常用的脱脂方法主要有:①人工剥离脂肪组织;②有机溶剂(如丙酮、乙醚等)脱脂;③利用油脂分离器使脂肪与水分离。

动物组织一旦离体,自身细胞会分泌一些破坏性的酶,促使组织中生物大分子迅速降解,所以对新鲜材料最好立即进行提取处理。如果不能马上实验,可在液氮或超低温条件下进行冷冻保存备用。冷冻处理通常将材料置于 −45 ℃冰箱骤冷,然后转移到 −10 ℃冰库短期保存,或置于 −80 ℃冰箱长期保存。有的也可以采用有机溶剂脱水法处理,如脑下垂体等小组织,可经丙酮脱水制成丙酮干粉储存。而对于耐高温的材料,如提取肝素的材料,可经沸水蒸煮后烘干保存。

2. 植物材料

对于根、茎、叶、果实样品,通常采用净化、杀青、风干(或烘干)处理。净化是指处理新采集材料表面的泥土等杂质,一般不宜用水冲洗,可用柔软湿布擦干净,但批量处理样品,则需用水冲洗干净。杀青是为了保持样品的有效活性化学成分,置于 105 ℃的烘箱中处理 15~20 min,中止样品中酶的活动。样品经杀青后,要进行自然风干或在 70~80 ℃的烘箱中烘干,干燥的样品要分类保存。对种子的处理,一般采取泡胀、去壳或干制、粉碎保存。如果要测定酶活力或某些化学成分(DNA、RNA 及次生代谢产物等)的含量,需要对新鲜材料立即处理,也可冷冻干燥后,置于 0~4 ℃冰箱中保存,保存时间不宜过长,一般 1~2 周。

3. 微生物材料

微生物种类多、繁殖快、易培养、代谢能力强,蛋白质、酶等大分子生化物质可通过微生物发酵获得。从微生物发酵液中提取目的物,需要对发酵液进行预处理,以利于后续步骤的操作。一般用离心、过滤法进行固液分离,从上清液中获得酶和其他代谢物质。上清液中往往含有多种物质,也要根据需要进行相应处理。脱色常用活性炭或离子交换树脂、大孔吸附树脂;去除蛋白质,一般根据其理化性质,采用沉淀法、变性法、吸附法等,也可采用凝聚(agglomeration)

和絮凝(flocculation)技术；对于发酵液中的无机离子，常用草酸和 Ca^{2+} 反应生成草酸钙沉淀而除去 Ca^{2+}，用三聚磷酸钠与 Mg^{2+} 形成可溶性配合物($MgNa_3P_3O_{10}$)来消除 Mg^{2+} 的影响，加入黄血盐($K_4[Fe(CN)_6]$)与 Fe^{2+} 形成普鲁士蓝沉淀($Fe_4[Fe(CN)_6]_3$)而除去 Fe^{2+}，等等。

2.1.2 组织和细胞组分的制备

在生物化学实验中，常常利用离体组织、细胞、亚细胞结构研究物质代谢的功能和酶系的作用，也可以从组织中提取各种代谢物质或酶进行研究。

分离细胞器的常用方法是将组织匀浆在悬浮介质中进行差速离心、分级分离。不同细胞器在给定的离心场中，在同一时间内，其大小、形状、密度不同，因而沉降速度也不同。依次增加离心力和离心时间，就能够使这些颗粒按其大小、密度先后分批沉降在离心管的底部，从而分批收集各种亚细胞组分。细胞器沉降的先后顺序是细胞核、线粒体、溶酶体、微体、核糖体和其他生物大分子。下面简单介绍线粒体、叶绿体和细胞核的制备方法。

1. 线粒体的制备(研究氧化磷酸化的材料)

线粒体(mitochondria)是真核细胞能量转换的重要细胞器，其内膜上含有电子传递体系和 ATP 酶，是研究氧化磷酸化的良好材料。制备线粒体的方法，通常采用动物肝组织匀浆，在悬浮介质中进行差速离心分离。鼠肝线粒体的制备方法如下：将新鲜动物肝脏(或经冷冻处理的肝脏)，用剪刀剪碎，立即放入 10 倍于肝体积的 4 ℃冰冷的分离液(0.33 mol/L 蔗糖、0.025 mmol/L Na_2EDTA、15 mmol/L Tris-HCl(pH=7.4))中。取肝组织 5～30 g，置于玻璃匀浆器中，加入适量的 0.33 mol/L 蔗糖溶液进行匀浆处理，肝组织基本碎裂后，移至离心管中，在低温高速离心机上以 4 800 r/min 离心 15 min；取上清液在低温高速离心机上以 11 000 r/min 离心 30 min；弃去上清液，将沉淀悬于约 10 mL 0.33 mol/L 蔗糖溶液中，再以 11 000 r/min 离心 10 min，第二次离心后的沉淀即为纯化的线粒体。可进一步利用超声波作用，破坏线粒体外膜，经超速离心获得仅有内膜的亚线粒体颗粒。它含有全部氧化磷酸化的酶类，对于观察呼吸链氧化反应、ATPase 活性及其他部分的反应是十分有用的。

线粒体的鉴定可用詹纳斯绿活染法。詹纳斯绿 B(Janus green B)是对线粒体专一的活细胞染料，毒性很小，该染料为碱性，解离后带正电荷，由电极吸引而堆积在线粒体膜上。线粒体的细胞色素氧化酶使该染料保持在氧化状态并呈现蓝绿色从而使线粒体显绿色，而细胞质中的染料被还原成无色。具体检查方法是将制备的线粒体滴于载玻片上，再滴加詹纳斯绿 B 染色液于其上，进行染色，于室温下静置 20 min，置于显微镜下观察。

2. 叶绿体的制备(研究光合作用、电子传递等)

叶绿体是植物细胞所特有的能量转换细胞器，是绿色植物进行光合作用的场所，是细胞生物学、遗传学和分子生物学的重要研究对象。叶绿体是植物细胞中较大的一种细胞器，利用低速离心机即可将其分离。

叶绿体可由绿叶的叶肉细胞分离得到，菠菜常用作分离原料，也可利用其他植物叶片，如豌豆、甜菜、藤豆、西红柿的叶。叶绿体的分离应在等渗溶液(0.35 mol/L 氯化钠溶液或 0.4 mol/L 蔗糖溶液)中进行，以免渗透压的改变使叶绿体受到损伤。菠菜叶绿体的制备方法如下：取 10 g 经冷处理的叶片(新鲜叶片洗净后去中脉，置于 0～4 ℃冰箱或冰瓶中预冷)，剪碎后置于匀浆器中，加入适量经过 0 ℃预冷的匀浆介质匀浆 30 s；将匀浆液在 1 000 r/min 离心 2 min，以除去其中的组织残渣和一些未被破碎的完整细胞；然后，以 3 000 r/min 离心 5 min，弃去上清液，获得的沉淀即为叶绿体(常混有部分细胞核)。

3. 细胞核的制备（研究 RNA 合成体系）

细胞核是遗传物质复制、转录和储存的场所，是研究细胞核形态结构、基因表达和 RNA 合成的功能单位。不同组织来源的细胞经匀浆后，可用分级分离方法将细胞核进行分离纯化。肝细胞核分离的一般方法如下：取 1 g 经预处理的小鼠肝组织，放在盛有 10 mL 预冷的 0.25 mol/L 蔗糖、0.003 mol/L 氯化钙溶液的小平皿中，尽量剪碎肝组织，再全部转移到匀浆管中；左手持匀浆器，下端浸入盛有冰块的器皿中，右手将匀浆捣杆垂直插入管中，上下转动研磨匀浆；用 3 层纱布过滤匀浆液，放入普通离心机，以 2 500 r/min 离心 15 min；弃去上清液（上清液可用于进一步分离线粒体），用 6 mL 0.25 mol/L 蔗糖、0.003 mol/L 氯化钙溶液悬浮沉淀物，以 2 500 r/min 离心 15 min，弃上清液，小心悬浮沉淀即为较为纯净的细胞核。

2.1.3　生物体液

生物体液中含有多种代谢物质，是进行生物化学实验的良好材料。生物体液包括血液和尿液，实验前需要进行科学收集和保存。

1. 血液样品的制备

血液样品包括全血、血浆、血清和血细胞。收集动物或人的血液样品时应使用清洁干燥的容器，以防止溶血。

（1）全血。首先将抗凝剂配成适度的水溶液，按需要量加入试管中，转动试管使抗凝剂均匀涂布于试管壁，蒸干水分备用；取出血液后，迅速盛于含有抗凝剂的试管内，同时轻轻振荡，使血液和抗凝剂充分混匀，以免血液凝固。

取得的全血如不立即进行实验，应储存于 4 ℃冰箱中。常用的抗凝剂主要有草酸盐（1～2 mg/mL（全血））、柠檬酸盐（5 mg/mL（全血））、氟化钠（5～10 mg/mL（全血））、肝素（0.01～0.2 mg/mL（全血））。

（2）血浆。取经过抗凝处理的全血离心，使血细胞下沉，上清液即为血浆。血浆可冷冻保存。

（3）血清。取未经抗凝处理的血液，在室温下自行凝固，约 3 h 后，血块收缩可分离出血清。也可将血液离心，促进血清分离。血清析出后应及时分离，避免溶血污染。

（4）无蛋白血滤液。在生物化学实验中，血液中的蛋白质会干扰分析结果，通常需要预先除去血液中的蛋白质成分，制备无蛋白血滤液。具体方法如下：在血浆中加入适量的蛋白质沉淀剂，如三氯乙酸、钨酸或氢氧化锌等，使之与蛋白质作用，然后离心、过滤，上清液即为无蛋白血滤液。

2. 尿液样品的制备

一般定性实验，可以用随时收集的新鲜尿液。如果是定量实验，应收集 24 h 的尿液，混合后再取样。收集方法如下：一般在清晨某时排出宿尿，弃去，直至第二天同一时间，收集 24 h 内的尿液，每次尿液集中存放，充分混合后测量总体积并取样分析。若收集的尿液不能立即进行实验，需冷藏处理，必要时可加入防腐剂，每升尿中加入 10 mL 甲苯或 10 mL 浓硫酸。收集实验动物的尿液时，可将动物置于代谢笼中，通过笼下的漏斗收集动物 24 h 的尿液。

2.1.4　生物大分子物质的制备

生物大分子主要是指蛋白质、酶和核酸，这三类物质是生命活动的物质基础，是生命科学，尤其是生物化学、分子生物学研究的重要实验材料。生物大分子物质存在于生物细胞内，获得生物大分子物质的步骤包括破碎细胞、分离纯化目的物及其纯度鉴定。

细胞破碎的技术主要有四类。一是机械破碎,指通过机械运动的剪切作用使细胞破碎,包括研磨破碎法(使用研钵或匀浆器)和组织捣碎法(使用内刀式组织捣碎机)。二是物理破碎,指通过温度、压力、超声波等物理因素使组织细胞破碎,包括温度差破碎法、压力差破碎法、冷冻-融化反复冻融法、真空干燥法、超声破碎法、微波破碎法等。三是化学试剂破碎,指使用变性剂、表面活性剂、抗生素、金属螯合物等,改变细胞壁或细胞膜的通透性,使胞内物质有选择性地释放出来,常用的化学试剂包括氯仿、甲苯、丙酮等脂溶性溶剂或 SDS(十二烷基硫酸钠)等表面活性剂。四是酶促破碎,指通过细胞自身酶系或外加酶制剂,分解并破坏细胞壁的特殊化学键,从而破碎细胞使其内容物渗出。例如,从某些细菌细胞提取质粒 DNA 时,不少方法都采用了加溶菌酶(来自蛋清)破坏细胞壁的步骤;在破坏酵母菌的细胞时,可采用蜗牛酶进行。

生物大分子的分离纯化方法多种多样,主要是利用它们之间特异性的差异,如分子的大小、形状、酸碱性、溶解性、极性、电荷和与其他分子的亲和性等进行分离。其基本原理可以归纳为两个方面:①利用混合物中几个组分分配系数的差异,把它们分配到两个或几个相中,如盐析、有机溶剂沉淀、层析和结晶等;②将混合物置于某一物相(大多数是液相)中,通过物理力场的作用,使各组分分配于不同的区域,从而达到分离的目的,如电泳、离心、超滤等。在实际工作中往往要综合运用多种方法,才能制备出高纯度的生物大分子。

各种生物化学实验技术详见本书第 3 章有关内容。

1. 蛋白质类物质的制备

大部分蛋白质都可溶于水、稀盐、稀酸或碱溶液,少数与脂类结合的蛋白质则溶于乙醇、丙酮、丁醇等有机溶剂,因此,可采用不同溶剂提取分离和纯化蛋白质及酶。提取组织蛋白时,应遵守下列原则:尽可能采用最简单的方法,以避免蛋白质丢失;制备过程应在低温下进行,以减少蛋白质降解;提取的蛋白质应分装后置于 $-80\ ℃$ 下,切勿反复冻融,以免失活。

蛋白质的分离纯化方法很多,可根据蛋白质的性质进行科学的选择。常用的方法主要有以下几种。

(1) 根据蛋白质的溶解度进行分离:主要方法有盐析法、等电点沉淀法和低温有机溶剂沉淀法。①盐析法就是将盐离子加到蛋白质溶液中,如硫酸铵的 SO_4^{2-} 和 NH_4^+ 有很强的水化力,可夺取蛋白质分子的水化层使之"失水"凝结、沉淀、析出,盐析时溶液 pH 在蛋白质等电点时效果最好。②等电点沉淀法是利用蛋白质在等电点时溶解度最小的原理,调节溶液的 pH,达到某一蛋白质的等电点并使之沉淀,此法很少单独使用,可与盐析法结合使用。③低温有机溶剂沉淀法是使用甲醇、乙醇或丙酮等有机溶剂,使多数蛋白质溶解度降低并析出,此法分辨率比盐析高,但蛋白质较易变性,应在低温下进行。

(2) 根据蛋白质的分子大小进行分离:主要方法有透析法、超滤法、凝胶过滤法。①透析法是利用半透膜将分子大小不同的蛋白质分开。②超滤法是利用高压或离心力,使水和其他小分子溶质通过半透膜,而蛋白质则留在膜上,可选择不同孔径的滤膜截留不同相对分子质量的蛋白质。③凝胶过滤也称分子筛层析,常用的填充材料是葡萄糖凝胶(sephadex gel)和琼脂糖凝胶(agarose gel),这是根据分子大小分离蛋白质混合物最有效的方法之一。

(3) 根据蛋白质的带电性质进行分离:主要方法有电泳法、离子交换层析法。①电泳法是利用各种蛋白质在同一 pH 条件下,相对分子质量和电荷数量不同而在电场中的迁移率不同从而得以分开的方法。值得重视的是等电聚焦电泳,这是利用一种两性电解质作为载体进行分离的方法。电泳时两性电解质形成一个由正极到负极逐渐增加的 pH 梯度,当带一定电荷的蛋白质在其中泳动时,到达各自等电点的 pH 位置就停止,此法可用于分析和制备各种蛋白质。②离子交换层析法是指当被分离的蛋白质溶液流经离子交换层析柱时,带有与离子交换剂相反电荷的蛋白质被吸附在离子交换剂上,随后用改变 pH 或离子强度的办法将吸附的蛋白质洗脱下来的分离方法。

(4) 根据配体特异性进行分离:主要是亲和色谱法,即利用某种蛋白质与另一种称为配体(ligand)的分子特异非共价地结合而分离,是分离蛋白质的一种极为有效的方法,只需经过一步处理即可使某种待提纯的蛋白质从很复杂的蛋白质混合物中分离出来,而且纯度很高。

蛋白质在组织或细胞中是以复杂的混合物形式存在的,每种类型的细胞都含有上千种不同的蛋白质,因此蛋白质的分离、提纯和鉴定是生物化学中的重要组成部分,至今还没有单独或一套现成的方法能够把任何一种蛋白质从复杂的混合蛋白质中提取出来,因此往往几种方法联合使用。

蛋白质纯度通常采用电泳法、沉降法、HPLC 分析等进行鉴定。纯蛋白质电泳时,在一系列不同的 pH 条件下以单一的速度移动,它的电泳图谱只呈现一个条带(或峰);同样,纯蛋白质在离心场中,应以单一的沉降速度移动。HPLC 常用于多肽、蛋白质纯度的鉴定。

2. 核酸类物质的制备

用来分离核酸的原料多种多样,因此分离方法也复杂多样,核酸分离的一般程序如图 2-1 所示。总体来说,核酸的分离与纯化是在溶解细胞的基础上,利用苯酚等有机溶剂抽提,然后利用乙醇、丙酮等有机溶剂沉淀并收获的。用苯酚提取主要是使蛋白质变性沉淀于有机相,而核酸保留在水相,从而达到分离核酸的目的。为了除去分离后水相中残留的有机溶剂,常用的方法是加冷乙醇和盐沉淀核酸,通过离心回收核酸,然后用 70%～80% 乙醇洗涤沉淀,除去多余的盐,以免影响核酸溶解和抑制后续步骤的酶促反应。有时为了得到纯的核酸,可用蛋白酶除去蛋白质,然后用 RNA 酶除去 RNA 而得到纯的 DNA,或者用 DNA 酶除去 DNA 而获得纯的 RNA。目前开发了许多商品化的核酸分离柱,可简单、快速地分离得到纯度很高的 DNA 或 RNA。

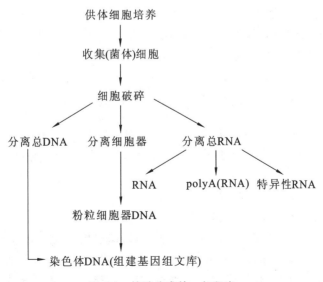

图 2-1　核酸分离的一般程序

3. 糖类物质的制备

糖类可从细胞中用水溶性溶剂抽提出来,通过理化处理,去除蛋白质和核酸等杂质而纯化。对于易溶于温水而难溶于冷水的多糖,应进行加热提取;对于在中性溶剂溶解度较小的多糖,应调节适当的 pH。多糖的提取液一般浓度较低,需要进行浓缩,然后加入有机溶剂(如乙醇),可将多糖从溶液中沉淀出来,在 40~50 ℃下真空干燥成粉状物,除去 95% 乙醇恒沸物中的痕量水。带电多糖可在 DEAE-纤维素上层析纯化,不同大小的多糖可用凝胶过滤分离,低相对分子质量的糖类(如单糖、二糖)常从除掉蛋白质的抽提液中结晶出来。

4. 脂类材料的制备

提取、分离、纯化脂类材料,要根据脂类材料的类型选择溶剂。一般来讲,中性脂主要由范德华力和疏水键相互作用束缚,可选择非极性溶剂;磷脂是通过静电作用缔合的,则要用极性更强的溶剂混合物来抽提。抽提脂类的一般方法如下:将样品和溶剂置于组织匀浆器中匀浆,用布氏漏斗过滤混合物,用水和盐溶液洗涤,直至形成两相,将有机相分离并浓缩;用 Sephadex G-25 层析法纯化脂抽提液,将水及水溶性物质束缚到 Sephadex 上,用非极性溶剂(如己烷)将脂从 Sephadex 上迅速洗下;用旋转蒸发法于 35~40 ℃真空除去溶剂,用 N_2 气流除去痕量溶剂,纯化的脂于 -20 ℃下无氧储存。

2.2 实验的准确性与误差

在生物化学实验中,由于测量仪器、实验方法、化学试剂和实验者对实验技术的熟练程度,甚至实验室环境条件的限制,实验结果往往很难与客观真实值完全一致,即实验过程中存在实验误差在所难免。实验人员不仅要正确对待测定结果,还应对测定结果作出评价,判断它的准确度、精确度和可信度,找出产生误差的原因,并采取有效措施减少误差,使所得的结果尽可能准确地反映客观事实。

2.2.1 准确度和误差

准确度表示实验分析测定值与真实值相接近的程度。测定值与真实值之间的差值为误差,误差愈小,测定值愈准确,即准确度愈高。误差可用绝对误差和相对误差来表示。

绝对误差为测定值与真实值之差,相对误差表示绝对误差在真实值中所占的百分率。

$$绝对误差 = 测定值 - 真实值 \quad (结果不记正负号)$$

$$相对误差 = \frac{测定值 - 真实值}{真实值} \times 100\%$$

例如:某人实验测得甲、乙两份样品中蛋白质的质量分别为 1.475 1 g 和 0.312 5 g,假定其真实值分别为 1.475 2 g 和 0.312 4 g,则两份样品测定结果的绝对误差、相对误差结果如下。

甲:绝对误差为 0.000 1 g,相对误差为 0.006 8%。

乙:绝对误差为 0.000 1 g,相对误差为 0.032 0%。

由此可见,两种蛋白质测量的绝对误差虽然相等,但当用相对误差表示时,就可看出第一份称量的准确度比第二份称量的准确度高。显然,当被测物质的质量较大时,相对误差较小,测量的准确度就较高。因此,应该用相对误差来表示分析结果的准确度。但因真实值并不知道,在实际工作中无法求出分析的准确度,只得用精确度来评价分析的结果。

2.2.2　精确度和偏差

在分析测定中,实验者在相同条件下,即使对同一样品进行多次重复测定(平行测定),所得结果也不完全一致,常取其平均值。实际上,每一次的测定值都与真实值有差别,其平均值可能更接近真实值,如果每次平行测定的结果比较接近,则表示测定结果的精确度较高。

精确度表示在相同条件下,进行多次实验的测定值相接近的程度,一般用偏差来衡量分析结果的精确度,偏差越小表示精确度越高,偏差越大表示精确度越小。偏差也有绝对偏差和相对偏差两种表示方法。

绝对偏差表示测定值与算术平均值的差,相对偏差表示绝对偏差占算术平均值的百分率。

$$绝对偏差=测定值-算术平均值　(结果不记正负号)$$

$$相对偏差=\frac{绝对偏差}{算术平均值}\times100\%$$

当然,与误差的表示方法一样,用相对偏差来表示实验的精确度比用绝对偏差更有意义。

应该指出,准确度和精确度、误差和偏差具有不同的含义,不能混为一谈。准确度是表示测定值与真实值相符合的程度,用误差来衡量,误差以真实值为标准,误差愈小,测定准确度愈高。精确度则表示在相同条件下多次重复测定值相符合的程度,用偏差来衡量,偏差以平均值为标准,偏差愈小,测定的精确度愈高。

准确度和精确度也有一定的关系。因为物质的真实值一般是无法知道的,往往就用相对正确的平均值代替真实值,所以在很多情况下,准确度是以平均值为标准的。用精确度来评价分析结果有一定的局限性,如果实验中存在系统误差,即使实验结果绝对偏差很小,由于分析结果已经偏离真实值,实验分析的准确度并不一定高。因此,测定结果的精确度高,并不说明实验的准确度也高;当然,如果精确度也不高,则无准确度可言,精确度是保证准确度的必要条件。在实际实验操作中,首先要保证良好的精确度,测定的精确度越高,得到准确结果的可能性就越大。实验分析时,同一实验要求同一方法、同一样品、同一仪器、同一人操作,做几个平行测定取平均值,测定次数越多,平均值就越接近真实值。

2.2.3　实验误差的来源

根据误差的性质和来源,将误差分为系统误差(可测误差)和偶然误差(随机误差)两类。

1. 系统误差

系统误差是指在实验操作过程中,由于某些固定的因素(如仪器的精密度)所造成的误差。系统误差对测定结果的影响比较稳定,在重复实验中重复出现,使测定结果或高或低,有一定规律可循。系统误差在一定条件下,从理论上讲其大小数值是可测的,故又称可测误差。

系统误差的主要来源有以下四个方面。

(1) 仪器误差:因为仪器本身不够精密所产生的误差。如天平、砝码和器皿体积不够准确,或没有根据实验的要求选择一定精密度的仪器等。

(2) 试剂误差:由于试剂、去离子水纯度不够,含有微量元素等其他影响测定结果的杂质引起的误差。

(3) 方法误差:实验设计不合理、分析方法不恰当等因素造成的误差。如重量分析中沉淀不彻底或洗涤中少有溶解产生负误差,或杂质共沉淀以及沉淀吸水引起正误差等。

(4) 操作误差:由于实验者个人操作引起的误差,如不同的操作者对滴定终点颜色变化的分辨判断能力的差异,使用吸量管时个人视差引起不正确读数等。

　　系统误差是客观存在,不可避免的,只能在实验中最大限度降低系统误差。系统误差并不影响实验测定的精确度,由测定结果的精确度看不出系统误差的存在,检验和降低系统误差对提高实验的准确度很重要。

　　2. 偶然误差

　　偶然误差来源于某些难以预料的偶然因素,或是取样不随机,或是测定过程中某些不易控制的外界因素的影响。如实验测定时,环境温度、湿度、光照和气压的波动,仪器电压、反应时间的变化,生物材料的新鲜程度,微生物的菌种和培养基的条件等,往往造成较大的误差。这种偶然误差产生于一些难以确定的因素,是随机出现的,没有规律性,它的数值时大时小,时正时负,所以偶然误差又称随机误差。

　　除去以上两类误差,因工作人员疏忽,粗心大意,操作不当引起"过失误差",如加错试剂、溶液溅出、读错数据、计算错误等,这时可能出现一个很大的"误差值",这种数据应当舍去不用。

2.2.4　提高实验准确度的方法

　　影响准确度的主要因素是系统误差,影响精确度的主要因素是偶然误差,精确度是保证实验准确度的先决条件,要提高实验结果的正确性必须降低实验误差。

　　1. 减少系统误差的方法

　　(1) 校正仪器。仪器不准确引起的系统误差可以通过仪器校正来降低。因此,实验前必须对测量仪器(如分光光度计、电子天平等)进行预先校正,以减小误差,并在计算实验结果时用校正值。

　　(2) 对照实验。在测定实验中,应该使用标准品进行对照实验,以判断操作是否正确、试剂是否有效、仪器是否正常等。使用标准品可以制作标准曲线,如果按照完全相同的方法处理待测样品,根据标准曲线就可以正确读出测定值。标准品应该和待测样品相似,最好相同。

　　(3) 空白实验。在任何测量实验中,应该设置空白实验作为对照,以消除由于试剂或器皿所产生的系统误差。用等体积的去离子水代替待测液,在相同条件下,严格按照相同的方法同时进行平行测定,所得结果称为空白值,它是由所用的试剂而不是待测样品所造成的。将待测样品的分析结果扣除空白值,就可以得到比较准确的结果。空白值一般不应过大,特别在微量分析测定时,如果空白值太大,应将试剂加以纯化和改用其他适当的器皿。

　　2. 减少偶然误差的措施

　　(1) 平均取样:动、植物新鲜组织制成匀浆后取样,菌体样品应于取样前先进行粉碎、混匀,细菌可制成悬浮液,打散、摇匀后取样,可以有效消除实验的偶然误差。

　　(2) 多次取样:进行多次平行测定,计算平均值,可以有效地减少偶然误差。

　　总之,在分析测定工作中,应注意合理安排实验,以尽量减少实验误差,确保实验结果的可靠性。

2.3　实验记录和实验报告

　　实验是在理论指导下的科学实践,目的在于经过实践掌握科学观察的基本方法和技能,培养学生科学思维、分析判断和解决实际问题的能力,也是培养探求真知、尊重科学事实和真理的学风,培养科学态度的重要环节。

2.3.1　实验记录

　　实验课教学的一个重要的内容,就是记录实验数据,完成实验报告,这对学生日后从事科学研究是非常重要的基本功。实验课教学可以看作科学研究的演习,具有和科研同样重要的作用。

实验记录是非常重要的,它是科学研究最重要的工具之一。实验记录不能夹杂主观因素,应具有真实性、现场性、完整性和连续性。在定量实验中观测的数据,如称量物的质量、滴定管的读数、吸光度值等,都应设计一定的表格,依据仪器的精确度记录有效数字。

原始记录的一条原则是越详细越好。实验记录本必须装订结实,有页码、有日期,纸张结实、墨迹明显,记录中不应留任何空白页。原始实验记录的内容包括实验的日期、时间、地点,实验的环境因素(如温度、阳光、压力等),实验的标题和识别号,实验方法的文献出处,实验者预先设想的目标,实验材料的名称(如细胞的株系等)、来源,生化试剂的名称、产地、纯度级别及溶液的配制方法,重要仪器的参数及测量数据,观察的结果和实验现象(包括不正常的操作及数值和观察结果)及其他一切可能影响实验的偶发性事件(如停电、他人来访、接电话中断实验等)。仪器测出的原始图表应与实验记录粘在一起,不要另外保存。

根据实验情况,有时可在原始记录的基础上进行二次记录。二次记录的目的是在保留原始记录真实性的基础上使记录更加条理化、简洁、清晰,可以对相关数据进行处理和分析,为撰写实验报告或论文做准备。二次记录也可以作为一个副本保存。

2.3.2　实验报告

实验结束后,应及时整理记录,分析总结实验结果,按要求写出实验报告。实验报告的写作过程是一个对实验结果分析归纳、去粗取精、去伪存真、把感性认识上升到理性认识的过程。各高校的实验报告都有基本格式,通常包括实验名称(title),实验目的(objective),实验原理(principle),实验材料、仪器与试剂(materials,equipments and reagents),操作步骤(operational procedure),计算与结果(calculation and results),讨论(discussion),操作者姓名、实验日期(name and date)。

对于综合性实验、设计性实验,有的高校要求按科技论文的格式提交实验报告。主要内容包括以下方面。

(1) 前言(introduction):叙述开展本项实验的背景材料、实验目的,以及选择实验方法和实验材料的依据。如果是探索性实验,则要阐明国内外研究现状、开展本项实验的必要性等。

(2) 材料与方法(materials and methods):所有本项实验的试剂和材料的来源、规格、厂家,所有溶液的配制过程,所用仪器型号和操作参数以及所用动物材料的详细情况。

(3) 结果与分析(results and analysis):一般按照实验的实际进行过程分层次地介绍实验结果。一般用图表直观地将实验结果展示出来,必要的仪器测试图谱要复印并附在文中,所有的图表要有清晰的说明。要从实验结果中恰如其分地推出结论,对于实验结果中一些非正常的难于解释的结果一定不要忽略。实验结果中一般应有统计学分析。

(4) 讨论与结论(discussion and conclusion):对实验结果进行分析,讨论结果的意义和重要性,解释结果中一些特殊现象,与其他人的结果进行比较,得出实验结论,提出实验中存在的问题以及下一步的计划。

(5) 致谢(acknowledgement):感谢那些在工作中给予过帮助的人。

(6) 参考文献(references):列出本实验的所有参考文献和查寻信息。

在写作实验报告的过程中,要充分利用目前常用的电脑软件,如文字处理软件、图表制作软件、统计学分析软件,以及一些生物化学与分子生物学数据分析的专用软件,这些电脑软件的使用也应当作为实验课训练的内容之一。

第3章 生物化学基本实验技术

3.1 层析技术

3.1.1 层析技术概述

1. 层析技术的基本原理

层析法也称色谱法,它是利用混合物中各组分的物理、化学性质的差异而建立起来的技术。所有的层析系统都由两个相组成:一个是固定相,另一个是流动相。当待分离的混合物随流动相通过固定相时,由于各组分的理化性质存在差异,与两相发生相互作用(吸附、溶解、结合等)的能力不同,在两相中的分配(含量比)不同,且随流动相向前移动,各组分不断地在两相中进行再分配而达到分离,或者说,易于分配于固定相中的物质移动速度慢,易于分配于流动相中的物质移动速度快,因而逐步分离。

层析法是近代生物化学最常用的分析方法之一,运用这种方法可以分离性质极为相似,而用一般化学方法难以分离的各种化合物,如各种氨基酸、核苷酸、糖、蛋白质等。

2. 层析的基本概念

(1)固定相。固定相是层析的一个基质。它可以是固体物质,也可以是液体物质,这些基质能与待分离的化合物进行可逆的吸附、溶解、交换等作用。它对层析的效果起着关键的作用。

(2)流动相。在层析过程中,推动固定相上待分离的物质朝着一个方向移动的液体、气体等,都称为流动相。柱层析中一般称为洗脱剂,薄层层析时称为展层剂。它也是层析分离中的重要影响因素之一。

(3)分配系数及迁移率(或比移值)。分配系数是指在一定的条件下,某种组分在固定相和流动相中含量(浓度)的比值,常用 K 来表示。分配系数是层析中分离纯化物质的主要依据。

$$K = C_s / C_m$$

式中:C_s 为某组分在固定相中的浓度;C_m 为某组分在流动相中的浓度。

迁移率(或比移值)是指在一定条件下,在相同的时间内某一组分在固定相移动的距离与流动相本身移动的距离的比值,常用 R_f 来表示。

实验中我们还常用相对迁移率的概念。相对迁移率是指在一定条件下,在相同时间内,某一组分在固定相中移动的距离与某一标准物质在固定相中移动的距离的比值。它可以小于或等于1,也可以大于1,用 R_x 来表示。不同物质的分配系数或迁移率是不同的。分配系数或迁移率的差异程度是决定几种物质采用层析方法能否分离的先决条件。很显然,差异越大,分离效果越理想。

(4)分辨率(或分离度)。分辨率一般定义为相邻两个峰的分开程度,用 R_s 来表示。R_s 值越大,两种组分分离得越好。当 $R_s = 1$ 时,两组分具有较好的分离效果,即每种组分的纯度约为98%。当 $R_s = 1.5$ 时,两组分基本完全分开,每种组分的纯度可达到99.8%。如果两种组分的浓度相差较大,尤其要求较高的分辨率。

(5) 正相色谱与反相色谱。正相色谱的固定相的极性高于流动相的极性,因此,在这种层析过程中,非极性分子或极性小的分子比极性大的分子移动的速度快,先从柱中流出来。反相色谱的固定相的极性低于流动相的极性,在这种层析过程中,极性大的分子比极性小的分子移动的速度快而先从柱中流出来。

一般来说,分离纯化极性大的分子(带电离子等)采用正相色谱(或正相柱),而分离纯化极性小的有机分子(有机酸、醇、酚等)多采用反相色谱(或反相柱)。

(6) 操作容量(或交换容量)。在一定条件下,某种组分与基质(固定相)反应达到平衡时,存在于基质上的饱和容量称为操作容量(或交换容量),它的单位是 mg/g(基质)或 mg/mL(基质),该数值越大,表明基质对该物质的亲和力越强。应当注意,同一种基质对不同种类分子的操作容量是不相同的,这主要是受分子大小(空间效应)、带电荷的多少、溶剂的性质等多种因素的影响。因此,实际操作时,加入的样品量要尽量少些,特别是生物大分子,样品的加入量更要进行控制,否则用层析法不能得到有效的分离。

3.1.2　纸层析

1. 纸层析的理论

Consden、Gordom 和 Martin 首先用滤纸作支持物并以茚三酮为灵敏显色剂,建立了微量而简便的分离蛋白质水解液中氨基酸的方法。不久又发现除了氨基酸外,糖、核苷酸、甾体激素、维生素、抗生素等很多物质都能用纸层析法分离,因而纸层析成为生物化学工作中一种常用的分离分析方法。

滤纸是理想的支持介质。在纸上,水被吸附在纤维素的纤维之间形成固定相。由于纤维素上的羟基具有亲水性,和水以氢键相连,使这部分水不易扩散,因此能与跟水混合的溶剂仍然形成类似不相混合的两相。当有机相沿纸流动经过层析点时,层析点上的溶剂就在水相和有机相之间进行分配,且部分溶质离开原点随有机相移动而进入水相。当有机相不断流动时,溶质就沿着有机相流动的方向移动,不断进行分配。溶质中各组分的分配系数不同,移动速度也不同,因而可以彼此分开。

纸层析的一般操作是将混合物点到纸上,干后让溶剂从样品的一端经毛细作用流到纸的另一端。纸干后,用适当的显色方法使混合物中各组分在纸上的位置显示出来,物质移动的距离与溶剂移动距离之比就是 R_f 值。某一种物质在特定的溶剂系统、纸、展层方式、温度、pH 等条件下的 R_f 值基本上是常数。

2. 纸层析的基本操作

(1) 样品的制备和点样。在研究生物材料时,做层析以前样品要脱盐(用离子交换或电渗析),过量的盐会使层析谱扩散和 R_f 值改变,同时还会影响辨认分离组分的化学反应。在层析前还可用超滤或葡聚糖来除掉蛋白质。然后用微量点样管将样品溶液(2~20 μL)点于纸上,点的直径不超过 0.5 cm,如样品太稀,需重复点几次时,每次点之前均应吹干,点间距离为 2~3 cm。

(2) 纸的选择。滤纸必须质地均一、平整、厚薄均匀,要有一定的强度。一般分析工作可采用新华 1 号滤纸(或 Whatman 1 号),若有较多的样品,需要在纸上分离提纯时,则适合采用新华 3 号(或 Whatman 3 号)厚纸,但是其分辨率比 1 号滤纸差。必要时,使用前可将滤纸用缓冲溶液浸泡或经乙酰化作用进行化学修饰。

（3）溶剂的选择。溶剂的选择与纸的选择一样，主要是根据经验，同时也取决于所要分析的物质。如果在溶剂 A 中样品物质移动到离溶剂 A 的前沿很近，那就是溶解度太大；如果在溶剂 B 中它们靠近原点周围，那就是溶解度不够大，因而合适的溶剂应该是 A 和 B 的适当的混合物，以使样品各组分能在整个纸的长度上散布开，在某些分离中，pH 是一个重要因素，很多溶剂含有醋酸或氨，目的是形成一个酸性或碱性的环境。

（4）展层。虽然展层的方式可以不同，但其共同点都是将点好样品的滤纸固定，使其一边与溶剂槽接触，让溶剂扩展，整个装置扣在密闭的容器内，槽壁衬垫浸透溶剂的滤纸以保持恒定的蒸气压并且放在恒温室里，温度的波动会使溶剂走得不均匀，并改变 R_f 值。展层方式有上行、下行和环行。上行层析是比较常用的方法，它的优点是可以在两个方向上进行（即双向层析）。混合物先在第一种溶剂中被分离（溶剂应是挥发性的），干燥后将纸转 90°，再在第二种溶剂中进行层析。将显色或用其他方法定位后得到的层析图谱与在相同条件下已知物的层析图谱进行比较，就能鉴定混合物的组分。下行层析适用于分离一些 R_f 值接近的混合物。

（5）显色。大部分化合物是无色的，可以用特殊的显色剂使其显色，配制显色剂时最好使用与水不混溶且挥发性较大的溶剂。显色剂可用喷雾器喷雾或迅速将纸在显色剂中浸渍。如果被分离物质本身具有紫外吸收性质，可在紫外线照射下与纸的荧光背景对照显出暗的斑点。另外，有些化合物在紫外线下会发出特殊的荧光。

3.1.3　薄层层析

薄层层析(TLC)是将吸附剂或支持剂均匀地铺在玻璃板上，铺成一薄层，然后把要分离的样品点到薄层的起始线上，用合适的溶剂展开，最后使样品中各组分得到分离。

（1）基本原理。薄层层析是将支持物在玻璃板上均匀地铺成薄层，把待分析的混合物加到薄层上，然后选择合适的溶剂进行展开，而达到分离鉴定的目的。薄层层析兼有柱层析和纸层析的优点。它操作方便，设备简单，展开时间短，一般只需几分钟到几十分钟。它灵敏度高，适用于微量样品的分析（小到 0.01 mg），加大薄层的厚度则又能分离较多（大到 500 mg）的样品。薄层层析还有一个优点，就是除了可用一般显色剂外，对某些薄层材料还可用腐蚀性显色剂；另外，还可以在支持物中加荧光染料以有助于点的鉴别。

（2）薄层的制作。在玻璃板上涂铺一层薄层，最简单的方法是在一根玻璃棒的两端绕几圈胶布，用玻璃棒压在玻璃板上，把支持物向一个方向推动，即成薄层。有时用上述方法制得的薄层不太均匀，用有机玻璃自制一个涂铺器即能取得满意的结果。薄层厚度小于 200 μm 时将影响 R_f 值，一般情况下厚度为 250 μm 比较合适。可作薄层材料的物质很多，如硅胶、氧化铝、纤维素粉、DEAE 纤维素、葡聚糖等，具体选择哪一种依所研究的问题而定。硅胶对大多数的物质分离都是适宜的。

（3）展开。薄层层析的加样与纸层析基本相同。薄层的展开需在密闭的器皿中进行，溶剂必须达到饱和状态，可以在器皿内部贴上浸湿了溶剂的滤纸条。薄层层析的展开方式与纸层析一样，可以是上行、下行，单向或双向。

（4）定位。和纸层析一样，可用适当的显色剂喷雾或根据组分的紫外线吸收或荧光来定位。在有放射性物质时可用扫描来定位。

（5）薄层层析的应用。薄层层析是一种微量、快速、简便、分离效果理想的方法，一般用于摸索柱层析的条件，即寻找分离某种混合物进行柱层析分离时最适宜的填充剂及洗脱剂；此外，可用于鉴定某化合物的纯度，还可直接用于混合物的分离。

3.1.4 凝胶层析

1. 凝胶层析简介

凝胶层析(gel chromatography)又称为凝胶排阻层析(gel exclusion chromatography)、分子筛层析(molecular sieve chromatography)、凝胶过滤(gel filtration)、凝胶渗透层析(gel permeation chromatography)等,它是以多孔性凝胶填料为固定相,按分子大小顺序分离样品中各个组分的液相色谱方法。1959 年,Porath 和 Flodin 首次用一种多孔聚合物——交联葡聚糖凝胶作为柱填料,分离水溶液中不同相对分子质量的样品,称为凝胶过滤。1964 年,Moore 制备了具有不同孔径的交联聚苯乙烯凝胶,它能够进行有机溶剂中的分离,称为凝胶渗透层析(流动相为有机溶剂的凝胶层析一般称为凝胶渗透层析)。随后这一技术得到了不断的完善和发展,目前广泛地应用于生物化学、高分子化学等很多领域。

凝胶层析是生物化学中一种常用的分离手段,它具有设备简单、操作方便、样品回收率高、实验重复性好,特别是具有不改变样品生物学活性等优点,因此广泛用于蛋白质(包括酶)、核酸、多糖等生物分子的分离纯化,同时还应用于蛋白质相对分子质量的测定、脱盐、样品浓缩等。

2. 凝胶层析的基本原理

用作凝胶的材料有多种,如交联葡聚糖、琼脂糖、聚丙烯酰胺凝胶、聚苯乙烯和多孔玻璃珠等。凝胶层析是依据分子大小这一物理性质进行分离纯化的。现以利用交联葡聚糖分离物质和测定相对分子质量为例说明凝胶层析的基本原理和应用。

交联葡聚糖(商品名 Sephadex)是由细菌葡聚糖(以右旋葡萄糖为残基的多糖)用交联剂环氧氯丙烷交联形成的有三维空间的网状结构物。控制葡聚糖和交联剂的配比及反应条件就可决定其交联度的大小(交联度大,"网眼"就小),从而得到各种规格的交联葡聚糖,即不同型号的凝胶。其型号中 G 表示吸水量,G 后数字越小,交联度越大,吸水量越小。

凝胶层析过程如图 3-1 所示。把经过充分溶胀的凝胶装入层析柱中,在加入样品以后,由于交联葡聚糖具有三维空间网状结构,小分子能够进入凝胶,较大的分子则被排阻在交联网状物之外,因此各组分在层析柱中移动的速度因分子的大小而不同。相对分子质量(M_r)大的物质只是沿着凝胶颗粒间的孔隙随溶剂流动,其流程短,移动速度快,先流出层析柱。相对分子质量小的物质可以透过凝胶颗粒,流程长,移动速度慢,比相对分子质量大的物质迟流出层析柱。经过分步收集流出液,相对分子质量(M_r)不同的物质便互相分离。Sephadex G-10 到 G-50 通常用于分离肽或脱盐。G-75 到 G-200 可用于分离相对分子质量大于 10 000 的蛋白质。

交联葡聚糖分子含有大量的羟基,极性很强,易吸水,所以使用前必须用水充分溶胀。每克干重凝胶充分溶胀时所需的水量(mL)称为凝胶的得水值(W_r)。因为得水值不易测定,故常用溶胀度即床体积来表示凝胶的得水性,其定义是每克干重凝胶颗粒在水中充分溶胀后所具有的凝胶总体积。

3. 凝胶层析的基本操作

(1)装柱。装柱质量好与差,是柱层析能否成功分离纯化物质的关键之一。一般要求柱子装得均匀,不能分层,柱子中不能有气泡等,否则要重新装柱。

首先选好柱子,根据层析的基质和分离目的而定。一般柱子的直径与长度比为 1:(10～50);凝胶柱可以选 1:(100～200),同时将柱子洗涤干净。将层析用的基质(如凝胶)在适当的溶剂或缓冲液中溶胀,并用适当浓度的酸(0.5～1 mol/L)、碱(0.5～1 mol/L)、盐(0.5～

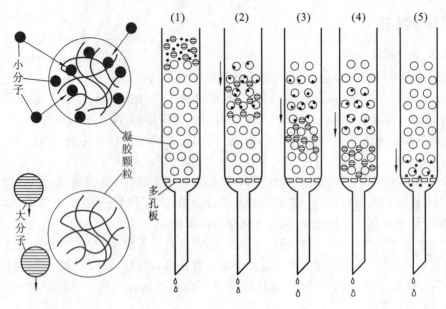

图 3-1　凝胶层析的原理

1.0 mol/L)溶液洗涤处理,以除去其表面可能吸附的杂质。然后用去离子水(或蒸馏水)洗涤干净并真空抽气(吸附剂等与溶液混合在一起),以除去其内部的气泡。关闭层析柱出水口,装入 1/3 柱高的缓冲液,并将处理好的吸附剂等缓慢地倒入柱中,使其沉降约 3 cm 高。打开出水口,控制适当流速,使吸附剂等均匀沉降,并不断加入吸附剂溶液(吸附剂的多少根据分离样品的多少而定)。注意不能干柱、分层,否则必须重新装柱。最后使柱中基质表面平坦并在表面上留有 2～3 cm 高的缓冲液,同时关闭出水口。

(2)平衡。柱子装好后,要用所需的缓冲液(有一定的 pH 和离子强度)平衡柱子。用恒流泵在恒定压力下走柱子(平衡与洗脱时的压力尽可能保持相同)。平衡液体积一般为 3～5 倍柱床体积,以保证平衡后柱床体积稳定及基质充分平衡。

(3)加样。加样量的多少直接影响分离的效果。一般来说,加样量尽量少些,分离效果比较好。通常加样量应少于 20% 的操作容量,体积应小于 5% 的床体积,对于分析性柱层析,一般不超过床体积的 1%。当然,最大加样量必须在具体条件下经过多次实验后才能决定。

(4)洗脱。选定好洗脱液后,洗脱的方式可分为简单洗脱、分步洗脱和梯度洗脱三种。①简单洗脱:柱子始终用同样一种溶剂洗脱,直到层析分离过程结束为止。如果被分离物质对固定相的亲和力差异不大,其区带的洗脱时间间隔(或洗脱体积间隔)也不长,采用这种方法是适宜的。但选择的溶剂必须很合适方能使各组分的分配系数较大。②分步洗脱:按照洗脱能力递增顺序排列的几种洗脱液,进行逐级洗脱。它主要在混合物组成简单、各组分性质差异较大或需快速分离时适用。每次用一种洗脱液将其中一种组分快速洗脱下来。③梯度洗脱:当混合物中组分复杂且性质差异较小时,一般采用梯度洗脱。它的洗脱能力是逐步连续增加的,梯度可以指浓度、极性、离子强度或 pH 等。

(5)收集、鉴定及保存。在生物化学实验中,基本上是采用部分收集器来收集分离纯化的样品。由于检测系统的分辨率有限,洗脱峰不一定能代表一个纯净的组分。因此,每管的收集量不能太多,一般每管 1～5 mL,如果分离的物质性质很相近,可低至每管 0.5 mL,视具体情况而定。在合并一个峰的各管溶液之前,还要进行鉴定。例如,一个蛋白质峰的各管溶液,要先用电泳法对各管进行鉴定。对于是单条带的,认为已达电泳纯,可合并在一起,其他的另行处理。最后,为了保持所得产品的稳定性与生物活性,一般采用透析除盐、超滤或减压薄膜浓缩,再冰冻干燥,得到干粉,在低温下保存备用。

（6）基质(吸附剂、交换树脂或凝胶等)的再生。许多基质(吸附剂、交换树脂或凝胶等)可以反复使用多次,而且价格昂贵,所以层析后要回收处理,以备重复使用,严禁乱倒乱扔。

4. 凝胶层析的应用

（1）生物大分子的纯化。凝胶层析是依据相对分子质量的不同来进行分离的,它的这一分离特性,以及它具有简单、方便、不改变样品生物学活性等优点,使得凝胶层析成为分离纯化生物大分子的一种重要手段,尤其是对于一些大小不同,但理化性质相似的分子,用其他方法较难分开,而凝胶层析无疑是一种合适的分离方法,如对于不同聚合程度的多聚体的分离等。

（2）相对分子质量测定。凝胶层析测定相对分子质量操作比较简单,所需样品量也较少,是一种初步测定蛋白质相对分子质量的有效方法。这种方法的缺点是测量结果的准确性受很多因素影响。由于这种方法假定标准物和样品与凝胶都没有吸附作用,因此如果标准物或样品与凝胶有一定的吸附作用,那么测量的误差就会比较大。对于一些纤维蛋白等细长形状的蛋白质不成立,所以凝胶层析不能用于测定这类分子的相对分子质量。另外由于糖的水合作用较强,因此用凝胶层析测定糖蛋白时,测定的相对分子质量就偏大,而测定铁蛋白时则发现测定值偏小。还要注意的是标准蛋白质和所测定的蛋白质都要在凝胶层析的线性范围之内。

（3）脱盐及去除小分子杂质。利用凝胶层析进行脱盐及去除小分子杂质是一种简便、有效、快速的方法,它比一般用透析的方法脱盐要快得多,而且一般不会造成样品较大的稀释,生物分子不易变性。常用的是 Sephadex G-25,另外还有 Bio-Gel P-6 DG 或 Ultragel AcA 202 等排阻极限较小的凝胶类型。目前已有多种脱盐柱成品出售,使用方便,但价格较贵。

（4）去热原物质。热原物质是指微生物产生的某些多糖蛋白复合物等使人体发热的物质。它们是一类相对分子质量很大的物质,所以可以利用凝胶层析的排阻效应将这些大分子热原物质与其他相对分子质量较小的物质分开。例如,对于去除水、氨基酸、一些注射液中的热原物质,凝胶层析是一种简单而有效的方法。

（5）溶液的浓缩。利用凝胶颗粒的吸水性可以对大分子样品溶液进行浓缩。例如,将干燥的 Sephadex(粗颗粒)加入溶液中,Sephadex 可以吸收大量的水,溶液中的小分子物质也会渗透进入凝胶孔穴内部,而大分子物质则被排阻在外。通过离心或过滤去除凝胶颗粒,即可得到浓缩的样品溶液。这种浓缩方法基本不改变溶液的离子强度和 pH。

3.1.5　离子交换层析

1. 离子交换层析简介

离子交换层析(ion exchange chromatography,IEC)是以离子交换剂为固定相,依据流动相中的组分离子与交换剂上的平衡离子进行可逆交换时的结合力大小的差别而进行分离的一种层析方法。20 世纪 40 年代,出现了具有稳定交换特性的聚苯乙烯离子交换树脂。20 世纪 50 年代,离子交换层析进入生物化学领域,应用于氨基酸的分析。目前离子交换层析仍是生物化学领域中常用的一种层析方法,广泛地应用于各种生化物质如氨基酸、蛋白质、糖类、核苷酸等的分离纯化。

2. 基本原理

离子交换层析是依据各种离子或离子化合物与离子交换剂的结合力不同而进行分离纯化的。离子交换层析的固定相是离子交换剂,它是由一类不溶于水的惰性高分子聚合物基质通过一定的化学反应共价结合上某种电荷基团形成的。离子交换剂可以分为三部分:高分子聚合物基质、电荷基团和平衡离子。电荷基团与高分子聚合物共价结合,形成带电的可进行离子交换的基团。平衡离子是结合于电荷基团上的相反离子,它能与溶液中其他离子基团发生可逆的交换反应。平衡离子带正电的离子交换剂能与带正电的离子基团发生交换作用,称为阳离子交换剂;平衡离子带负电的离子交换剂与带负电的离子基团发生交换作用,称为阴离子交换剂。下面以阴离子交换剂为例简单介绍离子交换层析的基本分离过程(见图3-2)。

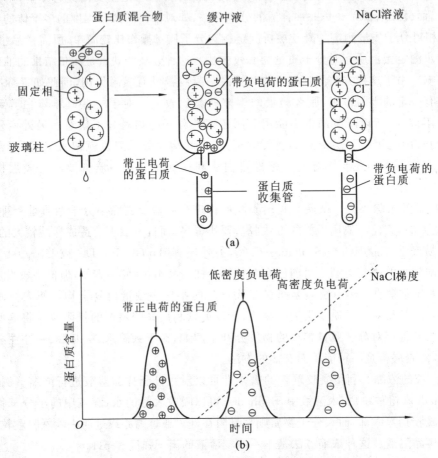

图 3-2　离子交换层析的基本分离过程

阴离子交换剂的电荷基团带正电,装柱平衡后,与缓冲液中的带负电的平衡离子结合。待分离溶液中可能有正电基团、负电基团和中性基团。加样后,负电基团可以与平衡离子进行可逆的置换反应而结合到离子交换剂上。而正电基团和中性基团则不能与离子交换剂结合,随流动相流出而被去除。随着洗脱液离子强度的增加,洗脱液中的离子可以逐步与结合在离子交换剂上的各种负电基团进行交换而将各种负电基团置换出来,随洗脱液流出。与离子交换剂结合力小的负电基团先被置换出来,而与离子交换剂结合力强的需要较高的离子强度才能被置换出来,这样各种负电基团就会按其与离子交换剂结合力从小到大的顺序逐步被洗脱下来,从而达到分离目的。

3. 离子交换层析的基本操作

离子交换层析的基本装置及操作步骤与前面介绍的柱层析类似,这里就不再重复了。下面主要介绍离子交换层析操作中应注意的一些具体问题。

(1) 层析柱。离子交换层析要根据分离的样品量选择合适的层析柱,离子交换用的层析柱一般粗而短,不宜过长。直径和柱长比一般为 1∶(10~50),层析柱安装要竖直。装柱时要均匀平整,不能有气泡。

(2) 平衡缓冲液。离子交换层析的基本反应过程就是离子交换剂平衡离子与待分离物质、缓冲液中离子间的交换,所以在离子交换层析中平衡缓冲液和洗脱缓冲液的离子强度和 pH 的选择对于分离效果有很大的影响。

平衡缓冲液是指装柱后及上样后用于平衡离子交换柱的缓冲液。平衡缓冲液的离子强度和 pH 的选择首先要保证各个待分离物质如蛋白质的稳定。其次是要使各个待分离物质与离子交换剂有适当的结合,并尽量使待分离样品和杂质与离子交换剂的结合有较大的差别。一般是使待分离样品与离子交换剂有较稳定的结合,而尽量使杂质不与离子交换剂结合或结合不稳定。在一些情况下(如污水处理)可以使杂质与离子交换剂牢固地结合,而样品与离子交换剂结合不稳定,也可以达到分离的目的。另外注意平衡缓冲液中不能有与离子交换剂结合性强的离子,否则会大大降低交换容量,影响分离效果。选择合适的平衡缓冲液,就可以直接去除大量的杂质,并使得后面的洗脱有很好的效果。如果平衡缓冲液选择不合适,可能给后面的洗脱带来困难,无法得到好的分离效果。

(3) 上样。离子交换层析上样时应注意样品液的离子强度和 pH,上样量也不宜过大,一般以柱床体积的 1%~5% 为宜,以使样品能吸附在层析柱的上层,得到较好的分离效果。

(4) 洗脱缓冲液。在离子交换层析中常用梯度洗脱,通常有改变离子强度和改变 pH 两种方式。改变离子强度通常是在洗脱过程中逐步增大离子强度,从而使与离子交换剂结合的各个组分被洗脱下来;而改变 pH 的洗脱,对于阳离子交换剂一般是 pH 从低到高洗脱,阴离子交换剂一般是 pH 从高到低洗脱。由于 pH 可能对蛋白质的稳定性有较大的影响,故通常采用改变离子强度的梯度洗脱。

(5) 洗脱速度。洗脱液的流速也会影响离子交换层析的分离效果,洗脱速度通常要保持恒定。一般来说,洗脱速度慢的比快的分辨率要好,但洗脱速度过慢会造成分离时间长、样品扩散、谱峰变宽、分辨率降低等副作用,所以要根据实际情况选择合适的洗脱速度。如果洗脱峰相对集中,某个区域造成重叠,则应适当缩小梯度范围或降低洗脱速度来提高分辨率;如果分辨率较好,但洗脱峰过宽,则可适当提高洗脱速度。

(6) 样品的浓缩、脱盐。离子交换层析得到的样品往往盐浓度较高,而且体积较大,样品浓度较低,所以一般离子交换层析得到的样品要进行浓缩、脱盐处理。

3.1.6 气相色谱

气相色谱是 20 世纪 50 年代出现的一项重大科学技术成就,它是一种新的分离、分析技术,在工业、农业、国防建设和科学研究中都得到了广泛应用。气相色谱可分为气固色谱和气液色谱。气固色谱的"气"指流动相是气体,"固"指固定相是固体物质,如活性炭、硅胶等。气液色谱的"气"指流动相是气体,"液"指固定相是液体。例如,在惰性材料硅藻土上涂一层角鲨烷,可以分离、测定纯乙烯中的微量甲烷、乙炔、丙烯、丙烷等杂质。

气相色谱是指用气体作为流动相的色谱法。由于样品在气相中传递速度快,因此样品组分在流动相和固定相之间可以瞬间地达到平衡。另外加上可选作固定相的物质很多,因此气相色谱是一种分析速度快和分离效率高的分离分析方法。在石油化学工业中,大部分的原料和产品都可采用气相色谱来分析;在电力部门中,可用来检查变压器的潜伏性故障;在环境保护工作中,可用来监测城市大气和水的质量;在农业上,可用来监测农作物中残留的农药;在商业部门,可用来检验及鉴定食品质量的好坏;在医学上,可用来研究人体新陈代谢、生理机能;在临床上,可用于鉴别药物中毒或疾病类型;在宇宙舱中,可用来自动监测飞船密封舱内的气体;等等。

3.1.7　高效液相色谱

高效液相色谱(high performance liquid chromatography,HPLC)又称高压液相色谱、高速液相色谱、高分离度液相色谱、近代柱色谱等。高效液相色谱是色谱法的一个重要分支,以液体为流动相,采用高压输液系统,将具有不同极性的单一溶剂或不同比例的混合溶剂、缓冲液等流动相泵入装有固定相的色谱柱,在柱内各成分被分离后,进入检测器进行检测,从而实现对样品的分析。该方法已成为化学、医学、工业、农学、商检和法检等学科领域中重要的分离分析技术。

高效液相色谱有"三高、一广、一快"的特点。①高压:流动相为液体,流经色谱柱时,受到的阻力较大,为了能迅速通过色谱柱,必须对载液加高压。②高效:分离效能高。可选择合适的固定相和流动相,以达到最佳分离效果,比工业精馏塔和气相色谱的分离效能高出许多倍。③高灵敏度:紫外检测器可达 0.01 ng,进样量在微升数量级。④应用范围广:70%以上的有机化合物可用高效液相色谱分析,特别是高沸点、大分子、强极性、热稳定性差化合物的分离分析,显示出优势。⑤分析速度快、载液流速快:较经典液体色谱速度快得多,通常分析一个样品在15~30 min,有些样品甚至在 5 min 内即可完成,一般小于 1 h。此外,高效液相色谱还有色谱柱可反复使用、样品不被破坏、易回收等优点,但也有缺点,与气相色谱相比各有所长,相互补充。高效液相色谱的缺点是有"柱外效应"。从进样到检测器,除了柱子以外的任何死空间(进样器、柱接头、连接管和检测池等)中,如果流动相的流型有变化,被分离物质的任何扩散和滞留都会显著地导致色谱峰的加宽,使柱效率降低。高效液相色谱检测器的灵敏度不及气相色谱。

3.2　电泳技术

3.2.1　电泳技术概述

1. 电泳技术简介

电泳是指带电颗粒在电场的作用下发生迁移的过程。许多重要的生物分子,如氨基酸、多肽、蛋白质、核苷酸、核酸等都具有可解离基团,它们在某个特定的 pH 下可以带正电或负电,在电场的作用下,这些带电分子会向着与其所带电荷极性相反的电极方向移动。电泳技术就是利用在电场的作用下,待分离样品中各种分子带电性质以及分子本身大小、形状等性质的差异,使带电分子产生不同的迁移速率,从而对样品进行分离、鉴定或提纯的技术。

电泳过程必须在一种支持介质中进行。Tiselius 等在 1937 年进行的自由界面电泳没有固定支持介质,所以扩散和对流都比较强,影响分离效果。于是出现了固定支持介质的电泳,即样品在固定的介质中进行电泳过程,减少了扩散和对流等干扰作用。最初的支持介质是滤纸和醋酸纤维素薄膜,目前这些介质在实验室已经应用得较少。在很长一段时间里,小分子物质如氨基酸、多肽、糖等通常用滤纸或醋酸纤维素薄膜、硅胶薄层平板为介质的电泳进行分离、分析,但目前则一般使用更灵敏的技术如 HPLC 等来进行分析。这些介质适合于分离小分子物质,操作简单、方便。但对于复杂的生物大分子则分离效果较差。凝胶作为支持介质的引入大大促进了电泳技术的发展,使电泳技术成为分析蛋白质、核酸等生物大分子的重要手段之一。最初使用的凝胶是淀粉凝胶,但目前使用得最多的是琼脂糖凝胶和聚丙烯酰胺凝胶。蛋白质电泳主要使用聚丙烯酰胺凝胶。

电泳装置主要包括两个部分:电源和电泳槽。电源提供直流电,在电泳槽中产生电场,驱动带电分子的迁移。电泳槽可以分为水平式和垂直式两类。垂直式电泳是较为常见的一种,常用于聚丙烯酰胺凝胶电泳中蛋白质的分离。电泳槽中间是夹在一起的两块玻璃板,玻璃板两边由塑料条隔开,在玻璃平板中间制备电泳凝胶,凝胶的大小通常是 12 cm ×14 cm,厚度为 1~2 mm,近年来新研制的电泳槽,胶面更小、更薄,以节省试剂和缩短电泳时间。制胶时在凝胶溶液中放一个塑料梳子,在胶聚合后移去,形成样品上的凹槽。水平式电泳的凝胶铺在水平的玻璃或塑料板上,用一薄层湿滤纸连接凝胶和电泳缓冲液,或将凝胶直接浸入缓冲液中。由于 pH 的改变会引起带电分子电荷的改变,进而影响其电泳迁移的速度,因此电泳过程应在适当的缓冲液中进行,缓冲液可以保持待分离物的带电性质的稳定。

2. 电泳技术的基本原理

任何一种物质的质点,由于其本身在溶液中的解离或由于其表面对其他带电质点的吸附,会在电场中向一定的电极移动。例如,氨基酸、蛋白质、酶、激素、核酸及其衍生物等物质都具有许多可解离的酸性和碱性基因,它们在溶液中会解离而带电。一般来说,在碱性溶液中(即溶液的 pH 大于等电点 pI),分子带负电荷,在电场中向正极移动。而在酸性溶液中,分子带正电荷,在电场中向负极移动。分子移动的速度取决于带电的多少和分子的大小。

不同的质点在同一电场中的泳动速度不同,常用泳动度(或迁移率)来表示。泳动度的定义是带电质点在单位电场强度下的泳动速度。

泳动度首先取决于带电质点的性质,即质点所带净电荷的量、质点的大小和形状。一般来说,质点所带净电荷越多,质点直径越小,越接近于球形,则在电场中的泳动速度越快;反之,则越慢。泳动度除受质点本身性质的影响外,还受其他外界因素的影响,如溶液的黏度等。影响泳动度的主要外界因素还有下列几种。

(1)电场强度。电场强度是指单位距离的电压降,它对泳动度起着十分重要的作用。例如,纸上电泳的支持物滤纸两端相距 20 cm,若电压降为 200 V,则电场强度为 10 V/cm。电场强度越高,带电质点移动速度越快。根据电场强度的大小,可将电泳分为常压(100~500 V)电泳和高压(500~10 000 V)电泳。常压电泳的电场强度一般为 2~10 V/cm,电泳分离时间较长,有时需要几小时甚至几天;高压电泳的电场强度为 20~200 V/cm,电泳分离时间较短,有时仅需几分钟。常压电泳多用于分离蛋白质等大分子物质,而高压电泳则用来分离氨基酸、小肽、核苷酸等小分子物质。

(2)溶液的 pH。溶液的 pH 决定带电质点解离的程度,也决定物质质点所带净电荷的多少。对蛋白质、氨基酸等两性电解质而言,pH 离等电点越远,质点所带净电荷越多,泳动速度也越快;反之,则越慢。因此,当分离某一蛋白质混合物时,应选择一个合适的 pH,使各种蛋白质所带净电荷的量差异较大,以利于分离。为了使电泳过程中溶液的 pH 恒定,必须采用缓冲液。

（3）溶液的离子强度。离子强度代表所有类型的离子所产生的静电力，也就是全部的离子效应，它取决于离子电荷的总数，而与溶液中盐类的性质无关。溶液的离子强度越高，带电质点的泳动速度越慢；离子强度越低，质点泳动的速度越快。一般最适合的离子强度在 0.02～0.2 mol/L。

在稀溶液中，离子强度的计算公式为

$$I = \frac{1}{2} \sum cZ^2$$

式中：I 为离子强度；c 为离子的物质的量浓度；Z 为离子的价数。

（4）电渗现象。当支持物不是绝对惰性物质时，常常会有一些离子基团如羧基、磺酸基、羟基等吸附溶液中的正离子，使靠近支持物的溶液相对带电。在电场作用下，此溶液层会向负极移动。反之，若支持物的离子基团吸附溶液中的负离子，则溶液层会向正极移动。这种溶液层的泳动现象称为电渗。

因此，当颗粒的泳动方向与电渗方向一致时，则加快颗粒的泳动速度；当颗粒的泳动方向与电渗方向相反时，则降低颗粒的泳动速度。因此，在电泳时应尽量避免使用具有高电渗作用的支持物。

（5）焦耳热。在电泳过程中，电流与释放出的热量（Q）之间的关系可列成如下公式：

$$Q = I^2 Rt$$

式中：R 为电阻；t 为电泳时间；I 为电流。此公式表明，电泳过程中释放出的热量与电流的平方成正比。当电场或电极缓冲液中离子强度增高时，电流会随着增大。这不仅会降低分辨率，而且在严重时会烧断滤纸或熔化琼脂糖凝胶支持物。

（6）筛孔。支持物琼脂和聚丙烯酰胺凝胶都有大小不等的筛孔，在筛孔大的凝胶中溶质颗粒泳动速度快。反之，则泳动速度慢。

除上述影响泳动度的因子外，温度和仪器装置等因子的影响也应考虑。

3.2.2　纸电泳

纸电泳是用滤纸作为支持物的电泳技术，它包括电泳槽和电泳仪两大部分。电泳槽是进行电泳的装置，其中包括电极、缓冲液槽、电泳介质的支架和一个透明的罩。常见的电泳槽有水平式和悬架式等。电泳仪是提供直流电源的装置，它能控制电压和电流的输出。纸电泳可分为低压电泳和高压电泳两类。低压电泳仪的电压一般为 100～500 V，电流为 0～150 mA。高压电泳仪的电压为 500～10 000 V，电流为 50～400 mA。电泳仪既能输出稳定的电压，又能输出稳定的电流。

纸电泳设备简单，应用广泛，是最早使用的一种电泳技术。在早期的生物化学研究中，曾发挥重要作用。纸电泳由于时间长，分辨率较低，近年来逐渐被其他快速、简便、分辨率高的电泳技术所代替。

3.2.3　醋酸纤维素薄膜电泳

采用醋酸纤维素薄膜作为支持物的电泳，称为醋酸纤维素薄膜电泳。醋酸纤维素是纤维素羟基乙酰化所形成的纤维素醋酸酯。将它溶于有机溶剂（如丙酮、氯乙烯、乙酸乙酯等）后，涂抹成均匀的薄膜，干燥后就成为醋酸纤维素薄膜。现有国产醋酸纤维素薄膜成品出售。醋酸纤维素薄膜具有泡沫状的结构，厚度约为 120 μm，有很强的通透性，对分子移动阻力很小。

醋酸纤维素薄膜电泳是近年来推广的一种新技术。目前已广泛应用于科学实验、生化产品分析和临床化验,如血清蛋白、血红蛋白、球蛋白、脂蛋白、糖蛋白、甲胎蛋白、类固醇等的分离和鉴定,这种方法具有简单、快速、样品量少、区带清晰、灵敏度高、便于照相和保存等特点。它的分辨率虽然比不上淀粉和聚丙烯酰胺凝胶电泳,但是比纸电泳要高得多,所以现在趋向于用醋酸纤维素薄膜电泳代替纸电泳。

3.2.4 琼脂糖凝胶电泳

在凝胶电泳中,琼脂糖凝胶电泳是最早得到广泛应用的。这是因为它具有下列优点:①在琼脂糖凝胶中含有琼脂糖 $1\%\sim1.5\%$,其余都是水,这种凝胶中的电泳近似自由界面电泳,可是样品扩散又比自由界面电泳小;②琼脂糖凝胶电泳支持物均匀,电泳区带整齐,分辨率高,重复性好;③液相与固相界面无明显界限,电泳速度快;④琼脂糖凝胶透明而不吸收紫外线,可以直接用紫外检测仪测定;⑤区带容易染色,样品容易洗脱,利于制备;⑥干膜可以长期保存。

除以上的优点外,琼脂糖凝胶电泳也有它的不足之处,因为琼脂是一种强酸性物质,能造成严重的电渗现象,影响电泳的速度,而且琼脂所含的可溶性杂质难于除去。

琼脂糖凝胶电泳分为平板式和柱式两种,一般采用平板式。

(1)配制缓冲液。琼脂糖凝胶电泳常用缓冲液的 pH 在 $6\sim9$,离子强度为 $0.02\sim0.05$ mol/L。离子强度过高时,大量电流通过琼脂板将产生热量,使板中水分大量蒸发而析出盐的结晶,甚至使琼脂板断裂,电流中断。常用的缓冲液有硼酸盐缓冲液和巴比妥缓冲液。

(2)制板。制板常用的琼脂糖浓度为 $1\%\sim1.5\%$。这是因为用这个浓度制成的凝胶富有弹性、坚固不脆。将一定量的琼脂糖用水浴加热熔化,趁热与等体积预热至 60 ℃的缓冲液混合,使其浓度为 $1\%\sim1.5\%$,继续加热至表面无气泡,迅速将凝胶倒在水平玻璃板上,使其厚度约为 3 mm,冷却后即成琼脂板(注意这里所用缓冲液的离子强度必须比电泳时的离子强度高 1 倍)。

(3)点样。加样方法有两种:一是挖槽法,在琼脂板的中央挖一长方形小槽,将在水浴上熔化并加热至 $42\sim45$ ℃的琼脂与样品等量混合,倒入小槽中,也可直接将样品倒入小槽中;另一种是滤纸插入法,在琼脂板上适当的位置用刀片切一裂缝,插入蘸有样品的厚滤纸片,纸片的宽度与琼脂板厚度一致。样品浓度一般以 $4\%\sim5\%$ 为宜。

(4)电泳。加样完毕后,将琼脂板轻轻放在电泳槽上,两端用几层滤纸与电极槽缓冲液连接。接通电源,调节电压。一般电场强度为 6 V/cm。

(5)固定和染色。将电泳后的琼脂板浸入用 70%乙醇配制的 2%醋酸溶液中 $15\sim20$ min,进行固定。固定后的琼脂板,需用自上而下的水漂洗数次,然后放在 40 ℃左右的烘箱中烘干,这时琼脂板为一薄膜,附于玻璃板上,再以适当的显色剂显色。

3.2.5 聚丙烯酰胺凝胶电泳

聚丙烯酰胺凝胶电泳(PAGE)是根据被分离物质所带来的电荷多少及分子大小、形状的不同,在电场的作用下,产生不同的移动速度而分离的方法,它具有电泳和分子筛的双重作用。

1. 聚丙烯酰胺的聚合

丙烯酰胺单体(Acr)和交联剂甲叉双丙烯酰胺(Bis)在催化剂的作用下聚合成含有酰胺基侧链的脂肪族长链。相邻的两个链通过亚甲基桥交联起来就形成三维网状结构的聚丙烯酰胺凝胶。

凝胶的机械强度和弹性是很重要的。凝胶的软硬、透明度、黏着度都会直接影响分离的效果。凝胶的机械性能、弹性、透明度和黏着度都取决于凝胶总浓度和单体 Acr 与交联剂 Bis 两者之比。其中 Acr 和 Bis 的质量比是很关键的。当 Acr 和 Bis 的质量比小于 10 时,凝胶变脆、变硬、呈乳白色;当 Acr 和 Bis 的质量比大于 100 时,5% 的凝胶呈糊状,也易断裂。欲制备完全透明而又有弹性的凝胶,应控制 Acr 和 Bis 的质量比在 30 左右。不同浓度的单体对凝胶性质也有影响,发现 Acr 浓度低于 2%,Bis 浓度在 0.5% 以下就不能聚合了。当增加 Acr 浓度时,要适当降低 Bis 的浓度。通常凝胶总浓度(T)为 2%~5% 时,Acr 和 Bis 的质量比为 20 左右;T 为 15%~20% 时,Acr 和 Bis 的质量比为 125~200。

用于研究大分子核酸的凝胶多为 $T=2.4\%$ 的大孔径凝胶,因为它太软不易操作,最好加入 0.5% 琼脂糖。有的在 3% 凝胶中加入 20% 蔗糖,也可增加其机械强度而不影响其孔径大小。至于黏着度,一般来说只要容器内壁干净,单体浓度适中,凝胶与器壁附着力较大,随存放时间的延长附着力降低,有时在电泳结束时一部分胶柱就可能从管壁上滑脱出来。

2. 聚丙烯酰胺凝胶的孔径

聚丙烯酰胺凝胶在电泳中不仅有防止对流,降低扩散的能力,而且还具有分子筛的作用,这是因为聚丙烯酰胺凝胶具有三维空间网状结构。某一个分子通过这种网孔的能力显然取决于凝胶孔径的大小和形状,也取决于被分离物质的大小和形状。分离蛋白质的实验证明,胶的孔径大约是蛋白质分子平均大小的一半时分析结果较好。例如,肌红蛋白和细胞色素分子的半径为 2 nm,那么可选择平均胶孔半径为 1 nm 的凝胶。常用的所谓标准胶是指浓度为 7.5% 的凝胶,大多数生物体内的蛋白质在此胶中电泳都能得到满意的结果。当分析一个未知样品时,常常先用 7.5% 的标准凝胶或用 4%~10% 浓度梯度的凝胶来测试,选出适宜的凝胶浓度。

3. 缓冲系统的选择

在选择缓冲系统时主要从以下几个方面来考虑。

(1) pH 范围、离子种类和离子强度。对蛋白质来说,选择 pH 应能使样品中各种蛋白质分子泳动度的差别最大。酸性蛋白质在高 pH 条件下,碱性蛋白质在低 pH 条件下常得到较好的分离效果。如果蛋白质样品经电泳分离后,还希望测定其生物活性,则缓冲系统的 pH 不应过大或过小(大于 9 或小于 4),否则会引起蛋白质活性的钝化。目前常用的分离胶缓冲系统有高 pH(9 左右)、低 pH(4 左右)和中性三大类。此外,通常选用离子强度较低的缓冲液(0.01~0.1 mol/L)。因为离子强度低,电泳分离过程短,产生的热量也较小,分离效果好。

(2) 连续和不连续系统。所谓连续系统,是指电泳槽中的缓冲系统和 pH 与凝胶中的相同的系统,不连续系统是电泳槽与凝胶中的缓冲系统的分辨率较高的系统。

(3) 不连续盘状聚丙烯酰胺凝胶电泳。不连续盘状电泳往往包含两种以上的缓冲液,多用于分析浓度较稀的样品。一般是在内径为 0.7 cm,长 10 cm 的小玻璃管内,把三种性质不完全一样的聚丙烯酰胺凝胶重叠起来,包括:样品胶(其中含有样品);浓缩胶(又名成层胶),这两种胶的缓冲液的 pH 和孔径大小完全一样;分离胶(又称电泳胶),其孔径一般比浓缩胶小,pH 也不同。样品胶和浓缩胶是 $T=3\%$、$C=20\%$ 的单体溶液在 Tris-HCl 缓冲液(pH=6.7)中由核黄素催化合成的大孔胶,而分离胶是 $T=7\%$、$C=2.5\%$ 的单体溶液在 Tris-HCl 缓冲液(pH=8.9)中通过过硫酸铵催化聚合成的小孔胶。将含有这三种凝胶的玻璃管放在含有 Tris-甘氨酸缓冲液(pH=8.3)的电泳槽内进行电泳,就是不连续盘状聚丙烯酰胺凝胶电泳。它之所以有很高的分辨率,是因为有三种效应:浓缩效应、电荷效应和分子筛效应。

① 浓缩效应。样品通过浓缩胶被浓缩成高浓度的样品薄层,甚至有的能浓缩几百倍。为什么样品会在浓缩胶中被挤压成层呢? 这是因为样品胶和浓缩胶是用 pH=6.7 的 Tris-HCl 缓冲液制成的;电泳时,由于 HCl 解离度大,几乎全部释放出 Cl^-,而在电泳槽中的 Tris-甘氨酸缓冲溶液的 pH=8.3,因为甘氨酸的等电点为 6.0,在电泳过程中,它只有极少数分子 (0.1%~1%)解离成 $H_2N—CH_2—COO^-$。一般酸性蛋白质在此 pH 下也解离为带负电荷的离子,但其解离度比 HCl 小,比甘氨酸大。这三种离子带有同性电荷,在一定的电场作用下,它们的泳动度是不一样的。

根据有效泳动度的大小,最大的称为快离子(或先行离子,这里是 Cl^-),最小的称为慢离子(或随后离子,这里是 $H_2N—CH_2—COO^-$)。电泳开始时,三种凝胶中都含有快离子,只有电泳槽中的缓冲液含有慢离子。电泳开始后,由于快离子的泳动度最大,在快离子后面就形成一个离子浓度低的区域,即低电导区。所以低电导区就产生了较高的电势梯度,这种高电势梯度使蛋白质和慢离子在快离子后面加速移动,因而在高电势梯度区和低电势梯度区之间形成一个迅速移动的界面。由于样品中蛋白质的有效泳动度恰好介于快、慢离子之间,因此也就聚集在这个移动的界面附近,被浓缩成一狭小的样品薄层。

② 电荷效应。蛋白质混合物在界面处被高度浓缩,堆积成层,形成一个狭小的高浓度的蛋白质区带,这种效应称为电荷效应。但由于每种蛋白质分子所带的电荷不同,因而泳动度也不同,各种蛋白质就以一定的顺序排列成一个个的圆盘状的蛋白质区带。

③ 分子筛效应。当蛋白质通过浓缩胶进入分离胶时,由于 pH 和凝胶孔径突然改变,使甘氨酸的解离度增大,因而它的有效泳动度也增加,此时甘氨酸很快就赶上并超过了蛋白质分子,这样高电势梯度不存在了,使蛋白质样品进入一个均一的电势度和 pH 条件的分离胶中。分离胶的孔径较小,相对分子质量(M_r)或构型不同的蛋白质通过分离胶,所受摩擦力不同,受阻滞的程度也不同,因此表现出不同的泳动度,即所谓的分子筛效应使被分离物质在分离胶中被分开。

聚丙烯酰胺凝胶电泳除具有分子筛作用以外,还有很多优点。①聚丙烯酰胺凝胶是人工合成的凝胶,通过调节控制单体浓度或单体和交联剂的比例,形成不同程度的交联结构,很容易得到不同孔径的凝胶,所以实验重复性很好。②聚丙烯酰胺形成的凝胶,机械强度高,弹性大,便于电泳后的一切处理。③聚丙烯酰胺凝胶是碳-碳的多聚体,只带有不活泼的酰胺基侧链,没有其他离子基团,因而几乎没有电渗作用,并且不与样品相互作用。④在一定范围内,聚丙烯酰胺对热是稳定的,凝胶无色透明,易于观察,可用检测仪直接测定。⑤设备简单,所需样品量小(1~100 μg),而分辨率高。在超微量分析中,能检出含量在 10^{-12}~10^{-9} g 的样品。⑥用途广泛,对生物高分子化合物(如蛋白质、酶、核酸)能进行分离鉴定,又可用于毫克水平的制备。

聚丙烯酰胺凝胶电泳目前广泛应用于分子生物学、生物化学、细胞学、微生物学、植物学、动物学、免疫学等学科的研究以及临床化验。

3.2.6　等电聚焦电泳

利用一种特殊的缓冲液(两性电解质)在凝胶(常用聚丙烯酰胺凝胶)内制造一个 pH 梯度,电泳时每种蛋白质就将迁移到等于其等电点(pI)的 pH 处(此时此蛋白质不再带有净的正或负电荷),形成一个很窄的区带,这种电泳称为等电聚焦电泳(isoelectric focusing electrophoresis,IFE)。

1. 等电聚焦电泳的基本原理

在等电聚焦电泳中,具有 pH 梯度的介质的分布是从阳极到阴极 pH 逐渐增大。如前所述,蛋白质分子具有两性解离及等电点的特征,这样,在碱性区域,蛋白质分子带负电荷,向阳极移动,直至某一 pH 位点时失去电荷而停止移动,此处介质的 pH 恰好等于聚焦蛋白质分子的等电点(pI)。同理,位于酸性区域的蛋白质分子带正电荷,向阴极移动,直到在它们的等电点上聚焦为止。可见在该方法中,等电点是蛋白质组分的特性量度,将等电点不同的蛋白质混合物加入有 pH 梯度的凝胶介质中,在电场内经过一定时间后,各组分将分别聚焦在各自等电点相应的 pH 位置上,形成分离的蛋白质区带。

2. pH 梯度的组成

pH 梯度的组成方式有两种:一种是人工 pH 梯度,由于其不稳定,重复性差,现已不再使用;另一种是天然 pH 梯度。天然 pH 梯度的建立是在水平板或电泳管正、负极间引入等电点彼此接近的一系列两性电解质的混合物,在正极端引入酸液,如硫酸、磷酸或醋酸等,在负极端引入碱液,如氢氧化钠溶液、氨水等。电泳开始前,两性电解质混合物的 pH 为一均值,即各段介质中的 pH 相等。电泳开始后,混合物中 pH 最低的分子带负电荷最多,pI_1 为其等电点,向正极移动速度最快,当移动到正极附近的酸液界面时,pH 突然下降,甚至接近或稍低于 pI_1,分子不再向前移动而停留在此区域内。两性电解质具有一定的缓冲能力,使其周围一定的区域内介质的 pH 保持在它的等电点范围。pH 稍高的第二种两性电解质,其等电点为 pI_2,也移向正极,由于 $pI_2 > pI_1$,因此定位于第一种两性电解质之后,这样,经过一定时间后,具有不同等电点的两性电解质按各自的等电点依次排列,形成了从正极到负极等电点递增、由低到高的线性 pH 梯度。

3. 两性电解质载体与支持介质

理想的两性电解质载体应在 pI 处有足够的缓冲能力及电导,前者保证 pH 梯度的稳定,后者允许一定的电流通过。不同 pI 的两性电解质应有相似的电导系数,从而使整个体系的电导均匀。两性电解质的相对分子质量要小,易于应用分子筛或透析方法将其与被分离的高分子物质分开,而且不应与被分离物质发生反应或使之变性。

3.3　离　心　技　术

3.3.1　离心原理及应用

1. 基本原理

生物分离的第一步往往是把不溶性的固体从发酵液中除去,这些不溶性固体的浓度和颗粒大小的变化范围很宽:浓度可高达每单位体积含 60% 的不溶性固体,又可低至每单位体积中仅含 0.1%;粒径的变化可以从直径约为 1 μm 的微生物到直径为 1 mm 的不溶性物质。在进行固液分离时,有些反应体系可采用沉降或过滤的方式加以分离,有些则需要经过加热、凝聚、絮凝及添加助滤剂等辅助操作才能进行过滤。但对于那些固体颗粒小、溶液黏度大的发酵液和细胞培养液或生物材料的大分子抽提液及其过滤难实现的固液分离,必须采用离心技术方能达到分离的目的。

离心分离是基于固体颗粒和周围液体密度存在差异,在离心场中使不同密度的固体颗粒加速沉降的分离过程。静置悬浮液时,密度较大的固体颗粒在重力作用下逐渐下沉,这一过程称为沉降。当颗粒较细,溶液黏度较大时,沉降速度缓慢,如抗凝血需静置一天以上才能达到血球与血浆分离的目的。若采用离心技术,则可加速颗粒沉降过程,缩短沉降时间。离心产生的浓缩物和过滤产生的浓缩物不相同,通常情况下离心只能得到一种较为浓缩的悬浮液或浆体,而过滤可获得水分含量较低的滤饼。与过滤设备相比,离心设备的价格昂贵,但当固体颗粒细小而难以过滤时,离心操作往往显得十分有效,是生物物质固液分离的重要手段之一。

离心技术(centrifugal technique)是根据颗粒在作匀速圆周运动时受到一个向外的离心作用而发展起来的一种分离技术。这项技术应用很广,诸如分离出化学反应后的沉淀物、天然的生物大分子、无机物、有机物,在生物化学以及其他生物学领域常用来收集细胞、细胞器及生物大分子物质。

(1) "离心力"(centrifugal force)。离心作用是根据在一定角速度下作圆周运动的任何物体都受到一个向外的"离心力"(实际上是惯性,与向心力大小相等、方向相反)进行的。当一个粒子(生物大分子或细胞器)在高速旋转下受到离心作用时,向心力 F 的大小等于离心加速度 $\omega^2 r$ 与颗粒质量 m 的乘积,即

$$F = ma = m\omega^2 r$$

式中:ω 为粒子旋转的角速度,rad/s;r 为颗粒离开旋转中心的距离,即粒子的旋转半径,cm;m 为沉降粒子的有效质量,g。

(2) 相对离心力(relative centrifugal force,RCF)。由于各种离心机转子的半径或者离心管至旋转轴中心的距离不同,"离心力"也会发生变化,只要 RCF 值不变,一个样品可以在不同的离心机上获得相同的结果。相对离心力是指在离心场中,作用于颗粒的"离心力"相当于地球重力的倍数,用数字乘"g"来表示,如 25 000×g,单位是重力加速度 g(980 cm/s²),RCF 就是实际离心场转化为重力加速度的倍数。此时 RCF 可用下式计算:

$$RCF = \frac{\omega^2 r}{980}, \quad \omega = \frac{2\pi n}{60}$$

$$RCF = 1.119 \times 10^{-5} \times n^2 r$$

式中:r 为离心转子的半径,cm;g 为地球重力加速度(980 cm/s²);n 为转子每分钟的转数,r/min。

在上式的基础上,为便于进行转速和相对离心力之间的换算,Dole 和 Cotzias 制作了转速 n、相对离心力 RCF 和旋转半径 r 三者关系的转换列线图(见图 3-3)。在将离心机转数换成相对离心力时,先在离心机半径标尺上取已知的离心机半径,在转数标尺上取已知的离心机转数,然后在这两点间画一条直线,直线与图中间 RCF 标尺上的交叉点,即为相应的相对离心力数值。例如,已知离心机转数为 2 500 r/min,离心机的半径为 7.7 cm,将两点连接起来,交于 RCF 标尺,此交点 500×g 即是 RCF 值。注意,若已知的转数值处于 n 标尺的右边,则应读取 RCF 标尺右边的数值;若转数值处于 n 标尺的左边,则应读取 RCF 标尺左边的数值。一般情况下,低速离心时常以转速"r/min"来表示,高速离心时则以"g"表示。计算颗粒的相对离心力时,应注意离心管与旋转轴中心的距离 r 不同,即沉降颗粒在离心管中所处位置不同,则所受"离心力"也不同。科技文献中"离心力"的数据通常是指其平均值(RCF$_{av}$),即离心管中点的"离心力"。

(3) 沉降系数(sedimentation coefficient)。1924 年 Svedberg(离心法创始人,瑞典蛋白质化学家)定义沉降系数为:颗粒在单位离心力场中移动的速度。沉降系数是由相对分子质量、分子形状和水等情况来决定的,它作为生物体大分子的一个特征是很重要的。用离心法时,沉

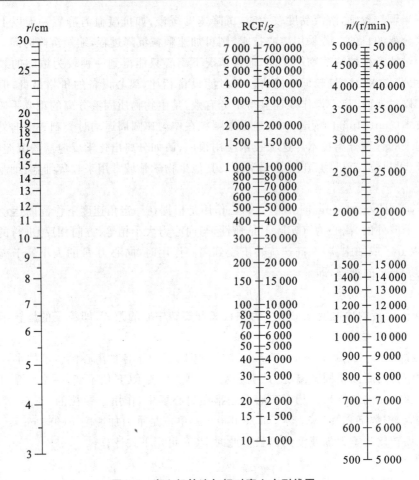

图 3-3　离心机转速与相对离心力列线图

降系数是大分子沉降速度的量度,等于每单位离心场的速度。计算公式如下:

$$S = \frac{\mathrm{d}X/\mathrm{d}t}{\omega^2 X} = \frac{1}{\omega^2}\frac{\mathrm{d}X}{\mathrm{d}t}\frac{1}{X}$$

式中:S 为沉降系数;ω 为离心转子的角速度;X 为粒子到旋转中心的距离。若 ω 用 $2\pi n/60$ 表示,则

$$S = \frac{2.1 \times 10^2 \times \lg(X_2/X_1)}{n^2(t_2 - t_1)}$$

式中:X_1 为离心前粒子离旋转轴的距离;X_2 为离心后粒子离旋转轴的距离。

　　S 实际上时常在 $(1\sim200)\times10^{-13}$ s,故把沉降系数 10^{-13} s 称为一个 Svedberg 单位,简写为 S。沉降系数越大,在离心时越先沉降。如血红蛋白的沉降系数约为 4×10^{-13} s 或 4 S。大多数蛋白质和核酸的沉降系数在 $4\sim40$ S,核糖体及其亚基在 $30\sim80$ S,多核糖体在 100 S 以上。沉降系数通过分析离心机测定,通常只需几十毫克甚至几十微克样品,配制成 $1\sim2$ mL 溶液,装入分析池,以几小时的分析离心,就可获得一系列的样品离心沉降图。根据沉降图可以进行样品所含组分的定性分析,亦可以测定各组分的沉降系数和估计分子大小,进行样品纯度鉴定和不均一性测定,以及组分的相对含量测定。

　　(4) 沉降速度(sedimentation velocity)。沉降速度是指在强大离心力作用下,单位时间内物质运动的距离。沉降速度按如下公式计算:

$$\frac{\mathrm{d}X}{\mathrm{d}t} = \frac{2r^2(\rho_p - \rho_m)}{9\eta}\omega^2 X = \frac{d^2(\rho_p - \rho_m)}{18\eta}\omega^2 X$$

式中：r 为球形粒子的半径；d 为球形粒子的直径；η 为流体介质的黏度；ρ_p 为粒子的密度；ρ_m 为介质的密度。

从上式可知，粒子的沉降速度与粒子直径的平方、粒子的密度和介质密度之差成正比；离心力场增大，粒子的沉降速度也增加。将上式代入沉降系数公式中，可看出：①当 $\rho_p > \rho_m$ 时，$S > 0$，粒子顺着离心方向沉降；②当 $\rho_p = \rho_m$ 时，$S = 0$，粒子到达某一位置后达到平衡；③当 $\rho_p < \rho_m$ 时，$S < 0$，粒子逆着离心方向上浮。

（5）沉降时间（sedimentation time）。在实际工作中，常常遇到要求在已有的离心机上把某一种溶质从溶液中全部沉降分离出来的情况，这就必须首先知道用多大转速与多长时间可达到目的。如果转速已知，则需得到沉降时间来确定分离某粒子所需的时间。根据沉降系数的公式可得

$$\mathrm{d}t = \frac{1}{\omega^2 S}\frac{\mathrm{d}X}{X}, \quad t_2 - t_1 = \frac{1}{S}\frac{\ln(X_2/X_1)}{\omega^2}$$

式中：X_2 为离心转轴中心至离心管底内壁的距离；X_1 为离心转轴至样品溶液弯月面之间的距离。样品粒子完全沉降到底管内壁的时间（$t_2 - t_1$）用 T_s 表示，则上式可改为

$$T_s = \frac{1}{S}\frac{\ln X_{\max} - \ln X_{\min}}{\omega^2}$$

式中：T_s 以 h 为单位；S 以 Svedberg 为单位。

（6）K 系数（K factor）。K 系数用来描述一个转子中粒子沉降下来的效率，也就是溶液澄清程度的一个指数，所以也称"cleaning factor"。原则上，K 系数愈小的，愈容易，也愈快将粒子沉降。K 系数的计算公式如下：

$$K = \frac{2.53 \times 10^{11} \times \ln(R_{\max}/R_{\min})}{n^2}$$

式中：$R_{\max}$ 为转子最大半径；$R_{\min}$ 为转子最小半径。

由上式可知，K 系数与离心转速及粒子沉降的路径有关，所以 K 系数是一个变量。当转速改变，或者离心管的溶液量不同，即粒子沉降的路径改变时，K 系数就改变了。离心机的转子说明书中提供的 K 系数，通常是根据最大路径及在最大转速下所计算出来的数值。如果已知粒子的沉降系数为 80 S 的核糖体，采用的转子的 K 系数是 323，那么预计沉降到管底所需的离心时间约为 4 h。利用此公式预估的离心时间，对水平式转子最适合，对固定角式转子而言，实际时间将比预估的时间来得快些。

2. 离心方法分类

根据离心原理，按照实际工作的需要，目前已设计出许多离心方法，综合起来大致可分三类。

（1）平衡离心法：根据要分离的介质中粒子的大小、形状不同而进行的分离方法，包括差速离心法（differential velocity centrifugation）和速率区带离心法（rate zonal centrifugation）。

（2）等密度离心法（isopycnic centrifugation）：又称等比重离心法，它是依粒子密度差进行分离的方法。

等密度离心法和速率区带离心法合称为密度梯度离心法。

（3）经典式沉降平衡离心法用于对生物大分子相对分子质量的测定、纯度估计、构象分析等。

3. 离心技术应用

离心技术在生物科学,特别是在生物化学和分子生物学研究领域,已得到十分广泛的应用,绝大部分生物化学和分子生物学实验室都要配备离心机。离心技术主要用于各种生物样品的分离和制备,生物样品悬浮液在高速旋转下,由于巨大的离心力作用,使悬浮的微小颗粒(细胞器、生物大分子的沉淀等)以一定的速度沉降,从而与溶液得以分离,而沉降速度取决于颗粒的质量、大小和密度。

离心机分为工业用离心机和实验用离心机。实验用离心机又分为制备型离心机和分析型离心机。制备型离心机主要用于分离各种生物材料,每次分离的样品容量比较大;分析型离心机一般带有光学系统,主要用于研究纯的生物大分子和颗粒的理化性质,依据待测物质在离心场中的行为(用离心机中的光学系统连续监测),推断物质的纯度、形状和相对分子质量等。分析型离心机都是超速离心机,与制备型超速离心机不同的是:分析型超速离心机主要用于研究生物大分子的沉降特性和结构,而不是专门收集某一特定组分,它使用了特殊的转子和检测手段,以便连续监视物质在一个离心场中的沉降过程。如果装上光学系统,应用特殊的透光离心池,可观测离心池中样品颗粒离心沉降的过程等,进而对样品进行直接的定性和定量分析。

3.3.2　沉淀离心

沉淀离心技术是目前应用最广的一种离心方法。介质密度约 1 g/mL,选择一种离心速度,使悬浮溶液中的悬浮颗粒在离心力的作用下完全沉淀下来,这种离心方式称为沉淀离心。它主要根据颗粒大小来确定所需要的沉降离心力,适宜于细菌等微生物、细胞、细胞器等生物材料的沉淀分离。一般情况下,细菌等微生物、细胞、细胞器等生物材料的沉淀分离的离心密度为 1.08～1.12 g/mL;病毒和染色体 DNA 等离心密度为 1.18～1.31 g/mL。沉降速度的大小与离心力和待沉降的颗粒大小有关。

3.3.3　沉降速度法和沉降平衡法

沉降速度法和沉降平衡法均为分析型离心机的离心方法。沉降速度法主要是利用界面沉降来测定沉降系数值,用于样品组分的定性、定量分析及制备产品的纯度检查,还可结合扩散系数和偏微比容测出样品的相对分子质量。沉降速度法测相对分子质量所需数据多,操作复杂,目前已很少应用。但对于某些相对分子质量特别大的大分子仍需用沉降速度法测量,如染色质 DNA 和多糖。

沉降平衡法在分析离心方法中是最常用的,也是一种测定相对分子质量的离心方法。将纯的分析样品置于离心池中,进行低速度、长时间离心,样品颗粒沉降形成浓度差,而扩散又使样品颗粒由高浓度区向低浓度区扩散,最终达到沉降与扩散的平衡状态,即在离心池中每一截面的沉降颗粒的量等于同时间内反向扩散的量,此时样品颗粒在离心池内的浓度分布不再随离心时间而变化。样品颗粒在离心池顶部较稀,在底部较浓,形成连续的浓度分布。

与沉降速度法相比,此法简便、可靠、结果精确。此法缺点是平衡离心时间太长,常规沉降平衡法实验一次需要几十小时,目前改用短池法可以缩减到十几小时。

3.3.4　差速沉降离心法

差速沉降离心法是最普通的离心法,是指利用不同的粒子在离心力场中沉降的差别,在同一离心条件下,不同颗粒沉降速度不同,通过不断增加相对离心力,逐渐增加离心速度或低速和高速交替进行离心,使一个非均匀混合液内的大小、形状不同的粒子分步沉淀的方法。操作过程中,一般是在离心后用倾倒的办法把上清液与沉淀分开,然后将上清液加高转速离心,分离出第二部分沉淀,如此往复,逐级分离出所需要的物质。

差速沉降离心的分辨率不高,沉降系数在同一个数量级内的各种粒子不容易分开,常用于其他分离手段之前的粗制品提取。例如:用差速离心沉降法分离已破碎的细胞各组分;分离沉降系数相差较大的颗粒;从混合颗粒悬浮液中分离出沉降系数在一定范围内的样品颗粒。

差速沉降离心首先要选择好颗粒沉降所需的离心力和离心时间。当以一定的离心力在一定的离心时间内进行离心时,在离心管底部就会得到最大和最重颗粒的沉淀,分出的上清液在加大转速下再进行离心,又得到第二部分较大和较重颗粒的沉淀及含较小和较轻颗粒的上清液,如此多次离心处理,即能把液体中的不同颗粒较好地分离开。此法所得的沉淀是不均一的,仍杂有其他成分,需经过 2～3 次的再悬浮和再离心,才能得到较纯的颗粒。

此法主要用于组织匀浆液中细胞器和病毒的分离,其优点是操作简易,离心后用倾倒法即可将上清液与沉淀分开,并可使用容量较大的角式转子。缺点是需多次离心,沉淀中有夹带,分离效果差,不能一次性得到纯颗粒,沉淀于管底的颗粒受挤压,容易变性失活。

3.3.5　密度梯度区带离心法

密度梯度区带离心法又称区带离心法,是将样品加在惰性梯度介质中进行离心沉降或沉降平衡,在一定的离心力下把颗粒分配到梯度中某些特定位置上,形成不同区带的分离方法。此法的优点如下:①分离效果好,可一次性获得较纯颗粒;②适应范围广,能分离具有沉降系数差的颗粒,又能分离有一定浮力密度差的颗粒;③颗粒不会挤压变形,能保持颗粒活性,并能防止已形成的区带由于对流而引起的混合。缺点如下:①离心时间较长;②需要制备惰性梯度介质溶液;③操作严格,不易掌握。密度梯度区带离心法又分为两种:差速区带离心法和等密度区带离心法。

1. 差速区带离心法

当不同的颗粒间存在沉降速度差时(不需要像差速沉降离心法所要求的那样大的沉降系数差),在一定的离心力作用下,颗粒各自以一定的速度沉降,在密度梯度介质的不同区域上形成区带的方法称为差速区带离心法(见图 3-4)。此法仅用于分离有一定沉降系数差的颗粒(20% 的沉降系数差或更少)或相对分子质量相差 3 倍的蛋白质,与颗粒的密度无关。大小相同、密度不同的颗粒(如线粒体、溶酶体等)不能用此法分离。差速区带离心法是在离心前于离心管内先装入密度梯度介质(如蔗糖、甘油、KBr、CsCl等),待分离的样品铺在梯度液的顶部、离心管底部或

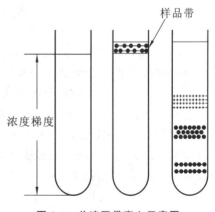

图 3-4　差速区带离心示意图

梯度层中间,同梯度液一起离心。离心后在近旋转轴处的介质密度最小,离旋转轴最远处介质的密度最大,但最大介质密度必须小于样品中粒子的最小密度,即 $\rho_p > \rho_m$。这种方法是根据分离的粒子在梯度液中沉降速度的不同,使具有不同沉降速度的粒子处于不同的密度梯度层内分成一系列区带,达到彼此分离的目的的。梯度液在离心过程中以及在离心完毕后取样时起着支持介质和稳定剂的作用,可避免因机械振动而引起已分层的粒子再混合。

当 $\rho_p > \rho_m$ 时,$S > 0$,因此该法的离心时间要严格控制,使各种粒子在介质梯度中形成一定的区带。如果离心时间过长,所有的样品全部到达离心管底部;如果离心时间不足,样品还没有分离。由于此法是一种不完全的沉降,沉降受物质本身大小的影响较大,一般应用在物质大小相异而密度相同的情况。常用的梯度液有 Ficoll、Percoll 及蔗糖。

操作时,离心管先装好密度梯度介质溶液,样品液加在梯度介质的液面上;离心时,由于离心力的作用,颗粒离开原样品层,按不同沉降速度向管底沉降;离心一定时间后,沉降的颗粒逐渐分开,最后形成一系列界面清楚的不连续区带,沉降系数越大,往下沉降越快,所呈现的区带也越低,离心必须在沉降最快的大颗粒到达管底前结束,样品颗粒的密度要大于梯度介质的密度。梯度介质通常用蔗糖溶液,其最大浓度可达 60%。此离心法的关键是选择合适的离心转速和时间。

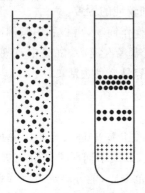

图 3-5　等密度区带离心示意图

2. 等密度区带离心法

等密度区带离心是根据样品组分的密度差别进行分离纯化的,一般是在离心管中预先放置好梯度介质,将样品加在梯度液面上,或将样品预先与梯度介质溶液混合后装入离心管,通过离心形成梯度,这就是预形成梯度和离心形成梯度的等密度区带离心产生梯度的两种方式。密度梯度液柱的密度范围很大,液柱底部的密度明显大于样品组分的密度。如果样品中有几个密度不相同的组分,它们将分别集中于密度梯度液柱中相应的密度位置上,形成几个分离的区带(见图 3-5)。收集各个区带即得到各个提纯的组分。等密度区带离心法的优点是能根据样品组分的密度差别进行分离纯化,可以分离纯化密度差大于 0.005 g/cm³ 的样品组分。一次离心可得到接近 100% 的产率和纯度。样品处理量比差速沉降离心法小但比差速区带离心法大。其主要缺点是等密度区带离心法是一种平衡离心法,达到平衡所需的时间很长,通常要十几到几十小时,故而限制了它的普及使用。另外,某些样品暴露于高浓度的梯度液中,可能引起损伤。体系到达平衡状态后,再延长离心时间和提高转速已无意义,处于等密度点上的样品颗粒的区带形状和位置均不再受离心时间影响,提高转速可以缩短达到平衡的时间,离心所需时间以最小颗粒到达等密度点(即平衡点)的时间为基准,有时长达数日。

等密度区带离心法的分离效率取决于样品颗粒的浮力密度差,密度差越大,分离效果越好,与颗粒大小和形状无关,但大小和形状决定着达到平衡的速度、时间和区带宽度。

等密度区带离心法所用的梯度介质通常为 CsCl。此法可分离核酸、亚细胞器等,也可以分离复合蛋白质,但对简单蛋白质不适用。

3. 梯度材料的应用范围

(1)蔗糖:水溶性大,性质稳定,渗透压较高,其最高密度可达 1.33 g/mL,且价格低、容易制备,是目前实验室里常用于细胞器、病毒、RNA 分离的梯度材料,但由于有较大的渗透压,不宜用于细胞的分离。

(2)聚蔗糖:商品名 Ficoll。常采用 Ficoll-400 也就是相对分子质量为 400 000 的 Ficoll,Ficoll 渗透压低,但它的黏度特别高,为此常与泛影葡胺混合使用以降低黏度,主要用于分离各种细胞包括血细胞、成纤维细胞、肿瘤细胞、鼠肝细胞等。

(3)CsCl:一种离子性介质,水溶性大,最高密度可达 1.91 g/cm³。由于它是重金属盐类,在离心时形成的梯度有较好的分辨率,故被广泛地用于 DNA、质粒、病毒和脂蛋白的分离,但价格较高。

（4）卤化盐类:KBr 和 NaCl 可用于脂蛋白分离,KI 和 NaI 可用于 RNA 分离,其分辨率高于铯盐。NaCl 梯度也可用于分离脂蛋白,NaI 梯度可分离天然或变性 DNA。

（5）Percoll:商品名,它是一种 SiO_2 胶体外面包了一层聚乙烯吡咯烷酮(PVP)的材料,渗透压低,对生物材料的影响小,而且颗粒稳定,在冷却和冻融情况下很稳定,其黏度高,且在酸性和高离子强度下不稳定。它可用于细胞、细胞器和病毒的分离。

3.3.6　超速离心

超速离心(ultracentrifugation)是在超速离心机中,应用强大的离心力分离、制备、分析物质的方法。超速离心机最初于 1940 年由瑞典物理化学家斯维德伯格(T. Svedberg)设计制造,经过不断改进,已成为现代生物化学和分子生物学常用的技术之一。超速离心机的离心速度为 60 000 r/min 或更多,离心力约为重力加速度的 500 000 倍,分为制备型超速离心机和分析型超速离心机两大类。两者均装有冷冻和真空系统。制备型超速离心机容量较大,主要用于分离制备线粒体、溶酶体和病毒等以及具有生物活性的核酸、酶等生物大分子。分析型超速离心机另装有光学系统,可以监测旋转离心过程中物质的沉降行为并能拍摄成照片。在操作技术上,最常用的是差速离心法和密度梯度离心法。前者是交替使用低速和高速离心。用不同强度的离心力使具有不同质量的物质分级分离的方法。此法适用于混合样品中各沉降系数差别较大组分的分离。欲分离沉降系数接近的物质,则广泛使用密度梯度离心法。这种方法使用一种密度能形成梯度(在离心管中,其密度从上到下连续增加)又不会使所分离的生物活性物质凝聚或失活的溶剂系统,离心后各物质颗粒能按其各自的密度平衡在相应的溶剂密度中形成区带。

3.4　膜分离技术

3.4.1　基本原理

膜分离技术的基本原理是利用天然或人工合成的具有选择透过性的薄膜,以外界能量或化学位差为推动力,对双组分或多组分体系进行分离、分级、提纯或富集。凡是利用薄膜技术进行分离的方法,称为膜分离技术。它与传统过滤方法的不同点在于,可以在分子水平上对不同粒径、形状、特性的分子的混合物实现选择性分离,并且此过程是一种物理过程,不发生相的变化,无须添加辅助剂。

3.4.2　膜的分类和性质

1. 膜的分类

膜是膜分离技术的核心,膜材料的化学性质和膜的结构对膜分离的性能起着决定性影响。膜分离技术对膜材料的要求如下:具有良好的成膜性、热稳定性、化学稳定性,耐酸、碱及微生物侵蚀和抗氧化性能。根据分离方式及透性不同,可将膜分为半透膜和离子选择性透过膜。

（1）半透膜:又称分离膜或滤膜,是指只透过溶剂或只透过溶剂和小分子溶质而截留大分子溶质的膜,主要用于反渗透和超过滤。半透膜膜壁布满小孔,根据孔径大小可以分为微滤

(MF)膜、超滤(UF)膜、纳滤(NF)膜、反渗透(RO)膜等。膜分离都采用错流过滤方式。对于半透膜的工作原理,当前最为经典的解释有氢键理论和优先吸附-毛细管流动机理。

(2) 离子选择性透过膜:简称离子交换膜,是电渗析法广泛应用的隔膜,也可用于反渗透。离子选择性透过膜的选择透过性一般用双电层理论和道南膜平衡理论来解释。

① 双电层理论(electric double layer theory)。离子选择性透过膜基膜的高分子链上连接有活性基团,当膜在水中溶胀后,活性基团被水相包围,解离成固定基团和可交换的活动离子,带有电荷的固定基团附近与电解质溶液中带相反电荷的离子就形成双电层。当活性基团浓度大于膜外溶液浓度时,固定基团就会吸引膜外溶液中带异号电荷的离子,使之通过膜,同号离子被排斥,不能通过膜。

② 道南膜平衡理论(Equilibrium theory of Donnan membrane)。道南膜平衡理论是胶体化学中关于半透膜两侧电解质平衡浓度关系的理论,1911 年由 Donnan 提出。当活性基团浓度高于膜外溶液浓度、同号离子在溶液中的浓度高于在膜相内的浓度时,异号离子受不可移动的固定基团约束,不能移至膜外;溶液中的同号离子也不能进入膜内。但在浓度差作用下,会有少量离子进行扩散,扰乱电中性状态,从而在膜相和液相界面上产生电势差,这一电势差称为道南电势。这种电势差趋向于把膜相的异号离子拉回而把同号离子仍排斥到溶液中去,以恢复电中性状态。这样由浓度梯度产生的离子扩散趋势就被反方向的道南电势作用趋势所抵消,建立起一种浓度不均匀的平衡状态,这种平衡称为道南膜平衡。道南膜平衡的结果是使膜相中的异号离子浓度大于液相中的异号离子浓度,使膜相中的同号离子浓度小于液相中的同号离子浓度,也就是在保持膜内电中性状态下,溶液中的异号离子通过膜而同号离子则不易通过,所以离子交换膜对异号离子有较高的选择透过性。

离子选择性透过膜按功能和结构的不同,可分为阳离子交换膜、阴离子交换膜、两性交换膜、镶嵌离子交换膜和聚电解质复合物膜五种类型。按膜体结构或膜中活性基团的分布情况,又可分为异相膜、均相膜和半均相膜三种。

在使用中根据材料的不同,也可将膜分为无机膜和有机膜两大类。

2. 膜的性质

膜分离技术使用的半透膜在溶液中能迅速溶胀,小于膜孔直径的分子能自由通过半透膜。不同型号的半透膜其膜孔直径不同,可以通过的分子大小也不相同。半透膜应具有良好的化学稳定性和一定的抗压、抗拉能力。水通量为单位时间内通过单位膜面积的水体积,不同的半透膜其水通量也不同,但当半透膜工作一定时间后,由于溶质分子会不断沉积于膜上,半透膜的水通量会有所下降,不同膜之间的差别也会变得不明显。

3.4.3　膜分离技术

膜分离技术的发展历史不长,它作为一门新型分离技术得到迅速发展是在 1960 年以后。从 20 世纪 30 年代开发微滤(micro filtration)开始,经过了 40 年代的透析(dialysis),50 年代的电渗析(electro dialysis),60 年代的反渗透(reverse osmosis),70 年代的超滤(ultrafiltration)和液膜(liquid membrane),80 年代的气体分离(gas separation),90 年代的渗透汽化(pervaporation)。其中的电渗析、反渗透、超滤、微滤和气体分离等技术发展至今已经十分成熟,在工业上得到了大规模的应用。

在生产应用上,将具有选择性功能的膜制成适合工业使用的构型,与驱动设备(压力泵、加热器或真空泵)及其他设备相连,在一定的工艺条件下操作,就可以分离混合溶液或气体。

　　根据物质颗粒或分子通过薄膜的原理和推动力的不同,可以将膜分离技术分为加压膜分离、电场膜分离和扩散膜分离三大类。

　　1. 加压膜分离

　　加压膜分离是以薄膜两边的流体静压力差为推动力的膜分离技术。在静压力差的作用下,小于孔径的物质颗粒穿过膜孔,而大于孔径的颗粒被截留。根据所截留的物质颗粒的大小不同,加压膜分离可分为微滤、超滤、反渗透和纳滤。

　　微滤是以微孔滤膜(也可以用非膜材料)作为过滤介质的膜分离技术。微孔滤膜所截留的颗粒直径为 $0.2 \sim 2$ μm。微滤过程所使用的操作压力一般在 0.1 MPa 以下。微孔滤膜的应用主要是从气相和液相中截留微粒、细菌以及其他污染物,以达到净化、分离、浓缩的目的。在实验室和生产中通常利用微滤技术除去细菌等微生物,达到无菌的目的。

　　超滤又称超过滤,是借助于超滤膜将不同大小的物质颗粒或分子分离的技术。超滤膜截留的颗粒直径为 $2 \sim 200$ nm,相当于相对分子质量为 $1 \times 10^3 \sim 5 \times 10^5$,主要用于分离病毒和各种生物大分子。超滤在工业中主要应用于废水和污水处理。

　　反渗透膜的孔径小于 2 nm,被截留的物质相对分子质量小于 $1\ 000$,操作压力为 $0.7 \sim 13$ MPa,主要用于分离各种离子和小分子物质。

　　纳滤介于超滤和反渗透之间,它也以压力差为推动力,但所需外加压力比反渗透低得多,能从溶液中分离出相对分子质量为 $300 \sim 1\ 000$ 的物质而允许盐类透出,是集浓缩与透析为一体的节能膜分离方法,已在许多工业中得到有效的应用。

　　2. 电场膜分离

　　电场膜分离是在半透膜的两侧分别装上正、负电极,在电场作用下,小分子的带电物质或离子向着与其本身所带电荷相反的电极移动,透过半透膜,而达到分离目的,包括电渗析和离子交换膜渗析。

　　电渗析是用两块半透膜将透析槽分隔成三个室,在两块膜之间的中心室加入待分离的混合溶液,在两侧室中装入水或缓冲液并分别接上正、负电极,接正电极的称为阳极槽,接负电极的称为阴极槽。接通直流电源后,中心室混合溶液中的阳离子向负极移动,透过半透膜到达阴极槽,而阴离子则向正极移动,透过半透膜移向阳极槽,大于半透膜孔径的物质分子则被截留在中心室中,从而达到分离目的。实际应用时,通常由上述相同的多个透析槽连在一起组成一个透析系统。渗析时要控制好电压和电流,渗析开始的一段时间,由于中心室溶液的离子浓度较高,电压可低些,当中心室的离子浓度较低时,要适当提高电压。电渗析主要用于酶液或其他溶液的脱盐、海水淡化、纯水制备以及其他带电荷小分子的分离,也可以将凝胶电泳后的含有蛋白质或核酸等的凝胶切开,置于中心室,经过电渗析,使带电荷的大分子从凝胶中分离出来。

　　离子交换膜渗析的装置与一般电渗析相同,只是以离子交换膜代替一般的半透膜。离子交换膜的选择透过性比一般半透膜强。一方面,它具有一般半透膜截留大于孔径的颗粒的特性;另一方面,由于离子交换膜上带有某种基团,根据同性电荷相斥、异性电荷相吸的原理,只允许带异性电荷的颗粒透过,而将带同性电荷的物质截留。离子交换电渗析主要应用在溶液脱盐、海水淡化以及从发酵液中分离柠檬酸、谷氨酸等带有电荷的小分子发酵产物等。

　　3. 扩散膜分离

　　扩散膜分离是利用小分子物质的扩散作用,不断透过半透膜扩散到膜外,而大分子被截留,从而达到分离效果的。常见的透析就是扩散膜分离。透析主要用于酶和其他生物大分子的分离纯化,可从中除去无机盐等小分子物质。透析设备简单、操作容易。但是透析时间较长,透析结束时,透析膜内侧的保留液体积较大,浓度较低,难以工业化生产。

3.4.4　透析技术

透析(dialysis)是生物化学实验中最常用的分离纯化技术,它是利用膜两侧的溶液浓度差,截留大分子物质,使小分子分离出去的,在生物大分子(如蛋白质)的制备过程中能够去除样品溶液中的小分子杂质和对样品进行浓缩。

1. 透析技术原理

将含有大分子和小分子的混合溶液装入由透析膜制成的透析袋(或管)中,将透析袋放入含有低渗的溶液或去离子水中,由于膜内的小分子渗透压高于膜外,根据分子自由扩散原理,小分子通过半透膜的膜孔向低浓度的膜外进行扩散,而大分子受到半透膜孔径的限制不能通过,小分子向外扩散的速度逐渐减弱,同时有部分小分子向膜内流动,渗透分子进出半透膜的速度逐渐趋于平衡。如果将半透膜外的溶液重新置换为低渗溶液后,平衡被打破,小分子又重新向膜外扩散,直至形成新的平衡。如果无限次地更换低渗溶液,使半透膜外的溶液总是保持低渗状态,半透膜内的小分子就可以不断扩散出去,理论上可以使膜内的小分子数量趋于零。

2. 透析膜

透析膜常用火棉胶、纤维素、羊皮纸、兽类的膀胱、玻璃纸等亲水材料制成。通常将半透膜制成袋状。一般购买的商品化的透析袋为管状,为防止干裂,刚出厂的透析膜含有甘油和极微量的硫化物和重金属等杂质,会影响实验结果,必须去除。方法是先用 50% 乙醇溶液煮沸 1 h,然后依次用 50% 乙醇溶液、10 mmol/L $NaHCO_3$ 溶液、1 mmol/L EDTA 溶液洗涤,最后用去离子水冲洗。清洗过的透析膜一定要采用湿法保存,一经干燥即会开裂,不能再使用。

3. 常用透析方法

(1) 自由扩散法。取一段大小合适的透析袋,将袋子的一端用线绳扎紧,然后向袋内注入去离子水,捏紧另一端并加适当压力检查是否漏水。若无漏水现象,将去离子水倒出,装入实验样品,将两端都用线绳扎紧,将其放入透析液中,透析液可以是去离子水或低渗溶液,透析液体积要足够大,必须是透析袋的 20 倍以上。当袋内外的小分子趋于平衡或浓度差很小时,更换透析液,一般为 4 h 以上。如此重复几次(一般为 4~5 次)后,即可将样品中的大分子和小分子分离。可以用电导仪进行检测,如果新加入的透析液在数小时内电导率变化不大,即表示实验完成。

(2) 搅拌透析法。搅拌透析法和自由扩散法相似,只是在容器下方安置一个磁力搅拌器,在透析液中放入一根电磁棒,借助电磁搅拌形成的旋涡流,使扩散出来的小分子很快分散到透析液中,使得透析袋外周附近的透析液始终保持低渗状态。此法能够克服自由扩散法中小分子的扩散回流,缩短透析时间,节省透析液,减少工作量并提高透析效率。

其他透析方法还有连续流透析、反流透析和减压透析等。所有透析方法的原理皆相同,只是在具体操作和装置上进行了不同改进。

3.4.5　超滤技术

超滤(ultrafiltration)技术是综合了过滤和渗透技术各自的优点而发展起来的一种高效分离技术,广泛用于生物大分子的脱盐、浓缩和分离纯化。

超滤技术的原理和透析技术一样,是根据被分离物质的分子大小、形状的差别进行分离的。在一定强度的压力差下,膜内的小分子溶质和溶剂穿过一定孔径的特制薄膜,而大分子不能通过,从而达到使不同大小的分子进行分离的目的。超滤技术的优点是操作简便、成本低廉,不需添加化学试剂,无相的变化,可以防止生物大分子的变性、失活。缺点是所得到的产品均是液状,不能得到干的制剂,而且对于某些物质(如蛋白质),其产品浓度较低。

按膜的平均孔径和施加压力的不同,可将膜分离技术分为微滤、超滤和反渗透三种。

(1) 微滤:操作压力小于 35 kPa,膜孔径 50 nm 以上,用于分离较大的微粒、细菌等。

(2) 超滤:操作压力 35～700 kPa,膜孔径 1～10 nm,用于分离大分子溶质。

(3) 反渗透:操作压力 3 500～14 000 kPa,膜孔径小于 1 nm,用于分离小分子溶质。

根据工作装置的不同,可将超滤技术分为无搅拌式超滤、搅拌式超滤和中空纤维超滤。

(1) 无搅拌式超滤和搅拌式超滤类似于透析中的自由扩散和搅拌透析法。无搅拌式超滤是在密闭容器中施加一定压力,将小分子和溶剂分子挤出膜外。搅拌式超滤是将装置放置于电磁搅拌器上,在超滤容器内放入磁棒,利用压力的同时开启磁力搅拌器,使透过膜的小分子和溶剂分子分散到溶液中。搅拌式超滤与无搅拌式超滤相比减少了极化现象,提高了效率。

(2) 中空纤维超滤能克服膜板式装置截留面积有限的缺点,它是在一支空心柱内装有许多中空纤维毛细管,管两端相通,一般管的内径为 0.2 mm,有效面积可达 1.0 cm²,极大地增大了渗透表面积,提高了超滤的效率。中空纤维超滤通过蠕动泵将样品液注入中空纤维管中,样液从底部进入,以高速流过每根纤维管,从上端流出,经过流量阀门时,阀门只打开一部分(为全流速的 1/4～2/3),使流速减慢,从而使管内产生很大内压,将部分小分子和溶剂分子透过膜孔挤出管外,剩下的溶液回到样品池与剩余的样品液混合,即完成一次超滤循环。然后再进行下一次超滤循环,每经过一次循环即除去部分小分子杂质和溶剂,大分子被不断浓缩,最终得到较纯的大分子物质。

影响超滤的因素主要有:①溶质的性质,如相对分子质量、分子形状和带电性质等;②溶液的浓度,一般而言,样品溶液浓度越高,超滤效率越低,因此可以先将溶液进行稀释再进行超滤;③温度,理论上温度越高,越利于超滤,但对于生物活性大分子来说,一般将温度控制在 4 ℃以下,以免失活;④压力,因为会产生浓度极化现象,施加压力不是越高越好,应根据样品溶液的浓度而定。如果样品溶液浓度高,压力应适当降低一些,如果样品溶液浓度低,则可适当提高压力。

3.5　光谱学技术

3.5.1　光谱学技术的基本原理

光的本质是电磁波,因此光也具有波粒二象性。光的波长 λ、光速 c 及光的频率 ν 之间满足下列关系式:$\lambda = c/\nu$。光的粒子性是指光可以看成由一系列量子化的能量子(即光子)组成,不同波长的光能量不同,光子能量 E 与光的频率 ν 之间满足方程式:$E = h\nu = hc/\lambda$,其中 h 为普朗克(Plank)常量,$h = 6.626 \times 10^{-34}$ J·s。由于光速 c 是不变的,因此光的波长越小,能量就越大。

1. 光谱与光谱分析

光分析是指对辐射能与待测物质进行相互作用后产生的辐射信号或引起的信号变化进行分析的方法,光谱分析为光分析的一个重要部分。当待测物质与辐射能发生作用时,物质内部因为量子化能级之间的跃迁会产生发射、吸收和散射等辐射能的变化,光谱学技术即是通过测量这些辐射能的变化从而进行分析的方法。常用的光谱学技术有紫外-可见光谱法、荧光光度法、红外光谱法、核磁共振光谱法、原子吸收光谱法、原子荧光光谱法、化学发光光谱法和生物发光光谱法等。

光谱是电磁辐射按照波长的有序排列,根据实验条件的不同,各个辐射波长都具有各自的特征强度。通过对光谱的研究,可以得到原子、分子等的能级结构、能级寿命、电子的组态、分子的几何形状、化学键的性质等多方面物质结构的知识。学习光谱学技术首先要了解光谱的产生过程。

当辐射能照射到物质上以后,构成物质的分子、原子和离子的总能量会发生改变,物质吸收了辐射能后会从稳定的基态跃迁到激发态,而激发态是不稳定的,物质又要从激发态回到稳定的基态,将吸收的能量释放出来,从而产生辐射信号或辐射信号的变化,这些辐射信号所对应的波长按照顺序进行排列即为光谱。根据产生的辐射信号或信号变化即可以进行光谱分析。

根据光谱产生方式的不同,一般把光谱区分为发射光谱、吸收光谱与散射光谱。

(1) 发射光谱。把氢原子光谱的最小能量定为最低能量,这个能态称为基态,相应的能级称为基能级。待测物质经辐射能照射后,构成物质的分子、原子或离子吸收了能量,由基态转化为不稳定的激发态,需要把多余的能量释放出去再回到稳定的基态。这部分多余的能量以光的形式释放出去,并产生相对应波长的光谱,称之为发射光谱。发射光谱包括线光谱、带光谱和连续光谱。

① 线光谱又称原子光谱或离子光谱,它是由不连续的明暗相间的线条所组成的光谱,由物质内的原子或离子被激发而产生。现在观测到的原子发射的光谱线已经达到了百万条。根据光谱学的理论,每种原子都有一套独立的分离能态,每一能态都有一定的能量,像人的指纹一样,每种原子都有其独特的光谱。

② 带光谱也称分子光谱,它是由物质内的分子被激发产生的由几个光带和暗区组成的宽带光谱。在分子中,电子态的能量比振动态的能量高 $50 \sim 100$ 倍,而振动态的能量比转动态的能量高 $50 \sim 100$ 倍。因此在分子的电子态之间的跃迁中,总是伴随着振动跃迁和转动跃迁,因而许多光谱线就密集地排列在一起而形成带状光谱。

③ 连续光谱主要产生于白炽的固体或气体放电,它是在一定波长范围内由连续不断的长波和短波按波长顺序排列组成的,如太阳光所发出的光谱即为连续光谱。

(2) 吸收光谱。当一束具有连续波长的光通过一种物质时,光束中的某些成分便会有所减弱,当经过物质而被吸收的光束由光谱仪展成光谱时,就得到该物质的吸收光谱。几乎所有物质都有其独特的吸收光谱。吸收光谱主要分为原子吸收光谱和分子吸收光谱两种。原子吸收光谱是物质中的原子受辐射能照射后吸收的能量产生的光谱,由不连续的明暗相间的线条所组成;分子吸收光谱是分子受辐射后吸收的能量产生的光谱,由数个光带与暗区相间所组成。吸收光谱的波长范围为 $10 \ nm \sim 1\ 000 \ \mu m$。在 $200 \sim 800 \ nm$ 的光谱范围内,可以观测到固体、液体和溶液的吸收,这些吸收有的是连续的,称为一般吸收光谱;有的显示出一个或多个吸收带,称为选择吸收光谱。选择吸收光谱在有机化学中有广泛的应用,如对化合物的鉴定、化学过程的控制、分子结构的确定、定性和定量化学分析等。所有这些光谱都是由于分子的电子态的变化而产生的。

(3) 散射光谱。当光通过物质时,除了光的透射和光的吸收外,还观测到光的散射。被辐射能照射后的物质系统内散射出来的能量所产生相对应波长的光谱即为散射光谱。散射光谱主要分布在红外区,以拉曼光谱最为常见。印度科学家拉曼发现,当光通过物质时,在散射光中除了原来的入射光的频率外,还包括一些新的频率,我们称这种能产生新频率的散射为拉曼散射,其光谱则称为拉曼光谱。在散射光谱学中,拉曼光谱学是最为普遍的光谱学技术。

2. 朗伯-比尔定律

当光透过一种物质时,光的能量会被该物质吸收一部分,光的强度就会减弱。假设一束光强为 I_0 的入射光透过一种浓度为 c、液层厚度为 b 的溶液,透射光强度为 I,则 $I < I_0$,且 c、b 越大,溶液吸收的光能越多,I 越小。其关系可以用数学表达式进行描述:

$$T = I/I_0 = 10^{-abc}$$

式中:T 为透射光与入射光的比值,称为透光度(或透光率);a 为比例常数,称为吸光系数。将等式两端各取负对数,得

$$-\lg T = -\lg(I/I_0) = A = abc$$

用吸光度 A 表示 $-\lg T$,代表溶液对光的吸收程度。

朗伯定律(Lambert'law):当 a、c 为定值 k_1 时,吸光度 A 和光程 b 成正比。

$$-\lg T = A = k_1 b$$

比尔定律(Beer'law):当 a、b 为定值 k_2 时,吸光度 A 和溶液浓度 c 成正比。

$$-\lg T = A = k_2 c$$

将朗伯定律和比尔定律综合起来,即为朗伯-比尔定律。

$$-\lg T = A = abc$$

3. 吸光系数

吸光系数(absorptivity)是指吸光物质在单位浓度、单位厚度时的吸光度,是进行定性和定量测定的依据。吸光系数一般有两种表示方法。

(1)摩尔吸光系数(ε):在一定波长时,浓度为 1 mol/L、厚度为 1 cm 时的吸光度,多用于分子结构研究。

(2)百分吸光系数(或称比吸光系数,$E_{1\text{ cm}}^{1\%}$):在一定波长时,质量浓度为 0.01 kg/m³、厚度为 1 cm 时的吸光度,多用于含量测定。当待测物质相对分子质量未知时,可以用百分吸光系数,常用于蛋白质和核酸等大分子的测量。

两种吸光系数间的换算关系式为

$$\varepsilon = M_r E_{1\text{ cm}}^{1\%}/10$$

影响吸光系数的因素有待测物质的性质、溶剂和入射光的性质。吸光系数与待测物质的性质密切相关,因此可以将吸光系数作为待测物质的特征常数。对相同的物质,如果溶液中的溶剂不同,则吸光系数也不会相同。不同波长的入射光其吸光系数也不相同。一般以某待测物质的最大吸收波长为该物质的定性及定量检测波长。此外,吸光系数也和入射光的纯度有关。

4. 光谱分析仪器

光谱分析仪器是指所有能够研究光的吸收、发射和散射的仪器,这些仪器一般由光源、单色器、吸收池、光电检测器和指示仪表等五大部分组成。

(1)光源。用于光谱检测的光源必须保持良好的稳定性,并具有足够的输出功率。一般光源分为连续光源和线光源两大类。

根据光源波长的不同,又可将连续光源分为紫外光源、可见光源和红外光源。紫外光源最

常见的为氢灯和氘灯等,可见光源最常见的为钠灯和钨灯,常用的红外光源有能斯特灯和硅碳棒等。

线光源包括在透明石英玻璃管里充有低压气体元素的金属蒸气灯和主要用于原子吸收检测的空心阴极灯。

(2) 单色器。单色器是指能够将连续复合光源分出单一波长的单色光或较窄波段的设备。通常由入光狭缝、准直元件、色散元件、聚焦元件和出光狭缝组成。其中最重要的为色散元件,常见的为棱镜和光栅。

(3) 吸收池。吸收池是盛样品的容器,即常用的比色皿。吸收池要求两透光面相平行并有精确的光程,厚度一致,最常见的有普通光学玻璃比色皿和石英比色皿,用于制造比色皿的其他材料还有蓝宝石、有机玻璃、无机盐类晶体等。总之,不同的检测波长应该选用不同材质的比色皿。一般的比色皿光程为 1 cm,规格为 1 cm×1 cm×3 cm,此外还有微量比色皿(1 cm×0.5 cm×3 cm、1 cm×0.2 cm×3 cm、1 cm×0.1 cm×3 cm)和 U 形毛细管等。

(4) 光电检测器。检测器的作用是将透过溶剂的透射光转变成电信号,再通过放大器把信号输送给显示器。紫外-可见分光光度计常用光电管或光电倍增管作为检测器。

(5) 指示仪表。传统指示仪表上刻有百分透光度和吸光度两种刻度。现在很多分光光度计能够将测量值换算成浓度后直读出来,十分方便。

3.5.2　紫外-可见吸收光谱法

1. 光谱与分子结构的关系

紫外-可见吸收光谱法是研究物质在紫外光区(190~380 nm)和可见光区(380~780 nm)的分子吸收光谱的分析方法。当一些生物大分子、无机物和有机物吸收光能后,产生价电子和分子轨道上电子在能级间的跃迁,从而形成吸收光谱,通过对吸收光谱的分析可以对生物大分子、无机物、有机物进行定性和定量分析。

紫外-可见吸收光谱法是基于分子内电子跃迁产生的吸收光谱进行分析的一种常用的光谱分析法。分子在紫外-可见区的吸收与其电子结构紧密相关。紫外光谱的研究对象大多是具有共轭双键结构的分子。

紫外吸收光谱、可见吸收光谱都属于电子光谱,它们都是由于价电子的跃迁而产生的。在有机化合物分子中有形成单键的 σ 电子、有形成双键的 π 电子、有未成键的孤对 n 电子。当分子吸收一定能量的辐射能时,这些电子就会跃迁到较高的能级,此时电子所占的轨道称为反键轨道,而这种电子跃迁同内部的结构有密切的关系。有机物分子内各种电子的能级高低次序为:$\sigma^* > \pi^* > n > \pi > \sigma$(标有 * 者为反键电子)。

物质吸收了光能后,构成物质的分子总能量会发生改变。分子总能量为电子能级的能量、振动能级的能量以及转动能级的能量之和。一般原子对电磁辐射的吸收只涉及原子核外电子能量的变化,是一些分离的特征锐线,而分子的吸收光谱是由成千上万条彼此靠得很紧的谱线组成的,看起来是一条连续的吸收带。紫外及可见吸收光谱包括六个谱带系,不同的谱带系相当于不同电子能级的跃迁。

(1) 远紫外区(真空紫外区):由 $\sigma \rightarrow \sigma^*$ 跃迁产生,最大吸收波长小于 200 nm,范围在 10~200 nm。因为远紫外(真空紫外)吸收带被空气强烈吸收,顾名思义,也叫真空紫外区,它主要是烷烃化合物的吸收带,如 C—C、C—H 基团。一般紫外-可见分光光度计不能用来研究远紫外吸收光谱,如甲烷的 $\lambda_{max} = 125$ nm。饱和有机化合物的电子跃迁在远紫外区。

（2）尾端吸收带：由 $n \rightarrow \sigma^*$ 跃迁产生，其范围从远紫外区末端到近紫外区。含有未共享电子对的取代基都可能发生 $n \rightarrow \sigma^*$ 跃迁。因此，含有 S、N、O、Cl、Br、I 等杂原子的饱和烃衍生物都出现一个 $n \rightarrow \sigma^*$ 跃迁产生的吸收谱带。饱和卤代烃、胺类或含杂原子的单键化合物均出现此吸收带。$n \rightarrow \sigma^*$ 跃迁也是高能量跃迁，一般 $\lambda_{max} < 200$ nm，落在远紫外区。但跃迁所需能量与 n 电子所属原子的性质关系很大。杂原子的电负性越小，电子越易被激发，激发波长越长。有时也落在近紫外区，如甲胺的 $\lambda_{max} = 213$ nm。

（3）E 带：属于芳香结构的特征吸收带，由处于环状共轭的三个乙烯键的苯型体系中的 $\pi \rightarrow \pi^*$ 跃迁产生。E 带属于强吸收带，摩尔吸光系数大于 10 000 L/(mol·cm)，又分为 E_1 和 E_2 带。$\pi \rightarrow \pi^*$ 跃迁所需能量较少，并且随双键共轭程度增加，所需能量降低。若两个以上的双键被单键隔开，则所呈现的吸收是所有双键吸收的叠加；若双键共轭，则吸收大大增强，波长红移，λ_{max} 和 E_{max} 均增加。如单个双键，一般 λ_{max} 为 150～200 nm，乙烯的 $\lambda_{max} = 185$ nm；而共轭双键如丁二烯 $\lambda_{max} = 217$ nm，己三烯 $\lambda_{max} = 258$ nm。

（4）K 带：共轭体系的 $\pi \rightarrow \pi^*$ 跃迁所产生的吸收带，如共轭烯烃、烯酮等。K 带的吸收强度很高，摩尔吸光系数大于 10 000 L/(mol·cm)。

（5）B 带：芳香和杂环化合物 $\pi \rightarrow \pi^*$ 的特征吸收带。苯的 B 带在 230～270 nm，并出现包含多重峰或精细结构的宽吸收带。但取代芳香烃的 B 带精细结构会消失，极性溶剂也会使精细结构消失。

（6）R 带：共轭分子的含杂原子基团的吸收带，如 C＝O、N＝O、N＝N 等基团，由 $n \rightarrow \pi^*$ 跃迁产生，为弱吸收带，摩尔吸光系数一般小于 100 L/(mol·cm)；随着溶剂极性的增加，R 带会发生蓝移，附近如有强吸收带，R 带有时会红移，有时可能观察不到。

$\pi \rightarrow \pi^*$ 和 $n \rightarrow \pi^*$ 跃迁都要求有机化合物分子中含有不饱和基团，以提供 π 轨道。含有 π 键的不饱和基团引入饱和化合物中，饱和化合物的最大吸收波长将移入紫外-可见区。这类能产生紫外-可见吸收的官能团，如一个或几个不饱和键（C＝C、C＝O、N＝N、N＝O 等）称为生色团（chromophore）。有些基团本身在 200 nm 以上不产生吸收，但这些基团的存在能增强生色团的生色能力（改变分子的吸收位置和增加吸收强度），这类基团称为助色团（auxochrome）。一般助色团为具有孤对电子的基团，如—OH、—NH₂、—SH 等。含有生色团或生色团与助色团的分子在紫外光区有吸收并伴随分子本身电子能级的跃迁，不同官能团吸收不同波长的光。作波长扫描，记录吸光度对波长的变化曲线，就得到该物质的紫外-可见吸收光谱。

蓝移现象：某些化合物的生色团如果引入某些取代基，如 C＝O，会使化合物的最大吸收峰 λ_{max} 向短波长方向移动，此化合物的基团为向蓝基团。

红移现象：某些化合物如果引入含有未共享电子对的基团，如—OH、—NH₂、—Cl、—SH、—OR，会使化合物的最大吸收峰 λ_{max} 向长波长方向移动，此化合物的基团为向红基团。

2. 紫外-可见分光光度计

紫外-可见分光光度计主要由光源、单色器、吸收池、检测器以及数据处理及记录系统等五个部分组成。

光源的作用是提供激发能，使待测分子产生吸收。要求能够提供足够强的连续光谱，有良好的稳定性、较长的使用寿命，且辐射能量随波长无明显变化。常用的光源有热辐射光源和气体放电光源。利用固体灯丝材料高温放热产生的辐射作为光源的是热辐射光源，如钨灯、卤钨灯。两者均在可见区使用，卤钨灯的使用寿命及发光效率高于钨灯。气体放电光源是指在低压直流条件下，氢气或氘气放电所产生的连续辐射，一般为氢灯或氘灯，在紫外区使用。这种光源虽然能提供至 160 nm 的辐射,但石英窗口材料使短波辐射的透过受到限制,而大于 360 nm 时,氢的发射谱线叠加于连续光谱之上,不宜使用。

单色器的作用是使光源发出的光变成所需要的单色光,通常由入射狭缝、准直镜、色散元件、物镜和出射狭缝构成。入射狭缝用于限制杂散光进入单色器,准直镜将入射光束变为平行光束后进入色散元件。后者将复合光分解成单色光,然后通过物镜将出自色散元件的平行光聚焦于出射狭缝。出射狭缝用于限制通带宽度。

吸收池用于盛放试液。用石英材料做成的石英池用于紫外-可见区的测量,普通光学玻璃做成的玻璃池只用于可见区。

简易分光光度计使用光电池或光电管作为检测器。目前最常见的检测器是光电倍增管,有的用二极管阵列作为检测器。其特点是在紫外-可见区的灵敏度高,响应快。但强光照射会引起不可逆损害,因此不宜用高能量检测,需避光。一般单色器都有出射狭缝。二极管阵列检测器不使用出射狭缝,在其位置上放一系列二极管的线形阵列,则分光后不同波长的单色光同时被检测。二极管阵列检测器的特点是响应速度快。但灵敏度不如光电倍增管,因后者具有很高的放大倍数。

显示器一般用液晶数字窗口显示,并能进行计算控制。

紫外-可见分光光度计按使用波长可分为以下四类:①真空紫外分光光度计(0.1～190 nm);②可见分光光度计(350～780 nm);③紫外-可见分光光度计(190～1 100 nm);④紫外-可见-红外分光光度计(190～2 500 nm)。按仪器使用的光学系统不同可分为五类:①单光束分光光度计;②双光束分光光度计;③双波长分光光度计;④双波长-双光束分光光度计;⑤动力学分光光度计。

3. 紫外-可见分光光度计的校正

紫外-可见分光光度计一般需要校正的两个方面是波长和吸光度。表 3-1 所示为重铬酸钾标准溶液的吸光度及透光度。

表 3-1 重铬酸钾标准溶液的吸光度及透光度

波长/nm	吸光度	透光度/(%)	波长/nm	吸光度	透光度/(%)	波长/nm	吸光度	透光度/(%)
220	0.446	35.8	300	0.149	70.9	380	0.932	11.7
230	0.171	67.4	310	0.048	89.5	390	0.695	20.2
240	0.295	50.7	320	0.063	86.4	400	0.396	40.2
250	0.496	31.9	330	0.149	71.0	420	0.124	75.1
260	0.633	23.3	340	0.316	48.3	440	0.054	88.2
270	0.745	18.0	350	0.559	27.6	460	0.018	96.0
280	0.712	19.4	360	0.830	14.8	480	0.004	99.1
290	0.428	37.3	370	0.987	10.3	500	0.000	100

波长的校正可采用辐射光源法。常用氢灯(486.13 nm、656.28 nm)、氘灯(486.00 nm、656.10 nm)或石英低压汞灯(253.65 nm、435.88 nm、546.07 nm)校正。

镨钕玻璃在可见区有特征吸收峰,可用来校正可见区;镝玻璃适合于紫外区的校正;苯蒸气在紫外区的特征吸收峰可用于校正。

4. 紫外-可见吸收光谱法的应用

(1)定性分析。紫外-可见吸收光谱法通过将未知物的测定值与已知物进行比较,从而确定未知物的性质。定性分析要注意：选择的溶剂必须对溶质有良好的溶解度，稳定性高，在测定波长内无光吸收，对测定无干扰。

（2）定量分析。比色分析法：根据朗伯-比尔定律，待测溶液在一定的浓度范围内其吸光度与浓度成正比，所以只要测出待测溶液的吸光度并将其与标准溶液的吸光度进行比较，便可得出待测溶液的浓度，进而求出溶液中溶质的含量。在对生物大分子的定量测定中，大部分是采用比色分析进行测定的。比色的溶液分两大类：有色溶液和无色溶液。有色溶液大多在可见区进行比色测定。无色溶液则可根据溶质分子中含有的某些显色基团在紫外区的某一波长具有最大吸收峰 $\lambda_{\max}$ 的性质进行检测。

吸光系数法：根据比尔定律，若吸光系数和溶液厚度已知，即 k_2 已知，则

$$A = k_2 c$$

即可根据测得的吸光度 A 求出待测物的浓度。

由于蛋白质分子中的显色基团使得其分子具有吸收紫色光的性质，还有两种专门针对蛋白质进行测定的方法：消光系数法和 F 因子测定法。

5. 影响紫外-可见吸收光谱法灵敏度的因素

温度、pH、溶液的浓度、测量时仪器的狭缝宽度和待测样品中所含杂质引起的背景吸收等均会影响最终的结果。

紫外-可见吸收光谱法测定的灵敏度取决于产生光吸收分子的摩尔吸光系数。该法设备简单，应用十分广泛。如医院的常规化验中，95%的定量分析都用紫外-可见吸收光谱法。在化学研究中，如平衡常数的测定、求算主-客体结合常数等都离不开紫外-可见吸收光谱。

3.5.3　荧光光度法

某些物质吸收一定波长的光后，能在极短时间内（$10^{-8} \sim 10^{-4}$ s）发出比该吸收波长更长波长的光，这种现象称为荧光现象，发射的光谱称为荧光光谱。根据荧光光谱及其强度可以对物质进行定性和定量分析，称为荧光光度法。荧光光度法具有如下四个特点。

（1）专一性强。荧光光度法是利用荧光物质自身的发光性质来检测其发射光谱的，更有针对性，能产生紫外-可见吸收的分子不一定发射荧光或磷光。

（2）灵敏度高。检测限比紫外-可见吸收光谱法低 2~4 个数量级。

（3）发光参数多。可分析荧光光谱强度、效率和寿命等，还可进行动力学分析，而紫外-可见吸收光谱法只能研究基态分子的反应。

（4）选择性好。荧光分析既可以分析发射光谱，也可以对激发光谱和偏振光谱进行分析。

由于能进行发光分析的体系有限，故应用范围不及紫外-可见吸收光谱法广。但采用探针技术可大大拓宽发光分析的应用范围。

1. 荧光产生的原理

一般情况下物质内的分子大多处在属于最低振动能级的基态，当分子受到某些特征波长的光照射并吸收能量后，分子内的部分电子会由原来的基态跃迁到较高的能级从而转变成激发态。处于激发态的分子是极不稳定的，它会在约 10^{-8} s 后将能量释放或转移出去，从而使自己下降到低能级电子激发态振动能级。激发态的分子如果将能量向内转移给周围分子，则称为无辐射跃迁。如果分子不是通过转移来消除能量而是通过将能量以光子的形式释放出去，则这种释放出来的光即通常所说的荧光。

与分光光度法不同的是，荧光光度法测定的是吸收了一定频率的光的待测物质本身所发

射的荧光强度。物质吸收的光称为激发光,物质发出的光称为发射光或荧光。

　　固定某一发射光的波长,测定该波长下的荧光强度随激发光波长变化的规律,便得到荧光激发光谱。固定某一激发光的波长,测定荧光发射强度随发射波长变化的规律,便得到荧光发射光谱,又称荧光光谱。荧光激发光谱和荧光发射光谱是定性测定荧光物质的依据。用荧光光度法分析时,首先必须根据荧光发射光谱来选择合适的测定波长。荧光光度法的定量依据如下:对于某一含有荧光物质的稀溶液,当入射光波长和强度及稀溶液的液层厚度不变时,所产生的荧光发射强度与该稀溶液的浓度成正比。

　　2. 荧光光度法的应用

　　(1)定性分析。通过测定待测物质的荧光发射的波长和出现的最大吸收峰的位置,可确定物质结构特征。因为荧光光度法能对荧光物质发出的荧光激发光谱和荧光发射光谱这两种特征光谱进行测定,相对于被测物质只有一种特征吸收光谱的其他分光光度法,其可靠性更高。

　　(2)定量分析。其原理同紫外-可见吸收光谱法类似,是利用一定浓度范围内溶液中荧光分子发射荧光的强弱进行定量测定的,包括标准曲线法和直接比较法。

　　① 标准曲线法:将已知量的标准荧光物质进行相同处理后,配成不同浓度的一系列溶液,在荧光光度计上测量,以溶液浓度为横坐标,测量值为纵坐标绘制标准曲线。在相同条件下测出未知样品的值,通过标准曲线查出样品溶液浓度,进而求出荧光物质的量。

　　② 直接比较法:在待测物质荧光标准曲线的溶液浓度范围内选择一个适宜标准样品浓度,将其所测的荧光光度值与未知样品的值进行比较。

　　3. 干扰因素

　　(1)溶剂。不同的溶剂对物质产生荧光的影响程度不同,因此测定时所有待测物质必须溶于同一溶剂。

　　(2)溶液的 pH。每一种荧光物质都有能使它在溶液中的解离度达到最大的最适宜 pH,从而使它达到最适合发射荧光的离子状态。

　　(3)温度。一般情况下荧光物质的荧光产生效率和产生荧光的强度会随着温度升高而减弱,随着温度降低而增强。

　　(4)溶液的浓度。荧光强度并不会一直随着溶液浓度的增加而增强,在进行测定时必须将待测液浓度调整到与荧光强度呈线性关系的范围内。

　　(5)时间。过早或过晚测定荧光强度都会带来误差,必须确定待测物质的最适宜测定时间,测定时尽量确保所有样品的测量时间相一致。

　　(6)光源的强度。过强的光源可能导致待测物质内的分子某些化学键发生变化或断裂,造成荧光强度迅速下降,即光分解。

　　(7)干扰物质。有些干扰物质能与荧光分子作用使荧光强度显著下降,有些物质则能产生荧光或散射光,最终都会影响测量结果。

　　4. 荧光分光光度计

　　和紫外分光光度计相似,荧光分光光度计的基本结构由激发光源、单色器、样品池、检测器和显示系统等五个部分组成。

　　光源有钨灯、碘钨灯、汞灯、氙灯、氢灯等,以钨灯和汞灯最为常见。荧光分光光度计有两个单色器,为石英棱镜或光栅,第一个为激发单色器,位于光源和样品池之间,以滤去非特征波长的激发光;第二个为发射单色器,位于样品池和检测器之间,以滤去反射光、散射光和其他杂质荧光。样品池以石英玻璃为材料,四面均透光。检测器采用光电倍增管。

3.5.4　红外吸收光谱法

1. 红外吸收光谱法的原理和应用

红外吸收光谱法是利用物质对红外光区电磁辐射有选择性吸收的特性来进行结构分析、定性和定量的分析方法,又称红外分光光度法。红外吸收光谱法与紫外-可见吸收光谱法不同的地方在于光谱区间,红外吸收光谱范围为 700 nm～500 μm。红外光区分为:近红外区,700 nm～2.5 μm(—OH 和—NH 倍频吸收区间);中红外区,2.5～25 μm(振动光谱和转动光谱);远红外区,25～500 μm(纯转动光谱)。其中经常用于分析的为中红外区。

红外吸收光谱是由于分子内原子扭曲、弯曲、转动和振动,吸收红外光而产生的,是组成分子的官能团(C=O、—C=C— 、=CH$_2$、—NH—CO—)及整个分子构型的特征。因此,可以运用红外吸收光谱法确定化合物(芳香类)的类别,定性鉴别分子内功能基团、推测分子结构以及进行定量分析等。

2. 红外分光光度计

红外分光光度计的结构原理和紫外-可见分光光度计及荧光分光光度计相同,标准的红外分光光度计测量的波数范围为 4 000～600 cm^{-1}(2.5～16.7 μm)。红外分光光度计基本结构为光源、单色器、样品池、检测器和显示系统等五个部分,与紫外-可见分光光度计不同的是光源和检测器。

红外分光光度计的光源有两种:用硅碳砂加压制成的硅碳棒,其工作寿命长,发光面积大;能斯特灯的工作温度可达 1 750 ℃,寿命为 2 000 h 以上。

单色器分为滤光片-光栅或棱镜-光栅。检测器为能够将热信号转变为电信号的真空热电偶,热电偶可以是白炽丝、稀土氧化物等。因为玻璃和石英在红外区是不透光的,其样品池通常用氯化钠窗,其光径为 0.1～1 mm,可用阻隔物改变光程。

用红外分光光度计进行检测时,因为水会对红外光有强烈吸收而干扰结果,所以要求样品不能含水分。对于气体样品,可以将样品置于气体池进行测量。如果样品是液体(非水溶液),可以采用液膜法——两块盐板夹住一滴样品制成厚度低于 0.01 mm 的液膜进行测量。固体样品可溶于四氯化碳、二硫化碳、苯、氯仿、二甲基甲酰胺等化合物中采用薄膜法进行测量。对于不能溶于上述溶剂的固体样品,可以采用研糊法——将样品进行研磨并使用重烃油或全氟煤油混合制成黏糊状,置于盐板间呈薄膜状以便测量。

红外吸收光谱法主要用于鉴别有机物分子中的功能基团,以及由活细胞产生的生物分子结构,如糖、磷脂、氨基酸等的结构。

3.5.5　核磁共振光谱法

将含有磁性原子核的分子放入强磁场中,用适宜频率的电磁波照射,它们会吸收能量,发生原子核能级的跃迁,同时产生核磁共振信号,得到核磁共振谱。利用核磁共振光谱进行结构测定、定性和定量分析的方法称为核磁共振光谱法(nuclear magnetic resonance spectroscopy,NMR),该方法是类似于紫外-可见吸收光谱法和红外吸收光谱法的另一种吸收光谱法。核磁共振吸收的能量为无线电波,波长 1～100 m,因为吸收能量小,不能发生电子能级跃迁和振动能级跃迁,其跃迁类型为自旋原子核发生能级跃迁。

1. 核磁共振光谱法的产生原理

带正电的原子核会发生自旋现象,自旋电荷的角动量 P 是量子化的,可以用核的自旋量子数 I 表示。当 $I=0$ 时,$P=0$,原子核没有自旋现象;当 $I>0$ 时,原子核才有自旋角动量和自旋现象,从而产生核磁共振信号。$I=1/2$ 的原子核,核电荷球形均匀分布于核表面,如 ^1_1H、$^{13}_6C$、$^{14}_7N$、$^{19}_9F$、$^{31}_{15}P$,它们核磁共振现象较简单;谱线窄,适宜检测,目前研究和应用较多的是 ^1_1H 和 $^{13}_6C$ 核磁共振光谱。

2. 核磁共振波谱仪

用于核磁共振检测的仪器包括三类:核磁共振波谱仪(高分辨谱仪);连续波核磁共振谱仪;傅里叶变换核磁共振谱仪。下面主要介绍核磁共振波谱仪。

核磁共振波谱仪主要的结构有磁铁、探头、射频振荡器、样品管、检测器、信号放大及记录系统。

(1) 磁铁:一般为永久磁铁,提供外磁场,要求稳定性好,均匀。

(2) 射频振荡器:线圈垂直于外磁场,发射一定频率的电磁辐射信号。

(3) 射频信号接收器(检测器):当质子的进动频率与辐射频率相匹配时,发生能级跃迁,吸收能量,在感应线圈中产生毫伏级信号。

(4) 样品管:外径为 5 mm 的玻璃管,测量过程中保持旋转,以使磁场作用均匀。

3. 核磁共振光谱法的应用

核磁共振谱能提供的参数主要是化学位移、原子的裂分峰数、耦合常数以及各组峰的积分高度等,这些参数与有机化合物的结构有着密切的关系。因此核磁共振谱是鉴定有机化合物结构和构象的主要工具之一。一般进行核磁共振光谱法分析的具体步骤如下。

(1) 获取样品的各种信息和基本数据,尽量多地了解待鉴定样品的来源,物理、化学性质,化学分析结果,最好确定其化学式。

(2) 根据分子式计算不饱和度。

(3) 根据积分曲线计算各峰所代表的氢核数和最大可能的范围。

(4) 根据化学位移鉴别质子的类型。

(5) 根据裂分峰数目推断相邻的质子数目和可能存在的基团,以及各基团之间的连接顺序。

(6) 合理组合,分析最可能的结构式。

(7) 结合 UV、IR、MS 检查结构式,并与标准谱图对照进行验证。

核磁共振光谱法适用于不能获得单晶的化合物或液体及溶液中的化合物的构型、构象的结构分析,聚合反应机理和高聚物序列的结构研究,主要用于鉴定有机化合物结构,根据化学位移鉴定有机基团,由耦合分裂峰数和耦合常数确立基团连接关系;根据各 H 峰面积定出各基团质子比。它在化学反应动力学方面有独特的应用,如分子内旋转、化学交换,测定反应速率常数,也可以监视一些化学反应的进行过程。核磁共振法的缺点是定量分析精确度、准确度较差,灵敏度比较低,一般要用毫克以上的样品测试,较少用于定性分析。

3.6　其他生物化学实验技术

3.6.1　放射性同位素标记技术

同位素标记法(isotopic tracer method)是利用放射性核素作为标记剂对研究对象进行标记的微量分析方法,标记实验的创建者是 Hevesy。Hevesy 于 1923 年首先用天然放射性 $^{212}_{82}Pb$

研究铅盐在豆科植物内的分布和转移。之后 Jolit 和 Curie 于 1934 年发现了人工放射性,以及其后生产方法的建立(加速器、反应堆等),为放射性同位素标记法的更快发展和广泛应用提供了基本的条件和有力的保障。

1. 同位素标记法的基本原理和特点

同位素标记所利用的放射性核素(或稳定性核素)及它们的化合物,与自然界存在的相应普通元素及其化合物之间的化学性质和生物学性质是相同的,只是具有不同的核物理性质。因此,可以用同位素作标记,制成含有同位素的标记化合物(如标记食物、药物和代谢物质等),代替相应的非标记化合物。利用放射性同位素不断地放出特征射线的核物理性质,就可以用核探测器随时追踪它在体内或体外的位置、数量及其转变等。

用放射性同位素作为标记剂具有灵敏度高、方法简便、定位定量准确、符合生理条件等优点。

2. 标记实验的设计原则

设计一个放射性同位素的标记实验应从实验的目的性、实验所具备的条件和对放射性的防护水平三方面着手考虑。原则上必须从两个主要方面来设计放射性标记实验:一是必须寻求有效的、可重复的测定放射性强度的条件;二是必须选择一个合适的比活度。采用放射性同位素标记技术研究时,一般须经过实验准备阶段、实验阶段和去污染与放射性废物处理三个步骤。

1) 实验准备阶段

(1) 标记剂的选择。选定的放射性标记剂的比活度的值必须足够大,以保证实验所需要的灵敏度,而又要尽可能小,使得在该实验条件下辐射自分解可忽略。一般是根据实验目的和实验周期长短,来选择具有合适的衰变方式、辐射类型和半衰期,且放射毒性低的放射性同位素。

(2) 放射性同位素测量方法的选择。测量方法的选择取决于射线种类,对于 α 射线通常可用硫化锌晶体、电离室、核乳胶等方法探测;对能量高的 β 射线可用云母窗计数管、塑料闪烁晶体及核乳胶测定,对于能量低的 β 射线可用液体闪烁计数器测量;对于 γ 射线则用 G-M 计数管、碘化钠(铊)闪烁晶体探测。目前大多数实验室主要采用晶体闪烁计数法和液体闪烁计数法两种测量方式。

(3) 进行非放射性模拟实验,把实验全过程预演一遍。同位素标记实验要求准确、仔细,稍有疏忽或考虑不周就匆忙进行正式实验,既容易导致实验失败,又会造成标记剂和其他实验用品的浪费,还会增加放射性废物,增加实验室本底水平,使实验者接受不必要的辐射剂量,所以模拟实验不仅可以检查正式实验中所用器材、药品是否合格,又可以对操作人员进行训练,以保证正式实验能顺利进行。

2) 实验阶段

(1) 选择放射性同位素的剂量。同位素必须经得起稀释,使其最后样品的放射性不低于本底。一般来说,放射性同位素在生物体内不是完全均匀地被稀释,可能在某些器官、组织、细胞、某些分子中有选择性地蓄积,蓄积的部分放射性就会很强,在这种情况下,应以相关部位对标记剂的蓄积率来考虑标记剂用量。在细胞培养、切片保温、酶反应等标记实验中,应依据实验目的、反应时间及反应体积的不同来考虑标记剂的用量。由于放射性同位素存在辐射效应,应该根据使用的放射性核素的种类,将用量控制在最大允许剂量(maximun permissible dose)

之内,以免因剂量过大所造成的辐射效应,给实验带来较大的误差。

(2) 选择标记剂给予途径。整体标记实验时,应根据实验目的,选择易吸收、易操作的给予途径,一般给予的数量、体积小,要求给予的剂量准确,以防止可能的损失和不必要的污染。体外标记实验时,应根据已设计的实验步骤的某个环节加入一定剂量的标记剂到反应系统中,力求操作准确、仔细。

(3) 放射性生物样品的制备。根据实验目的和标记剂的标记放射性同位素的性质制备放射性生物样品,其中放射性同位素的性质是生物样品制备形式的主要依据。若是释放 γ 射线的标记剂,则样品制备比较容易,只要定量地取出被测物质放入"井"形 NaI(Tl) 晶体内就能测定;若是释放出硬 β 射线的标记剂,须将液体铺样后烘干,也可灰化后铺样,放入塑料晶体闪烁仪内测定;若标记同位素仅释放软 β 射线,那么样品应制成液体闪烁样品,在液体闪烁计数器内测量。

(4) 放射性样品的测量。测量方法分为绝对测量和相对测量。绝对测量是对样品的实有放射性强度作测量,求出样品中标记同位素的实际衰变率,在绝对测量时,要纠正一些因素对测量结果的影响,这些因素包括仪器探头对于放射源的相对立体角、射线被探头接收后被计数的概率、反散射、放射源的自吸收影响等。而相对测量只是在某个固定的探测仪器上作放射性强度的测量,不追求它的实际衰变率。在一般的标记实验中,大多采用相对测量的方法比较样品间的差异。

3) 去污染与放射性废物处理

对放射性实验,无论是每次实验不是阶段性实验结束后,都可能有不同程度的放射性污染和放射性废物的出现,因此,在实验结束后,要作去污染处理和放射性废物处理。必要时在实验过程进行中,就要作去污染和清理放射性废物的工作。

3. 同位素标记法在生物化学和分子生物学中的应用

放射性同位素标记法在生物化学和分子生物学领域应用极为广泛,它为揭示体内和细胞内理化过程的秘密,阐明生命活动的物质基础起了极其重要的作用。近几年来,同位素标记技术在原基础上又有许多新发展,如双标记和多标记技术、稳定性同位素标记技术、活化分析、电子显微镜技术、同位素技术与其他新技术相结合等。这些技术的发展,使生物化学从静态进入动态,从细胞水平进入分子水平,阐明了一系列重大问题,如遗传密码、细胞膜受体、RNA-DNA 逆转录等,使人类对生命基本现象的认识开辟了一条新的途径。同位素标记技术在生物化学和分子生物学中的应用主要表现在以下几个方面。

(1) 物质代谢的研究。体内存在着很多种物质,究竟它们之间是如何转变的,如果在研究中应用适当的同位素标记物作标记剂分析这些物质中同位素含量的变化,就可以知道它们之间相互转变的关系,还能分辨出谁是前身物,谁是产物,分析同位素标记剂存在于物质分子的哪些原子上,可以进一步推断各种物质之间的转变机制。

(2) 物质转化的研究。物质在机体内相互转化的规律是生命活动重要的研究内容。同位素标记技术的应用,使有关物质转化的实验周期大大缩短,而且在离体、整体、无细胞体系的情况下都可应用,操作简化,测定灵敏度提高,不仅能定性,还可定量分析。

(3) 动态平衡的研究。阐明生物体内物质处于不断更新的动态平衡之中,是放射性同位素标记法对生命科学的重大贡献之一。向体内引入适当的同位素标记物,在不同时间测定物质中同位素含量的变化,就能了解该物质在体内的变动情况,定量计算出体内物质的代谢率,计算出物质的更新速度和更新时间等。机体内的各种物质都有大小不同的代谢库,代谢库的大小可用同位素稀释法求得。

(4) 生物样品中微量物质的分析。近年来迅速发展、应用愈来愈广泛的放射免疫分析(radioimmunoassay)是一种超微量的分析方法,它可测定的物质有 300 多种,其中激素类居多,包括类固醇激素,多肽类激素,非肽类激素,蛋白质,环核苷酸,酶,肿瘤相关的抗原、抗体以及病原体,微量药物等其他物质。

(5) 最近邻序列分析法(nearest neighbour-sequence analysis method)。放射性同位素标记技术是分子生物学研究中的重要手段之一,对蛋白质生物合成的研究,从 DNA 复制、RNA 转录到蛋白质翻译均起了很大的作用。最近邻序列分析法应用同位素标记技术结合酶切理论和统计学理论,研究证实了 DNA 分子中碱基排列规律,用最近邻序列分析法首次提出了 DNA 复制与 RNA 转录的分子生物学基础,从而建立了分子杂交技术。此外,放射性同位素标记技术对分子生物学的贡献还表现在对蛋白质合成过程中三个连续阶段,即肽链的起始、延伸和终止的研究;核酸的分离和纯化;核酸末端核苷酸分析,序列测定;RNA 中的遗传信息如何通过核苷酸的排列顺序向蛋白质中氨基酸传递的研究等。

为了更好地应用放射性同位素标记技术,除了有赖于标记剂的高质量和核探测器的高灵敏度外,关键还在于有科学根据的设想和创造性的实验设计以及各种新技术的综合应用。

3.6.2　免疫标记技术

免疫标记技术是指用荧光素、放射性同位素、酶、铁蛋白、胶体金及化学(或生物)发光剂等作为追踪物,标记抗体(抗原)进行的抗体(抗原)反应,并借助荧光显微镜、射线测量仪、酶标检测仪、电子显微镜和发光免疫测定仪等精密仪器,对实验结果直接镜检观察或进行自动化测定的技术,它可以在细胞、亚细胞、超微结构及分子水平上,对抗体(抗原)反应进行定性和定位研究,或应用各种液相和固相免疫分析方法,对体液中的半抗原、抗原或抗体进行定性和定量测定。

根据实验中所用标记物的种类和检测方法不同,免疫标记技术分为荧光免疫技术、放射免疫技术、酶免疫技术、免疫电镜技术、胶体金免疫技术和发光免疫测定。其中酶免疫技术是敏感、快速、简便、应用范围广、不需特殊设备、易于把握的一项新技术。下面以酶免疫技术为例对免疫标记技术作详细介绍。

1. 酶免疫技术基本原理

酶免疫技术是将抗体(抗原)反应的特异性与酶的高效催化作用有机结合的一种方法。它将酶作为标记物,与抗体(抗原)连接,与相应的抗体(抗原)作用后,通过底物的颜色反应作抗体(抗原)的定性和定量,亦可用于组织中抗体(抗原)的定位研究。酶免疫技术在生物学、医学领域中得到广泛应用并不断得到更新。

2. 常用的酶及显色底物

在酶免疫技术中,用于标记的酶应具有催化活性高、催化专一性强,与抗体(抗原)偶联后不影响抗体(抗原)的免疫反应性和酶活力,催化的底物易于配制、保存且催化底物产生的信号产物易于观察和检测,对人无害且价廉、易得等特点。目前常用的酶及底物见表 3-2。

表 3-2　常用酶及底物

常　用　酶	底　　物	加终止液前颜色	加终止液后颜色
辣根过氧化物酶(HRP)	邻苯二胺(OPD)	橙黄色	棕黄色
	四甲基联苯胺(TMB)	蓝色	黄色
碱性磷酸酶(AP)	对硝基苯磷酸二钠盐(p-NPP)	黄色	黄色

3. 标记物的制备

在酶免疫技术中制备标记物的抗原应纯度高、抗原性完整,制备标记物的抗体应特异性好、效价高、亲和力强、比活性高、能批量生产和易于分离纯化。

制备酶标记物的方法应符合简单、产量高,避免酶、抗体(抗原)、酶标记物各自形成聚合物,标记反应不影响酶的活性和抗体(抗原)的免疫反应性等原则。标记物制备的方法基本包括两类。

(1) 交联法:以能同时与酶和抗体(抗原)结合的交联剂作为"桥",分别连接酶与抗体(抗原),目前最常用的是戊二醛交联法,形成的结合物为酶-戊二醛-抗体(抗原)。

(2) 直接法:用活化剂首先将酶活化,被活化的酶分子上的基团直接可与抗体(抗原)结合形成标记物,如过碘酸钠法,形成的结合物为酶-抗体(抗原)。

4. 酶免疫技术类型

酶免疫技术按照抗体(抗原)系统是定位于组织细胞上还是存在于液体样品中分为酶免疫组化技术和酶免疫测定(EIA)。酶免疫测定又可分为均相酶免疫测定和异相酶免疫测定。其中,异相酶免疫测定中的固相酶免疫测定是通过载体将结合状态的酶标记物吸附在固相支持物上,只需洗涤就可将游离的酶标记物去除,应用非常广泛。固相酶免疫测定又以酶联免疫吸附实验(ELISA)最为常用。下面对 ELISA 进行简单介绍。

(1) 基本原理。ELISA 的基本原理是将过量抗体(抗原)包被于载体上,通过抗体(抗原)反应使酶标记抗体(抗原)结合在载体上,经洗涤去除游离的酶标记抗体(抗原)后,加入底物显色,定性或定量分析有色产物,确定待测物质的存在与含量的检测技术。

(2) 技术类型。ELISA 的主要技术类型有双抗体夹心法、间接法、竞争法、捕获法等。

① 双抗体夹心法用于检测抗原。它是利用待测抗原上的两个抗原决定簇 A 和 B 分别与固相载体上的抗体 A 和酶标抗体 B 结合,形成抗体 A-待测抗原-酶标抗体 B 复合物,复合物的形成量与待测抗原含量成正比,属非竞争性反应类型。

② 间接法用于测定抗体。它的原理是将已知抗原连接在固相载体上,待测抗体与抗原结合后再与酶标二抗结合,形成抗原-待测抗体-酶标二抗的复合物,复合物的形成量与待测抗体量成正比,属非竞争性反应类型。

③ 竞争法既可用于检测抗原,又可用于检测抗体。它是用酶标抗原(抗体)与待测的非标记抗原(抗体)竞争性地与固相载体上的限量抗体(抗原)结合,待测抗原(抗体)多,则形成非标记复合物多,酶标记复合物就少,因此,显色程度与待测物质含量成反比。

④ 捕获法用于测定 IgM 类抗体。固相载体上连接的是 IgM 的二抗,先将标本中的 IgM 类抗体捕获,以防止 IgG 类抗体对 IgM 测定的干扰,此步骤也是其称为捕获法的原因所在,然后再加入特异抗原和酶标抗体,形成抗体 IgM-IgM-特异抗原-酶标抗体的复合物,复合物含量与待测 IgM 成正比,也属非竞争性反应类型。

各种技术类型的主要区别见表 3-3。

表 3-3　ELISA 常用技术类型比较

类　　型	固相载体上的包被物	待测物质	酶标记物	显色程度与待测物含量间的关系
双抗体夹心法(一步法)	抗体 A	抗原	酶标抗体 B	正相关
间接法	抗原	抗体	酶标二抗	正相关
竞争法	抗原(抗体)	抗体(抗原)	酶标抗体(抗原)	负相关
捕获法	IgM	IgM	酶标抗体	正相关

（3）技术要求。

① 常用的固相载体。ELISA 中最常用的固相载体用聚苯乙烯制备,可制成微量反应板、小试管等,现多用微量反应板,它的吸附性能好、空白值低、孔底透明度高、批间稳定性好、价格低廉且易于与自动化仪器配套。另外,聚乙烯、聚氯乙烯酰胺等塑料制品也有使用。

② 固相包被物的制备。制备方法可以是吸附法或化学偶联法。用聚苯乙烯作载体包被抗原(抗体)常用吸附法。4 ℃过夜或 37 ℃ 2～6 h 经清洗即可应用。为防止包被后载体上留有未包被的空隙而导致本底过高,常用 1%～5%牛血清白蛋白封闭空隙。

③ 最佳工作浓度的选择。在 ELISA 中为防止本底高和灵敏度低,需要对包被抗体(抗原)和酶标抗体(抗原或二抗)进行滴定和选择最佳工作浓度。

5. 酶免疫技术的发展

酶免疫测定的方法、技术已得到不断发展和更新,其中斑点-ELISA、免疫印迹法、发光酶免疫测定、BAS-ELISA 等方法不断得到应用。

（1）斑点-ELISA。斑点-ELISA 的原理与 ELISA 的区别在于用对蛋白质有极强吸附力的硝酸纤维素膜代替塑料制品作为固相载体,酶作用于底物后在硝酸纤维素膜上形成有色沉淀而使膜着色。它的灵敏度较一般 ELISA 高 6～8 倍,可达纳克水平,试剂用量小,不需其他设备条件。

（2）免疫印迹法。免疫印迹法是将电泳与 ELISA 结合起来的一种方法,它先经十二烷基硫酸钠-聚苯烯酰胺凝胶电泳将样品进行分离,通过转印将被分离的各区带原位转移到硝酸纤维素膜上,然后把印有蛋白质条带的膜当成包被抗原的固相载体,对酶免疫进行测定。所以免疫印迹法分为电泳、转印、酶免疫测定三个阶段。

（3）发光酶免疫测定。发光酶免疫测定与一般 ELISA 的区别是前者的酶所催化的底物是发光剂,产物不是一般 ELISA 的有色物质,而是发光产物,所发出的光可用特定的仪器测定。

（4）BAS-ELISA。BAS-ELISA 是将生物素-亲和素(BAS)放大系统与 ELISA 结合起来的一种技术。生物素(B)是一种小分子的生长因子,有两个环状结构,其中一个可以和亲和素结合,另一个可以和酶、抗原(抗体)等多种物质结合。亲和素(A)又称卵白素,有 4 个亚基,都可与生物素稳定结合,即 1 个亲和素就能结合 4 个生物素,亲和素也可被酶标记。

3.6.3　聚合酶链式反应技术

聚合酶链式反应(polymerase chain reaction,简称 PCR)是体外酶促合成特异 DNA 片段的一种方法。它不仅可以用于基因分离、克隆和核酸序列分析，还可用于突变体和重组体的构建、基因表达调控的研究、基因多态性的分析、遗传病和传染病的诊断、肿瘤机制探查、法医鉴定等诸多方面。PCR 技术大大推动了分子生物学各学科的研究进展。

1. PCR 技术基本原理

PCR 技术的基本原理类似于 DNA 的天然复制过程，由高温变性、低温退火及适温延伸等几步反应组成一个周期，循环进行，使目的 DNA 得以迅速扩增。其主要步骤如下：待扩增 DNA 于高温下解链成为单链模板；人工合成的两个寡核苷酸引物在低温条件下分别与目的片段两侧的两条链互补结合；DNA 聚合酶在 72 ℃将单核苷酸从引物 3'端开始掺入，沿模板 5'→3'方向延伸，合成 DNA 新链。由于每一周期所产生的 DNA 均能成为下一次循环的模板，因此 PCR 产物以指数方式增加，经过 25～30 次周期之后，理论上可增加 10^9 倍，实际上至少可扩增 10^5 倍，一般可达 10^6～10^7 倍。

2. 标准的 PCR 反应体系

参加 PCR 反应的物质主要有五种：引物（PCR 引物为 DNA 片段，细胞内 DNA 复制的引物为一段 RNA 链）、酶、dNTP、模板和缓冲液（需要 Mg^{2+}）。

(1) PCR 引物设计基本原则。

① 引物长度：15～30 bp，常用为 20 bp 左右。

② 引物碱基：G+C 含量以 40%～60% 为宜，G+C 太少，扩增效果不佳，G+C 过多，易出现非特异条带。四种最好随机分布，避免 5 个以上的嘌呤或嘧啶核苷酸成串排列。

③ 引物内部不应出现互补序列。

④ 两个引物之间不应存在互补序列，尤其是避免 3'端的互补重叠。

⑤ 引物与非特异扩增区的序列的同源性不要超过 70%，引物 3'末端连续 8 个碱基在待扩增区以外不能有完全互补序列，否则易导致非特异扩增。

⑥ 引物 3'端的碱基，特别是最末及倒数第二个碱基，应严格要求配对，最佳选择是 G 和 C。

⑦ 引物的 5'端可以修饰，如附加限制酶位点，引入突变位点，用生物素、荧光物质、地高辛标记，加入其他短序列，包括起始密码子、终止密码子等。

(2) 模板的制备。

PCR 的模板可以是 DNA，也可以是 RNA。模板的取材主要依据 PCR 的扩增对象，可以是病原体标本如病毒、细菌、真菌等，也可以是病理生理标本如细胞、血液、羊水细胞等，法医学标本有血斑、精斑、毛发等。

标本处理的基本要求是除去杂质，并部分纯化标本中的核酸。多数样品需要经过 SDS 和蛋白酶 K 处理。难以破碎的细菌，可用溶菌酶加 EDTA 处理。所得到的粗制 DNA，经酚、氯仿抽提纯化，再用乙醇沉淀后用作 PCR 反应模板。

(3) PCR 反应条件的控制。

① PCR 反应的缓冲液：提供合适的酸碱度与某些离子。

② 镁离子浓度：总量应比 dNTP 的浓度高，常用 1.5 mmol/L。

③ 底物浓度：dNTP 以等物质的量浓度配制，20～200 μmol/L。

④ TagDNA 聚合酶：2.5 U。

⑤ 引物：浓度一般为 0.1～0.5 μmol/L。

⑥ 反应温度和循环次数:变性温度 95 ℃、时间 30 s,退火温度低于引物 T_m 值 5 ℃左右,一般在 45~55 ℃,延伸温度 72 ℃,时间 1 min,循环数一般为 25~30 个。

循环数决定 PCR 扩增的产量。模板初始浓度低,可增加循环数以便达到有效的扩增量。但循环数并不是可以无限增加的。一般循环数为 30 个左右,循环数超过 30 个以后,DNA 聚合酶活力逐渐达到饱和,产物的量不再随循环数的增加而增加,出现了所谓的"平台期"。

3. PCR 步骤

(1) DNA 变性(90~96 ℃):双链 DNA 模板在热作用下,氢键断裂,形成单链 DNA。

(2) 退火(25~65 ℃):系统温度降低,引物与 DNA 模板结合,形成局部双链。

(3) 延伸(70~75 ℃):在 Taq 酶(72 ℃左右活性最佳)的作用下,以 dNTP 为原料,从引物的 5'端→3'端延伸,合成与模板互补的 DNA 链。

每一个循环经过变性、退火和延伸,DNA 含量即增加一倍。现在有些 PCR 因为扩增区很短,即使 Taq 酶活力不是最佳也能在很短的时间内复制完成,因此可以改为两步法,即退火和延伸同时在 60~65 ℃间进行,以减少一次升降温过程,提高反应速度。

4. PCR 检测

PCR 反应扩增出高的拷贝数,下一步检测就成了关键。荧光素(溴化乙锭,EB)染色凝胶电泳是最常用的检测手段。电泳法检测特异性是不太高的,因此引物二聚体等非特异性的杂交体很容易引起误判。但因为其简捷易行,因而成为主流检测方法。近年来,以荧光探针为代表的检测方法有逐渐取代电泳法的趋势。

3.6.4　生物化学代谢研究的方法

体内物质代谢的途径不止一种,而许多途径中的化学反应更是多且复杂,而且都在同一微小细胞内同时进行,因此研究起来比较困难。随着研究方法的发展,现在对体内许多重要代谢途径已有一定了解。

(1) 同位素示踪法:这是研究代谢的最有效和最常用的方法。一般是向制备的组织、细胞或亚细胞成分中加入同位素标记的底物,然后追踪生成的中间产物和终产物,绘制出代谢物的转换图。

(2) 完整动物的饲养平衡实验:测定食物中的一种物质的进食量及其本身或其代谢产物的排出量,并用以推断其在体内的代谢情况。

(3) 器官灌流法:将一种物质注入某一器官的血液中,然后分析测定流出器官血液中该物质的衍生物,即可获知该物质在此器官中的代谢变化。

(4) 组织薄片法:用组织薄片来测定一种物质的代谢途径要比用器官更为便利和准确,这种方法具有完全可靠的控制和对照。肝、肾、脑及其他组织均可切成约 50 μm 的薄片,使之与浴液有充分的接触面,让营养物质与代谢产物交换适宜,以便能维持组织中细胞活力长达数小时之久。将一定数量被研究物质混于浴液中,保温一定时间后,分析测定浴液中的各种物质,便能推测或断定被研究物质的代谢途径。

(5) 亚细胞水平法:为了确定化学反应在细胞内进行的部位,可将组织在匀浆器中研磨成匀浆,使细胞破裂。然后用差速离心法,可获得各种亚细胞部分,如细胞核、线粒体、微粒体、溶酶体、过氧化物酶体及质膜等,这些亚细胞结构各有所异。分别用不同的亚细胞结构实验,即可证明此点。

（6）纯酶的应用：使用纯酶不但能知道它所催化的确切反应，而且可详细研究其促进反应的各个方面。将许多由纯酶促进的反应依次拼凑起来，对一些重要物质的代谢途径，不论是合成的抑或是分解的，均可大体弄清。

此外，在物质代谢途径的研究中，微生物也常被利用，研究代谢抑制剂的作用有助于判定代谢途径中的某一步反应。

第二篇

生物化学实验

第4章 蛋 白 质

实验 1　氨基酸和蛋白质的呈色反应

【实验目的】

了解蛋白质的基本结构单位及其主要连接方式,了解蛋白质和某些氨基酸的呈色反应原理,学习几种常用的鉴定蛋白质和氨基酸的方法。

【实验原理】

蛋白质分子中的某些基团与显色剂作用,可发生特定的颜色反应;不同蛋白质所含氨基酸不完全相同,故颜色反应也有所不同。重要的颜色反应有以下六种。

(1) 双缩脲反应。将尿素加热到 180 ℃,则两分子尿素缩合而成一分子双缩脲,并生成一分子氨。双缩脲在碱性溶液中能与硫酸铜反应产生紫红色配合物,此反应称为双缩脲反应。蛋白质分子中含有许多和双缩脲结构相似的肽键,因此也能起双缩脲反应,形成紫红色配合物。通常可用此反应来定性鉴定蛋白质,也可根据反应产生的颜色在 540 nm 处比色,定量测定蛋白质。

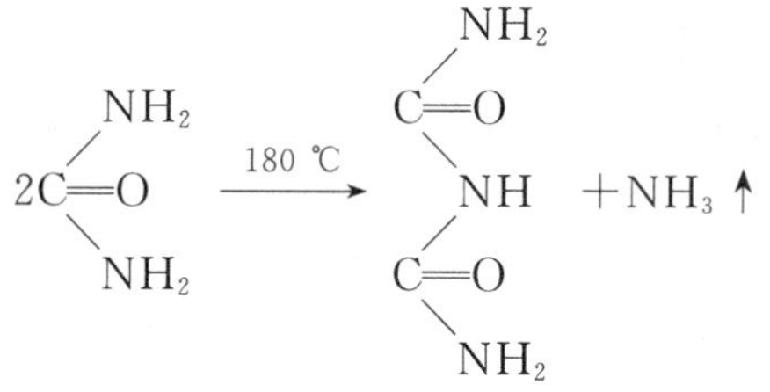

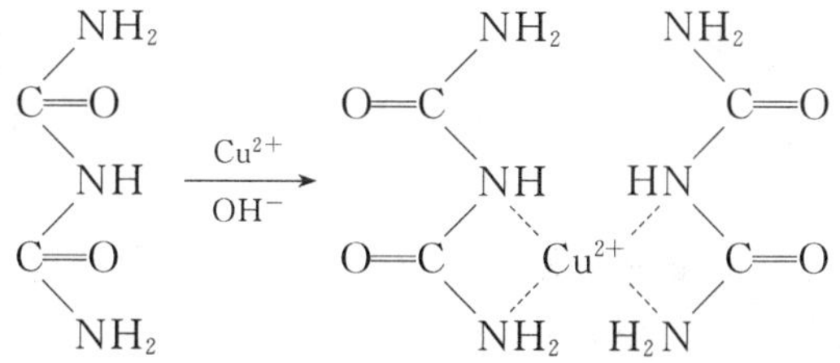

紫红色配合物

(2) 茚三酮反应。除脯氨酸、羟脯氨酸和茚三酮反应产生黄色物质外,所有 α-氨基酸及一切蛋白质与茚三酮共热,均可产生蓝紫色的物质,此反应称为茚三酮反应。含有氨基的其他物质也有此呈色反应。该反应十分灵敏,1∶1 500 000 浓度的氨基酸水溶液也能发生此反应,是一种常用的氨基酸定量测定方法。该反应分两步进行:第一步是氨基酸被氧化形成 CO_2、NH_3 和醛,水合茚三酮被还原成还原型茚三酮;第二步是形成的还原型茚三酮同另一个水合茚三酮分子和氨缩合生成有色物质。反应机理如下:

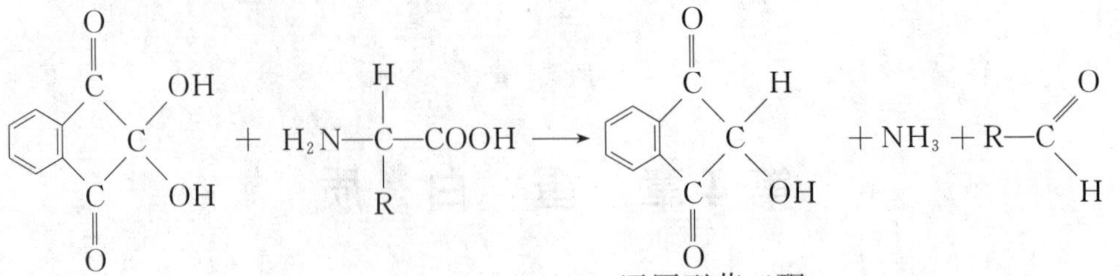

还原型茚三酮

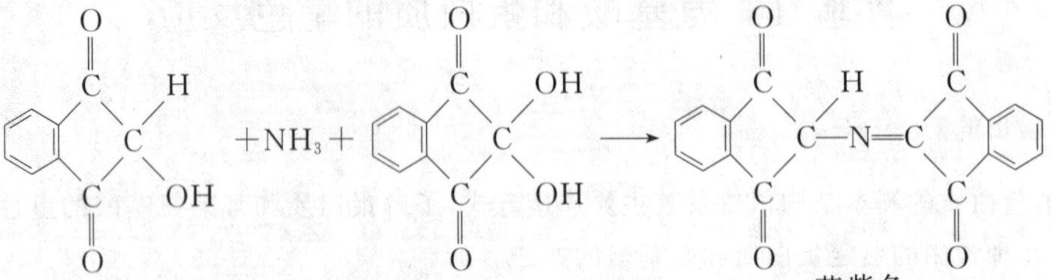

蓝紫色

　　该反应的适宜 pH 应在 5～7,否则,即使是同一浓度的蛋白质或氨基酸,反应显示的颜色深浅也有所不同,酸度过大时可能不显色。

　　(3) 黄色反应。该反应是含有芳香族氨基酸,特别是含有酪氨酸和色氨酸的蛋白质所特有的呈色反应。蛋白质溶液遇硝酸后,先产生白色沉淀,加热则白色沉淀变成黄色物质,再加碱颜色加深呈橙黄色,生成硝醌酸钠。多数蛋白质含有带苯环的氨基酸,故有黄色反应,如皮肤、指甲和毛发等遇浓硝酸会变成黄色。但值得注意的是苯丙氨酸不易硝化,需要加入少量浓硫酸才有黄色反应。其反应机理如下:

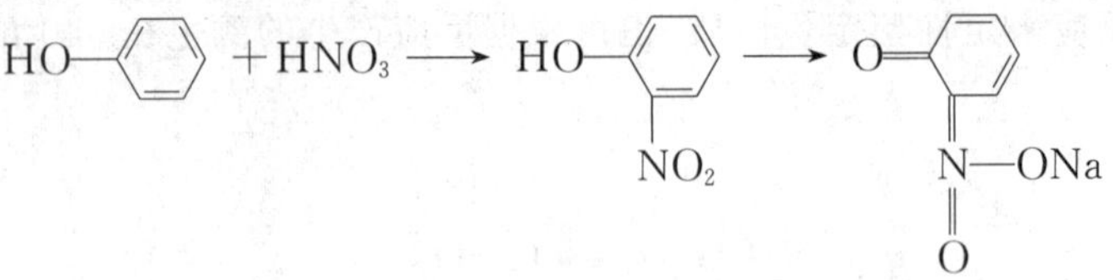

硝基酚(黄色)　邻硝醌酸钠(橙黄色)

　　(4) 乙醛酸反应。在蛋白质溶液中加入乙醛酸,并沿管壁慢慢注入浓硫酸,在两液层之间就会出现紫色环,凡含有吲哚基的化合物都有这一反应。色氨酸及含有色氨酸的蛋白质也有此反应,不含色氨酸的白明胶就无此反应。

　　(5) 坂口反应。精氨酸分子中含有胍基,能与次氯酸钠(或次溴酸钠)及 α-萘酚在氢氧化钠溶液中生成红色产物。此反应可以用来鉴定含有精氨酸的蛋白质,也可用来定量测定精氨酸。

　　(6) 米伦(Millon)反应。米伦试剂为硝酸汞、亚硝酸汞、硝酸和亚硝酸的混合物,在蛋白质溶液中加入米伦试剂后即产生白色沉淀,加热后沉淀变成红色。酚类化合物有此反应,酪氨酸含有酚基,故酪氨酸及含有酪氨酸的蛋白质都有此反应。

【仪器、试剂和材料】

1. 仪器
试管和试管架、滴管、滤纸、酒精灯、恒温水浴锅、量筒、吸量管等。

2. 试剂和材料
(1) 双缩脲反应。

10%氢氧化钠溶液、1%硫酸铜溶液、蛋白质溶液(2%卵清蛋白溶液或鸡蛋清溶液,蛋清与水的比例为1∶9),尿素。

(2) 茚三酮反应。

0.5%甘氨酸溶液、0.1%茚三酮水溶液、0.1%茚三酮-乙醇溶液(0.1 g 茚三酮溶于 95%乙醇并稀释至 100 mL)、蛋白质溶液(2%卵清蛋白溶液或鸡蛋清溶液,蛋清与水的比例为1∶9)。

(3) 黄色反应。

2%鸡蛋清溶液(蛋清与水的比例为 1∶9)、头发、指甲、0.5%苯酚溶液、浓硝酸、0.3%色氨酸溶液、0.3%酪氨酸溶液、10%氢氧化钠溶液。

(4) 乙醛酸反应。

蛋白质溶液(新鲜鸡蛋清与水的比例为 1∶20)、冰醋酸、0.3%色氨酸溶液、浓硫酸(AR)。

(5) 坂口反应。

0.3%精氨酸溶液、蛋白质溶液(新鲜鸡蛋清与水的比例为 1∶20)、20%氢氧化钠溶液、1% α-萘酚-乙醇溶液(临时配制)、溴酸钠溶液(2 g 溴溶于 100 mL 5%氢氧化钠溶液,置于棕色瓶中,可在暗处保存两周)。

(6) 米伦反应。

卵清蛋白液(将鸡或鸭蛋白用蒸馏水稀释 20～40 倍,用 2～3 层纱布过滤,滤液冷藏备用)、0.5%苯酚溶液(苯酚 0.5 mL,加蒸馏水稀释至 100 mL)。

米伦试剂:40 g 汞溶于 60 mL 浓硝酸,水浴加热助溶,溶解后加 2 倍体积蒸馏水,混匀,静置澄清,取上清液备用。此试剂可长期保存。

【实验步骤】

1. 双缩脲反应

(1) 取少许结晶尿素放在干燥试管中,微火加热,尿素熔化并形成双缩脲,放出的氨可用红色石蕊试纸检测,至试管内有白色固体出现,停止加热,冷却。然后加 10%氢氧化钠溶液1 mL,混匀,再滴加 $CuSO_4$ 溶液 1 滴,振荡,观察有无紫色出现。

(2) 另取一支试管,加蛋白质溶液 10 滴,再加 10%氢氧化钠溶液 10 滴及 1%硫酸铜溶液1～4 滴,混匀,观察是否出现紫红色。

2. 茚三酮反应

(1) 取 2 支试管,分别加入蛋白质溶液和 0.5%甘氨酸溶液 1 mL,再各加 0.5 mL 0.1%茚三酮溶液,混匀,在沸水浴中加热 1～2 min,观察颜色是否由粉红色变为紫红色再变为蓝紫色。注意:此反应必须在 pH=5～7 的条件下进行。

(2) 在一块小滤纸上滴 1 滴 0.5%甘氨酸溶液,风干后再在原处滴 1 滴 0.1%茚三酮-乙醇溶液,在微火旁烘干显色,观察是否有紫红色斑点的出现。

3. 黄色反应

取 6 支试管,编号,按表 4-1 用量分别加入试剂,观察各管出现的现象,若试管反应慢可稍放置一会或微火加热,待各管出现黄色后,于室温下逐滴加入 10%氢氧化钠溶液至碱性,观察颜色变化。

表 4-1　黄色反应各管试剂加入量

试 管 号	1	2	3	4	5	6
材料	2%鸡蛋清溶液	指甲	头发	0.5%苯酚溶液	0.3%色氨酸溶液	0.3%酪氨酸溶液
材料用量/滴	4	少许	少许	4	4	4
浓硝酸用量/滴	2	20	20	4	4	4
现象						
10%氢氧化钠 溶液体积/mL						
呈碱性后现象						

注:该反应须在 pH=5~7 的环境中进行。

4. 乙醛酸反应

取 3 支试管,编号,按表 4-2 分别加入蛋白质溶液、0.3%色氨酸溶液和水,然后各加入乙醛酸 2 mL,混匀后倾斜试管,沿壁分别缓慢加入浓硫酸约 1 mL,静置,观察各管液面紫色环的出现,若不明显,可于水浴中微热。

表 4-2　乙醛酸反应各管试剂加入量

试管号	H₂O 用量/滴	0.3%色氨酸 溶液用量/滴	蛋白质溶液 用量/滴	冰醋酸 体积/mL	浓硫酸 体积/mL	现象记录
1	0	0	5	2	1	
2	4	1	0	2	1	
3	5	0	0	2	1	

5. 坂口反应

可定性鉴定含有精氨酸的蛋白质和定量测定精氨酸。

取 3 支试管,编号,按表 4-3 向各管中加入试剂,记录出现的现象。

表 4-3　坂口反应各管试剂加入量

试管号	H₂O 用量/滴	0.3%精氨酸 溶液用量/滴	蛋白质溶液 用量/滴	20%氢氧化钠 溶液用量/滴	1% α-萘酚-乙醇 溶液用量/滴	溴酸钠溶液 用量/滴	现象记录
1	0	0	5	5	3	1	
2	4	1	0	5	3	1	
3	5	0	0	5	3	1	

6. 米伦反应

(1)用苯酚做实验:取 0.5%苯酚溶液 1 mL 于试管中,加米伦试剂约 0.5 mL(米伦试剂含有硝酸,如加入量过多,能使蛋白质呈黄色,加入量应不超过试液体积的 1/5),小心加热,溶液即出现玫瑰红色。

(2)用蛋白质溶液做实验:取 2 mL 卵清蛋白溶液,加 0.5 mL 米伦试剂,此时出现蛋白质的沉淀(因试剂含汞盐及硝酸),小心加热,凝固的蛋白质出现红色。

注意事项:蛋白质溶液中如含有大量无机盐,可与汞产生沉淀从而丧失试剂的作用,此种试剂不能测定尿中的蛋白质。另外试液中还不能含有 H₂O₂、醇或碱,因为它们会使试剂中的汞变成氧化汞沉淀。遇碱必须先中和,但不能用盐酸中和。

【思考题】

（1）如果蛋白质水解后双缩脲反应呈阴性,对水解作用的程度可得出什么结论?
（2）茚三酮反应的阳性结果为何颜色? 能否用茚三酮反应可靠地鉴定蛋白质的存在?
（3）黄色反应的阳性结果说明什么问题?
（4）为什么蛋清可作为铅或汞中毒的解毒剂?

【附注】

（1）实验内容繁多,请认真预习、操作。
（2）硫酸铜不能多加,否则将产生蓝色的 $Cu(OH)_2$。此外,在碱溶液中氨或铵盐与铜盐作用生成深蓝色的配离子 $[Cu(NH_3)_4]^{2+}$,妨碍颜色反应的观察。

实验 2　蛋白质等电点的测定和沉淀反应

【实验目的】

了解蛋白质的两性解离性质,学习测定蛋白质等电点的方法;了解沉淀蛋白质的几种方法及现实意义;加深对蛋白质胶体溶液稳定因素的理解。

【实验原理】

蛋白质是两性电解质,在不同 pH 的水溶液中解离后所带正、负电荷不同。调节溶液的 pH 到一定值时,蛋白质分子所带的正电荷和负电荷相等,以兼性离子状态出现,在电场内该蛋白质分子既不向阴极移动,也不向阳极移动,这时溶液的 pH 称为该蛋白质的等电点(pI)。

多数蛋白质等电点接近 7.0,略偏酸性的蛋白质也较多。处于等电点的蛋白质表现电中性,所以在溶液中的稳定性很差,容易沉淀析出。将酪蛋白溶液分置于连续不同的 pH 环境中,通过观察混浊程度(最多的)可测得酪蛋白的等电点。

在蛋白质溶液中加入中性盐(如 $(NH_4)_2SO_4$、$MgSO_4$、$NaCl$ 等)时,蛋白质即沉淀析出,这种过程称为盐析作用或盐析。盐析作用包括两种过程:①大量电解质破坏了蛋白质的水化层而出现沉淀;②电解质中和了蛋白质分子所带的电荷而沉淀。

中性盐能否沉淀蛋白质常取决于中性盐的浓度、蛋白质的种类、溶液的 pH 以及蛋白质胶体颗粒的大小。颗粒大的比颗粒小的容易析出,如球蛋白多在半饱和硫酸铵溶液中析出,而清蛋白则常在饱和硫酸铵溶液中才析出。

极性较大的有机溶剂(如甲醇、乙醇、丙酮等)由于对水的亲和力较大,可破坏蛋白质的水化层使其沉淀;当溶液的 pH 大于蛋白质的等电点时,蛋白质带有较多的负电荷,可与重金属离子结合生成不溶于水的复合物沉淀;当溶液的 pH 小于蛋白质的等电点时,蛋白质带有较多的正电荷,可与酸(如苦味酸、钨酸、三氯乙酸、磺基水杨酸、偏磷酸等)根离子结合生成不溶性蛋白盐沉淀。

【仪器、试剂和材料】

1. 仪器

试管及试管架、研钵、恒温水浴锅、容量瓶(100 mL)、温度计、锥形瓶(200 mL)、吸管、量筒、滴管、吸量管(1 mL 和 5 mL)或移液枪、电子天平、托盘天平。

2. 试剂和材料

(1) 蛋白质等电点测定。

1.0 mol/L 醋酸溶液、0.10 mol/L 醋酸溶液、0.01 mol/L 醋酸溶液。

0.4%酪蛋白-醋酸钠溶液:取 0.4 g 酪蛋白,加少量水在乳钵中,仔细研磨,将所得蛋白质液体移入 200 mL 锥形瓶中,用少量 40~50 ℃的水洗涤研钵,将洗涤液也移入锥形瓶中。再加入 10 mL 1 mol/L 醋酸钠溶液。把锥形瓶放入 50 ℃水浴中,并小心地转动锥形瓶,直至酪蛋白全部溶解。然后将锥形瓶内溶液全部转至 100 mL 容量瓶中定容,混匀备用。

(2) 蛋白质的沉淀反应。

蛋白质-氯化钠溶液:取 20 mL 蛋清,加蒸馏水 200 mL 和饱和氯化钠溶液 100 mL,充分搅匀后用纱布滤去不溶物(加氯化钠的目的是溶解球蛋白)。

5%蛋白质溶液。

饱和硫酸铵溶液:称硫酸铵 850 g,加入 1 000 mL 蒸馏水中,在 70~80 ℃下搅拌促溶,室温中放置过夜,瓶底析出白色结晶,上清液即为饱和硫酸铵溶液。

饱和苦味酸溶液:取 2 g 苦味酸放入锥形瓶,加蒸馏水 100 mL,80 ℃水浴约 10 min,使之完全溶解,于室温下冷却后瓶底析出黄色结晶,上清液即为饱和苦味酸,此液可存放数年。

1%醋酸溶液、3%硝酸银溶液、1%硫酸铜溶液、1%三氯乙酸溶液、0.5%磺基水杨酸溶液、5%鞣酸溶液、硫酸铵粉末、0.1 mol/L 氢氧化钠溶液、0.1 mol/L 盐酸、95%乙醇、醋酸-醋酸钠缓冲液(pH=4.7)、0.1 mol/L 醋酸溶液、0.05 mol/L 碳酸钠溶液、氯化钠、甲基红。

【实验步骤】

1. 蛋白质等电点测定

(1) 取 4 支粗细相近的干燥试管,编号后按表 4-4 的顺序分别准确地加入各种试剂,然后混匀。

表 4-4　蛋白质等电点测定实验的各管试剂加入量

试管号	蒸馏水体积 /mL	0.01 mol/L 醋酸 溶液体积/mL	0.10 mol/L 醋酸 溶液体积/mL	1.0 mol/L 醋酸 溶液体积/mL
1	8.4	0.6	0	0
2	8.7	0	0.3	0
3	8.0	0	1.0	0
4	7.4	0	0	1.6

(2) 加完后再向各试管中均加入 0.4%酪蛋白-醋酸钠溶液 1 mL,加一管,摇匀一管。此时,1、2、3、4 号管的 pH 依次是 5.9、5.3、4.7、3.5。观察上述各管的混浊程度,静置约 10 min后,再观察其混浊程度。最混浊的一管的 pH 即为酪蛋白的等电点。

2. 蛋白质的沉淀反应

(1) 盐析作用:取 1 支试管,加入 3 mL 蛋白质-氯化钠溶液和 3 mL 饱和硫酸铵溶液,混匀,静置约 10 min,球蛋白沉淀析出。过滤后向滤液中加入硫酸铵粉末,边加边用玻璃棒搅拌,直至粉末不再溶解达到饱和状态为止,析出的沉淀为清蛋白,再加水稀释,观察沉淀是否溶解。

（2）乙醇沉淀蛋白质：取 1 支试管，加 5％蛋白质溶液 1 mL，加晶体氯化钠少许（加速沉淀并使沉淀完全），待溶解后再加入 95％乙醇 2 mL，混匀。观察有无沉淀析出。

（3）有机酸沉淀蛋白质：取 2 支试管，各加入 5％蛋白质溶液约 0.5 mL，然后分别滴加 1％三氯乙酸溶液和 0.5％磺基水杨酸溶液数滴。观察有无沉淀析出。

（4）重金属盐沉淀蛋白质：取 2 支试管，各加 5％蛋白质溶液 2 mL，一管内滴加 3％硝酸银溶液，另一管内滴加 1％硫酸铜溶液，观察是否有沉淀生成。

（5）生物碱试剂沉淀蛋白质：取 2 支试管，各加 5％蛋白质溶液 2 mL 及 1％醋酸 4～5 滴。其中一管滴加 5％鞣酸溶液，另一管内滴加饱和苦味酸溶液，观察沉淀的形成。

（6）乙醇引起的变性与沉淀：取 3 支试管，编号，按表 4-5 的顺序加入试剂。

表 4-5　乙醇引起的变性与沉淀反应各管试剂加入量

试管号	5％蛋白质溶液体积/mL	0.1 mol/L 氢氧化钠溶液体积/mL	0.1 mol/L 盐酸体积/mL	95％乙醇体积/mL	pH＝4.7 的醋酸-醋酸钠缓冲液体积/mL
1	1	0	0	1	1
2	1	1	0	1	0
3	1	0	1	1	0

摇匀后，观察各管有何变化。静置 2 min 后，向各管均加水 8 mL，然后在 2、3 号管中各加 1 滴甲基红，再分别用 0.1 mol/L 醋酸溶液及 0.05 mol/L 碳酸钠溶液中和，观察各管颜色变化和沉淀的生成。每管再加 0.1 mol/L 盐酸数滴，观察沉淀的再溶解。解释各管发生的现象。

【思考题】

（1）蛋白质的等电点的含义是什么？它在分离蛋白质时有何实际意义？

（2）蛋白质的沉淀反应的含义是什么？沉淀出现的原因是否全都相同？

（3）蛋白质沉淀与变性有何异同？

【附注】

（1）蛋白质盐析时须先加蛋白质溶液，后加饱和硫酸铵溶液，顺序不能倒过来；另外，应注意析出的是蛋白质还是硫酸铵。

（2）卵清蛋白溶液的 pI 为 4.55～4.90。

实验 3　血清蛋白盐析及分子筛层析脱盐

【实验目的】

掌握盐析的原理和方法，掌握离心机的使用方法。

【实验原理】

用中性盐类使蛋白质从溶液中沉淀析出的过程称为蛋白质的盐析作用。本实验用盐析法对血清蛋白进行初步分离，在半饱和硫酸铵溶液中，血清白蛋白不沉淀，而球蛋白沉淀。离心后,白蛋白主要在上清液中,沉淀的球蛋白加少量蒸馏水使之溶解。由于血清白蛋白和球蛋白的相对分子质量比硫酸铵大得多,因此,可用分子筛层析法除去盐析后的白蛋白或球蛋白样品中的硫酸铵,使白蛋白或球蛋白得以进一步纯化。

分子筛层析(molecular sieve chromatography)又称凝胶排阻层析(gel exclusion chromatography)、凝胶过滤(gel filtration),是 20 世纪 60 年代发展起来的一种简便、快速的生物化学分析分离方法。

分子筛层析是指混合物随流动相经固定相(凝胶)移动时,混合物中各组分按其分子大小不同而被分离的技术。凝胶是一种不带电荷的具有三维空间结构的多孔网状物质。凝胶的每一个颗粒的细微结构就像一个筛子,小的分子可以进入凝胶网孔而大的分子则被排阻于凝胶颗粒之外,因而具有分子筛作用,又因整个层析过程一般不变换洗脱液,好像过滤一样,故也称凝胶过滤。

当含有大小不同分子的混合物加到层析柱中时,这些物质随洗脱液的流动而移动。大分子物质(相对分子质量大)由于不能进入凝胶颗粒内部,就沿着凝胶颗粒间隙随流动相(或洗脱液)移动,流程短,移动速度快,先流出层析柱。而相对分子质量小的物质,可通过凝胶颗粒网孔进入颗粒内部,然后再扩散出来,故流程长,移动速度慢,后流出层析柱,从而使混合物中的各组分分离开来。

也就是说,分子筛层析是按溶质分子的大小,先后流出层析柱,大分子先流出,小分子后流出。当两种以上不同相对分子质量的分子均能进入凝胶颗粒内部时,则由于它们被排阻和扩散的程度不同,在层析柱内所经过的路程和时间也不同,从而得到分离。

【仪器、试剂和材料】

1. 仪器

层析柱、吸量管、烧杯、滴管、玻璃棒、部分收集器、恒流泵、核酸蛋白质检测仪、恒温水浴锅、离心机、试管、滤纸、剪刀、镊子、塑料反应板、酸度计、秒表。

2. 试剂

(1) 0.3 mol/L 醋酸铵缓冲液(pH=6.5):称取醋酸铵 23.13 g,加入 800 mL 蒸馏水中使之溶解,然后用稀醋酸或稀氨水调至 pH=6.5。最后加蒸馏水定容至 1 000 mL。

(2) 0.02 mol/L 醋酸铵缓冲液(pH=6.5):取上液用蒸馏水稀释 15 倍。

(3) 饱和硫酸铵溶液:称取固体硫酸铵 850 g,加 1 000 mL 蒸馏水,于 70~80 ℃下搅拌促溶,室温下放置过夜,瓶底析出白色结晶,上清液即为饱和硫酸铵溶液。

(4) 200 g/L 磺基水杨酸溶液、10 g/L $BaCl_2$ 溶液。

3. 材料

血清、凝胶(Sephadex G-25)。

【实验步骤】

1. 硫酸铵盐析

取 2 mL 血清于离心管中,边摇边缓慢滴加饱和硫酸铵溶液 2 mL,混匀后室温放置 10 min,3 000 r/min 离心 10 min。用滴管小心吸出上层清液于另一试管中,作纯化白蛋白用,沉淀加入 0.8 mL 蒸馏水,振摇使之溶解,作纯化 γ-球蛋白用。

2. 分子筛层析脱盐

(1) 凝胶(Sephadex G-25)的处理。取 30 g Sephadex G-25,加到 1 000 mL 蒸馏水中,轻轻摇匀,置于水浴中煮沸 2 h,此间需经常摇动以使气泡逸出,取出冷却,待凝胶颗粒沉降后,倾去带有细微悬浮物的上层液,再加入 2 倍量的 0.02 mol/L pH=6.5 的醋酸铵缓冲液并混匀,静置片刻,待绝大部分颗粒沉降后,倾去未沉降的很细小的微粒。最好将上述处理后的凝胶再用水泵抽,排除凝胶内的气泡。

(2) 装柱。将层析柱垂直固定于铁架台上,在层析柱内加 0.02 mol/L pH=6.5 的醋酸铵缓冲液约 3 mL,排除"死体积"内的气泡。

然后将上述处理好的浓稠的凝胶悬液沿玻璃棒倒入柱内,注意不要产生气泡,凝胶要均匀,床表面要平整。装柱后,接上恒压贮液瓶,打开恒流泵,调整流速,用 0.02 mol/L pH=6.5 的醋酸铵缓冲液洗涤平衡。

(3) 加样。取下贮液瓶,小心控制流速,使柱上缓冲液液面刚好降到凝胶床表面,关闭恒流泵。立即用滴管取 1.6 mL 白蛋白或 0.8 mL γ-球蛋白样品,小心加到凝胶床的表面,先中央,然后迅速沿柱内壁转一周。最后打开开关,控制流速,当样品进入凝胶表面时,用 0.5~1 mL 0.02 mol/L 醋酸铵缓冲液洗涤管内壁,反复 2~3 次,以洗掉沾在管壁上的样品。

(4) 洗脱。继续用 0.02 mol/L pH=6.5 的醋酸铵缓冲液洗脱,随时用 200 g/L 磺基水杨酸溶液检查流出液中是否含有蛋白质,或连接核酸蛋白质检测仪在特定波长下检测蛋白质是否流出。一旦出现蛋白质,立即收集。收集白蛋白 5 mL。如果是 γ-球蛋白,收集 4 mL。然后继续洗脱,并用 10 g/L $BaCl_2$ 溶液检查是否存在 SO_4^{2-}。待确定 SO_4^{2-} 已排除,方可停止洗脱。

(5) 再生。用过的凝胶层析柱可用大量的 0.02 mol/L pH=6.5 的醋酸铵缓冲液淋洗,使之再生平衡,即可重复使用。

【思考题】

(1) 在半饱和硫酸铵溶液中,为什么血清白蛋白不沉淀,而球蛋白沉淀?

(2) 对本实验的实验现象进行解释,通过这些现象能得到哪些结论?

实验 4 蛋白质含量的测定

蛋白质含量测定的实验方法有双缩脲法、考马斯亮蓝结合法(Bradford 法)、紫外光吸收法、微量凯氏定氮法、Folin-酚试剂法(Lowry 法)和胶体金测定法等,本实验主要介绍前四种方法。

Ⅰ 双缩脲法测定蛋白质含量

【实验目的】

加深对蛋白质的有关性质的认识,掌握双缩脲法测定蛋白质含量的原理和方法;熟悉可见分光光度计的使用方法。

【实验原理】

蛋白质含有两个以上的肽键,因此有双缩脲反应。在碱性溶液中蛋白质与 Cu^{2+} 形成紫红色配合物,其颜色的深浅与蛋白质的浓度成正比,而与蛋白质的相对分子质量、氨基酸成分无关,因此利用此反应进行比色可测定蛋白质含量,测定范围为 $1\sim10$ mg/mL 蛋白质。干扰测定的物质主要有硫酸铵、Tris 缓冲液和某些氨基酸等。在一定条件下,未知样品的溶液与标准蛋白质溶液同时反应,并于 $540\sim560$ nm 波长下比色,可以通过标准蛋白的标准曲线求出未知的蛋白质浓度,标准蛋白质溶液可以用结晶的牛(或人)血清白蛋白、卵清蛋白或酪蛋白粉末配制。除—CONH—有此反应外,—$CONH_2$、—CH_2—、—NH_2、—CS—CS—NH_2 等基团也有此反应。

此方法测定蛋白质含量的优点是较快速,不同的蛋白质产生颜色的深浅相近,以及干扰物质少,主要的缺点是灵敏度低。因此双缩脲法常用于需要快速,但并不需要十分精确的蛋白质测定。

【仪器、试剂和材料】

1. 仪器

可见分光光度计、吸量管(0.5 mL、1.0 mL、5.0 mL)、具塞刻度试管(10.0 mL)、试管架、洗耳球。

2. 试剂

(1) 标准酪蛋白溶液(10 mg/mL):酪蛋白预先用微量凯氏定氮法测定蛋白氮含量,根据其纯度配制成标准溶液。用 0.05 mol/L NaOH 溶液配制。

(2) 双缩脲试剂:称取 1.50 g 硫酸铜($CuSO_4 \cdot 5H_2O$)和 6.0 g 酒石酸钾钠($NaKC_4H_4O_6 \cdot 4H_2O$),溶于 500 mL 蒸馏水中,在搅拌情况下加入 10% NaOH 溶液 300 mL,用蒸馏水稀释到 1 000 mL,用棕色瓶避光保存。如瓶内出现黑色沉淀,则需要重新配制。

(3) 待测酪蛋白样品液:称取适量酪蛋白,用 0.05 mol/L NaOH 溶液调整至含量为 $2\sim9$ mg/mL。

3. 材料

酪蛋白。

【实验步骤】

1. 标准曲线制作

取 21 支干燥、洁净的试管,编号(每个编号 3 支平行试管),按表 4-6 加入各试剂。

表 4-6　双缩脲法测定试剂加入量及吸光度值

试 管 号	1	2	3	4	5	6	7
10 mg/mL 标准酪蛋白溶液体积/mL	0	0.1	0.2	0.4	0.6	0.8	1.0
蒸馏水体积/mL	1.0	0.9	0.8	0.6	0.4	0.2	0
双缩脲试剂体积/mL	4.0	4.0	4.0	4.0	4.0	4.0	4.0
蛋白质含量/(mg/mL)	0	1.0	2.0	4.0	6.0	8.0	10
A_{540}							

将各试管混匀后,在室温下放置 30 min,每次均以 1 号试管调零,测定各管在 540 nm 波长下的吸光度。取三组测定的平均值,以吸光度为纵坐标,蛋白质含量为横坐标,绘制蛋白质标准曲线,并计算二次线性回归方程。

2. 样品测定

取 3 支试管,分别吸取 1.0 mL 酪蛋白样品液,然后加入 4.0 mL 双缩脲试剂,室温下放置 30 min。以 1 号试管调零,测定 540 nm 波长下样品液的吸光度。

3. 实验结果与分析

对照标准曲线求出样品液中蛋白质的含量。

【思考题】

(1) 蛋白质定量测定的方法有哪些? 各有哪些优缺点?

(2) 分光光度技术的原理是什么?

Ⅱ　考马斯亮蓝结合法(Bradford 法)测定蛋白质含量

【实验目的】

加深对蛋白质的有关性质的认识,掌握考马斯亮蓝结合法测定蛋白质含量的原理和方法;熟悉可见分光光度计的工作原理。

【实验原理】

考马斯亮蓝(Bradford)结合法测定蛋白质含量是比色法与色素法相结合的方法。考马斯亮蓝 G-250 是一种染料,在游离状态下呈红棕色,当它结合蛋白质后能形成稳定的青蓝色溶液,蛋白质-考马斯亮蓝复合物在 595 nm 处有最大吸收,在一定蛋白质浓度范围内(0~1 000 μg/mL),该复合物在 595 nm 波长下的吸光度值与蛋白质含量成正比,故可用于蛋白质的定量测定。该法检测灵敏,反应迅速,可测出微克级的蛋白质含量,反应物的结合在 2 min 内达到平衡,是当前使用最为普遍的蛋白质定量法。

【仪器、试剂和材料】

1. 仪器

可见分光光度计、比色皿、离心机、研钵、量筒、吸量管、容量瓶、试管、试管架、洗耳球,具塞刻度试管(10 mL)、玻璃棒。

2. 试剂

(1) 牛血清白蛋白溶液(1 000 μg/mL):称取 100.00 mg 牛血清白蛋白,溶于 100 mL 蒸馏水中,配制成标准蛋白质溶液。

(2) 考马斯亮蓝 G-250 溶液:称取 100 mg 考马斯亮蓝 G-250,溶于 50 mL 90％乙醇中,加入 85％磷酸 100 mL,用蒸馏水定容到 1 000 mL,过滤,可在常温下放置 1 个月。

(3) 0.1 mol/L NaOH 溶液:称取 4 g NaOH,用蒸馏水溶解,并定容至 1 000 mL。

(4) 70％乙醇。

3. 材料

小麦粉(或大米粉)。

【实验步骤】

1. 制作标准曲线

取 18 支洁净、干燥的试管,编号(每个编号 3 支平行试管),按表 4-7 数据加入各试剂。

表 4-7 考马斯亮蓝结合法测定试剂加入量

试 管 号	1	2	3	4	5	6
1 000 μg/mL 牛血清白蛋白溶液体积/mL	0	0.2	0.4	0.6	0.8	1.0
蒸馏水体积/mL	1.0	0.8	0.6	0.4	0.2	0
蛋白质含量/(μg/mL)	0	200	400	600	800	1 000

准确吸取上述各管溶液 0.1 mL,对应放于另外 18 支 10 mL 刻度试管中,每支分别加入 5 mL 考马斯亮蓝 G-250 溶液,盖塞,将试管中溶液纵向倒转混合,放置 2 min 后,每次均以 1 号试管调零,用 1 cm 光径的比色皿在 595 nm 波长下比色。取三组测定的平均值,以吸光度为纵坐标,以蛋白质浓度值为横坐标,制作出标准曲线。

2. 提取样品中的蛋白质

(1)准确称取小麦粉(或大米粉)0.5 g,放入研钵中,加 2 mL 0.1 mol/L NaOH 溶液,研磨成匀浆,转入 10 mL 离心管中,再用 6 mL 0.1 mol/L NaOH 溶液分三次洗涤研钵,洗液一并转入 10 mL 离心管中,用玻璃棒搅拌,放置 30 min,放置过程间断搅动数次。3 500 r/min 离心 15 min,上清液转入 50 mL 容量瓶中,用蒸馏水定容到刻度,摇匀,即得碱溶性蛋白。

(2)将上述沉淀用 70%乙醇重复提取,操作步骤同上,得醇溶性蛋白。

3. 测定

吸取提取液 0.1 mL,放入试管中,加入考马斯亮蓝 G-250 试剂 5 mL,混匀后放置 2 min,用 1 cm 光径的比色皿在 595 nm 波长下比色(比色空白用 0.1 mL 蒸馏水代替提取液与 5 mL 考马斯亮蓝 G-250 试剂混合),记录吸光度值。根据所测吸光度值在标准曲线上查出所对应的蛋白质浓度。

4. 结果与计算

运用以下公式求得蛋白质含量:

$$蛋白质质量分数 = \frac{查表所得蛋白质浓度(μg/mL) \times 提取液总体积(mL)}{样品质量(g) \times 10^6} \times 100\%$$

【思考题】

(1)测定蛋白质含量还有哪些方法? 与考马斯亮蓝结合法相比较各有何优缺点?

(2)考马斯亮蓝结合法测定蛋白质含量的原理是什么?

【附注】

(1)比色测定应该在溶液变成青色并稳定后的 1 h 内完成。

(2)谷物种子蛋白质主要是谷蛋白和醇溶性蛋白,因此,本实验中测出的小麦粉(或大米粉)蛋白质含量应为碱溶性谷蛋白和醇溶性蛋白含量之和。

Ⅲ 紫外光吸收法测定蛋白质含量

【实验目的】

加深对蛋白质的有关性质的认识,掌握紫外光吸收法测定蛋白质含量的原理和方法;熟悉紫外分光光度计的使用方法。

【实验原理】

蛋白质分子中的酪氨酸和色氨酸残基含有共轭双键,具有能够吸收紫外线的性质,并且在 280 nm 处形成最大吸收峰。此外,蛋白质溶液在 238 nm 处的吸光度值与肽键含量成正比。在一定浓度范围内,蛋白质溶液在最大吸收波长处的吸光度值与其浓度成正比,因此可作定量分析。

紫外光吸收法的优点是反应迅速、简便,消耗样品较少,不受低浓度盐类的干扰。该方法的缺点如下:①对于一些与标准蛋白质中酪氨酸和色氨酸含量差异较大的蛋白质,此种方法测量的准确度较差;②若样品中含有嘌呤、嘧啶及核酸等能够吸收紫外光的物质,同样会出现较大的干扰。核酸的干扰可以通过查校正表,再进行计算的方法,加以适当的校正,但是不同的蛋白质和核酸对紫外线的吸收程度是不同的,其测定的结果还是会存在一定的误差。

【仪器、试剂和材料】

1. 仪器

紫外分光光度计、石英比色皿、吸量管、试管、试管架、洗耳球。

2. 试剂

(1)牛血清白蛋白溶液(1 mg/mL):称取 100.00 mg 牛血清白蛋白,溶于 100 mL 蒸馏水中,配制成蛋白质标准溶液。

(2)0.1 mol/L 磷酸缓冲液(pH=7.0)。

3. 材料

牛血清白蛋白。

【实验步骤】

1. 标准曲线法

该法测定蛋白质的浓度范围为 0.1~1.0 mg/mL。

(1)制作标准曲线。

取 18 支洁净、干燥的试管,编号(每个编号 3 支平行试管,下同),按表 4-8 数据加入各试剂,摇匀。选用光程为 1 cm 的石英比色皿,运用紫外分光光度计在 280 nm 波长处分别测定各管溶液的 A_{280} 值,以 A_{280} 值为纵坐标,蛋白质浓度为横坐标,绘制标准曲线。

表 4-8 紫外光吸收法测定试剂加入量

试 管 号	1	2	3	4	5	6
1 mg/mL 牛血清白蛋白溶液体积/mL	0	1	2	3	4	5
蒸馏水体积/mL	5	4	3	2	1	0
蛋白质溶液浓度/(mg/mL)	0	0.2	0.4	0.6	0.8	1.0

（2）样品的测定。

取待测蛋白质溶液 1 mL，加入蒸馏水 4 mL，摇匀，运用紫外分光光度计在 280 nm 波长处测定该管溶液的 A_{280} 值，然后从标准曲线上查出待测蛋白质溶液的浓度。

2. 280 nm 和 260 nm 的吸收差法

对于含有核酸的蛋白质溶液，可用 0.1 mol/L 磷酸缓冲液（pH＝7.0）适当稀释后，以 0.1 mol/L 磷酸缓冲液（pH＝7.0）为空白调零，用紫外分光光度计分别在 280 nm 和 260 nm 波长下测得吸光度值，代入下面的经验公式来算出蛋白质的浓度（mg/mL）：

$$蛋白质浓度＝1.45 \times A_{280} － 0.74 \times A_{260}$$

3. 215 nm 与 225 nm 的吸收差法

此法适用于含蛋白质较少的稀溶液。以 215 nm 与 225 nm 吸光度值之差 D 为纵坐标，蛋白质浓度为横坐标，绘出标准曲线。再测出未知样品的吸收差，即可由标准曲线上查出未知样品的蛋白质浓度。

$$D＝A_{215}－A_{225}$$

4. 肽键测定法

蛋白质溶液在 238 nm 处的光吸收的强弱，与肽键的多少成正比。因此可以用标准蛋白质溶液配制一系列已知浓度的蛋白质溶液，测定 238 nm 的吸光度值 A_{238}，以 A_{238} 为纵坐标，蛋白质含量为横坐标，绘制出标准曲线，未知样品的浓度即可由标准曲线查得。

【思考题】

为什么能用紫外光吸收法测定蛋白质的含量？

【附注】

（1）由于蛋白质的紫外吸收峰常会因为 pH 的改变而改变，故进行样品测定时的 pH 最好与标准曲线制作时的 pH 保持一致。

（2）绘制吸收曲线前必须进行光谱的扫描。

Ⅳ　微量凯氏定氮法测定总蛋白含量

【实验目的】

学习和掌握微量凯氏定氮法测定总蛋白含量的原理和方法，学会使用微量凯氏定氮仪。

【实验原理】

蛋白质中氮的含量一般在 15%～17%，平均值为 16% 左右，因此，只要能够求得生物样品中氮的质量，再乘以 6.25，就可以计算出样品中蛋白质的质量。

当含氮有机物如蛋白质与浓硫酸共热时，其中的碳、氢两元素被氧化成二氧化碳和水，而氮则转变成氨，并进一步与硫酸作用生成硫酸铵，此过程称为"消化"。通常需要加入硫酸钾或硫酸钠以提高反应液的沸点，并加入硫酸铜作为催化剂，以促进消化的进行。

消化完成后，一般用强碱使消化液中的硫酸铵分解，游离出氨，借助水蒸气将产生的氨蒸馏到硼酸溶液中,氨与硼酸溶液中的氢离子结合,使溶液中的氢离子浓度降低,指示剂颜色改变,然后用标准盐酸滴定,直至恢复至溶液中原来的氢离子浓度。根据所用标准盐酸的量可计算出待测物质中的总氮量,进而可以求出样品中蛋白质的含量。

【仪器、试剂和材料】

1. 仪器

消化管、电炉、锥形瓶、量筒、酸式滴定管、微量凯氏定氮仪、吸量管、洗耳球、表面皿等。

2. 试剂

(1) 浓硫酸、2%硼酸溶液(2 g 硼酸溶于蒸馏水,稀释至 100 mL)、0.01 mol/L 标准盐酸(用恒沸盐酸准确稀释)、40%氢氧化钠溶液(40 g 氢氧化钠溶入蒸馏水,稀释至 100 mL)。

(2) 硫酸钾-硫酸铜混合物:K_2SO_4 与 $CuSO_4 \cdot 5H_2O$ 以 3:1 配比研磨混合。

(3) 混合指示剂(田氏指示剂):由 0.1%亚甲基蓝-乙醇溶液与 0.1%甲基红-乙醇溶液按1:4 的比例混合配成,贮于棕色瓶中备用。

3. 材料

牛血清白蛋白。

【实验步骤】

1. 消化

取 6 个消化管并编号,在 1～3 号消化管中分别加入经过准确称量的样品 5 mg;4～6 号消化管作为空白对照,以测定药品和仪器中可能含有的微量含氮物质,对结果进行校正。每个消化管中均加入硫酸钾-硫酸铜混合物 200 mg、浓硫酸 5 mL,在通风橱内进行消化。在消化过程中要经常转动消化管,使样品充分消化。不要升温过快,以防液体暴沸冲到瓶颈。待硫酸开始分解并放出 SO_2 白烟后,继续升温消化,直至消化液呈透明的淡绿色,停止加热,冷却至室温。

2. 蒸馏

(1) 蒸馏器的洗涤。用蒸馏水将微量凯氏定氮仪洗涤干净,在水蒸气发生器中加入用几滴硫酸酸化的蒸馏水和几滴混合指示剂,用水蒸气洗涤凯氏定氮仪。约 20 min 后,在冷凝器下端放置装有硼酸指示剂的锥形瓶,继续用水蒸气洗涤 3 min,观察锥形瓶内的溶液是否变色,如不变色则证明蒸馏装置内部已洗涤干净。

(2) 蒸馏。加样品前先关火,打开夹子,吸取 2 mL 消化液,注入反应室中,将一个含有硼酸和混合指示剂的锥形瓶放在冷凝器下方,使冷凝器下端浸没在液体内。取 40%氢氧化钠溶液 10 mL,缓慢注入反应室中,然后封口。加热水蒸气发生器,沸腾后夹紧夹子,开始蒸馏。氨气进入锥形瓶,瓶中的硼酸溶液由紫色变成绿色。从变色时起开始计时,再蒸馏 5 min。移动锥形瓶,使硼酸液面离开冷凝管约 1 cm,并用少量蒸馏水洗涤冷凝管口外面,继续蒸馏 1 min,移开锥形瓶,用表面皿覆盖锥形瓶。蒸馏完毕后,须将反应室洗涤干净,再继续下一次蒸馏操作。待样品和对照品均蒸馏完毕后,同时进行滴定。

3. 滴定

用 0.01 mol/L 标准盐酸滴定各锥形瓶中收集的氨,硼酸指示剂溶液由绿色变淡紫色为滴定终点。

4. 结果与计算

$$蛋白质质量分数 = \frac{样品滴定体积(mL) - 空白滴定体积(mL)}{样品质量(g)} \times 14 \times 0.01 \times 10^{-3} \times 6.25 \times 100\%$$

【思考题】

上述四种方法各有何局限性？在实验中应该如何选择？

【附注】

(1) 使用微量凯氏定氮仪时必须仔细检查各个连接处，防止漏气。

(2) 小心加样，避免样品沾污玻璃器皿的口、颈部。

(3) 进行蒸馏操作，在加样时最好将火力拧小或撤去，切忌火力不稳，否则将发生倒吸现象。

Ⅴ　Folin-酚法测定蛋白质含量

【实验目的】

学习和掌握 Folin-酚法测定蛋白质含量的原理和方法，学习分光光度计的使用方法。

【实验原理】

Folin-酚法(福林-酚法)是双缩脲法的进一步发展。Folin-酚法所用试剂是由两部分组成的。试剂 A 相当于双缩脲试剂，可与蛋白质形成配合物；试剂 B 是磷钨酸和磷钼酸混合液，在碱性条件下极不稳定，由于蛋白质中有带酚基的酪氨酸，故有此呈色反应。此法比双缩脲法灵敏 100 倍，适合于测定 20～400 μg/mL 的蛋白质溶液。但 Folin-酚试剂的配制比较费时间，其干扰物与双缩脲法相同，而且影响更大。若样品中含有酚类、柠檬酸等，会使测定结果偏高。此外，试剂 B 只有在酸性环境中才稳定，所以要使磷钨酸-磷钼酸试剂在被破坏以前有效地被 Cu^{2+}-蛋白质的配合物还原。

Folin-酚法也适用于酪氨酸的定量测定。

【仪器、试剂和材料】

1. 仪器

分光光度计、吸量管(0.5 mL、1.0 mL、5.0 mL)与吸量管架、试管与试管架、研钵、烧杯、容量瓶。

2. 试剂

(1) Folin-酚试剂 A。

先配制 A_1 和 A_2 储备液。

A_1 液：将 20 g 碳酸钠溶于 1 000 mL 0.1 mol/L 氢氧化钠溶液中。

A_2 液：将 0.5 g 硫酸铜晶体($CuSO_4 \cdot 5H_2O$)溶于 100 mL 1% 酒石酸钾钠溶液中。

临用前，将 A_1、A_2 按 50∶1 体积比混合，即为 Folin-酚试剂 A。此试剂必须当日配用，隔日失效。

（2）Folin-酚试剂 B。

先配制下述储备液：将 100 g 钨酸钠（$Na_2WO_4 \cdot 2H_2O$）、25 g 钼酸钠（$Na_2MoO_4 \cdot 2H_2O$）、700 mL 蒸馏水、50 mL 85% 磷酸和 100 mL 浓盐酸置于 1 500 mL 磨口圆底烧瓶中，充分混合均匀后，接上磨口冷凝管，以小火回流 10 h，再加入 150 g 硫酸锂（Li_2SO_4）、50 mL 蒸馏水和数滴液溴，开口煮沸 15 min，以驱除过量的溴（在通风橱内进行）。冷却后定容到 1 000 mL，过滤，滤液呈微绿色，此液即为储备液。

临用前用此储备液滴定标准氢氧化钠溶液（1 mol/L 左右），以标定其酸度。以酚酞为指示剂，当溶液由红色变为紫色、紫灰，再突然转变成墨绿色时，即为终点。根据滴定结果（储备液酸度一般为 2 mol/L 左右），再适当稀释，使其成为 1 mol/L 的酸，此即为 Folin-酚试剂 B 的应用液。

以上储备液和应用液均应装入棕色瓶内，贮于冰箱中，可长期保存。

（3）牛血清白蛋白标准溶液（300 μg/mL）：准确称取一定量已定氮的牛血清白蛋白，用 0.05 mol/L 氢氧化钠溶液溶解成浓度为 300 μg/mL 的标准溶液。

3. 材料

新鲜绿豆芽。

【实验步骤】

1. 样品液的制备

称取新鲜绿豆芽下胚轴约 2 g 于研钵中，加蒸馏水 4 mL，研磨 5 min，转移到烧杯中，再用 50 mL 蒸馏水分 3 次洗涤研钵，洗涤液并入烧杯中，放置半小时以充分提取后，提取液（包括滤渣）一并转入 100 mL 容量瓶中，以蒸馏水定容到 100 mL，过滤，所得滤液即为待测液。

2. 标准曲线的绘制

取 6 支试管，按表 4-9 所列顺序操作。

表 4-9　Folin-酚法测定试剂加入量

试 管 号	0	1	2	3	4	5
蛋白质标准溶液体积/mL	0	0.2	0.4	0.6	0.8	1.0
蒸馏水体积/mL	1.0	0.8	0.6	0.4	0.2	0
蛋白质最终浓度/(μg/mL)	0	60	120	180	240	300
Folin-酚试剂 A 体积/mL	5.0	5.0	5.0	5.0	5.0	5.0
	混匀，室温下放置 10 min					
Folin-酚试剂 B 体积/mL	0.5	0.5	0.5	0.5	0.5	0.5
	各管立即混匀，室温下放置 30 min					
A_{650}						

在分光光度计上用 0 号管调零点，直接读出 1～5 号管在 650 nm 波长处的吸光度（A_{650}）。作 A_{650}-蛋白质浓度标准曲线。

3. 样品液的测定

取 3 支试管，编号，加入样品液 1 mL，与标准管同样操作，测定 A_{650}，从标准曲线上查出相应的蛋白质浓度,取平均值,即得样品液的蛋白质浓度(μg/mL)。

【思考题】

(1) Folin-酚法测定蛋白质的原理是什么?

(2) 有哪些因素可能干扰 Folin-酚法测定蛋白质含量?

(3) 作为标准蛋白的牛血清白蛋白或酪蛋白在应用时有何要求?

实验5　氨基酸的分离鉴定

Ⅰ　纸层析分离鉴定氨基酸

【实验目的】

学习氨基酸纸层析的基本原理,掌握氨基酸纸层析的操作技术。

【实验原理】

纸层析是生物化学上分离、鉴定氨基酸混合物的常用技术,可用于蛋白质的氨基酸成分的定性鉴定和定量测定,也是定性或定量测定多肽、核酸碱基、糖、有机酸、维生素、抗生素等物质的一种分离分析工具。纸层析是用滤纸作为惰性支持物的分配层析法。层析溶剂由有机溶剂和水组成,其中滤纸纤维素上吸附的水是固定相,展层用的有机溶剂是流动相。样品中的不同氨基酸在两相中不断分配,由于分配系数不同,结果它们分布在滤纸的不同位置上。

物质被分离后在纸层析图谱上的位置用 R_f(比移)值来表示:

$$R_f = \frac{原点到层析点中心的距离}{原点到溶剂前沿的距离}$$

在一定的条件下某种物质的 R_f 值是常数,故可用 R_f 值作定性依据。R_f 值的大小与物质的结构、性质、溶剂系统、层析滤纸的质量和层析温度等因素有关。本实验利用纸层析分离氨基酸。

【仪器、试剂和材料】

1. 仪器

层析缸、喷雾器、毛细管、培养皿、小烧杯、吹风机(或烘箱)、量筒、毛细管、直尺及铅笔、针和白线、手套。

2. 试剂

(1) 扩展剂:将正丁醇和醋酸以体积比 4∶1 在分液漏斗中进行混合,所得混合液再按体积比 5∶3 与蒸馏水混合;充分振荡,静置后分层,放出下层水层,漏斗内即为扩展剂。取漏斗内的扩展剂约 5 mL,置于小烧杯中作平衡溶剂,其余的倒入培养皿中备用。

(2) 氨基酸溶液:0.5%的赖氨酸、脯氨酸、缬氨酸、苯丙氨酸、亮氨酸溶液及它们的混合液(各组分浓度均为 0.5%),各 5 mL。

(3) 显色剂:0.1%水合茚三酮-正丁醇溶液 50～100 mL。

3. 材料

层析滤纸。

【实验步骤】

（1）将盛有平衡溶剂的小烧杯置于密闭的层析缸中。

（2）戴上手套，取层析滤纸（长 22 cm、宽 14 cm）一张。在纸的一端距边缘 2～3 cm 处用铅笔画一条直线，在此直线上每间隔 2～3 cm 作一点样原点记号（见图 4-1）。

（3）点样：分别取 10 μL 各氨基酸样品，用毛细管点在原点上，用吹风机吹干后再点一次。每点在纸上扩散的直径不超过 3 mm。

（4）扩展：用线将滤纸缝成筒状，纸的两边不能相互接触。将盛有约 20 mL 扩展剂的培养皿迅速置于密闭的层析缸中，并将滤纸直立于培养皿中（点样的一端在下，扩展剂的液面须低于点样线 1 cm）。待溶剂上升 15～20 cm 时即取出滤纸，自然干燥或用吹风机热风吹干。

（5）显色：用喷雾器均匀喷上 0.1％水合茚三酮-正丁醇溶液，然后置于烘箱中烘烤 5 min（100 ℃）或用热风吹干，即可显出各层析斑点。

（6）计算各种氨基酸的 R_f 值。

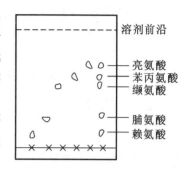

图 4-1　单向层析图

【思考题】

何谓纸层析？何谓 R_f 值？影响 R_f 值的主要因素是什么？

Ⅱ　离子交换层析分离混合氨基酸

【实验目的】

学会用离子交换层析分离混合氨基酸，了解离子交换树脂层析的原理及操作技术。

【实验原理】

离子交换层析主要是根据物质的解离性质的差异而选用不同的离子交换剂进行分离的方法，是基于待测物质的阳离子或阴离子和相对应的离子交换剂间的静电结合，即根据物质的酸碱性、极性等差异，通过离子间的吸附和脱附的原理将电解质溶液各组分分开的。氨基酸是两性电解质，分子上的净电荷取决于氨基酸的等电点和溶液的 pH。在溶液 pH 小于其 pI 时，带正电；大于其 pI 时，带负电。在同一 pH 下，不同氨基酸带电情况不同，与离子交换树脂的亲和力就有差异，因此可按亲和力从小到大的顺序被洗脱液洗脱下来，达到分离的效果。

本实验用磺酸阳离子交换树脂分离酸性氨基酸（天冬氨酸）、中性氨基酸（丙氨酸）及碱性氨基酸（赖氨酸）的混合液。在特定的 pH 条件下，它们的解离程度不同，通过改变洗脱液的 pH 或离子强度可分别洗脱分离。

离子交换树脂分离小分子物质如氨基酸、腺苷、腺苷酸等是比较理想的。但对生物大分子物质如蛋白质是不适当的，因为它们不能扩散到树脂的链状结构中。

【仪器和试剂】

1. 仪器

层析柱(1.2 cm×19 cm)、恒流泵、部分收集器、刻度试管及试管架、烧杯(250 mL)、吸量管(1.0 mL、5.0 mL)、乳胶管、721 型分光光度计、pH 试纸。

2. 试剂

(1) 732 型阳离子交换树脂。

(2) 洗脱液(0.06 mol/L 柠檬酸钠缓冲液(pH=4.2)):称取柠檬酸三钠 98.0 g,溶于蒸馏水中,再加入 42 mL 盐酸,调 pH 至 4.2,加蒸馏水至 5 L。

(3) 样品液:称取 Asp 13.3 mg,Lys 14.6 mg,分别溶于 0.06 mol/L 柠檬酸钠缓冲液(pH=4.2)10.0 mL 中,混合后于冰箱中保存。

(4) 茚三酮显色剂:将 0.5 g 茚三酮溶于 100 mL 95%乙醇中。

(5) 0.1 mol/L NaOH 溶液、2 mol/L 盐酸、2 mol/L NaOH 溶液、0.1%CuSO$_4$溶液。

【实验步骤】

1. 树脂的处理

干树脂经蒸馏水膨胀,倾去细小颗粒,然后用 4 倍体积的 2 mol/L 盐酸和 2 mol/L NaOH 溶液依次浸洗,每次浸 2 h,并分别用蒸馏水洗至中性。再用柠檬酸钠缓冲液浸泡备用。

2. 装柱

用蒸馏水冲洗层析柱,竖直装好层析柱,关闭层析柱出口。加入柠檬酸钠缓冲液至约1 cm 高。将处理好的树脂 12~18 mL 加等体积缓冲液,搅匀,沿管内壁缓慢加入,柱底沉积约1 cm 高时,缓慢打开出口,继续加入树脂直至树脂沉积达 8 cm 高。装柱要求连续、均匀、无纹路、无气泡、表面平整,液面不得低于树脂表面,否则要重新装柱。

3.. 平衡

层析柱装好后,缓慢沿管壁加满柠檬酸钠缓冲液,接上恒流泵,用柠檬酸钠缓冲液以每分钟 0.5 mL 的速度平衡,直至用 pH 试纸测得流出液的 pH 与缓冲液的 pH 相等为止,关闭柱底出口(需 2~3 倍柱床体积)。

4. 加样

揭去层析柱上口的盖子,待柱内液体流至树脂表面上 1.0~2.0 mm 时关闭出口。沿管壁四周小心加入 0.5 mL 样品液,慢慢打开出口,使液面降至与树脂面相平后关闭。加少量柠檬酸钠缓冲液清洗内壁 2~3 次,加缓冲液至液层高 3~4 cm,接上恒流泵。加样时注意不能破坏树脂平面。

5. 洗脱

以柠檬酸钠缓冲液洗脱,洗脱流速为 0.5 mL/min;用部分收集器收集洗脱液,每管 4 mL,20 管。

6. 测定与洗脱曲线的绘制

分别取各管洗脱液 1 mL,置于沸水浴加热 5 min,冷却,各加 0.1%CuSO$_4$溶液 3 mL,混匀,测量溶液在 570 nm 处的吸光度。以吸光度为纵坐标,洗脱液体积为横坐标,绘制洗脱曲线。

7. 树脂的再生和回收

用 0.1 mol/L NaOH 溶液洗层析柱 10 min。用洗耳球对着层析柱流出口将树脂吹入小瓶内,加柠檬酸钠缓冲液浸泡,即可重复使用。

【思考题】

为什么混合氨基酸从磺酸阳离子交换树脂上逐个洗脱下来?

【附注】

(1) 在装柱时必须防止气泡、分层及柱子液面在树脂表面以下等现象发生。

(2) 一直保持流速为 0.5 mL/min,并注意勿使树脂表面干燥。

实验 6　血清蛋白的醋酸纤维素薄膜电泳

【实验目的】

掌握电泳技术的原理和醋酸纤维素薄膜电泳的操作方法。

【实验原理】

带电颗粒在电场作用下,向着与其电性相反的电极移动,称为电泳。各种蛋白质都有它特有的等电点,当其处于不同 pH 的缓冲液中时,所带电荷不同,在电场中的移动方向就有所不同,又因其本身大小及所带电荷数量的差异,其在电场中的移动速度就有所差别。蛋白质相对分子质量小而带电荷多者,移动较快;相对分子质量大而带电荷少者,移动较慢。例如:在 pH 为 8.6 的缓冲液中,血清中一些蛋白质的等电点(pI)均低于 7.0,故它们都游离成负离子,在电场中,均会向阳极移动,等电点离 8.6 愈远者,移动愈快。各种血清蛋白因等电点不同,其解离程度或带电数量也就不同,所以在电场中的泳动速度也有差异。

血清中所含的各种蛋白质在电场中按其移动快慢可分为清蛋白,α_1、α_2、β、γ-球蛋白等五条区带。正常人血清蛋白质中各蛋白质组分的含量百分比为:清蛋白 57%～72%,β-球蛋白 6.2%～12%,α_1-球蛋白 2%～5%,γ-球蛋白 12%～20%,α_2-球蛋白 4%～9%。

醋酸纤维素薄膜具有均一的泡沫状结构(厚约 120 μm),渗透性强,对分子移动无阻力,目前已广泛用于血清蛋白、脂蛋白、血红蛋白、糖蛋白、酶的分离和免疫电泳等方面。将薄膜置于染色液中蛋白质固定并染色后,不仅可看到清晰的色带,而且可将色带染料分别溶于碱溶液中进行定量测定,从而可计算出血清中各种蛋白质的含量。

【仪器、试剂和材料】

1. 仪器

电泳仪与电泳槽、试管、722 型分光光度计、点样器(可自制)、剪刀、镊子、电子天平、量筒、容量瓶。

2. 试剂

(1) 0.07 mol/L 巴比妥-巴比妥钠缓冲液(pH＝8.6):称取 2.76 g 巴比妥和 15.45 g 巴比妥钠,置于锥形瓶中,加蒸馏水约 600 mL,稍加热溶解,冷却后用蒸馏水定容至 1 000 mL。在 4 ℃下保存,备用。

(2) 染色液(0.5%氨基黑 10B 染色液):称取 0.5 g 氨基黑 10B,加蒸馏水 40 mL、甲醇

(AR)50 mL、冰醋酸(AR)10 mL,混匀溶解后置于具塞试剂瓶内储存。

(3) 漂洗液:取 95%乙醇(AR)45 mL、冰醋酸(AR)5 mL 和蒸馏水 50 mL,混匀后置于具塞试剂瓶内储存。

(4) 0.4 mol/L NaOH 溶液:取 NaOH 16.0 g,加蒸馏水定容至 1 000 mL。

(5) 透明液:无水乙醇与冰醋酸的含量比为 7∶3。

3. 材料

醋酸纤维素薄膜。

【实验步骤】

(1) 点样。取预先剪好的醋酸纤维素薄膜一条(2 cm×8 cm),在薄膜的无光泽面距一端 2 cm 处,预先用铅笔画一条线作为点样线,然后将光泽面向下,放入缓冲液中,浸泡约 10 min(也可预先浸泡便于取用),待薄膜完全浸透后,取出,轻轻夹于滤纸中,吸去多余的缓冲液,用点样器的边缘蘸上血清后,在点样线上迅速地压一下,使血清通过点样器印吸在薄膜上,点样力求均匀。待血清渗入薄膜后,以无光泽面向下,加血清的一端朝向电泳槽的阴极,两端紧贴在四层的滤纸桥上,加盖,平衡 5~10 min,然后通电。

(2) 电泳。在电泳槽内加入缓冲液,使两个电极槽内的液面等高,将膜条平悬于电泳槽支架滤纸桥上(先剪尺寸合适的滤纸条,取双层滤纸条附着在电泳槽的支架上,使它的一端与支架的前沿对齐,另一端浸入电极槽的缓冲液内。用缓冲液将滤纸全部润湿并驱除气泡,使滤纸位于支架上,即为滤纸桥。它是联系醋酸纤维素薄膜和两电极缓冲液之间的"桥"。通电(通电前先检查薄膜上血清样品是否处在阴极一侧),通电后调节电压至 110~130 V,每厘米膜宽电流为 0.4~0.5 mA,通电 45~60 min(也可调节电压至 160 V,每厘米膜宽电流为 0.4~0.7 mA,通电 25 min)。

(3) 染色。通电完毕,关闭电源。将薄膜从电泳槽中取出,直接浸于 0.5%氨基黑 10B 染色液中 10 min。

(4) 漂洗。将染色后的薄膜取出,浸入漂洗液中漂洗 3~4 次,直至薄膜的底色洗净为止,最后用蒸馏水漂洗一遍,用滤纸吸干薄膜表面水分。醋酸纤维素薄膜血清蛋白电泳示意图谱见图 4-2。

图 4-2　醋酸纤维素薄膜血清蛋白电泳示意图谱

注:从左至右依次是清蛋白、α_1-球蛋白、α_2-球蛋白、β-球蛋白、γ-球蛋白。

以下为定量测定时进行的操作步骤。

(5) 脱色。取 6 支试管,编号,将电泳薄膜按蛋白质区剪开,分别置于试管中。另于空白部位剪一条平均大小的薄膜条,放入空白管中。向各管中加 0.4 mol/L NaOH 溶液 5 mL,反复振荡,使其充分洗脱。

(6) 测定吸光度。选用波长为 620 nm 的单色光,以空白管中液体作为参比,测定清蛋白及 α_1、α_2、β、γ 球蛋白各管的吸光度。

(7) 计算。计算吸光度总和,以及清蛋白,α_1、α_2、β、γ-球蛋白的质量分数。

$$A = A_{清} + A_{a_1} + A_{a_2} + A_{\beta} + A_{\gamma}; \quad w_{清} = A_{清}/A \times 100\%$$

$$w_{a_1} = A_{a_1}/A \times 100\% ; \quad w_{a_2} = A_{a_2}/A \times 100\%$$
$$w_{\beta} = A_{\beta}/A \times 100\% ; \quad w_{\gamma} = A_{\gamma}/A \times 100\%$$

（8）记录和分析实验结果。接第（4）步或者将干燥的电泳图谱膜条（第（4）步得到的膜条）放入透明液中浸泡 2～3 min 后取出，置于洁净玻璃板上，干后即为透明的薄膜图谱，可用分光光度计直接测定。

【思考题】

（1）电泳时为什么要将点样的一端靠近负极端？根据人血清中各蛋白质组分的性质，如何估计它们在 pH＝8.6 的巴比妥-巴比妥钠缓冲液中的相对迁移速度？

（2）在电泳时影响蛋白质泳动速度的因素有哪些？哪种起决定性作用？

（3）如果血清样品溶血，在电泳时会出现怎样的结果？

（4）简述醋酸纤维素薄膜电泳的原理和优点。

【附注】

（1）点样时应按操作步骤进行，否则常因血清滴加不匀或滴加过多，导致电泳图谱不齐或分离不良。

（2）醋酸纤维素薄膜一定要充分浸透后才能点样。点样后电泳槽一定要密闭；电流不宜过大，防止薄膜干燥，电泳图谱出现条痕。

（3）缓冲液的离子强度一般不应小于 0.05 mol/kg 或大于 0.075 mol/kg，因为过小可使区带拖尾，而过大则使区带过于紧密。

（4）切勿用手接触薄膜表面，以免沾上油渍或污物，影响电泳结果。

（5）电泳槽内两边缓冲液应保持液面相平。

实验 7　DNS-氨基酸的制备和鉴定

【实验目的】

熟悉 DNS-氨基酸的制备和鉴定方法。

【实验原理】

聚酰胺薄膜层析是一种分离较特殊物质的吸附分配层析法。混合物随流动相通过聚酰胺薄膜时，由于被分离的物质与聚酰胺薄膜形成氢键，各种物质形成氢键能力强弱有所不同，决定了吸附力的差异。吸附力强的层析速度较慢，吸附力弱的层析速度较快，同时展层剂与被分离物质在聚酰胺粒表面竞争形成氢键，故在分离时应当选择适当的展层剂，使被分离物质在溶剂与聚酰胺薄膜表面之间分配系数产生最大差异。一般来说，易溶于展层剂的物质所受到的动力作用大，层析速度快，反之速度就慢。各物质的吸附力和分配系数不同，使得被分离的物质在聚酰胺薄膜层析中得到分离。

本实验用的荧光试剂 5-二甲氨基-1-萘磺酰氯（5-dimethylamino-1-naphthalene sulfonyl chloride，dansyl chloride，简称 DNS-Cl，别名丹磺酰氯）在弱碱性条件下（pH＝9.0 左右）可与

氨基酸的游离 α-氨基结合成具有黄色荧光的 DNS-氨基酸,反应过程如下:

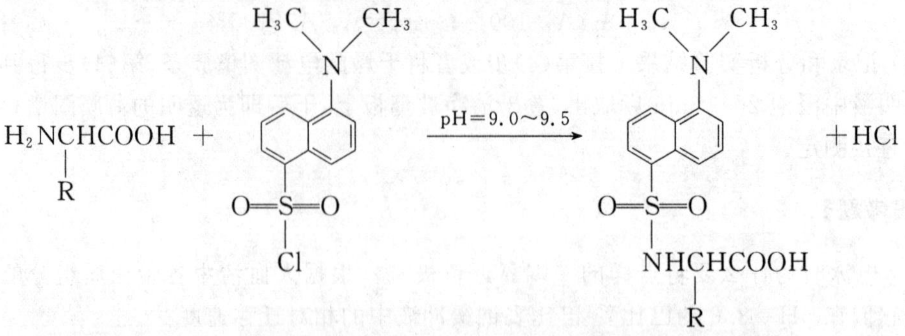

$$H_2NCHCOOH + \text{DNS-Cl} \xrightarrow{pH=9.0\sim9.5} \text{DNS-氨基酸} + HCl$$

氨基酸　　　　　　　　DNS-Cl　　　　　　　　　　　DNS-氨基酸

所得 DNS-氨基酸可用聚酰胺薄膜层析进行分离,所得层析图可与 DNS-标准氨基酸层析图谱对比,由此鉴定样品中氨基酸的种类。此法鉴定蛋白质 N-氨基酸比茚三酮法高 10 倍, $10^{-10}\sim10^{-9}$ mol 即可被检出,其产物也比 DNP-氨基酸稳定,并且操作更简便、迅速。DNS-Cl 在 pH 过高时将水解产生副产物 DNS-OH,反应如下:

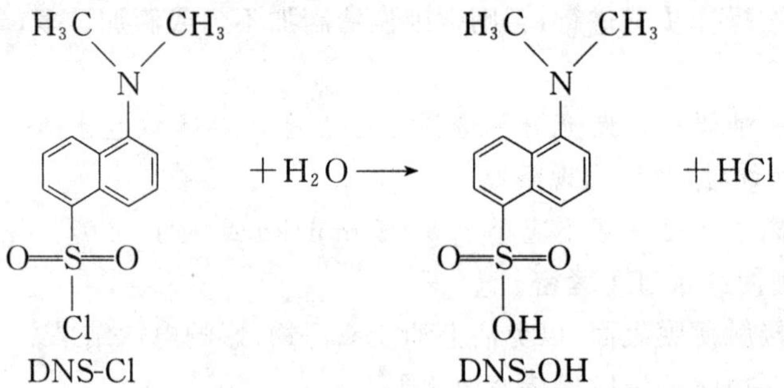

$$\text{DNS-Cl} + H_2O \longrightarrow \text{DNS-OH} + HCl$$

DNS-Cl　　　　　　　　　　DNS-OH

若 DNS-Cl 过量,则会产生 DNS-NH$_2$,反应如下:

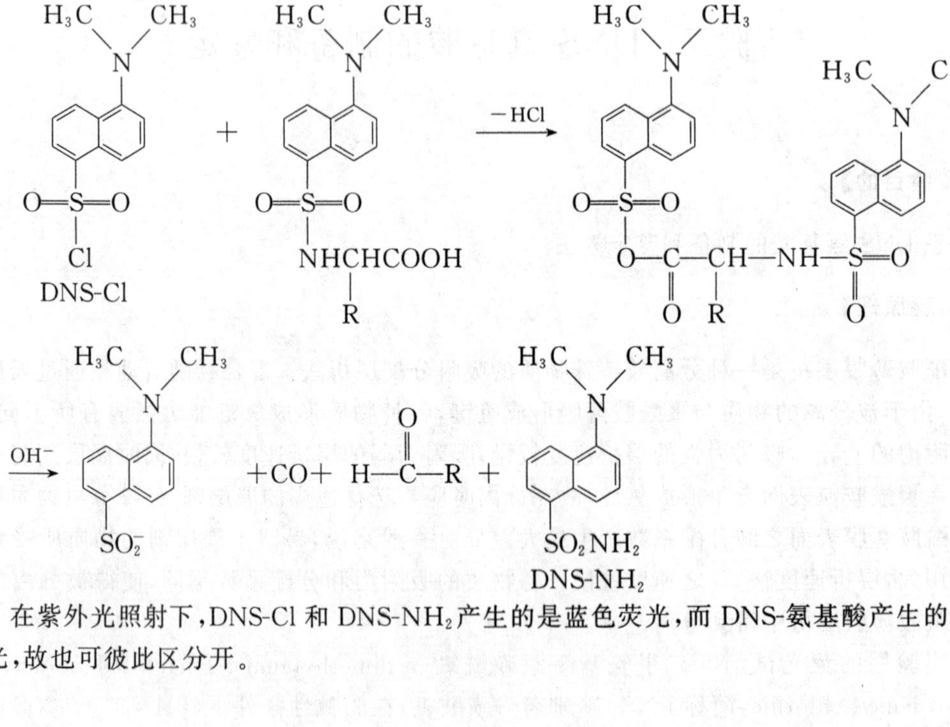

$$\text{DNS-Cl} + \text{DNS-NHCHCOOH} \xrightarrow{-HCl}$$

DNS-Cl

$$\xrightarrow{OH^-} \quad +CO+ \quad H\overset{\displaystyle O}{\overset{\|}{C}}R + \quad \text{DNS-NH}_2$$

在紫外光照射下,DNS-Cl 和 DNS-NH$_2$ 产生的是蓝色荧光,而 DNS-氨基酸产生的是黄色荧光,故也可彼此区分开。

【仪器、试剂和材料】

1. 仪器

聚酰胺薄膜(7 cm×7 cm)、小试管、层析缸、吹风机、紫外灯(波长为 254 nm 或 265 nm)、毛细点样管、量筒、吸量管(0.5 mL)或移液枪、细线或橡皮筋、直尺、铅笔、电子天平、pH 试纸。

2. 试剂

(1) DNS-Cl-丙酮溶液(取 25 mg DNS-Cl,溶于 10 mL 丙酮中)、0.2 mol/L NaHCO$_3$ 溶液、三乙胺。

(2) 展层剂:①88%甲酸-蒸馏水(体积比为 1.5:100);②苯-冰醋酸(体积比为 9:1)。

(3) 混合氨基酸溶液:称取甘氨酸、丙氨酸、苯丙氨酸各 5 mg,天冬氨酸 20 mg,丝氨酸、谷氨酸各 40 mg,赖氨酸 50 mg,溶于 10 mL 0.2 mol/L NaHCO$_3$ 溶液中。

(4) 层析级标准氨基酸(至少包括(3)中氨基酸)。

3. 材料

聚酰胺薄膜。

【实验步骤】

1. DNS-氨基酸的制备

(1) 取一支小试管,加入混合氨基酸溶液 0.5 mL,然后再加 DNS-Cl-丙酮溶液 0.5 mL,混匀。

(2) 用三乙胺调 pH 至 9.0～10.5,加塞,在 40 ℃水浴中避光反应 2～3 h。

(3) 反应结束后,用吹风机吹去丙酮后即可点样。

2. 展层

(1) 取一张聚酰胺薄膜(7 cm×7 cm),在距离相邻边缘各 1.0 cm 处用铅笔画相交直线,交叉点即为点样点。用毛细点样管醮取上述 DNS-氨基酸样品进行点样。点样要求:样品直径要在 2～3 mm、小且圆,还要多点几次,在每次点完后可用吹风机冷风吹干再点下一次,最后也要吹干。

(2) 把聚酰胺薄膜光面向外卷曲成圆筒形,外面用细线或橡皮筋扎住(薄膜两边缘不能相互接触)。然后把它直立于已经提前取有 20 mL 展层剂②的层析缸中进行展层,放入时要求点样点在下端且展层剂液面不能没过点样点。

(3) 当展层剂润湿薄膜距离其顶端 0.5～1 cm 时,取出用吹风机吹干。然后向与卷曲方向相垂直的方向卷曲,仍用细线或橡皮筋按上述要求扎住。再放入已经提前取有 20 mL 展层剂①的层析缸中进行展层,放入时仍要求点样点在下端且展层剂液面不能没过点样点。

(4) 当展层剂①展至距离顶端 0.5～1 cm 时取出,吹干。

3. 制作标准氨基酸图谱

重复前面两个步骤,以层析级标准氨基酸实验,制作标准氨基酸图谱。

4. 结果观察

将聚酰胺薄膜置于紫外灯下,观察荧光斑点,区分 DNS-氨基酸、DNS-OH 和 DNS-NH$_2$,对照标准图谱找出它们各自相应的位置,用铅笔在斑点边缘轻轻圈出。

【思考题】

(1) 本实验分离混合氨基酸的基本原理是什么? 其中流动相和固定相分别是什么? 各起什么作用?

(2) 本方法能否用于分离核苷及核苷酸? 为什么?

【附注】

(1) 在实验操作中应注意不要污染聚酰胺薄膜。

(2) 展层时勿将原点浸入溶剂系统,层析薄膜在层析缸内须保持直立状态。

(3) 标准氨基酸图谱可由 DNS-氨基酸单向层析的 R_f 值(点样点到层析点中心的距离/原点到溶剂前沿的距离)来确定各荧光点分别是哪种氨基酸。

实验 8　DNP-氨基酸的制备和鉴定

【实验目的】

熟悉 DNP-氨基酸的制备和鉴定方法。

【实验原理】

在温和条件下(室温,pH=8.5~9.0),2,4-二硝基氟苯(FDNB)能和氨基酸(多肽或蛋白质)的自由 α-氨基作用,生成黄色的二硝基苯基-氨基酸(简称 DNP-氨基酸)。

DNP-氨基酸可用聚酰胺薄膜层析鉴定。必须指出,除 α-氨基外,酪氨酸的酚羟基、组氨酸的咪唑基和赖氨酸的 ε-氨基均可与 FDNB 作用,生成相应的 DNP-衍生物。

【仪器、试剂和材料】

1. 仪器

聚酰胺薄膜(7 cm×7 cm)、广范 pH 试纸、小试管(1.0 cm×7.5 cm)、分液漏斗(ϕ10 cm)、吸管、真空干燥器、培养皿(ϕ10 cm)、毛细点样管、吹风机、层析缸、小烧杯(10 mL)、恒温箱、玻璃板、细线或橡皮筋、刀片、直尺、铅笔、黑纸。

2. 试剂

(1) 2.5%2,4-二硝基氟苯-乙醇溶液(无水乙醇配制)、0.01 mol/L 盐酸、固体碳酸氢钠、1 mol/L氢氧化钠溶液、2 mol/L 盐酸、乙酸乙酯、正丁醇、无水丙酮。

(2) 混合氨基酸溶液:称取甘氨酸、缬氨酸、甲硫氨酸、谷氨酸、组氨酸、亮氨酸、异亮氨酸和色氨酸各 50 mg,溶于约 5 mL 0.01 mol/L 盐酸中并稀释至 10.0 mL。

(3) 无水乙醚:应去除过氧化物。如果乙醚中含有少量过氧化物,将导致 DNP-氨基酸分解。去除的方法如下:向每 500 mL 无水乙醚中加入 5~10 g 固体硫酸亚铁,放在振荡器上振摇 1~2 h 后,滤去固体即可。

(4) 展层剂:①苯-冰醋酸(体积比为 8∶2);②85%甲酸-蒸馏水(体积比为 1∶1)。

3. 材料

聚酰胺薄膜。

【实验步骤】

1. DNP-氨基酸的制备

(1) 取 1 支小试管,加入混合氨基酸溶液 1.0 mL,加固体碳酸氢钠少许,调 pH 为 9.0,再加入 2.5% 2,4-二硝基氟苯-乙醇溶液 1.0 mL,用软木塞塞好,并用黑纸包好。

(2) 振摇 5 min 后,置于 40 ℃恒温箱中避光保温 1.5 h,水浴中避光反应 2～3 h。前 1 h 内要经常摇动使之充分反应。

(3) 到时间后,取出,放于真空干燥器内干燥除去乙醇。

2. DNP-氨基酸的抽提

(1) 将蒸发了乙醇的反应液用 1 mol/L 氢氧化钠溶液(1～2 滴)调至 pH=10,加入等体积无水乙醚,振荡,静置分层,吸去乙醚层(即除去剩余的 FDNB;在酸性条件下,大多数 DNP-氨基酸能溶于乙醚,少数溶于水。但在 pH=10 时,DNP-氨基酸均不溶于乙醚,只能将未形成 DNP-氨基酸的剩余 FDNB 除去)。再用无水乙醚同样处理一次。

(2) 用 2 mol/L 盐酸(1～2 滴)酸化至 pH=3,此时试管内液体由橙色变成淡黄色(淡黄色物质即为 DNP-氨基酸)。

(3) 向试管内加入 1 mL 乙酸乙酯,振摇后静置分层,将乙酸乙酯层吸入 10 mL 烧杯中,再用 1 mL 乙酸乙酯抽提一次,均放入同一个 10 mL 烧杯中。

(4) 此时,母液中尚有 DNP-组氨酸,需要用少量正丁醇抽提一次,并将正丁醇抽提液与(3)所得的小烧杯中抽提液放在同一个 10 mL 烧杯中。若母液中有精氨酸或半胱氨酸,也同样要用正丁醇抽提。

(5) 将小烧杯置于真空干燥器内,减压抽干,小烧杯中残留物即为 DNP-氨基酸,再用少量无水丙酮溶解。

3. 展层

(1) 取一张聚酰胺薄膜(7 cm×7 cm),在距离相邻边缘各 1.0 cm 处用铅笔画相交直线,交叉点即为点样点。用毛细点样管醮取上述 DNP-氨基酸-丙酮溶液进行点样。点样要求:样品直径要在 2～3 mm、小且圆,还要多点几次,在每次点完后可用吹风机冷风吹干(一定不要用热风)再点下一次,最后也要吹干。

(2) 把聚酰胺薄膜光面向外卷曲成圆筒形,外面用细线或橡皮筋扎住(薄膜两边缘不能相互接触)。然后把它立于已经提前倒入约 1 cm 深展层剂①的层析缸中进行展层,放入时要求点样点在下端且展层剂液面不能没过点样点,外面可罩一个大烧杯。

(3) 当展层剂润湿薄膜距离其顶端 0.5～1 cm 时,取出用吹风机吹干,然后向与卷曲方向相垂直的方向卷曲,仍用细线或橡皮筋按上述要求扎住。再放入已经提前倒入 20 mL 展层剂②的层析缸中进行展层,放入时仍要求点样点在下端且展层剂液面不能没过点样点。

(4) 当展层剂②展至距离顶端 0.5～1 cm 时取出,用热风吹干(这种展层剂中含水量大,斑点易扩散,用热风可加快吹干速度,减少斑点的扩散;前面点样及展层剂①展层时不能用热风吹干,是因为用热风易使薄膜边缘不直,对展层效果有不好影响),膜上即有若干黄色斑点。

4. 制作标准氨基酸图谱

重复步骤 1～3,以层析级标准氨基酸实验,制作标准氨基酸图谱。

5. 结果观察

对照标准图谱找出它们各自相应的位置,用铅笔在斑点边缘轻轻圈出,鉴定各斑点系何种

DNP-氨基酸。

【思考题】

(1) 本实验分离混合氨基酸的基本原理是什么？其中流动相和固定相分别是什么？各起什么作用？

(2) 本实验操作时需注意哪些问题？

【附注】

(1) 在实验操作中应注意不要污染聚酰胺薄膜。

(2) 展层时勿将原点浸入溶剂系统，层析薄膜在层析缸内须保持直立状态。

(3) 点样及第一次展层时一定要用冷风吹干，第二次展层后须经热风将薄膜吹干，轻轻地用铅笔描色斑，以免损坏薄膜表面。

(4) 标准氨基酸图谱可由 DNP-氨基酸单向层析的 R_f 值来确定各荧光点分别是哪种氨基酸。

实验 9　用 DNS 法鉴定蛋白质或多肽的 N 端氨基酸

【实验目的】

掌握用 DNS-氨基酸聚酰胺薄膜层析鉴定蛋白质或多肽的 N 端氨基酸的原理和方法。

【实验原理】

荧光试剂 DNS-Cl(5-二甲氨基萘-1-磺酰氯)在碱性条件下可与蛋白质或多肽的 N 端氨基结合生成 DNS-蛋白质或 DNS-多肽。再经酸水解可释放出 DNS-氨基酸。在紫外光(波长为 360 nm 或 280 nm)照射下，产生强烈的黄色荧光，可用聚酰胺薄膜层析进行鉴定。

各种 DNS-氨基酸与聚酰胺薄膜形成氢键的能力不同，即在溶剂中与聚酰胺薄膜之间的分配系数不同，故可用聚酰胺薄膜层析分离各种 DNS-氨基酸。

DNS-蛋白质或 DNS-多肽在 6 mol/L 盐酸、110 ℃、22 h 水解的条件下，除 DNS-Trp 全部破坏和 DNS-Pro(77%)、DNS-Ser(35%)、DNS-Gly(18%)、DNS-Ala(7%)部分破坏外，其余 DNS-氨基酸很少破坏。

DNS-Cl 与蛋白质的侧链基团巯基、咪唑基、ε-氨基和酚羟基反应，前两者在酸碱条件下均不稳定，酸水解时完全破坏；DNS-ε-赖氨酸和 DNS-O-酪氨酸较稳定，同时还有 DNS-双-赖氨酸和 DNS-双-酪氨酸生成，但展层后在层析图谱的位点上，都与 DNS-α-氨基酸有区别。

DNS-Cl 在 pH 过高时，水解产生的副产物为 DNS-OH；DNS-Cl 过量时，会产生 DNS-NH$_2$，在紫外光照射下，DNS-OH 和 DNS-NH$_2$ 产生蓝色荧光，而 DNS-氨基酸产生黄色荧光，能明显区分。

【仪器、试剂和材料】

1. 仪器

层析缸、吹风机、紫外灯、真空干燥器、微量注射器、具塞磨口试管、水解管(硬质玻璃)、培养皿、水浴锅。

2．试剂

（1）各种标准氨基酸（层析纯）、蛋白质样品、6 mol/L 盐酸、0.2 mol/L NaHCO$_3$ 溶液、1 mol/L NaOH 溶液、DNS-Cl-丙酮溶液（称取 250 mg DNS-Cl，溶于丙酮中，储存于棕色瓶中，4 ℃保存，1 个月内有效）。

（2）展开剂：①88％甲酸-蒸馏水（体积比为 1.5：100）；②苯-冰醋酸（体积比为 9：1）。

3．材料

聚酰胺薄膜。

【实验步骤】

1．DNS-标准氨基酸的制备

称取 2.5 μmol 层析纯的标准氨基酸，溶于 0.5 mL 0.2 mol/L NaHCO$_3$ 溶液中，各取 0.1 mL 该溶液置于具塞磨口试管中，加入 0.1 mL DNS-Cl-丙酮溶液中，用 1 mol/L NaOH 溶液调至 pH＝9.0～9.5。于室温避光反应 2～4 h，储存于暗处备用。作 DNS-氨基酸的标准图谱。

2．DNS-蛋白质的制备和水解

称取 0.5 mg 左右的蛋白质样品，置于具塞磨口试管中，用少量蒸馏水溶解，加入 0.5 mL 0.2 mol/L NaHCO$_3$ 溶液，再加 0.5 mL DNS-Cl-丙酮溶液，用 1 mol/L NaOH 溶液调至 pH＝9.0～9.5，盖好塞子，于室温避光反应 2～4 h（或于 40 ℃水浴避光反应 2 h）。反应完毕，真空抽去丙酮，加入 0.5 mL 6 mol/L 盐酸，并转移至水解管，抽真空封管，于 110 ℃水解 18～24 h。

开管后真空抽去盐酸，加少量蒸馏水，再抽干，重复 2～3 次，除尽盐酸。临用前加几滴丙酮，然后进行层析。

3．样品的聚酰胺薄膜层析

用聚酰胺薄膜一张，在距离相邻边缘各 1.0 cm 处用铅笔画相交直线，交叉点作为点样原点。用微量注射器取上述 DNS-氨基酸样品液进行点样，点样直径不超过 2 mm，可分几次点，每次点样后用冷风吹干，再点下一次，吹干。光面向外卷曲（两边不相接触），外扎以橡皮筋。直立于盛有 20 mL 展开剂的培养皿中。点样点向下，置于层析缸中展层。

若只需单向层析，则用展开剂①。若要进行双向层析，为了便于吹干，可先以展开剂②为第一向，展层后取出，再以展开剂①为第二向。但有时遇到聚酰胺薄膜质地不均匀，若先用展开剂②展层后会有"爆皮"现象，无法再走第二向，遇到这种情况可以展层剂①为第一向，展开剂②为第二向。但展层后因含水，需要充分吹干，最好过夜晾干，次日再走第二向。

4．结果观察

在紫外灯下观察 DNS-氨基酸的荧光斑点，将样品的聚酰胺薄膜层析图谱与 DNS-氨基酸标准图谱比较，由其相应位置确定蛋白质样品的 N 端氨基酸。

【思考题】

简述用 DNS 法鉴定蛋白质 N 端氨基酸的原理。

实验 10　SDS-聚丙烯酰胺凝胶垂直电泳分离细菌总蛋白质

【实验目的】

聚丙烯酰胺凝胶垂直电泳是生物化学中常用的最有效分离生物大分子的方法之一。通过该实验,了解聚丙烯酰胺凝胶垂直电泳的基本原理和操作技术。

【实验原理】

垂直电泳是在区带电泳原理的基础上,以孔径大小不同的聚丙烯酰胺凝胶作为支持物,采用电泳基质的不连续体系(即凝胶层的不连续性、缓冲液离子成分的不连续性、pH 的不连续性及电位梯度的不连续性),使样品在不连续的两相间积聚浓缩成很薄的起始区带(厚度为 10^{-2} cm),然后进行电泳分离。聚丙烯酰胺是由丙烯酰胺和交联剂甲叉双丙烯酰胺在催化剂过硫酸铵和四甲基乙二胺的作用下,聚合而成的具有三维网状的凝胶,通过改变聚丙烯酰胺的单体浓度,可控制凝胶聚合速度和孔径大小,常用于蛋白质混合物的分离。在凝胶系统中加入阴离子去污剂十二烷基硫酸钠(SDS),则蛋白质分子的电泳迁移率主要取决于它的相对分子质量,而与所带电荷及形状无关。

【仪器、试剂和材料】

1. 仪器

烧杯(25 mL、50 mL、100 mL)、移液枪(10 μL、200 μL、1 000 μL)、直流稳压电源(电压 300～600 V,电流 50～100 mA)、夹心式垂直板电泳槽、脱色摇床、吹风机。

2. 试剂

(1) 30％丙烯酰胺储存液:称取丙烯酰胺 29.29 g,甲叉双丙烯酰胺 0.89 g,加蒸馏水至 100 mL,装于棕色瓶内,低温(4 ℃)保存备用。(注意:丙烯酰胺和甲叉双丙烯酰胺都是神经毒剂,对皮肤有刺激作用,应在通风橱内操作。操作者须戴医用乳胶手套)

(2) 催化剂:10％过硫酸铵溶液(100 mg/mL),临用前配制。

(3) 加速剂:N,N,N',N'-四甲基乙二胺(简称 TEMED),密封避光保存。

(4) 1.5 mol/L Tris-HCl 缓冲液(pH＝8.8):称取 Tris 18.2 g,用 1 mol/L 盐酸调至 pH＝8.8,补加水至总体积为 100 mL。

(5) 1.0 mol/L Tris-HCl 缓冲液(pH＝6.8):称取 Tris 12.1 g,用 1 mol/L 盐酸调至 pH＝6.8,补加水至总体积为 100 mL。

(6) 5×Tris-甘氨酸电泳缓冲液:取 900 mL 蒸馏水、15.1 g Tris、72.0 g 甘氨酸、50 mL 10％SDS,加去离子水至 1 000 mL。使用前稀释至 5×Tris-甘氨酸电泳缓冲液。

(7) 2×SDS 凝胶加样缓冲液:50 mmol/L Tris-HCl(pH＝6.8)、2％SDS、0.1％溴酚蓝与 10％甘油混合液。

(8) 固定液:45 mL 甲醇、45 mL 蒸馏水与 10 mL 冰醋酸混合。

(9) 考马斯亮蓝染色液:45 mL 甲醇、45 mL 蒸馏水、0.25 g 考马斯亮蓝 R-250 与 10 mL 冰醋酸混合。

(10) 脱色液:10 mL 甲醇、80 mL 蒸馏水与 10 mL 冰醋酸混合。

（11）10％ SDS 溶液、7％醋酸溶液。

3．材料

细菌培养物。

【实验步骤】

1．安装夹心式垂直板电泳槽

夹心式垂直板电泳槽操作简单，不易渗漏。这种电泳槽两侧为有机玻璃制成的电极槽，两个电极槽中间夹有一个凝胶模，该模由凹形橡胶框、长玻璃板、短玻璃板及样品槽模板（梳子）组成（见图 4-3、图 4-4）。

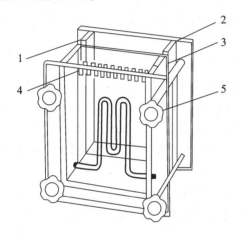

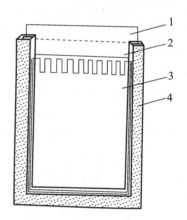

图 4-3　夹心式垂直板电泳槽示意图

1—导线接头；2—下贮槽；3—凹形橡胶框；

4—样品槽模板；5—固定螺丝

图 4-4　凝胶模示意图

1—样品槽模板；2—长玻璃板；

3—短玻璃板；4—凹形橡胶框

（1）用酒精擦拭长、短玻璃板的灌胶面，并用吹风机吹干。

（2）将长、短玻璃板分别插到凹形橡胶框的凹形槽中，注意勿用手接触灌胶面的玻璃。

（3）将已插好玻璃板的凝胶模平放在上贮槽上，短玻璃板应面对上贮槽。

（4）将下贮槽的销孔对准已装好螺丝销钉的上贮槽，双手以对角线的方式旋紧螺丝帽。

（5）竖起电泳槽，在长玻璃板下端与凹形橡胶框交界的缝隙内加入已融化的 1％琼脂糖，其目的是封住空隙，凝固后的琼脂糖中应无气泡。

2．分离胶的制备

配制 12％分离胶 13 mL：量取重蒸水 4.2 mL、30％丙烯酰胺储存液 5.2 mL、1.5 mol/L Tris-HCl 缓冲液（pH＝8.8）3.4 mL、10％过硫酸铵溶液 0.13 mL、TEMED 0.008 mL。混匀后灌胶，留下积层胶所需空间。在胶面小心地加一层重蒸水，30 min 后待胶凝固，倒出覆盖层液体，用蒸馏水冲洗顶部数次，用吸水纸吸干多余水分。

3．浓缩胶的制备

配制 5％浓缩胶 6 mL：量取重蒸水 4.1 mL、30％丙烯酰胺储存液 1 mL、1.0 mol/L Tris-HCl 溶液（pH＝6.8）0.76 mL、10％SDS 溶液 0.06 mL、10％过硫酸铵溶液 0.06 mL、TEMED 0.006 mL。混匀后灌胶，插入梳子。60 min 后待胶凝固后，将电极缓冲液慢慢地倒入上、下贮槽中。电极缓冲液的加入量，上贮槽以缓冲液完全覆盖加样孔，下贮槽以电极能完全浸入为宜，小心拔出梳子，冲洗点样孔。

4. 蛋白质样品的制备与处理

将 10 μL 过夜细菌培养物接种到 5 mL LB 培养基中,于 37 ℃ 培养过夜,取 1 mL 转移至微量离心管中。室温 10 000×g 离心 5 min,去上清液。

将沉淀重悬于 25 μL 2×SDS 凝胶加样缓冲液中,于 100 ℃ 下振荡 10 min。室温 10 000×g 离心 10 min,备用。

5. 加样

每个凹形样品槽内,只加一个种样品或已知相对分子质量的混合标准蛋白质,加样体积要根据凝胶厚度及样品浓度灵活掌握,一般加样体积为 10~15 μL(即 2~10 μg 蛋白质)。若样品较稀,加样体积可达 50 μL。若样品槽中有气泡,可用注射器针头挑除。加样时,将移液枪的枪头通过电极缓冲液伸入加样槽内,尽量接近底部,注意勿碰破凹形槽胶面。由于样品溶解液中含有密度较大的甘油,因此样品溶液会自动沉降在凝胶表面形成样品层。

6. 电泳

将上贮槽的电极接电泳仪的负极,下贮槽的电极接电泳仪的正极。凝胶上所加电压为 8 V/cm。当染料前沿进入分离胶后,把电压提高到 15 V/cm,继续电泳直至溴酚蓝到达分离胶底部上方约 1 cm,然后关闭电源。缓冲液可再行使用,但应注意上、下贮槽缓冲液不能混合或互换,因下贮槽中混入了催化剂及氯离子。如将下贮槽的缓冲液用于上贮槽,则影响电泳。

7. 凝胶板的剥离与固定

电泳结束后,取下凝胶模,卸下橡胶框,用不锈钢药铲或镊子撬开短玻璃板,将凝胶板切下一角作为加样顺序的标志。将凝胶板放在大培养皿内,加入固定液,固定。

8. 染色与脱色

将染色液倒入培养皿中,在摇床上染色 2 h 左右,回收染色液,用蒸馏水漂洗数次,再用脱色液脱色,直到蛋白质区带清晰,照相。脱色后的凝胶放在 7% 醋酸溶液中,可以长期保存。

【思考题】

(1) 根据实验过程的体会,总结如何做好电泳实验?哪些是关键步骤?

(2) 蛋白质样品为何在加样前需在沸水中加热几分钟?

(3) 为什么要在样品中加少许溴酚蓝和一定浓度的甘油?甘油及溴酚蓝的作用分别是什么?

实验 11 SDS-聚丙烯酰胺凝胶电泳测定蛋白质的相对分子质量

【实验目的】

了解和学习 SDS-聚丙烯酰胺凝胶电泳测定蛋白质相对分子质量的原理和方法,掌握板状聚丙烯酰胺凝胶电泳的操作方法。

【实验原理】

蛋白质在电场中泳动的迁移率主要由其所带电荷的多少、相对分子质量大小及分子形状等因素决定。十二烷基硫酸钠(sodium dodecyl sulfate,简称 SDS)是一种阴离子去污剂,它能按一定比例与蛋白质分子结合成带负电荷的复合物,其负电荷远远超过了蛋白质原有的电荷,也就消除或降低了不同蛋白质之间原有的电荷差别,这样就使电泳迁移率主要取决于分子大小这一因素,此时蛋白质的电泳迁移率与其相对分子质量的对数呈直线关系:

$$M_r = K \times 10^{-bm}$$
$$\lg M_r = \lg K - bm$$
$$\lg M_r = K_1 - bm$$

式中:M_r 为相对分子质量;m 为迁移率;b 为斜率;K、K_1 为常数。

因此,如果要测定某蛋白质的相对分子质量,只需比较它和一系列已知相对分子质量的标准蛋白质在 SDS-凝胶电泳时的迁移率就可以了。实验证明,对于相对分子质量在 12 000~200 000 的蛋白质,用此法测相对分子质量与用其他测定方法相比,误差一般在±10%以内。

此外,用这种方法测定蛋白质的相对分子质量,操作简便、快速,使用设备成本低廉,该法现已成为测定蛋白质相对分子质量的常用方法。

本实验选用相对分子质量在 10 000~70 000 范围的标准蛋白质制作标准曲线,使用 10% 的聚丙烯酰胺凝胶并制成板状,以不连续电泳系统进行电泳来测定蛋白质的相对分子质量。

【仪器、试剂和材料】

1. **仪器**

板状电泳槽、电泳仪、烧杯、微量进样器、直尺、真空干燥器。

2. **试剂**

(1) 低相对分子质量标准蛋白质。

使用方法:开封后溶于 200 μL 重蒸水中,分装于 20 支小管内,每小管 10 μL,同时加入等体积 2×样品缓冲液(10 μm),-20 ℃保存。使用前在室温下熔化后,于沸水浴中加热 3~5 min 后上样。

2×样品缓冲液:分别取 2.0 mL 0.5 mol/L Tris-HCl(pH=6.8)缓冲液、甘油(丙三醇)2.0 mL、20%SDS 2.0 mL、0.1%溴酚蓝 0.5 mL、2-β-巯基乙醇 1.0 mL、重蒸水 2.5 mL,混合均匀。

(2) 凝胶试剂。

30%丙烯酰胺:将 30 g 丙烯酰胺、0.8 g 甲叉双丙烯酰胺溶于 100 mL 蒸馏水中,过滤。于 4 ℃暗处储存,一月内可使用。

1 mol/L Tris-HCl 缓冲液(pH=8.8):将 Tris 121 g 溶于蒸馏水,用 6 mol/L 盐酸调至 pH=8.8,用蒸馏水定容至 1 000 mL。

1 mol/L Tris-HCl 缓冲液(pH=6.8):将 Tris 121 g 溶于蒸馏水,用 6 mol/L 盐酸调至 pH=6.8,用蒸馏水定容至 1 000mL。

10%SDS 溶液、10%过硫酸铵溶液(临用前配制)、TEMED(N, N, N', N'-四甲基乙二胺)。

(3) 样品稀释液:取 SDS 500 mg、巯基乙醇 1 mL、甘油 3 mL、溴酚蓝 4 mg、1 mol/L Tris-HCl 缓冲液(pH=6.8)2 mL,加蒸馏水溶解并定容至 10 mL。此溶液可用来溶解标准蛋白质及待测蛋白质样品,样品若为固体,应稀释 1 倍使用;样品若为液体,则加入与样品等体积的原液混合即可。

(4) 电极缓冲液(pH=8.3):取 Tris 30.3 g、甘氨酸 144.2 g、SDS 10 g,溶于蒸馏水并定容至 1 000 mL。使用时稀释 10 倍。

(5) 染色液:取 1 g 考马斯亮蓝 R-250,加入 450 mL 甲醇和 100 mL 冰醋酸,加 450 mL 蒸馏水溶解后过滤使用。

(6) 脱色液:70 mL 冰醋酸、730 mL 蒸馏水与 200 mL 甲醇混合。

3. 材料

凡士林油膏或马铃薯淀粉。

【实验步骤】

1. 安装垂直板状制胶模具及电泳槽

制胶模具由两块长短不等的玻璃板组成,其中一块一端带有 1～2 cm 高的凹槽。将两块玻璃板洗净干燥后,在带凹槽玻璃板的两侧及底部放置用特殊塑料制成的间隙条,条的厚度据实选定。然后放上另一块玻璃板,将板的两侧及底部用凡士林油膏或淀粉糊封闭,以防胶液漏出,用夹子将两块玻璃板固定。这样两块玻璃板之间就形成了一定的间隙,可以灌注胶液。也可使用成套模具制胶。

2. 制备分离胶

从冰箱中取出制胶试剂,平衡至室温。按要求配制 10% 的分离胶,凝胶液总用量根据玻璃板间隙的体积而定。

10% 分离胶:30% 丙烯酰胺 10 mL、1 mol/L Tris-HCl 缓冲液(pH=8.8)11.2 mL、蒸馏水 8.7 mL、10% SDS 溶液 0.3 mL、10% 过硫酸铵溶液 0.2 mL、TEMED 0.1 mL。

混匀后,置于真空干燥器中,抽气 10 min。迅速注入两块玻璃板的间隙中,至胶液面离玻璃板凹槽 3.5 cm 左右。然后在胶面上轻轻铺 1 cm 高的水,加水时应顺着玻璃板慢慢加入,勿扰乱胶面。垂直放置胶板,在室温下静置 20～30 min 使之凝聚。待凝胶和水之间可以看到很清晰的一条界面时,吸去胶面上层的水。

3. 制备浓缩胶

无论使用何种浓度的分离胶,都使用同一种浓缩胶,用量根据实际情况而定。

浓缩胶:30% 丙烯酰胺 1.67 mL、1 mol/L Tris-HCl 缓冲液(pH=6.8)1.25 mL、蒸馏水 7.03 mL、10% SDS 溶液 0.1 mL、10% 过硫酸铵溶液 0.2 mL、TEMED 0.1 mL。

混合上述溶液,取少量灌入玻璃板间隙中,冲洗分离胶胶面,然后倒出。把余下的胶液注入玻璃板间隙,使胶液面与玻璃板凹槽处平齐,然后插入"梳子",在室温下放置 20～30 min,浓缩胶即可凝聚。凝聚后,慢慢取出"梳子",应避免把胶孔弄破。在形成的胶孔中加入蒸馏水,冲洗未凝聚的丙烯酰胺,倒出孔中的蒸馏水后,再加入电极缓冲液。

将灌好胶的玻璃板垂直固定在电泳槽上,带凹槽的玻璃板与电泳槽紧贴在一起,形成一个贮液槽,向其中加入电极缓冲液,使其与胶孔中的缓冲液相接触。在电泳槽下端的贮液槽中也加入电极缓冲液。

4. 待测蛋白质样品的制备

(1) 固体蛋白质样品的制备。将固体蛋白质样品按每 0.5 mg 加入 1 mL 稀释 1 倍的样品稀释液,使之溶解。按每管 20～100 μL 分装于 1.5 mL 塑料管中,储存于 20 ℃冰箱中备用。

每次用一小管,用前将小管放入沸水浴中加热 2 min,取出后,冷却至室温备用。

(2) 液体蛋白质样品的制备。取 50 μL 样品液,加入等体积的样品稀释液,混匀,置于沸水浴中 2 min,冷却后备用。若待测蛋白质样品浓度过低,则需浓缩后再制备成电泳样品。

制备好的标准或待测蛋白质样品液未用完时,可放入 20 ℃冰箱中保存,使用前应在沸水浴中加热 1 min,但同一样品重复处理的次数不宜过多。

5. 加样

样品的点样体积根据样品溶液的浓度及凝胶点样孔的大小确定,一般在 10～100 μL。加样量过少则不易检测出来,样品中至少应含有 0.25 μg 的蛋白质,染色后才能检测出来。若蛋白质含量达到 1 μg,则显色十分明显。加样时,用微量进样器吸取已处理好的蛋白质样品,将进样器针头穿过凝胶孔上的缓冲液,缓慢将样品加在凝胶表面,推时不宜用力过猛,以免样品扩散于缓冲液中。若使用微量进样器加样,则需在加入第一个样品后,洗净微量进样器再吸取第二个样品,以避免相互污染。

6. 电泳

将电泳槽与电泳仪相连接,上槽接负极,下槽接正极。打开电源开关,将电流调至 50～80 mA(可根据凝胶板的横截面积适当增减)。保持电流不变,进行电泳,直至样品中溴酚蓝染料迁移至离下端 1 cm 时,停止电泳。将上、下电泳槽中的电极缓冲液倒出,取下玻璃板,小心地将凝胶片从玻璃板中取出,并滑入大培养皿内。用直尺测量分离胶的长度及分离胶上沿至溴酚蓝带中心的距离,或在溴酚蓝带的中心插入一段细铜丝,以标出染料的位置。

7. 染色和脱色

将分离胶在染色液中浸泡 20～30 min,倒去染色液,用蒸馏水漂洗凝胶一次,然后加入脱色液,室温浸泡凝胶或 37 ℃加热使其脱色,更换几次脱色液,直至蛋白质区带清晰为止。

将胶片小心放在一块玻璃板上,用直尺测量脱色后分离胶的长度及各蛋白质区带的迁移距离(即分离胶上沿至各蛋白质区带中心的距离),或者测量由胶上沿至铜丝的距离和至各蛋白质区带的距离(插铜丝法)。

8. 蛋白质相对分子质量的计算

各蛋白质样品区带的相对迁移率按如下公式计算:

$$相对迁移率 = \frac{蛋白质迁移距离}{脱色后胶长} \times \frac{染色前胶长}{染料移动距离}$$

插铜丝法的相对迁移率按如下公式计算:

$$相对迁移率 = \frac{样品蛋白质迁移距离}{染料迁移距离}$$

以各标准蛋白质样品的迁移率为横坐标,蛋白质相对分子质量为纵坐标,在半对数坐标纸上作图,即可得一条标准曲线。也可以取蛋白质相对分子质量的对数值为纵坐标,用一般坐标纸作图。根据待测样品蛋白质的迁移率,从标准曲线上查出其相对分子质量。

【思考题】

(1) SDS 在本实验中有什么作用?

(2) 用该方法测定蛋白质相对分子质量时需要注意哪些问题?

【附注】

(1) 实验中应该选择使用那些相对分子质量大小与待测蛋白质样品相近的标准蛋白质作标准曲线,每次测定样品必须同时作标准曲线,并使待测蛋白质样品的相对分子质量恰好在标准蛋白质的范围内,而且标准蛋白质的相对迁移率最好在 0.2~0.8 且均匀分布。

(2) 不同浓度的聚丙烯酰胺凝胶适用于不同范围的蛋白质相对分子质量的测定。使用时应根据待测蛋白质样品的相对分子质量范围,选择合适的凝胶浓度,以求获得好的结果。在用 SDS 处理蛋白质样品时,必须同时用还原剂巯基乙醇处理,使二硫键还原打开。要保证蛋白质与 SDS 按比例结合,溶液中的 SDS 总量要比蛋白质的量高 3~10 倍。

(3) 此法虽然适用于大多数蛋白质相对分子质量的测定,但对于一些带有较大辅基的蛋白(如某些糖蛋白)和结构蛋白(如胶原蛋白)等,因其电荷异常或构象异常,不能定量地与 SDS 相结合或正常比例的 SDS 不能完全掩盖其原有电荷的影响,造成测定结果偏差较大。

实验 12　牛乳中蛋白质的提取与鉴定

【实验目的】

学习从牛乳中制备酪蛋白的原理和方法,学习蛋白质的颜色和沉淀反应。

【实验原理】

牛乳中主要的蛋白质是酪蛋白,含量约为 3.5%。酪蛋白是一种含磷蛋白的不均一混合物,等电点 pI=4.7。根据蛋白质在其等电点溶解度最低的原理,将牛乳的 pH 调整至 4.7,酪蛋白即沉淀出来。用乙醇除去酪蛋白沉淀中不溶于水的脂类杂质,得到纯的酪蛋白。所得酪蛋白供定性鉴定。

除去酪蛋白的滤液中,尚含有球蛋白、清蛋白等多种蛋白质。

【仪器、试剂和材料】

1. 仪器

离心机、抽滤装置、精密试纸和酸度计、电炉、温度计、烧杯、量筒、表面皿。

2. 试剂

(1) 米伦(Millon)试剂:将 100 g 汞溶于 140 mL 的浓硝酸中(在通风橱内进行),然后加两倍量的蒸馏水稀释。

(2) 无水乙醇、95%乙醇、0.2 mol/L 醋酸钠缓冲液(pH=4.7)、乙醇-乙醚混合液(1∶1)、0.1 mol/L NaOH 溶液、10%NaCl 溶液、0.5%NaCl 溶液、0.1 mol/L 盐酸、0.2%盐酸、饱和 Ca(OH)₂ 溶液、5%醋酸铅溶液、乙醚等。

3. 材料

新鲜牛乳、滤纸。

【实验步骤】

1. 酪蛋白的制备

(1) 取新鲜牛乳 30 mL,放入 250 mL 烧杯中,加热至 40 ℃,加入 30 mL 加热至同样温度的 pH＝4.7 的醋酸钠缓冲液，一边加一边搅拌，用 0.1 mol/L NaOH 溶液调至 pH＝4.7。冷却至室温，离心(3 000 r/min)15 min，弃去上清液，得到酪蛋白粗制品。

(2) 用 10 mL 蒸馏水洗沉淀 3 次，离心(3 000 r/min)10 min，弃去上清液。

(3) 在沉淀中加入 10 mL 95％乙醇，搅拌片刻，将全部悬浊液转移至布氏漏斗中抽滤。用 10 mL 乙醚-乙醚混合液洗涤沉淀 2 次。最后用乙醚洗涤沉淀 2 次，抽干。

(4) 将沉淀摊开放在表面皿上，烘干。

(5) 准确称重，计算酪蛋白的含量和产率。

$$酪蛋白含量(g/(100 \text{ mL}))=\frac{测得酪蛋白的质量(g)}{牛乳体积(\text{mL})}\times 100$$

$$产率=\frac{测得牛乳中酪蛋白的含量}{理论含量}\times 100\%$$

理论含量为 3.5 g/(100 mL(牛乳))。

2. 酪蛋白的性质鉴定

(1) 溶解性：取试管 6 支，分别加水、10％NaCl 溶液、0.5％NaCl 溶液、0.1 mol/L NaOH 溶液、0.2％盐酸及饱和 Ca(OH)$_2$ 溶液各 2 mL。于每管中加入少量酪蛋白。不断摇荡，观察并记录各管中的酪蛋白溶解性。

(2) 米伦反应：取酪蛋白少许，放置于试管中。加入 1 mL 蒸馏水，再加入米伦试剂 10 滴，振摇，并徐徐加热。观察其颜色变化。

(3) 含硫(胱氨酸、半胱氨酸和蛋氨酸)鉴定：取少量酪蛋白，溶于 1 mL 0.1 mol/L NaOH 溶液中，再加入 1～3 滴 5％醋酸铅溶液，加热煮沸，溶液变为黑色。

3. 乳清中可凝固性蛋白质的鉴定

将制备酪蛋白时所得的滤液移入烧杯中，徐徐加热，即出现蛋白质沉淀。此沉淀为乳清中的球蛋白和清蛋白。

【思考题】

(1) 为什么调整溶液的 pH 可将酪蛋白沉淀出来？

(2) 制备酪蛋白的过程中应注意哪些问题，才可获得高产率？

实验 13　大豆蛋白的提取与含量测定

【实验目的】

掌握大豆蛋白的提取原理和方法；掌握 Folin-酚法测定蛋白质含量的原理和方法，熟悉分光光度计的操作。

【实验原理】

大豆中含有丰富的蛋白质，根据其性质不同，可以分为水溶性蛋白、盐溶性蛋白、醇溶性蛋白、碱溶性蛋白。将大豆粉依次用上述溶剂提取，并用有机溶剂沉淀，可制得各部分蛋白质的干粉。本实验通过水溶提取大豆蛋白，并通过 Folin-酚法测定蛋白质含量。Folin-酚法包括两步反应：第一步是在碱性条件下，蛋白质与铜作用生成蛋白质-铜配合物；第二步是此配合物将磷钼酸-磷钨酸试剂(Folin 试剂)还原，产生深蓝色物质(磷钼蓝和磷钨蓝的混合物)，颜色深浅与蛋白质含量成正比。此法操作简便,灵敏度比双缩脲法高 100 倍,定量范围为 5~100 μg 蛋白质。Folin 试剂显色反应由酪氨酸、色氨酸和半胱氨酸引起,因此样品中若含有酚类、柠檬酸和巯基化合物均有干扰作用。此外,不同蛋白质因酪氨酸、色氨酸含量不同而使显色强度稍有不同。

【仪器、试剂和材料】

1. 仪器

低速离心机、可见分光光度计、电子天平、磨口回流器、容量瓶、吸量管。

2. 试剂

(1) 1 mol/L 盐酸、6 mol/L 盐酸、0.2％NaOH 溶液、1 mol/L NaOH 溶液、10％NaCl 溶液、75％乙醇。

(2) 试剂甲:每次使用前将溶液 A 50 份与溶液 B 1 份混合均匀即可,即配即用,有效期 1 天,过期失效。

溶液 A:称取 10 g Na_2CO_3、2 g NaOH 和 0.25 g 酒石酸钾钠,溶解后用蒸馏水定容至 500 mL。

溶液 B:称取 0.5 g $CuSO_4 \cdot 5H_2O$,溶解后用蒸馏水定容至 100 mL。

(3) 试剂乙:在 1.5 L 容积的磨口回流器中加入 100 g 钨酸钠($Na_2WO_4 \cdot 2H_2O$)和 700 mL 蒸馏水,再加 50 mL 85％磷酸溶液和 100 mL 浓盐酸充分混匀,接上回流冷凝管,以小火回流 10 h。回流结束后,加入 150 g 硫酸锂和 50 mL 蒸馏水及数滴液溴,开口继续沸腾 15 min,去除过量的溴,冷却后溶液呈黄色(倘若仍呈绿色,再滴加数滴液溴,继续沸腾 15 min)。然后稀释至 1 L,过滤,滤液置于棕色试剂瓶中保存,使用前加水,使最终浓度为 1 mol/L。

(4) 标准牛血清白蛋白溶液:准确称取 25 mg 结晶牛血清白蛋白,倒入小烧杯内,用少量蒸馏水溶解后转入 100 mL 容量瓶中,烧杯内的残液用少量蒸馏水冲洗数次,冲洗液一并倒入容量瓶中,用蒸馏水定容至 100 mL,即配成 250 μg/mL 的牛血清白蛋白溶液。

3. 材料

大豆粉。

【实验步骤】

1. 标准曲线的制作

取 6 支普通试管,按表 4-10 的要求加入各溶液后立即混合均匀(这一步速度要快,否则会使显色程度减弱)。30 min 后,以不含蛋白质的 1 号试管为对照,用可见分光光度计于 650 nm 波长下测定各试管中溶液的吸光度值并记录结果。以牛血清白蛋白含量(μg)为横坐标,以吸光度值为纵坐标,绘制标准曲线。

表 4-10　绘制标准曲线试剂加入量及吸光度值

试 管 号	1	2	3	4	5	6
标准牛血清白蛋白溶液体积/mL	0	0.2	0.4	0.6	0.8	1.0
蒸馏水体积/mL	1.0	0.8	0.6	0.4	0.2	0
试剂甲体积/mL	5.0	5.0	5.0	5.0	5.0	5.0
室温放置 10 min 后再加入以下试剂						
试剂乙体积/mL	0.5	0.5	0.5	0.5	0.5	0.5
吸光度值						

2. 大豆蛋白的提取及含量测定

取大豆粉 5 g，将共 50 mL 的蒸馏水少量多次地加入并不时搅拌，室温、搅拌抽提 15 min，4 000 r/min 离心 15 min，取上清液，保存备用。取上清液 1 mL，用蒸馏水稀释定容至 50 mL 留作蛋白质测定。取普通试管 2 支，各加入待测溶液 1 mL，分别加入试剂甲 5 mL，混匀后放置 10 min，再各加试剂乙 0.5 mL，迅速混匀，于室温下放置 30 min，于 650 nm 波长下测定吸光度值，并记录结果。

3. 计算

计算出两重复样品吸光值的平均值，从标准曲线中查出相对应的蛋白质含量 $X(\mu g)$，再按下列公式计算样品中蛋白质的含量。

$$样品中蛋白质质量分数 = \frac{X(\mu g) \times 稀释倍数}{样品质量(g) \times 10^6} \times 100\%$$

【思考题】

(1) 大豆中哪类蛋白质含量最多？

(2) 含有什么氨基酸的蛋白质能与 Folin-酚试剂呈蓝色反应？

(3) 测定蛋白质含量除 Folin-酚法以外，还可以用什么方法？

实验 14　葡聚糖凝胶层析法分离纯化蛋白质

【实验目的】

掌握葡聚糖凝胶的特性及凝胶过滤的原理和方法。

【实验原理】

凝胶过滤是广泛应用于蛋白质、酶、核酸等生物高分子的分离分析的有效方法之一，它是以被分离物质的相对分子质量差异为基础的一种层析方法。此类层析的固相载体是具有分子筛性质的凝胶。目前使用较多的是具有各种孔径范围的葡聚糖凝胶（商品名为 Sephadex）。本实验以葡聚糖凝胶为例学习凝胶过滤的一般原理及方法。

葡聚糖凝胶具有由一定平均相对分子质量的葡聚糖（右旋糖苷）相互交联形成的三维网状结构，是一种水不溶性物质，通过控制交联剂环氧氯丙烷和葡聚糖的配比以及交联时的反应条件可控制交联度而获得具有不同"网眼"的凝胶。"网眼"的大小决定了被分离的物质能够自由出入凝胶内部的相对分子质量范围。它们可分离的相对分子质量从几百到数十万不等。

由于凝胶骨架中的多糖链含有大量的羟基，因此凝胶具有很强的亲水性，能在水和电解质溶液中膨胀。凝胶的交联度愈大，孔径愈小，吸水量愈少，随之膨胀度也就愈小；反之，若凝胶交联度愈小，孔径愈大，吸水量愈大，因而膨胀度也愈大。交联葡聚糖的型号用 G 表示（如 G-25、G-50 等），G 后面的数字为凝胶的吸水量（mL/g（干胶））乘以 10 得到的数，如 G-25 即表示此型号凝胶吸水量是 2.5 mL/g（干胶）。各种型号的交联葡聚糖的主要物理性质均可查阅。

进行工作时一般根据欲分离物质的大小及工作目的来选择合适的葡聚糖凝胶装层析柱。待分离的物质通过此柱时，它们由于相对分子质量大小各不相同，在固定相上的阻滞作用存在差异,而在柱中以不同的速度移动。相对分子质量大于允许进入凝胶"网眼"范围的物质完全被凝胶排阻,不能进入凝胶颗粒内部,阻滞作用小,随着溶剂在凝胶颗粒之间流动,因此流程短,移动速度快而先流出层析柱;相对分子质量小的物质可完全渗入凝胶颗粒,阻滞作用大,流程长,移动速度慢,从层析柱中流出就较晚。若物质相对分子质量介于完全排阻物质的相对分子质量和完全渗入凝胶物质的相对分子质量之间,则在后两者之间从柱中流出。由此就可达到分离的目的。

本实验采用葡聚糖凝胶 G-50 作为固相载体,它适用于相对分子质量在 1 500~30 000 的多肽与蛋白质的分离。当蓝色葡聚糖 2000(相对分子质量 2 000 000 以上,蓝色)、细胞色素 C(相对分子质量 12 400,红色)和 DNP-甘氨酸(相对分子质量 255,黄色)的混合物流经层析柱时,三种有色物质的分级分离明显可见。蓝色葡聚糖因全排阻首先流出,细胞色素 C 部分渗入凝胶颗粒内部较次流出,DNP-甘氨酸则完全渗入凝胶内部而最后流出。通过作洗脱曲线可以清楚地表示出葡聚糖 G-50 对这三种物质的分离效果。

鉴于凝胶是一种不带电荷的惰性物质,本身不会与被分离物质相互作用,因而分离效果好,重复性高。凝胶过滤所需仪器简单,操作简便,每次样品洗脱完毕后经再生可反复使用。这些优点使凝胶过滤法应用广泛,成为一种前途广阔的分离分析方法。

【仪器、试剂和材料】

1. 仪器

层析柱、小试管、灯泡瓶、秒表、水浴锅。

2. 试剂

洗脱液(0.05 mol/L Tris-盐酸、pH 7.5,0.1 mol/L HCl 溶液):取 12.12 g Tris(三羟甲基氨基甲烷)、15 g KCl,用少量水溶解,再加入 6.67 mL 浓盐酸,以蒸馏水定容到 2 000 mL。

或使用去离子水为洗脱液。

3. 材料

(1) 葡聚糖凝胶(Sephadex G-50,28~80 μm)。

(2) 蓝色葡聚糖 2000。

(3) 细胞色素 C(生化试剂)。

(4) DNP-甘氨酸(生化试剂或自制)或核黄素。

【实验步骤】

1. 凝胶溶胀

称取 3 g Sephadex G-50,加入 50 mL 蒸馏水内,室温溶胀 6 h 或沸水浴溶胀 2 h(一般采用后一种方法,沸水浴溶胀不但节约时间,而且可消毒,除去凝胶中污染的细菌并排除凝胶内的气泡)。用倾滗法除去凝胶上层水及细小颗粒,反复用蒸馏水洗涤直至无细小颗粒为止(细小颗粒的存在会影响层析速度)。凝胶以洗脱液洗涤数次后放在灯泡瓶内,用水泵抽气除去气泡,凝胶保存在洗脱液内。

2. 装柱

洗净的层析柱保持竖直放置,柱内装洗脱液,排除层析柱滤板下的空气,关闭出口,柱内留下约 10 mL 洗脱液,加入搅拌均匀的 Sephadex G-50 浆液,打开柱底部出口,调节流速至

0.3 mL/min。凝胶随柱内溶液慢慢流下而均匀沉降到层析柱底部,不断补入凝胶浆液直到凝胶床高 15 cm 为止,床面上保持有洗脱液。操作过程中注意不能让凝胶床表面露出液面,并防止层析床内出现"纹路"。关闭出口。

3. 加样

称取蓝色葡聚糖 2000 0.5～1 mg、细胞色素 C 1.0～1.5 mg、DNP-甘氨酸 0.2～0.3 mg,溶于 0.5 mL 洗脱液中。用滴管吸去凝胶床顶大部分液体,打开出口使洗脱液流到其表面恰好位于床表面上,关闭出口。小心地把上述样品加于柱内成一薄层,切勿搅动床表面。打开出口使样品溶液渗入凝胶内并开始收集流出液,计量体积。用 0.5～1 mL 洗脱液洗凝胶床表面 2 次,尽量不稀释样品溶液,同时使样品完全进入凝胶柱内。当液面快降至床表面时,小心加入洗脱液不让凝胶床露出液面。

4. 洗脱与收集

调节洗脱液流速为 0.3 mL/min。仔细观察样品在层析柱内的分离现象,用收集瓶量取洗脱液体积。当达 4 mL 后,开始用小试管每隔 0.3 mL 收集一管,用肉眼观察并以"－、＋、＋＋、＋＋＋"符号记录三种性质洗脱液的颜色及深浅程度(指示洗脱液内物质的相对浓度)。

5. 绘制洗脱曲线

以洗脱管数为横坐标,洗脱液的颜色深浅程度(－、＋、＋＋、＋＋＋)为纵坐标在坐标纸上作图,即得洗脱曲线。

【思考题】

(1) 影响凝胶过滤脱盐效果的因素有哪些?

(2) 概述做本实验的经验和教训。

(3) 概述蛋白质相对分子质量测定方法的基本理论依据。

第5章 核 酸

实验 15 核酸含量的测定

Ⅰ 定磷法定量测定核酸

【实验目的】

掌握定磷法测定核酸含量的原理和方法。

【实验原理】

核酸(RNA 和 DNA)含磷量约为 9％,因此通过测定核酸中磷的含量,即可求得核酸的量。本法在强酸环境中,把核酸分子的有机磷先消化成无机磷再进行测定。定磷试剂中的钼酸铵以钼酸形式与消化样品中的无机磷反应生成磷钼酸,当有还原剂存在时,磷钼酸立即转变成蓝色钼蓝还原产物。钼蓝的最大光吸收在 650～660 nm 波长处。当使用抗坏血酸为还原剂时,测定的最适宜范围为 1～10 μg 无机磷。

总磷量减去未消化样品中测得的无机磷量,即得核酸含磷量,由此可以计算出核酸含量。

$$H_3PO_4 + 12H_2MoO_4 \rightleftharpoons H_3P(Mo_3O_{10})_4 + 12H_2O$$

【仪器、试剂和材料】

1. 仪器

分析天平、容量瓶(50 mL、100 mL)、凯氏烧瓶(25 mL)、恒温水浴锅、电炉、硬质玻璃试管、吸量管、分光光度计、烘箱、台式离心机及离心管。

2. 试剂

(1) 标准磷溶液:将磷酸二氢钾(KH_2PO_4)(AR)预先置于 105 ℃烘箱烘至恒重。然后放在干燥器内使温度降到室温,精确称取 0.219 5 g(含磷 50 mg)样品,用水溶解,定容至 50 mL(含磷量为 1 mg/mL),作为储存液置于冰箱中待用。测定时,取此溶液稀释 100 倍,使含磷量为 10 μg/mL。

(2) 定磷试剂:3 mol/L 硫酸-水-2.5％钼酸铵-10％抗坏血酸溶液(体积比为 1:2:1:1),配制时按上述顺序加试剂,溶液配制后当天使用。正常颜色为黄色或黄绿色,如呈棕黄色或深绿色则不能使用,抗坏血酸溶液在冰箱中放置可用一个月。

(3) 5 mol/L 硫酸溶液、30％过氧化氢溶液。

3. 材料

核酸样品。

【实验步骤】

1. 标准曲线的绘制

取 6 支洗净、烘干的硬质玻璃试管,按表 5-1 的用量加入标准磷溶液、蒸馏水及定磷试剂。

表 5-1　试剂加入量及吸光度值

试 管 号	0	1	2	3	4	5
标准磷溶液体积/mL	0	0.2	0.4	0.6	0.8	1
蒸馏水体积/mL	3	2.8	2.6	2.4	2.2	2.0
定磷试剂体积/mL	3	3	3	3	3	3
相当于无机磷含量/μg	0	2	4	6	8	10
A_{660}						

加毕立即摇匀,于 45 ℃恒温水浴内保温 10 min。冷却至室温,于 660 nm 波长处测定吸光度。以标准磷含量(μg)为横坐标,吸光度为纵坐标,绘制标准曲线。

2. 测总磷量

称取样品(如粗核酸)0.6 g,用少量蒸馏水溶解(如不溶,可滴加 5％氨水至 pH＝7.0),转移至 100 mL 容量瓶中,加水至刻度(此溶液含样品 6 mg/mL)。

取 4 个微量凯氏烧瓶,1、2 号瓶内各加 0.5 mL 蒸馏水作为空白对照,3、4 号瓶内各加 0.5 mL 制备的样品溶液(约 3 mg 核酸),然后各加 1.0～1.5 mL 5 mol/L 硫酸溶液。将凯氏烧瓶置于烘箱内,于 140～160 ℃消化 2～4 h。待溶液呈黄褐色后取出,稍冷,加入 1～2 滴 30％过氧化氢溶液(勿滴于瓶壁),继续消化,直至溶液透明为止。取出,冷却后加 0.5 mL 蒸馏水,于沸水浴中加热 10 min,以分解消化过程中形成的焦磷酸。然后将凯氏烧瓶中的内容物用蒸馏水定量地转移到 50 mL 容量瓶内,定容至刻度。

取 2 支试管,分别加入 1 mL 上述消化后定容的样品,如前法进行定磷比色测定。测得样品的吸光度值,并从标准曲线上查出磷的含量,再乘以稀释倍数即得每毫升样品中的总磷量。

3. 测无机磷量

吸取样液(6 mg/mL)0.5 mL,置于 50 mL 容量瓶中,加水至刻度,混匀后吸取 1 mL 置于试管中,同上法比色,由标准曲线查出无机磷的含量,再乘以稀释倍数即得每毫升样品中的无机磷量。

4. 计算

将测得的总磷量减去无机磷量即得样品的有机磷量(μg/mL)。按下式计算样品中核酸的质量分数:

$$w=\frac{\rho V\times 11}{m}\times 100\%$$

式中:w 为核酸的质量分数,％;ρ 为有机磷的质量浓度,μg/mL;V 为样品总体积,mL;11 表示 1 μg 磷相当于 11 μg 核酸(因核酸中含磷量为 9％左右);m 表示样品质量,μg。

【思考题】

为什么所用水的质量、钼酸铵的质量和显色时酸的浓度对测定结果影响较大?

Ⅱ 地衣酚法定量测定 RNA

【实验目的】

掌握地衣酚法测定 RNA 含量的基本原理和方法。

【实验原理】

当 RNA 与浓盐酸共热时,即发生降解,形成的核糖继而转变成糠醛,后者与 3,5-二羟基甲苯(地衣酚)反应,在 Fe^{3+} 或 Cu^{2+} 催化下,生成鲜绿色复合物。反应产物在 670 nm 波长处有最大吸收。RNA 浓度在 $10 \sim 100$ $\mu g/mL$ 范围内时,吸光度与 RNA 浓度成正比。

【仪器和试剂】

1. 仪器

水浴锅、试管、吸量管(0.5 mL、1.0 mL、2.0 mL)、722 型分光光度计。

2. 试剂

(1) RNA 标准溶液(须经定磷法确定其纯度):取酵母 RNA 配成溶液,使每毫升溶液含 RNA 100 μg。

(2) 样品待测液:配成溶液,每毫升含 RNA $10 \sim 100$ μg。

(3) 地衣酚-Fe^{3+} 试剂:取地衣酚 100 mg,溶于 100 mL 浓盐酸中,再加入 100 mg $FeCl_3 \cdot 6H_2O$。实验室临用时配制。0.1%地衣酚溶液。

【实验步骤】

1. 标准曲线的制作

取 12 支洁净、干燥的试管,编号,按表 5-2 加入试剂,然后再等分为两份。加毕置于沸水浴加热 25 min,取出冷却,以 0 号管作对照,于 670 nm 波长处测定吸光度值。取两管平均值,以 RNA 浓度为横坐标,对应的吸光度值为纵坐标,绘制标准曲线。

表 5-2 地衣酚法测定试剂加入量及吸光度值

试 管 号	0	1	2	3	4	5
标准 RNA 溶液体积/mL	0	0.4	0.8	1.2	1.6	2.0
蒸馏水体积/mL	2.0	1.6	1.2	0.8	0.4	0.0
地衣酚-Fe^{3+} 试剂体积/mL	2.0	2.0	2.0	2.0	2.0	2.0
A_{670}						

2. 样品测定

取 2 支试管,各加入 2.0 mL 样品液,再加 2.0 mL 地衣酚-Cu^{2+} 试剂。如前述进行测定。

3. 计算

根据测得的 A_{670}，从标准曲线上查出对应的 RNA 含量，按下式计算出制品中 RNA 的质量分数：

$$w = \frac{m_1}{m_2} \times 100\%$$

式中：w 为 RNA 的质量分数，%；m_1 为测得的样液中 RNA 的质量，μg；m_2 为样液中样品的质量，μg。

【附注】

(1) 样品中蛋白质含量较高时，应先用 5% 三氯乙酸溶液沉淀蛋白质后再测定。

(2) 本法特异性较差，凡属戊糖均有此反应。微量 DNA 无影响，较多 DNA 存在时，也有干扰作用。如在试剂中加入适量 $CuCl_2 \cdot 2H_2O$，可减少 DNA 的干扰。甚至某些己糖在持续加热后生成的羟甲基糖醛也能与地衣酚反应，产生显色复合物。此外，利用 RNA 和 DNA 显色复合物的最大吸光度值不同，且在不同时间显示最大色度加以区分。反应 2 min 后，DNA 在 600 nm 波长处呈现最大吸光度值，而 RNA 则在反应 15 min 后，在 670 nm 波长处呈现最大吸光度值。

Ⅲ　二苯胺法测定 DNA 含量

【实验目的】

掌握二苯胺法测定 DNA 含量的原理和方法。

【实验原理】

DNA 分子中的 2′-脱氧核糖残基在酸性溶液中加热降解，产生 2′-脱氧核糖并形成 ω-羟基-γ-酮基戊醛，后者与二苯胺试剂反应产生蓝色化合物，其反应如下：

$$DNA(脱氧核糖残基) \xrightarrow{H^+} HO-CH_2-\overset{O}{\overset{\|}{C}}-C_2H_4-CHO \xrightarrow{二苯胺} 蓝色化合物$$

该蓝色化合物在 595 nm 波长处有最大吸收，且 DNA 在 $20 \sim 200$ μg 范围内时，吸光度与 DNA 浓度成正比。在反应液中加入少量乙醛，可以提高反应灵敏度。

【仪器和试剂】

1. 仪器

恒温水浴锅、722 型分光光度计、试管、吸量管（0.2 mL、0.5 mL、1.0 mL）。

2. 试剂

(1) DNA 标准溶液：准确称取小牛胸腺 DNA 10 mg，以 0.1 mol/L NaOH 溶液溶解，转移至 50 mL 容量瓶中，用 0.1 mol/L NaOH 溶液稀释至刻度，则 DNA 浓度为 200 μg/mL。

(2) DNA 样品液：取 DNA 粗提样品，定容至 50 mL，控制其 DNA 含量在 100 μg/mL。

(3) 二苯胺试剂：使用前称取 1 g 结晶二苯胺，溶于 100 mL 冰醋酸中，加 60% 过氯酸溶液 10 mL，混匀。临用前加入 1 mL 1.6% 乙醛溶液。此溶剂应为无色。盛于棕色瓶，保存于冰箱，一周内可以使用。

【实验步骤】

1. 标准曲线的绘制

取 12 支洁净、干燥的试管,编号,按表 5-3 加入试剂,然后再等分成两份。

表 5-3　二苯胺法测定试剂加入量及吸光度值

试　管　号	0	1	2	3	4	5
DNA 标准溶液体积/mL	0	0.4	0.8	1.2	1.6	2
蒸馏水体积/mL	2	1.6	1.2	0.8	0.4	0
二苯胺试剂体积/mL	4	4	4	4	4	4
A_{595}						

加完后,混匀,于 60 ℃恒温水浴中保温 45 min,冷却后于 595 nm 波长处测定吸光度,以 0 号管作对照,绘制标准曲线。

2. 样品测定

取试管 2 支,向每支试管中加入 2 mL 样品液及 4 mL 二苯胺试剂,60 ℃保温 45 min,冷却后于 595 nm 波长处测定吸光度。

3. 计算

根据测得的吸光度值,从标准曲线上查出相应的 RNA 含量。按下式计算出制品液中 RNA 的质量分数:

$$w = \frac{m_1}{m_2} \times 100\%$$

式中:w 为 RNA 的质量分数,%;m_1 为测得的样品液中 RNA 的质量,μg;m_2 为样品液中样品的质量,μg。

【思考题】

二苯胺法测定 DNA 含量时应注意哪些事项?

【附注】

(1) 该反应灵敏度较低,但方法简便,目前仍广泛使用。

(2) 其他糖及糖的衍生物、芳香醛、羟基醛和蛋白质等,对此反应有干扰,测定前应尽量除去。

实验 16　过碘酸氧化法定量测定核苷酸

【实验目的】

掌握用过碘酸氧化法测定核苷酸的原理及方法。

【实验原理】

5′-核苷酸糖环的 2′、3′的碳原子上均连有羟基,这两个碳原子之间的键都比较弱,用过碘酸处理可将此键氧化而使之断裂,生成二醛化合物。该二醛化合物可以与甲胺发生加成反应,该加成物在酸性条件下则脱去磷酸基。因此,测定脱下的磷酸的量(即无机磷的量)即可换算出5′-核苷酸的量。

关于无机磷含量的测定可以参考第5章实验15中实验Ⅰ。另外,为防止样品中含有的其他无机磷造成的误差,在进行实验前先要测定未经过过碘酸处理的样品中无机磷的含量。将后面测得的值减去此值即可得到样品中5′-核苷酸的磷含量,然后再转换成5′-核苷酸的量。

5′-核苷酸　　　　　　　　二醛化合物　　　　　　　加成化合物　无机磷酸

【仪器、试剂和材料】

1. 仪器

试管架、试管($1.5\ cm \times 15\ cm$)、移液枪($0.1\ mL$、$0.2\ mL$、$0.5\ mL$、$1.0\ mL$)、吸量管($5\ mL$)、恒温水浴锅、722E型分光光度计、电子天平、量筒、容量瓶($50\ mL$、$250\ mL$、$500\ mL$)。

2. 试剂

(1) 过碘酸试剂:取 $2.1\ g\ NaIO_4$,加入 $3\ mol/L\ H_2SO_4$ 溶液 $5\ mL$,然后加蒸馏水定容至 $50\ mL$,置于棕色瓶中备用。

(2) $2\ mol/L$ 甲胺溶液:取 $50\ mL$ 30%甲胺至 $250\ mL$ 容量瓶中,用蒸馏水定容。

(3) 30%乙二醇漂洗液:取乙二醇(AR)$60\ mL$ 及 $140\ mL$ 蒸馏水,混匀。

(4) 标准磷溶液:取少量 KH_2PO_4 平铺于称量瓶中,于 $105 \sim 110\ ℃$ 烘至恒重。准确称量 $0.219\ 5\ g$,溶于小烧杯中后转移至 $500\ mL$ 容量瓶中定容,此时该溶液每毫升含磷 $100\ \mu g$。在临用时再准确稀释10倍。

(5) 定磷试剂:见第5章实验15中实验Ⅰ。

3. 材料

粗制 AMP 或其他核酸。

【实验步骤】

1. 绘制标准曲线

取11支干燥试管,编号,按表5-4的量和顺序加入试剂,充分混匀后,放于 $45\ ℃$ 水浴锅中保温约 $45\ min$,然后再向各管分别加定磷试剂 $3.0\ mL$,继续保温 $20\ min$,然后取出冷却至室温。测定吸光度,绘制标准曲线。以0号试管中的液体作为参比溶液调零,测定其他各管在 $660\ nm$ 波长处的吸光度值。然后以磷的含量为横坐标,吸光度值为纵坐标作图,即为标准曲线。

表 5-4　过碘酸氧化法测定试剂加入量及吸光度值

试管号	0	1	2	3	4	5	6	7	8	9	10
标准磷溶液体积/mL	0	0.2	0.4	0.6	0.8	1.0	1.2	1.4	1.6	1.8	2.0
蒸馏水体积/mL	2.0	1.8	1.6	1.4	1.2	1.0	0.8	0.6	0.4	0.2	0
过碘酸试剂体积/mL	0.1	0.1	0.1	0.1	0.1	0.1	0.1	0.1	0.1	0.1	0.1
30%乙二醇漂洗液体积/mL	0.4	0.4	0.4	0.4	0.4	0.4	0.4	0.4	0.4	0.4	0.4
2 mol/L甲胺溶液体积/mL	0.5	0.5	0.5	0.5	0.5	0.5	0.5	0.5	0.5	0.5	0.5
A_{660}	0										

2. 样品的测定

取 3 支干燥试管,编号,按表 5-5 编号顺序加入试剂。其中,加入 30%乙二醇漂洗液、2 mol/L甲胺溶液、定磷试剂后均在 45 ℃下保温 10 min。

表 5-5　样品测定试剂加入顺序

试管号	1(空白)	2(氧化)	3(不氧化)
过碘酸试剂 0.1 mL	1	1	1
样品溶液 1.0 mL	—	2	3
蒸馏水 1.0 mL	—	3	4
蒸馏水 2.0 mL	2	—	—
30%乙二醇漂洗液 0.4 mL	3	4	2
2 mol/L甲胺溶液 0.5 mL	4	5	5
定磷试剂 3.0 mL	5	6	6
A_{660}	0		

以 1 号管作对照调零,在 660 nm 波长处测定 2、3 号管的吸光度;根据标准曲线查出样液中的磷含量。2 号管为样液中所有磷的含量,3 号管为样液中 AMP 未氧化前无机磷的含量,两者之差才是样液中 5′-核苷酸氧化后磷的含量。故需要按下式进行进一步的计算:

$$\rho = \frac{\rho_1 M_r}{31} \times \frac{n}{1\ 000}$$

式中:ρ 为 5′-核苷酸质量浓度,mg/mL;ρ_1 为 5′-核苷酸磷的质量浓度,μg/mL;M_r 为所测核苷酸的相对分子质量,如样品是 RNA 水解液,则用四种核苷酸的平均相对分子质量 340;31 为磷的相对原子质量;n 为样液的稀释倍数。

【思考题】

此方法与其他定量测量核苷酸的方法相比较,有何优越之处?

【附注】

(1)在绘制标准曲线时,配试剂及作图都要力求准确,减小误差。

(2)在绘制标准曲线时加试剂的顺序不能颠倒,且每加完一种需要充分摇匀;另外,在样品测定时也必须按照顺序加入试剂。

实验 17　酵母核糖核酸的分离及组分鉴定

【实验目的】

加深对核酸基本成分的认识,掌握定磷法测定核酸含量的原理及操作方法,熟悉酵母核糖核酸的提取方法。

【实验原理】

研究表明,核糖核酸中磷酸含量平均约为 9.5%,脱氧核糖核酸中磷酸含量平均约为 9.9%。因此通过测定核酸样品中含磷量,就可以计算出核糖核酸或脱氧核糖核酸的含量。测定核酸中磷含量的原理是先将有机磷全部消化变成无机磷,然后通过磷钼酸铵显色反应来测定其含磷量。其反应式如下:

$$2HPO_4^{2-} + 24(NH_4)_2MoO_4 + 23H_2SO_4 \Longrightarrow 2(NH_4)_3PO_4 \cdot 12MoO_3 + 21(NH_4)_2SO_4 + 24H_2O + 2SO_4^{2-}$$
钼酸铵　　　　　　　　　　　　　　　　　磷钼酸铵

$$C_6H_8O_6 + 2MoO_3 \Longrightarrow C_6H_6O_6 + Mo_2O_5 + H_2O$$
抗坏血酸　　　　　　　脱氢抗坏血酸　　钼蓝

如果测定样品中含有无机磷杂质,在用定磷法测定有机磷含量时,还必须测定样品中的无机磷含量,即样品不经消化直接测定含磷量。样品经消化后,所测得的总含磷量减去无机磷含量才是有机磷含量。如果所提取的 RNA 制品纯度较高,则不必测定无机磷含量。

【仪器、试剂和材料】

1. 仪器

凯氏消化瓶、试管、可见分光光度计、恒温水箱、吸量管、离心机、离心管、烘箱、电炉、容量瓶、洗耳球、试管架。

2. 试剂

(1) 5 mol/L 硫酸溶液、30% 过氧化氢溶液、0.05 mol/L 氢氧化钠溶液、95% 乙醇溶液、冰醋酸。

(2) 2.5% 钼酸铵溶液:称取 7.5 g 钼酸铵,加热溶解于 300 mL 蒸馏水中。

(3) 定磷试剂:按照 3 mol/L 硫酸溶液、蒸馏水、2.5% 钼酸铵溶液、10% 抗坏血酸溶液体积比 1 : 2 : 1 : 1 的比例配制定磷试剂。此试剂要现配现用,配好的试剂应呈黄色或黄绿色,如呈棕黄色或深绿色应弃去。抗坏血酸溶液存放于冰箱内可用一个月。

(4) 标准无机磷溶液:将磷酸二氢钾(分析纯)在 110 ℃ 烘箱中烘至恒重,冷却后精确称取 1.096 7 g,用蒸馏水溶解后,转入 250 mL 容量瓶中,定容,此溶液含磷量为 1 mg/mL。取 1 mL 此无机磷溶液放于 100 mL 容量瓶中,用蒸馏水稀释至刻度,配制成 10 μg/mL 的标准无机磷溶液。

(5) 沉淀剂:称取 11 g 钼酸铵,溶于 14 mL 70% 过氯酸溶液中,然后加入 386 mL 蒸馏水。

3. 材料

干酵母粉。

【实验步骤】

1. 酵母 RNA 的提取

准确称取干酵母粉 1 g 于离心管中,加入 0.05 mol/L 氢氧化钠溶液 6 mL,置于沸水浴加热 30 min,不断搅拌,冷却至室温后,在 4 000 r/min 条件下离心 10 min。取上清液转移至另一离心管中,加冰醋酸数滴,使提取液呈酸性(石蕊试纸变红)。缓慢加入 95% 乙醇溶液 4 mL,边加边搅拌,待 RNA 沉淀完全后,在 3 000 r/min 下离心 5 min。去除上清液,用 95% 乙醇溶液洗涤沉淀两次,每次加 95% 乙醇溶液约 10 mL,并在 2 000 r/min 离心 5 min。将盛有沉淀物的离心管置于 80 ℃烘箱中烘干,即得酵母 RNA 粗制品。将酵母 RNA 粗制品溶解于 10 mL 0.05 mol/L 氢氧化钠溶液中,并用蒸馏水转入 50 mL 容量瓶,定容,即为酵母 RNA 提取液。

2. 制作标准曲线

取 6 支试管,编号,按表 5-6 的用量加入试剂。

表 5-6 制作无机磷标准曲线试剂用量

试 管 号	1	2	3	4	5	6
标准无机磷溶液体积/mL	0	0.20	0.40	0.60	0.80	1.00
无机磷含量/μg	0	2	4	6	8	10
蒸馏水体积/mL	3.0	2.8	2.6	2.4	2.2	2.0
定磷试剂体积/mL	3.0	3.0	3.0	3.0	3.0	3.0

摇匀之后,在 45 ℃水浴中保温 20 min。取出冷却至室温后,在 660 nm 波长下比色测定吸光度值。以各管含磷量为横坐标,A_{660} 值为纵坐标,绘制标准曲线。

3. 核酸总磷量的测定

(1) 样品消化。

吸取待测核酸液 3 mL,放入凯氏消化瓶中,加入 2 mL 5 mol/L 硫酸溶液。将凯氏消化瓶放在电炉上加热,待产生白烟,并且溶液变黑后取下,置于室温下冷却后,小心滴加 3 滴 30% 过氧化氢溶液促进氧化,并继续加热消化,直至样品溶液呈无色透明为止。样品消化完后,冷却至室温,用蒸馏水转移至 50 mL 容量瓶中,并定容至 50 mL,用于测定总磷量。

(2) 样品有机物沉淀。

吸取 3 mL 待测核酸液于离心管中,加入 3 mL 沉淀剂,摇匀后以 3 500 r/min 离心 10 min。上清液用于测定无机磷含量。

(3) 测定。

取 3 支试管,一支加 3 mL 消化液(测定总磷量),另一支加 3 mL 经沉淀处理的未消化样品液(测定无机磷含量),最后一支加 3 mL 蒸馏水(作为空白),然后各加定磷试剂 3 mL,摇匀后于 45 ℃保温 20 min,在 660 nm 波长下比色测定 A_{660} 值,查标准曲线得含磷量。

4. 计算

$$有机磷质量 = 磷的总质量 - 无机磷质量$$

$$核酸质量分数 = \frac{有机磷质量(\mu g) \times 提取液稀释总体积(mL)}{样品质量(mg) \times 比色测定时取样体积(mL) \times 1\,000} \times \frac{100}{9.5} \times 100\%$$

【思考题】

(1) 脱氧核糖核酸和核糖核酸的基本成分有哪些?

(2) 如何鉴别已有的脱氧核糖核酸和核糖核酸这两种溶液?

实验 18　菜花(花椰菜)中核酸的分离和鉴定

【实验目的】

学习从菜花中分离核酸的方法,掌握核糖核酸、脱氧核糖核酸的定性鉴定的原理和方法。

【实验原理】

在低温下稀三氯乙酸或稀高氯酸溶液抽提菜花匀浆,以除去酸溶性小分子物质,再用乙醇、乙醚等有机溶剂抽提去除脂溶性的磷脂等物质,最后分别用 10%氯化钠溶液提取脱氧核糖核酸,用 70 ℃的 0.5 mol/L 高氯酸溶液提取核糖核酸,备用,以进行定性检验。

由于核糖和脱氧核糖与某些化合物会发生显色反应,经显色后所呈现的颜色深浅在一定范围内和样品中所含的核糖和脱氧核糖的量成正比,因此可用来定性、定量测定核酸。

1. 核糖的测定

测定核酸的常用方法是地衣酚(3,5-二羟基甲苯)法,即 Orcinol 反应。当核糖核酸与三氯化铁、浓盐酸及地衣酚在沸水浴中加热 10~20 min 后,会生成绿色物质,这是因为核糖核酸脱嘌呤后其中的核糖与酸作用生成糠醛,后者再与地衣酚作用产生绿色物质。

脱氧核糖核酸、蛋白质和黏多糖等物质对本方法有干扰作用。

2. 脱氧核糖的测定

测定脱氧核糖的常用方法是二苯胺法。在酸性条件下脱氧核糖核酸和二苯胺在沸水浴中共热 10 min 后,会发生显色反应,溶液变成蓝色。这是因为脱氧核糖核酸中嘌呤核苷酸上的脱氧核糖遇酸生成 ω-羟基-γ-酮基戊醛,它再和二苯胺作用产生蓝色物质。

上述两种方法虽然准确性差,但快速简便,是鉴定 DNA 与 RNA 的常用方法。

【仪器、试剂和材料】

1. 仪器

恒温水浴锅、电炉、抽滤装置、吸量管、烧杯、量筒、剪刀、研钵。

2. 试剂

(1) 95%乙醇溶液、丙酮、5%高氯酸溶液、0.5 mol/L 高氯酸溶液、10%氯化钠溶液、氯化钠、海砂。

(2) 5%标准 RNA 溶液、15%标准 DNA 溶液。

(3) 二苯胺试剂:将 1 g 二苯胺溶于 100 mL 冰醋酸中,再加入 2.75 mL 浓硫酸。置于冰箱中可保存 6 个月。使用前,在室温下摇匀。

(4) $FeCl_3$-浓盐酸溶液:将 2 mL 10%$FeCl_3$ 溶液(用 $FeCl_3 \cdot 6H_2O$ 配制)加入 400 mL 浓盐酸中。

(5) 地衣酚-乙醇溶液:取 6 g 地衣酚,溶于 100 mL 95%乙醇溶液中。可在冰箱中保存 1 个月。使用前,在室温下摇匀。

3. 材料

新鲜菜花。

【实验步骤】

1. 核酸的分离

(1) 取菜花的花冠 20 g,剪碎后置于研钵中,加入 20 mL 95％乙醇溶液和 400 mg 海砂,研磨成匀浆。然后用布氏漏斗抽滤,弃去滤液。

(2) 在滤渣中加入 20 mL 丙酮,搅拌均匀,抽滤,弃去滤液。

(3) 再向滤渣中加入 20 mL 丙酮,搅拌 5 min 后抽干,用力挤压滤渣,尽量除去丙酮。

(4) 在冰盐浴中,将滤渣悬浮在预先冷却的 20 mL 5％高氯酸溶液中。搅拌抽滤,弃去滤液。

(5) 将滤渣悬浮于 20 mL 95％乙醇溶液中,抽滤,弃去滤液。

(6) 在滤渣中加入 20 mL 丙酮,搅拌 5 min。抽滤至干,用力挤压滤渣,尽量除去丙酮。

(7) 将干燥的滤渣重新悬浮在 40 mL 10％氯化钠溶液中。在沸水浴中加热 15 min。静置,冷却,抽滤至干,留滤液。并将此操作重复进行一次。将两次滤液合并,为提取物一。

(8) 将滤渣重新悬浮在 20 mL 0.5 mol/L 高氯酸溶液中。加热到 70 ℃,保温 20 min(恒温水浴)后抽滤,留滤液,即为提取物二。

2. RNA、DNA 的定性检定

(1) 二苯胺反应:取 5 支试管,编号,按表 5-7 的用量加入试剂。

表 5-7　二苯胺反应测定试剂加入量及现象

试　管　号	1	2	3	4	5
蒸馏水体积/mL	1	0	0	0	0
DNA 溶液体积/mL	0	1	0	0	0
RNA 溶液体积/mL	0	0	1	0	0
提取物一体积/mL	0	0	0	1	0
提取物二体积/mL	0	0	0	0	1
二苯胺试剂体积/mL	2	2	2	2	2
沸水浴 10 min 后的现象					

(2) 地衣酚反应:取 5 支试管,分别编号,按表 5-8 的用量加入试剂。

表 5-8　地衣酚反应测定试剂加入量及现象

试　管　号	1	2	3	4	5
蒸馏水体积/mL	1	0	0	0	0
DNA 溶液体积/mL	0	1	0	0	0
RNA 溶液体积/mL	0	0	1	0	0
提取物一体积/mL	0	0	0	1	0
提取物二体积/mL	0	0	0	0	1
$FeCl_3$-浓盐酸溶液体积/mL	2	2	2	2	2
地衣酚-乙醇溶液体积/mL	0.2	0.2	0.2	0.2	0.2
沸水浴 10 min 后的现象					

根据反应现象对提取物一和提取物二进行定性分析。

【思考题】

（1）如何分离和鉴别油菜花中的 DNA 和 RNA？

（2）还有哪些方法能对核酸进行定性检测？能否用本实验中的方法对核酸进行定量检测？

实验 19　动物肝脏中 DNA 的提取

【实验目的】

掌握从动物组织中提取 DNA 的原理与操作方法。

【实验原理】

生物体组织细胞中的脱氧核糖核酸（DNA）和核糖核酸（RNA），大部分与蛋白质结合为脱氧核糖核蛋白（DNP）和核糖核蛋白（RNP），这两种复合物在不同浓度的电解质溶液中的溶解度有较大差异。RNP 在浓 NaCl 溶液和稀 NaCl 溶液中的溶解度都很大。而 DNP 的溶解度在低浓度的 NaCl 溶液中随 NaCl 溶液浓度的增加而逐渐降低，当 NaCl 溶液浓度达到 0.14 mol/L 时，DNP 的溶解度约为在纯水中溶解度的 1%（几乎不溶）；但当 NaCl 溶液浓度继续升高时，DNP 的溶解度又逐渐增大，当 NaCl 溶液浓度增至 1.0 mol/L 时，DNP 的溶解度很大，约为纯水中溶解度的 2 倍。因此，可以利用不同浓度的 NaCl 溶液将 DNP 和 RNP 分别抽提出来。

将抽提得到的 DNP 用十二烷基硫酸钠（SDS）使蛋白质成分变性，让 DNA 游离出来，DNA 即与蛋白质分开，再用氯仿-异丙醇沉淀除去变性蛋白质，而 DNA 溶于溶液中，加入适量的乙醇，DNA 即析出，进一步脱水干燥，即得白色纤维状的 DNA 粗制品。为了防止 DNA（或 RNA）酶解，提取时加入乙二胺四乙酸（EDTA）。大部分多糖在用乙醇或异丙醇分级沉淀时即可除去。DNA 中的 2-脱氧核糖在酸性环境中与二苯胺试剂一起加热产生蓝色反应，可用分光光度法测定 DNA 含量。

【仪器、试剂和材料】

1. 仪器

冷冻离心机、分光光度计、恒温水箱、研钵、试管、吸管、滴管、吸量管、烧杯、玻璃棒。

2. 试剂

（1）5 mol/L NaCl 溶液：称取 NaCl 292.3 g，溶于蒸馏水，稀释到 1 000 mL。

（2）0.14 mol/L NaCl-0.15 mol/L EDTA 溶液：称取 NaCl 8.18 g 及 EDTA 55.8 g，溶于蒸馏水，稀释到 1 000 mL。

（3）25%SDS 溶液：称取 SDS 25 g，溶于 100 mL 45%乙醇溶液中。

（4）氯仿-异丙醇混合液（体积比为 24∶1）。

（5）二苯胺试剂：称取纯二苯胺 1 g，溶于 100 mL 冰醋酸（AR）中，再加入 10 mL 过氯酸溶液（AR，60%以上），混匀待用。当所用药品纯净时，配得试剂应为无色，临用前加入 1 mL 1.6%乙醛溶液（乙醛溶液应保存于冰箱中，一周内可使用），贮于棕色瓶中。

(6) 标准 DNA 溶液、95％乙醇溶液。

3．材料

新鲜的动物肝脏(猪或兔肝)。

【实验步骤】

1．DNA 的提取

(1) 称取新鲜的动物肝脏 10 g，置于研钵中，在冰浴中剪碎，加 2 倍组织重(约 20 mL)的冷的 0.14 mol/L NaCl-0.15 mol/L EDTA 溶液研磨成浆状，得匀浆液(除去组织碎片)。

(2) 将匀浆液于 3 500 r/min 离心 10 min，弃去上清液，收集沉淀(内含 DNP)，沉淀中加 2 倍体积的冷的 0.14 mol/L NaCl-0.15 mol/L EDTA 溶液，搅匀，按照前述方法离心，重复洗涤 2～3 次。将所得沉淀(DNP 粗制品)移至烧杯中。

2．DNA 的纯化

(1) 向沉淀中加入冷的 0.14 mol/L NaCl-0.15 mol/L EDTA 溶液，使总体积达到 20 mL，用玻璃棒缓慢搅拌，同时滴加 25％SDS 溶液 1.5 mL，使核酸与蛋白质分离。

(2) 加入 5 mol/L NaCl 溶液 5 mL，使 NaCl 最终浓度约为 1 mol/L，缓慢搅拌 10 min。溶液将变黏稠并略带透明。

(3) 加入等体积的冷的氯仿-异丙醇混合液，于冰浴中搅拌 20 min，3 500 r/min 离心10 min。离心后溶液分为三层：上层为含 DNA 钠盐的水相，中间层为变性的蛋白质沉淀，下层为氯仿混合液。

(4) 用吸管小心地吸取上层水相，弃去沉淀，再在相同条件下重复抽提 2～3 次。上清液用于做以下实验。

(5) 取上清液 5 mL 于小烧杯中，用滴管缓慢加入 2 倍体积预冷的 95％乙醇溶液。边加边用玻璃棒顺一个方向在烧杯内慢慢转动，随着乙醇溶液的不断加入，溶液出现黏稠丝状物，并逐步缠绕于玻璃棒上。黏稠的丝状物即为 DNA，可进行真空干燥，制成成品。

3．DNA 含量测定

用二苯胺法测定 DNA 含量。

(1) DNA 标准曲线的制作：取 6 支洁净、干燥的试管，编号，按表 5-9 用量加入试剂。

表 5-9　二苯胺法测定的试剂加入量及吸光度值

试 管 号	1	2	3	4	5	6
200 μg/mL 标准 DNA 溶液体积/mL	0	0.4	0.8	1.2	1.6	2.0
蒸馏水体积/mL	2.0	1.6	1.2	0.8	0.4	0
二苯胺试剂体积/mL	4.0	4.0	4.0	4.0	4.0	4.0
标准 DNA 溶液浓度/(μg/mL)	0	40	80	120	160	200
A_{595}						

混合后，置于沸水浴中保温 15 min。冷却至室温后，以 1 号试管作为空白，用分光光度计测定各管吸光度值 A_{595}。以 DNA 浓度为横坐标，吸光度值为纵坐标，绘制标准曲线。

(2) 样品测定：取 2 支试管，各加 DNA 样液 1.0 mL、蒸馏水 1.0 mL，混匀。然后分别加入二苯胺试剂 4.0 mL，混匀，置于沸水浴中保温 15 min。冷却后，选 595 nm 波长，以标准曲线实验的 1 号试管调零,于分光光度计上比色测定吸光度。

（3）DNA 含量的计算:根据测得的吸光度值,从标准曲线上查出其相应的 DNA 含量（μg）。按下式计算样品中 DNA 的含量:

$$样品中 DNA 质量分数 = \frac{待测液中 DNA 质量（μg）}{样品的质量（μg）} \times 100\%$$

【思考题】

（1）DNA 提取过程中的关键步骤及注意事项有哪些?

（2）在提取过程中应如何避免大分子 DNA 的降解?

实验 20　碱裂解法小量提取质粒 DNA

【实验目的】

掌握质粒 DNA 制备的原理和方法,了解质粒 DNA 制备的意义。

【实验原理】

从大肠杆菌中提取质粒 DNA 是依据质粒 DNA 分子较染色体 DNA 小,且具有超螺旋共价闭合环状的特点,将质粒 DNA 与大肠杆菌染色体 DNA 分离,利用染色体 DNA 与质粒 DNA 的变性与复性的差异而达到分离的目的。在碱性条件下（pH = 12.6）,染色体 DNA 的氢键断裂,双螺旋结构解开而变性,质粒 DNA 氢键也大部分断裂,双螺旋也有部分解开,但共价闭合环状结构的两条互补链不会完全分离,用 pH = 4.8 的醋酸钠将其调到中性时,变性的质粒 DNA 又恢复到原来的构型,而染色体 DNA 不能复性,形成缠绕的致密网状结构,离心后,由于浮力密度不同,染色体 DNA 与大分子 RNA、蛋白质 SDS 复合物等一起沉淀下来而被除去。

【仪器和试剂】

1. 仪器

Eppendorf 管（1.5 mL）、微量加样器、培养皿、台式高速离心机、高压灭菌锅,恒温振荡培养箱。

2. 试剂

（1）混合液 I:50 mmol/L 葡萄糖溶液、25 mmol/L Tris-HCl 缓冲液（pH = 8.0）、10 mmol/L EDTA 溶液（pH = 8.0）。

（2）混合液 II:0.2 mol/L NaOH 溶液、1%SDS 溶液,临用前配制。

（3）混合液 III（pH = 4.8）:5 mol/L 醋酸钾溶液 60 mL、3 mol/L 冰醋酸溶液 11.5 mL、重蒸水 28.5 mL。

（4）10 mg/mL RNase A 溶液、苯、氯仿、异戊醇、异丙醇。

所有的试剂均需高压灭菌(有机溶剂除外)。

【实验步骤】

分离质粒 DNA 的方法一般包括三个基本步骤:培养细菌使质粒扩增,收集和裂解细菌,分离和纯化质粒 DNA。

(1) 从选择性培养平板上取出一个菌落,移至含有 2 mL LB(加有 Amp)培养基的试管中。在 37 ℃条件下振荡培养 12～16 h。

(2) 将 1.5 mL 培养物移至 1.5 mL Eppendorf 管中,4 000 r/min 离心 8 min。

(3) 弃上清液,将细菌沉淀悬浮在 200 μL 预冷的混合液 I 中,并加入 2.5 μL RNase A 溶液(10 mg/mL)。

(4) 加 200 μL 新配制的混合液 II,盖紧管口。轻缓颠倒离心管 5 次,使内容物混合,禁止剧烈振荡,于冰上放置 20 min。

(5) 加 200 μL 预冷的混合液 III,盖紧管口。轻缓颠倒 5～8 次,混匀后于冰上放置 20 min。

(6) 离心(10 000 r/min,4 ℃,5 min),将上清液转移到另一支离心管中。

(7) 加等体积苯、氯仿、异戊醇,振荡混匀,离心同上。

(8) 将水相移至另一支离心管中,加入 0.6 倍体积的异丙醇,混匀后室温下放置 10 min。

(9) 10 000 r/min、4 ℃下离心 10 min。

(10) 弃去上清液,加入 0.5 mL 70%乙醇洗涤 DNA 沉淀,离心弃去上清液,在空气中使质粒 DNA 干燥 10 min。

(11) 将质粒 DNA 溶于 20 μL 重蒸水中,于 4 ℃保存。

【思考题】

(1) 提取质粒过程中,有哪些注意事项?

(2) DNA 沉淀为什么用乙醇洗涤?

(3) 试剂中混合液 I、II、III 的作用分别是什么?

实验 21　DNA 琼脂糖凝胶电泳

【实验目的】

掌握琼脂糖凝胶电泳的基本原理,学习并掌握水平式电泳仪的使用方法。

【实验原理】

琼脂糖凝胶电泳是实验室中分离鉴定核酸的常规方法。核酸是两性电解质,其等电点 pI=2～2.5,在常规的电泳缓冲液中(pH 约为 8.5),核酸分子带负电荷,在电场中向正极移动。核酸分子在琼脂糖凝胶中泳动时,具有电荷效应和分子筛效应,但主要为分子筛效应。因此,核酸分子的迁移率由 DNA 的分子大小、DNA 分子的构象、电源电压和离子强度等因素决定。

溴化乙锭(ethidium bromide,EB)能插入 DNA 分子中形成复合物,在波长为 254 nm 的紫外光照射下 EB 能发射荧光,而且荧光的强度正比于核酸的含量,如将已知浓度的标准样品作电泳对照,就可估算出待测样品的浓度。

常规的水平式琼脂糖凝胶电泳适合于 DNA 和 RNA 的分离鉴定,但经甲醛变性处理的琼脂糖凝胶电泳更适用于 RNA 的分离鉴定和 Northern 杂交,因为变性后的 RNA 条带更为锐利而且更牢固地结合于硝酸纤维素膜上,与放射性标记的探针发生高效杂交。

【仪器和试剂】

1. 仪器

移液枪、直流稳压电源（电压 300～600 V，电流 50～100 mA）、水平电泳槽、微波炉。

2. 试剂

(1) 10×TBE 缓冲液：取 242 g Tris、57.1 g 硼酸、18.6 g EDTA，加蒸馏水至 1 000 mL，混合均匀。

(2) EB 溶液：100 mL 水中加入 1 g 溴化乙锭（EB），磁力搅拌确保完全溶解，分装，室温避光保存。

(3) DNA 加样缓冲液：0.25% 溴酚蓝，0.25% 二甲苯青，50% 甘油。

【实验步骤】

1. 制备琼脂糖凝胶

按照被分离 DNA 分子的大小，确定凝胶中琼脂糖的含量，参考表 5-10。

表 5-10 琼脂糖含量与 DNA 分子大小的对应关系

琼脂糖的含量/(%)	分离线状 DNA 分子的有效范围/kb
0.3	5～60
0.6	1～20
0.7	0.8～10
0.9	0.5～7
1.2	0.4～6
1.5	0.2～4
2.0	0.1～3

称取琼脂糖，加入 0.5×TBE 电泳缓冲液，待水合数分钟后，置于微波炉中将琼脂糖熔化均匀。在加热过程中要不时摇动，使附着于瓶壁上的琼脂糖颗粒进入溶液，同时还应盖上封口膜，以减少水分蒸发。

2. 胶板的制备

将有机玻璃胶槽置于水平支持物上，插上样品梳子，梳子齿下缘应与胶槽底面保持 1 mm 左右的间隙。待胶溶液冷却至 50 ℃左右时，加入最终质量浓度为 0.5 μg/mL 的 EB 溶液，摇匀，轻轻倒在电泳制胶板上，除掉气泡；待凝胶冷却凝固后，拔出梳子。将凝胶放入电泳槽内，加入 0.5×TBE 电泳缓冲液，使电泳缓冲液液面刚高出琼脂糖凝胶面。待测的 DNA 样品中加 1/5 体积的 DNA 加样缓冲液，混匀后小心点样，记录样品次序与点样量。打开电源开关，确保最高电压不超过 5 V/cm。若琼脂糖浓度低于 0.5%，电泳温度不能太高。

3. 观察和拍照

在波长为 254 nm 的紫外灯下观察电泳胶板。DNA 存在处显示出肉眼可辨的橘红色荧光条带，于凝胶成像系统中拍照，并保存。

【思考题】

(1) 琼脂糖凝胶电泳中 DNA 分子迁移率受哪些因素的影响？

(2) 如果电泳后,样品很久都没有出点样孔,你认为有哪几方面的原因?

【附注】

(1) EB 是强诱变剂并有中等毒性,配制和使用时都应戴手套,并且不要把 EB 洒到桌面或地面上。凡是沾污了 EB 的容器或物品必须经专门处理后才能清洗或丢弃。

(2) 由于 EB 会嵌入堆积的碱基对之间并拉长线状和带缺口的环状 DNA,使 DNA 迁移率降低,因此,如果要准确地测定 DNA 的相对分子质量,应该采用电泳后再用 0.5 μg/mL 的 EB 溶液浸泡染色的方法。

实验 22　AMP、ADP 和 ATP 的分离

Ⅰ　薄层层析分离 AMP、ADP 和 ATP

【实验目的】

巩固薄层层析的基本原理及操作方法,学习用 DEAE 纤维素薄层层析分离鉴定核苷酸。

【实验原理】

DEAE 纤维素即二乙氨基乙基纤维素,结构式如下:

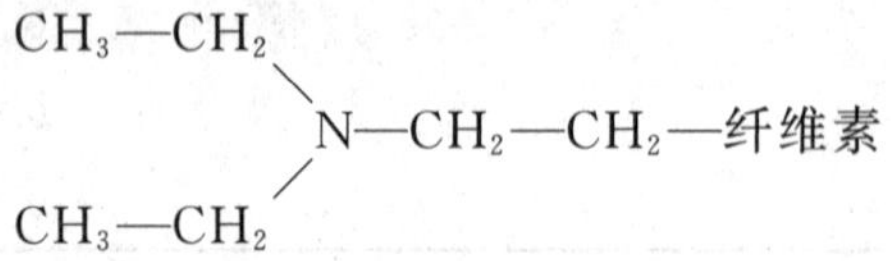

$$CH_3-CH_2 \diagdown \atop CH_3-CH_2 \diagup N-CH_2-CH_2-纤维素$$

DEAE 纤维素是弱碱性阴离子交换剂之一,在 pH 为 3.5 左右叔氨基解离成季铵离子,带负电荷的核酸离子可被交换上去。各种核苷酸的结构不同,因此与 DEAE 纤维素亲和力的大小不同,以此达到分离的目的。此法具有快速、灵敏的特点。

用过的离子交换剂可以反复使用,使其恢复原状的方法俗称"再生"。再生并非每次用酸、碱反复处理,通常只要"转型"处理即可。所谓转型,就是使交换剂带上所希望的某种离子,如希望阳离子交换剂带上 NH_4^+,则用氨水浸泡,如希望阴离子交换剂带上 Cl^-,则用 NaCl 溶液处理。

【仪器和试剂】

1. 仪器

玻璃板(5 cm×20 cm)、布氏漏斗、毛细点样管、涂布器、烘箱(也可用恒温培养箱代替)、紫外灯(波长 254 nm)、托盘天平或电子天平、吹风机、烧杯(250 mL)、铅笔、直尺、滤纸。

2. 试剂

(1) 1 mol/L 盐酸。

(2) 0.05 mol/L 柠檬酸-柠檬酸钠缓冲液(pH=3.5):称取柠檬酸(带 2 结晶水)8.10 g,柠檬酸钠(带 2 结晶水)3.35 g,溶解,定容至 1 000 mL。

（3）标准核苷酸：10 mg/mL 的 AMP 溶液、ADP 溶液、ATP 溶液。

（4）混合核苷酸：AMP、ADP、ATP（均为 10 mg/mL）溶液。

（5）DEAE 纤维素。

【实验步骤】

1. DEAE 纤维素的预处理

用 4 倍体积的水将 DEAE 纤维素浸泡过夜，离心或用布氏漏斗抽干，再用 1 mol/L 盐酸浸泡 4 h（或搅拌约 1.5 h）。用水洗至中性或在 60 ℃以下烘干备用。

2. 铺板

用水把经过预处理的 DEAE 纤维素在烧杯中调成糊状（不能太稠，每用 1 g 预处理的 DEAE 纤维素，加水 8～9 mL 后，约可铺板 2 块），倒入涂布器槽内，将纤维素涂成一薄层（约 0.6 mm 厚）（也可在调成糊状后立即倒至干净的玻璃板上；轻摇玻璃板，使 DEAE 纤维素铺成均匀一薄层）。将玻璃板先放在水平桌面上静置约 2 min，再放入 60 ℃烘箱内烘干备用。

3. 点样

在距 DEAE 纤维素板一端约 2 cm 处用铅笔轻轻画一横线，在横线上平均点 4 个小点，分别用毛细点样管进行点样，见图 5-1。每次点样后要用吹风机的冷风吹干，每份样品点样 2～3 次。

混合液
ATP
ADP
AMP

图 5-1　点样示意

4. 展开

在约 250 mL 烧杯内倒入约 1 cm 深（约 30 mL）的 0.05 mol/L pH＝3.5 的柠檬酸-柠檬酸钠缓冲液。把点样的玻璃板斜放入该烧杯中（注意点样端在下，且不能让缓冲液没过点样线），此时缓冲液由下至上浸润，当溶剂前沿到达距玻璃板上端约 1 cm 处时（时间约为 30 min），取出玻璃板，用吹风机的热风吹干。用波长为 254 nm 的紫外灯照射 DEAE 纤维素薄层处，核苷酸斑点为暗区。

5. 记录实验结果

测量 AMP、ADP、ATP 三种核苷酸前进的距离，并与混合液的相比较。也可计算 R_f 值。

【思考题】

（1）薄层层析的优点是什么？

（2）如何预处理 DEAE 纤维素？

【附注】

（1）本实验中 DEAE 纤维素可再次处理后再生备用：将 DEAE 纤维素从玻璃板上刮下，用水洗后，在一定浓度的氢氧化钠溶液中浸泡 2 h，用水洗至中性；再用 1 mol/L 盐酸浸泡 2 h，用水洗至中性并在 60 ℃烘箱中烘干备用。

(2) 本实验中 DEAE 纤维素的预处理和再处理由实验教师完成,学生只是从铺板开始进行实验。

Ⅱ　醋酸纤维素薄膜电泳鉴定 AMP、ADP、ATP

【实验目的】

掌握醋酸纤维素薄膜电泳分离带电颗粒的原理,观察核苷酸类物质的紫外吸收现象。

【实验原理】

带电粒子在电场中向着与其自身带相反电荷的电极移动的现象,称为电泳。控制电泳条件(如 pH 等),使混合试样中的不同组分带有不同的净电荷,各组分在电场中移动的速度或方向各不相同,从而达到分离各组分的目的,这就是电泳分析。以醋酸纤维素薄膜作支持物进行电泳分析的方法称为醋酸纤维素薄膜电泳。

在 pH=4.8 的电泳缓冲液条件下,带有不等量磷酸基团的 AMP、ADP、ATP 解离之后,带负电荷量的顺序为 ATP>ADP>AMP,它们在电场中移动速度不同,从而得到分离。核苷酸类物质的碱基具有紫外吸收性质,将分离后的电泳醋酸纤维素薄膜放在紫外灯下,可观察到暗红色斑点,参照标准样品在同样条件下的电泳情况,对混合样品分离后的各组分进行鉴定。

【仪器和试剂】

1. 仪器

电泳仪、电泳槽(平板式)、紫外灯、吹风机、医用镊子、醋酸纤维素薄膜(8 cm×12 cm)、微量进样器(10 μL 或 50 μL)或毛细点样管、铅笔。

2. 试剂

(1) 柠檬酸缓冲液(pH=4.8):称取柠檬酸 8.4 g,柠檬酸钠 17.6 g,溶于蒸馏水,稀释到 2 000 mL。

(2) 标准腺苷酸溶液:用蒸馏水将纯 AMP、ADP、ATP 分别配成 10 mg/mL 的溶液。其中 AMP 需略加热助溶。置于冰箱中备用。

(3) 混合腺苷酸溶液:取上述标准 AMP、ADP、ATP 溶液各一份,等量混匀。置于冰箱中备用。

【实验步骤】

1. 点样

将醋酸纤维素薄膜放入 pH=4.8 的柠檬酸缓冲液中,待膜完全浸透(约 0.5 h)后用镊子取出,夹在清洁的滤纸中间,轻轻吸去多余的缓冲液,仔细辨认薄膜无光泽面,用微量进样器(或毛细点样管)在无光泽面上点样。点样点距薄膜一端 1.5 cm,样点之间相距 1.5 cm。点样量为 2~3 μL,按少量多次原则分 2~3 次点完。共点 4 个样点。

2. 电泳

(1) 向两个电泳槽内注入 pH=4.8 的柠檬酸缓冲液,缓冲液的高度约为电泳槽深度的 3/4。(注意:两槽中电泳液面保持一致)

（2）用宽度与薄膜相同的滤纸作滤纸桥连接醋酸纤维素薄膜和两极缓冲液。待滤纸全部被缓冲液浸湿后,将已点样薄膜的无光泽面向下贴在电泳槽支架的滤纸桥上,点样端置于负极方向。

（3）盖上电泳槽盖,接通电源,在电压为 160 V、电流为 0.4 mA 的条件下进行电泳,0.5 h 后关闭电源,取出醋酸纤维素薄膜,用吹风机吹干。

3. 鉴定

用镊子小心地将吹干的薄膜放在紫外灯下观察,用铅笔画出各腺苷酸电泳斑点,并标明各斑点的腺苷酸代号。绘出三种标准核苷酸及样品的电泳图谱,以标准单核苷酸的迁移率为标准,鉴别试样中各组分。

【思考题】

（1）为什么要在膜的无光泽面点样?

（2）为什么在 pH＝4.8 时进行电泳分离 AMP、ADP、ATP 的效果最好?

【附注】

（1）电泳前,一定要检查电极正、负极与薄膜方向,确认负极接在薄膜的点样一端,因为样品带负电荷,接通电源后,样品要在薄膜上向正极泳动;确认薄膜的无光泽面朝下。

（2）点样时,要控制样点的直径为 2～3 mm,样点不可太大,否则电泳后观察得到的结果不理想。

第6章　酶　　学

实验 23　酶的特性实验

【实验目的】

了解酶催化作用的高效性、专一性,以及 pH、温度对酶活力的影响。

【实验原理】

新鲜肝脏中含有过氧化氢酶,Fe^{3+} 是一种无机催化剂,它可以催化过氧化氢分解成水和氧。分别用一定数量的过氧化氢酶和 Fe^{3+} 催化过氧化氢分解成水和氧,通过比较气泡产生的多少可判断两者的催化效率。

淀粉和蔗糖都是非还原糖,它们在酶的催化作用下都能水解成还原糖。还原糖能够与斐林试剂(又称费林试剂、福林试剂)发生氧化还原反应,生成砖红色的氧化亚铜沉淀。用淀粉酶分别催化淀粉和蔗糖的水解反应,再用斐林试剂鉴定溶液中有无还原糖,就可以看出淀粉酶是否只能催化特定的化学反应。

过氧化氢酶催化过氧化氢分解的反应中,设置不同的 pH 和温度,通过比较不同 pH 和温度条件下反应产生的气泡多少来判断 pH 和温度对酶活力的影响。

【仪器、试剂和材料】

1. 仪器

恒温水箱、研钵、试管、吸量管、滴管、剪刀。

2. 试剂

3%过氧化氢溶液、3.5%$FeCl_3$溶液、1 mol/L 盐酸、1 mol/L NaOH 溶液、3%淀粉溶液、3%蔗糖溶液、α-淀粉酶溶液、斐林试剂。

3. 材料

新鲜的动物肝脏(如猪肝)。

【实验步骤】

(1) 过氧化氢酶液的提取:称取 2 g 新鲜的动物肝脏,置于研钵中剪碎,加 2 mL 蒸馏水研磨成匀浆,再用 8 mL 蒸馏水将肝脏匀浆液转移至干净试管中备用。

(2) 酶的高效性实验:取 3 支 10 mL 试管,各加入 3%过氧化氢溶液 2 mL,再用滴管分别向 3 支试管中滴加蒸馏水、肝脏匀浆液和 3.5%$FeCl_3$溶液 1 滴,立即混匀,观察、对比 3 支试管中产生气泡的情况。

(3) 酶的专一性实验:取 2 支 10 mL 试管,按表 6-1 要求加入试剂。

表 6-1　酶专一性实验试剂用量

试　管　号	1	2
3％淀粉溶液体积/mL	2	0
3％蔗糖溶液体积/mL	0	2
α-淀粉酶溶液体积/mL	2	2

轻轻振荡混合,置于 60 ℃恒温水箱中保温 5 min。取出试管,各加入 2 mL 斐林试剂,振荡混匀,再放入沸水浴中保温 1 min。取出试管,观察、对比 2 支试管中的颜色变化。

(4) 温度对酶活力的影响:取 3 支 10 mL 试管,编号,各加入 3％过氧化氢溶液 2 mL,将 1 号试管保持室温不变,2 号试管置于冰浴中,3 号试管置于沸水浴中。再用滴管分别向 3 支试管中滴加 1 滴肝脏匀浆液,立即混匀,观察、对比 3 支试管中产生气泡的情况。

(5) pH 对酶活力的影响:取 3 支 10 mL 试管,编号,各加入 3％过氧化氢溶液 2 mL,用滴管向 3 支试管中分别滴加 1 滴蒸馏水、1 mol/L 盐酸、1 mol/L NaOH 溶液,再用滴管分别向 3 支试管中滴加 1 滴肝脏匀浆液,立即混匀,观察、对比 3 支试管中产生气泡的情况。

【思考题】

如果共用一个滴管滴加肝脏匀浆液和 $FeCl_3$ 溶液,会对实验结果产生什么影响?

实验 24　米氏常数测定

Ⅰ　脲酶米氏常数的简易测定

【实验目的】

掌握测定米氏常数的原理和方法,学习并掌握一般的数据处理方法。

【实验原理】

脲酶是氮素循环的一种关键性酶,它能催化尿素与水作用生成碳酸铵,在促进土壤和植物体内尿素的利用上起着重要作用,现在关于脲酶的研究很多。

脲酶可催化下列反应:

$$O=C\begin{matrix} NH_2 \\ \\ NH_2 \end{matrix} \xrightarrow{脲酶} (NH_4)_2CO_3$$

在碱性条件下,碳酸铵与奈氏试剂作用产生橙黄色的碘化双汞铵。在一定范围内,呈色深浅与碳酸铵的量成正比。可用比色法测定单位时间内酶促反应所产生的碳酸铵量,从而求得酶促反应速度。

$$(NH_4)_2CO_3+NaOH+(KI)_2HgI \longrightarrow O\begin{matrix} Hg \\ \diagup \diagdown \\ \diagdown \diagup \\ Hg \end{matrix} NH_2I$$

橙黄色

保持恒定的最适宜条件,用相同浓度的脲酶催化不同浓度的尿素发生水合反应。在一定限度内,酶促反应速度与尿素浓度成正比。用双倒数作图法可求得脲酶的 K_m 值。

【仪器、试剂和材料】

1. 仪器

分光光度计、台式离心机、恒温水浴锅、涡旋混合器。

2. 试剂

30%乙醇、奈氏试剂、尿素溶液(0.05 mol/L、0.033 mol/L、0.025 mol/L、0.020 mol/L)、3.75 mmol/L 硫酸铵标准溶液、10%硫酸锌溶液、10%酒石酸钾钠溶液、0.5 mol/L 氢氧化钠溶液、0.067 mol/L磷酸盐缓冲液(pH=7.0)。

3. 材料

黄豆粉。

【实验步骤】

(1)脲酶的提取:称取黄豆粉 1 g,置于涡旋混合器中,加入 30%乙醇 25 mL,充分混匀后,置于冰箱中过夜,次日以 2 000 r/min 离心 3 min,取上清液备用。

(2)标准曲线的制作:按表 6-2 用量加入各种试剂,立即摇匀各管,于 460 nm 波长下比色,以 1 号管为参比。

表 6-2　标准曲线制作的实验试剂用量

试　管　号	1	2	3	4	5	6
3.75 mmol/L 硫酸铵标准溶液体积/mL	0	0.10	0.15	0.20	0.25	0.30
蒸馏水体积/mL	5.80	5.70	5.65	5.60	5.55	5.50
0.5 mol/L 氢氧化钠溶液体积/mL	0.20	0.20	0.20	0.20	0.20	0.20
10%酒石酸钾钠溶液体积/mL	0.50	0.50	0.50	0.50	0.50	0.50
奈氏试剂体积/mL	1.00	1.00	1.00	1.00	1.00	1.00

(3)酶促反应速度的测定(按表 6-3 操作)。

表 6-3　酶促反应速度测定第一步的试剂用量

试　管　号	1	2	3	4	5
尿素溶液浓度/(mol/L)	0.050	0.033	0.025	0.020	0.020
尿素溶液体积/mL	0.20	0.20	0.20	0.20	0.20
0.067 mol/L 磷酸盐缓冲液体积/mL	0.60	0.60	0.60	0.60	0.60
保温时间	37 ℃水浴保温 5 min				
脲酶体积/mL	0.20	0.20	0.20	0.20	0
煮沸脲酶体积/mL	0	0	0	0	0.20
保温时间	37 ℃水浴保温 10 min				
10%硫酸锌溶液体积/mL	0.50	0.50	0.50	0.50	0.50

摇匀,静置 5 min 后,于 3 000 r/min 离心 5 min,取上清液,供下一步使用(用量见表6-4)。

表 6-4 酶促反应速度测定第二步试剂用量

试 管 号	1	2	3	4	5
上清液体积/mL	2.00	2.00	2.00	2.00	2.00
蒸馏水体积/mL	4.00	4.00	4.00	4.00	4.00
10%酒石酸钾钠溶液体积/mL	0.50	0.50	0.50	0.50	0.50
奈氏试剂体积/mL	1.00	1.00	1.00	1.0	1.00

迅速混匀,于 460 nm 波长处测定吸光度,以 5 号管为参比。

(4) 在标准曲线上查出脲酶作用于不同浓度尿素时生成碳酸铵的量,然后以单位时间碳酸铵生成量的倒数即反应速度的倒数 $1/v$ 为纵坐标,以对应的尿素浓度的倒数即 $1/[S]$ 为横坐标,作双倒数图。应用最小二乘法公式,求出方程,计算 K_m 值。

米氏方程
$$v = \frac{v_{\max}[S]}{K_m + [S]}$$

米氏方程的倒数式
$$\frac{1}{v} = \frac{K_m}{v_{\max}}\frac{1}{[S]} + \frac{1}{v_{\max}}$$

式中:v 为反应速度;$v_{\max}$ 为最大反应速度;$[S]$ 为底物浓度;K_m 为米氏常数。

【思考题】

(1) K_m 的物理意义是什么?为什么要用酶反应的初速度计算 K_m 的值?

(2) 除了双倒数作图法,还有哪些方法可求得 K_m 值?

Ⅱ 过氧化氢酶米氏常数的测定

【实验目的】

掌握过氧化氢酶的米氏常数的测定方法。

【实验原理】

过氧化氢酶(CAT)是一种酶类清除剂,几乎在所有的生物机体内都存在。它主要存在于植物的叶绿体、线粒体、内质网、动物肝脏和红细胞中,其酶促活性为机体提供了抗氧化防御机制。它是以铁卟啉为辅基的结合酶,可促使 H_2O_2 分解为分子氧和水,清除体内的过氧化氢,从而使细胞免遭 H_2O_2 毒害,是生物防御体系的关键酶之一。

过氧化氢酶作用于过氧化氢的机理实质上是 H_2O_2 的歧化,必须有两个 H_2O_2 先后与过氧化氢酶相遇且碰撞在活性中心上,才能发生反应。反应中,H_2O_2 浓度越高,分解速度越快。

H_2O_2 被过氧化氢酶分解产生 H_2O 和 O_2:

$$2H_2O_2 \xrightarrow{\text{过氧化氢酶}} 2H_2O + O_2 \uparrow$$

H_2O_2 的浓度可用 $KMnO_4$ 溶液在硫酸存在下滴定测知,反应式为

$$2KMnO_4 + 5H_2O_2 + 3H_2SO_4 \Longrightarrow 2MnSO_4 + K_2SO_4 + 5O_2 \uparrow + 8H_2O$$

求出反应前、后 H_2O_2 的浓度差,即为反应速度,然后通过作图可求出过氧化氢酶的米氏常数。

【仪器、试剂和材料】

1. 仪器

容量瓶、棕色试剂瓶、锥形瓶、滴定管、恒温水浴箱、吸量管、滴管、表面皿、玻璃丝过滤网、玻璃棒。

2. 试剂

(1) 0.05 mol/L 草酸钠标准溶液:将草酸钠(AR)于 100～105 ℃烘 12 h,冷却后,准确称取 0.67 g,用蒸馏水溶解后,转入 100 mL 容量瓶,加入浓硫酸 5 mL,加蒸馏水至刻度,充分混匀。此溶液可存放数周。

(2) 0.02 mol/L $KMnO_4$ 储存液:称取 $KMnO_4$ 3.4 g,溶于 1 000 mL 蒸馏水中,加热搅拌,待全部溶解后,用表面皿盖住,在低于沸点的温度下加热数小时,冷却后放置过夜,用玻璃丝过滤网过滤,用棕色试剂瓶保存。

(3) 0.004 mol/L $KMnO_4$ 应用液:移取 0.05 mol/L 草酸钠标准溶液 20 mL 于锥形瓶中,加浓硫酸 4 mL,在 70 ℃水浴中用 $KMnO_4$ 储存液滴定至微红色,根据滴定结果算出 $KMnO_4$ 储存液的浓度,稀释成 0.004 mol/L,每次稀释都必须重新标定储存液。

(4) 约 0.08 mol/L H_2O_2 溶液:移取 20% H_2O_2 溶液(AR)40 mL 于 1 000 mL 容量瓶中,加蒸馏水至刻度,临用时用 0.004 mol/L $KMnO_4$ 溶液标定,并稀释至所需浓度。

(5) 0.2 mol/L 磷酸盐缓冲液(pH=7.0)、25% 硫酸溶液、肝素。

3. 材料

新鲜血液。

【实验步骤】

(1) 稀释血液:吸取新鲜(含肝素抗凝)血液 0.1 mL,用蒸馏水稀释至 10 mL,混匀。取该稀释血液 1.0 mL,用 0.2 mol/L 磷酸盐缓冲液(pH=7.0)稀释至 10 mL,即得 1/1 000 稀释血液。

(2) H_2O_2 浓度的标定:取两只锥形瓶,各加浓度约为 0.08 mol/L 的 H_2O_2 溶液 2.0 mL 和 25% 硫酸溶液 2.0 mL,分别用 0.004 mol/L $KMnO_4$ 溶液滴定至显微红色。根据滴定消耗 $KMnO_4$ 的量,求出 H_2O_2 的物质的量浓度。

(3) 反应速度的测定:取干燥、洁净的 50 mL 锥形瓶 5 个,并编号,按表 6-5 操作。

表 6-5　反应速度测定的试剂用量

编　号	1	2	3	4	5
H_2O_2 溶液体积/mL	0.50	1.00	1.50	2.00	2.50
蒸馏水体积/mL	3.00	2.50	2.00	1.50	1.00

将各瓶于 37 ℃水浴预热 5 min,依次加入 1/1 000 稀释血液,每瓶 0.5 mL,边加边摇,继续保温 5 min,按顺序向各瓶加 25% 硫酸溶液 2.0 mL,边加边摇,使酶促反应立即终止。

最后用 0.004 mol/L $KMnO_4$ 溶液滴定各瓶至显微红色,记录 $KMnO_4$ 溶液消耗量(mL)。

（4）计算。

① 反应瓶中 H_2O_2 浓度(mol/L)

$$= \frac{\text{加入 } H_2O_2 \text{ 溶液的浓度(mol/L)} \times \text{加入 } H_2O_2 \text{ 溶液的体积(mL)}}{\text{反应液体积(mL)}}$$

② 反应速度的计算:以反应消耗的 H_2O_2 的物质的量(mmol)表示。

反应速度＝加入的 H_2O_2 的物质的量－剩余的 H_2O_2 的物质的量

即　　　反应速度(mmol)＝加入 H_2O_2 溶液的浓度(mol/L)×加入 H_2O_2 溶液的体积(mL)

　　　　　　　　　－KMnO₄溶液浓度(mol/L)×消耗的 KMnO₄ 溶液体积(mL)×5/2

式中:5/2 为 $KMnO_4$ 与 H_2O_2 反应中的换算系数。

③ 作图求出过氧化氢酶的 K_m 值。

【思考题】

测定过氧化氢酶 K_m 值的实验中,需要特别注意哪些操作?

Ⅲ　胰蛋白酶米氏常数的测定

【实验目的】

掌握胰蛋白酶米氏常数的测定方法,进一步熟悉酶促动力学的相关内容。

【实验原理】

胰蛋白酶为蛋白酶的一种,在脊椎动物中作为消化酶起作用。它能选择性地水解蛋白质中由赖氨酸或精氨酸的羧基所构成的肽链,能消化溶解变性蛋白质,对未变性的蛋白质无作用。本实验以胰蛋白酶消化酪蛋白为例,采用 Lineweave-Burk 双倒数作图法测定 K_m 值。胰蛋白酶催化酪蛋白中碱性氨基酸(L-精氨酸和 L-赖氨酸)的羧基所形成的肽键水解。水解时生成自由氨基,因此可以用甲醛滴定法判断自由氨基增加的数量来追踪反应。

【仪器、试剂和材料】

1. 仪器

锥形瓶、碱式滴定管、滴定台、蝴蝶夹、移液管、量筒、恒温水浴箱、容量瓶、玻璃棒。

2. 试剂

（1）40 g/L 酪蛋白溶液(pH＝8.5):将 40 g 酪蛋白溶解在大约 900 mL 水中,再加 20 mL 1 mol/L NaOH 溶液,连续振荡此悬浮液,微热直至溶解,最后用 1 mol/L 盐酸或 1 mol/L NaOH 溶液调至 pH＝8.5,并用水稀释至 1 L。

（2）40 g/L 胰蛋白酶溶液:可用由胰脏制备的粗胰蛋白酶制剂配制并放在冰箱内保存。

（3）400 g/L 甲醛溶液、酚酞(2.5 g/L 乙醇)、0.1 mol/L 标准 NaOH 溶液。

3. 材料

动物胰脏(牛、羊或猪胰脏)。

【实验步骤】

（1）取 6 个小锥形瓶,编号 0～5,各加入 5 mL 400 g/L 甲醛溶液和 1 滴酚酞,并滴加

0.1 mol/L标准 NaOH 溶液,直至混合物呈微粉红色(所有锥形瓶中的颜色一致)。

（2）量取 100 mL 40 g/L 酪蛋白溶液(pH＝8.5),加入另一锥形瓶中,于 37 ℃水浴中保温 10 min。同时将 40 g/L 胰蛋白酶溶液也于 37 ℃水浴中保温 10 min。然后精确量取 10 mL 酶液,加到酪蛋白溶液中充分混合并计时。

（3）充分混合后,随即取出 10 mL 混合液移至 0 号锥形瓶中,向该瓶中加入酚酞(每毫升混合物加入 1 滴酚酞),用 0.1 mol/L 标准 NaOH 溶液滴定直至呈微弱但持续的粉红色,在接近终点时,再加入指示剂(每毫升标准 NaOH 溶液加入 1 滴酚酞)。然后继续滴至终点,记下所用 0.1 mol/L 标准 NaOH 溶液的量。

（4）分别于混合 2 min、4 min、6 min、8 min、10 min 时,各精确量取 10 mL 样品混合液,准确按步骤(3)操作。每个样品滴定终点的颜色应当保持一致。用增加的滴定量对时间作图,测定初速度。

（5）配制不同浓度的酪蛋白溶液(7.5 g/L、10 g/L、15 g/L、20 g/L、30 g/L),测定不同底物浓度时的活力。将实验测得的结果按 Lineweave-Burk 双倒数作图法,求出 v_{max} 和 K_m 的数值。

【思考题】

（1）本实验还可以采用什么材料进行测定?

（2）实验中有哪些地方需要注意? 哪些因素会影响结果的准确性?

实验 25　酶活力的测定

Ⅰ　液化型淀粉酶活力的测定

【实验目的】

了解酶活力测定的意义,掌握液化型淀粉酶活力测定的原理及方法。

【实验原理】

液化型淀粉酶能催化淀粉水解生成相对分子质量较小的糊精和少量的麦芽糖和葡萄糖。本实验以碘的呈色反应来测定水解作用的速度,从而衡量酶活力的大小。

【仪器、试剂和材料】

1. 仪器

调色板(白色)、试管(25 mm×250 mm)、恒温水浴锅、电子天平、烧杯(100 mL)、容量瓶、棕色瓶、漏斗、玻璃棒、滴管、吸量管(5 mL,2 mL)、移液管(20 mL)、酸度计、滤纸(或纱布)。

2. 试剂

（1）原碘液:称取碘 11 g,碘化钾 22 g,加入少量水,使碘完全溶解后,定容至 500 mL,贮于棕色瓶内。

（2）稀碘液:取原碘液 2 mL,加碘化钾 20 g,用水溶解定容至 500 mL,贮于棕色瓶内。

（3）2%可溶性淀粉溶液:精确称取可溶性淀粉 2.000 0 g(以绝干计),用 10 mL 水调匀,倾入 90 mL 沸水中,再加热煮沸 2～3 min,至溶液透明为止,冷后定容至 100 mL。此溶液需新鲜配制。

(4) 0.02 mol/L 柠檬酸-磷酸氢二钠缓冲液(pH＝6.0)：称取柠檬酸(C₆H₈O₇·2H₂O) 8.07 g、磷酸氢二钠 45.23 g，加水溶解并定容至 1 000 mL，配制后用酸度计校正 pH。

(5) 标准"终点色"溶液：Ⅰ 精确称取氯化钴(CoCl₂·6H₂O)40.243 9 g、重铬酸钾 0.487 8 g，加水溶解并定容至 500 mL；Ⅱ 0.04%铬黑 T 溶液，精确称取铬黑 T(C₂₀H₁₂N₃NaO₇S) 40 mg，加水溶解并定容至 100 mL。取Ⅰ液 40 mL 与Ⅱ液 5.0 mL 混合，即为标准"终点色"溶液。此溶液宜于冰箱中保存，有效期为 15 天。

3. 材料

酶粉。

【实验步骤】

1. 待测酶液的制备

精确称量酶粉 2.000 0 g，加入小烧杯内，用少量 0.02 mol/L pH＝6.0 的柠檬酸-磷酸氢二钠缓冲液溶解，并用玻璃棒捣研，将上层清液倾入容量瓶内(容量瓶大小根据酶粉活力决定稀释倍数后选择)，残渣部分再加入少量上述缓冲液，如此反复捣研 3～4 次，最后全部移入容量瓶中，将上述缓冲液定容至刻度，摇匀，用四层纱布(或滤纸)过滤后的滤液即为待测酶液。如为液体样品，可直接过滤。即取一定量滤液倾入容量瓶中，加上述缓冲液稀释至刻度，摇匀，备用。

2. 测定

(1) 取标准"终点色"溶液 8 滴，滴于调色板空穴内，作为比较终点颜色的标准。

(2) 吸取 2%可溶性淀粉溶液 20 mL 及 0.02 mol/L pH＝6.0 的柠檬酸-磷酸氢二钠缓冲液 5 mL，置于大试管中，在 60 ℃恒温水浴中预热 4～5 min。然后加入待测酶液 0.5 mL，立即记录时间，充分摇匀。定时用滴管从试管中取出反应液约 0.5 mL，滴于预先盛有稀碘液 (1.5 mL)的调色板空穴内，当穴内呈色反应由紫色逐渐变成红棕色，直至与标准"终点色"溶液颜色相同时，即为反应终点，并记录时间 t(min)。

3. 计算

1 g 酶粉(或 1 mL 酶液)于 60 ℃、pH＝6.0 的条件下，1 h 液化可溶性淀粉的量(g)，称为液化型淀粉酶活力，即

$$酶活力 = \frac{60/t \times 20 \times 2\% \times n}{0.5}$$

式中：t 为反应时间，min；60 为 min 换成 h 的折算系数；20×2% 为可溶性淀粉的质量，g；0.5 为吸取待测酶液的量，mL；n 为稀释倍数。

【思考题】

(1) 什么是酶活力？

(2) 如何进行酶的定性测定？ 如何进行酶的定量测定？

(3) 标准"终点色"溶液的作用是什么？

【附注】

(1) 酶反应时间最好控制在 2～2.5 min。否则，应改变酶液稀释倍数，重新测定。

(2) 本实验中吸取 2%可溶性淀粉溶液及酶液的量必须准确，否则误差较大。

Ⅱ　薄层层析法鉴定转氨酶活力

【实验目的】

初步认识转氨基作用,学习并掌握薄层层析的原理和操作方法。

【实验原理】

转氨酶在磷酸吡哆醛(醇或胺)的参与下,把 α-氨基酸上的氨基转移到 α-酮酸的酮基位置上,生成一种新的酮酸和一种新的 α-氨基酸。新生成的氨基酸种类可用薄层层析法鉴定。以谷-丙转氨酶为例,其可逆反应用下式表示:

$$丙氨酸+α\text{-}酮戊二酸\underset{}{\overset{谷\text{-}丙转氨酶}{\rightleftharpoons}}丙酮酸+谷氨酸$$

【仪器、试剂和材料】

1. 仪器

离心机、离心管、吹风机、恒温箱、烘箱、玻璃板(8 cm×15 cm)、层析缸、培养皿(直径10 cm)、喷雾器、玻璃棒、滴管、点样毛细管、研钵、试管、吸量管(0.5 mL、2 mL)、恒温水浴锅。

2. 试剂

0.1 mol/L 丙氨酸溶液、0.1 mol/L α-酮戊二酸溶液(用 NaOH 溶液调至 pH=7.0)、含有 0.4 mol/L 蔗糖的 0.1 mol/L 磷酸缓冲液(pH=8.0)、磷酸缓冲液(pH=7.5)、正丁醇、醋酸、0.1 mol/L 谷氨酸溶液、0.25%茚三酮-丙酮溶液、0.005 mol/L $(NH_4)_2SO_4$ 溶液、10%酒石酸钾钠溶液、0.5 mol/L NaOH 溶液、奈氏试剂、30%醋酸溶液、硅胶 G。

3. 材料

发芽 2~3 天的绿豆芽。

【实验步骤】

1. 酶液的制备

取 3 g(25 ℃)萌发 2~3 天的绿豆芽(去皮),放入研钵中,加 2 mL pH=8.0 的磷酸缓冲液,研成匀浆,转入离心管。研钵用 1 mL 缓冲液冲洗,洗液并入离心管,离心(3 000 r/min,10 min),取上清液备用。

2. 酶促反应

取 6 支干试管,编号,按表 6-6 用量分别加入试剂和酶液。

表 6-6　酶促反应试剂用量　　　　　　　　　　　　　　　　　　(单位:mL)

试 管 号	1	2	3	4	5	6
0.005 mol/L $(NH_4)_2SO_4$溶液	0	0.1	0.2	0.3	0.4	0.5
蒸馏水	10.0	9.9	9.8	9.7	9.6	9.5
10%酒石酸钾钠溶液	0.5	0.5	0.5	0.5	0.5	0.5
0.5 mol/L NaOH 溶液	0.5	0.5	0.5	0.5	0.5	0.5
奈氏试剂	1.0	1.0	1.0	1.0	1.0	1.0

摇匀后,置试管于恒温箱(37 ℃)中保温 30 min,取出后各加 3 滴 30％醋酸溶液终止酶反应,于沸水浴上加热 10 min,使蛋白质完全沉淀,冷却后离心或过滤,取上清液或滤液备用。

3. 薄板的制备

取 3 g 硅胶 G(可制 8 cm×15 cm 的薄板 2 块),放入研钵中,加蒸馏水 10 mL 研磨,待呈糊状后,迅速、均匀地倒在已备好的干燥、洁净的玻璃板上,手持玻璃板在桌子上轻轻震动。使糊状硅胶 G 铺匀,室温下风干,使用前置于烘箱(105 ℃)中活化 30 min。

4. 点样

在距薄板底边 2 cm 处,等距离确定 5 个点样点(相邻两点间距 1.5 cm)。取反应溶液及谷氨酸、丙氨酸标准溶液分别点样,反应溶液点 5~6 滴,标准溶液点 2 滴,每点一次用吹风机吹干后再点下一次。

5. 展层

在层析缸中放入一个直径为 10 cm 的培养皿,注入展开剂(正丁醇-醋酸-水,体积比为 3∶1∶1),深度为 0.5 cm 左右。将点好样的薄板放入缸中(注意不能浸及点样点),密封层析缸,上行展开。待溶液前沿上升至距薄板上沿约 1 cm 处时取出,用毛细管标出前沿位置。吹干后用 0.25％茚三酮-丙酮溶液均匀喷雾(注意不能有液滴),置于烘箱(60~80 ℃)中烘干或用吹风机热风吹干后显色 5~15 min,即可见各种氨基酸的层析斑点,用毛细管轻轻标出各斑点中心点(或照相记录)。

6. 结果处理

从层析图谱上鉴定 α-酮戊二酸和丙氨酸是否发生了转氨基反应,并写出反应式。

【思考题】

(1) 转氨基作用在代谢中有何意义?
(2) 用薄层层析还可分离鉴定哪些物质?

【附注】

(1) 在同一实验系统中使用同一制品同一规格的吸附剂,颗粒大小最好在 250~300 目。制板时硅胶 G 加水研磨时间应掌握在 3~5 min,研磨时间过短,硅胶吸水膨胀不够,不易铺匀;研磨时间过长,来不及铺板,硅胶 G 就会凝固。

(2) 配制展开剂时,应现用现配,以免放置过久其成分发生变化。

(3) 保持薄板的洁净,避免人为污染,干扰实验结果。

(4) 点样和显色用吹风机时勿离薄板太近,以防吹破薄层。

Ⅲ 分光光度法测定血液中转氨酶的活力

【实验目的】

了解转氨酶在代谢过程中的重要作用及在临床诊断中的意义,学习和掌握分光光度法进行转氨酶活力测定的原理和方法。

【实验原理】

生物体内广泛存在的氨基转移酶也称转氨酶,能催化 α-氨基酸的 α-氨基与 α-酮酸的 α-酮基互换,在氨基酸的合成和分解、尿素和嘌呤的合成等中间代谢过程中有重要作用。转氨酶的最适 pH 接近 7.4,它的种类甚多,其中以谷氨酸-草酰乙酸转氨酶(简称谷-草转氨酶)和谷氨酸-丙酮酸转氨酶(简称谷-丙转氨酶)的活力最强。它们催化的反应如下:

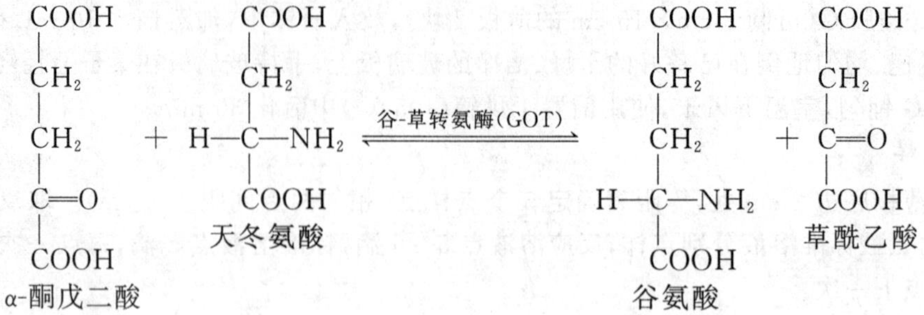

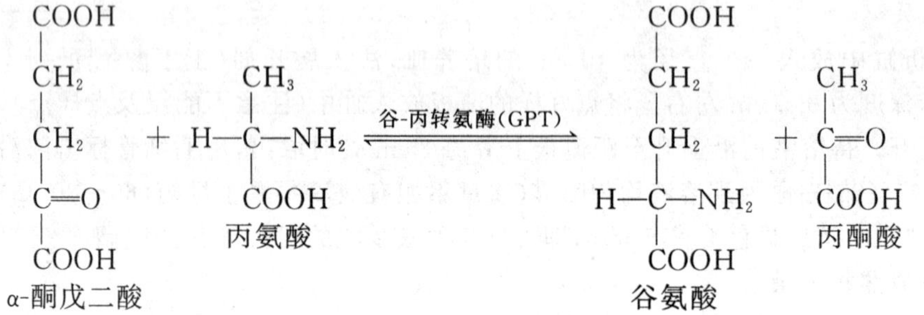

正常人血清中只含有少量转氨酶。当发生肝炎、心肌梗死时,血清中转氨酶活力常显著增加,所以在临床诊断上转氨酶活力的测定有重要意义。

测定转氨酶活力的方法很多,本实验采用分光光度法。谷-丙转氨酶作用于丙氨酸和 α-酮戊二酸后,生成的丙酮酸与 2,4-二硝基苯肼作用生成丙酮酸-2,4-二硝基苯腙,反应如下:

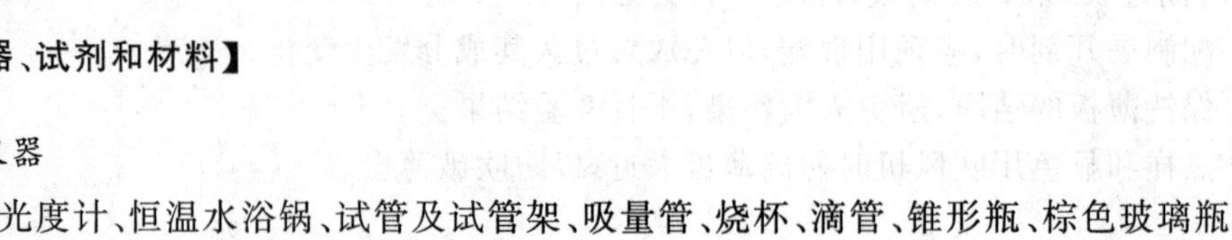

丙酮酸-2,4-二硝基苯腙加碱处理后呈棕色,可用分光光度法测定。根据丙酮酸-2,4-二硝基苯腙的生成量可以计算酶的活力。

【仪器、试剂和材料】

1. 仪器

分光光度计、恒温水浴锅、试管及试管架、吸量管、烧杯、滴管、锥形瓶、棕色玻璃瓶。

2. 试剂

(1) 0.1 mol/L 磷酸缓冲液(pH=7.4)、0.4 mol/L 氢氧化钠溶液。

(2) 2.0 μmol/L 丙酮酸钠标准溶液:取丙酮酸钠(AR)11 mg,溶解于 50 mL 磷酸缓冲液中(当日配制)。

(3) 谷-丙转氨酶底物:取 α-酮戊二酸(AR)29.2 mg、L-丙氨酸 1.78 g,置于小烧杯内,加 1 mol/L 氢氧化钠溶液约 10 mL 使其完全溶解。用 1 mol/L 氢氧化钠溶液或盐酸调整 pH 至 7.4 后,加磷酸缓冲液至 100 mL。然后加氯仿数滴防腐。此溶液每毫升含 α-酮戊二酸 2.0 μmol、丙氨酸 200 μmol。在冰箱内可保存一周。

（4）2,4-二硝基苯肼溶液：在 200 mL 锥形瓶内放入 2,4-二硝基苯肼（AR）19.8 mg,加 1 mol/L盐酸 100 mL。把锥形瓶放在暗处并不时摇动,待 2,4-二硝基苯肼全部溶解后,滤入棕色玻璃瓶内,置于冰箱内保存。

3. 材料

人血清。

【实验步骤】

1. 标准曲线的绘制

取 6 支试管,编号。按表 6-7 所列的顺序加入各试剂。

表 6-7　绘制标准曲线试剂加入量

试　管　号	0	1	2	3	4	5
2.0 μmol/L 丙酮酸钠标准溶液体积/mL	0	0.05	0.10	0.15	0.20	0.25
谷-丙转氨酶底物体积/mL	0.50	0.45	0.40	0.35	0.30	0.25
0.1 mol/L 磷酸缓冲液体积/mL	0.10	0.10	0.10	0.10	0.10	0.10

2,4-二硝基苯肼可与有酮基的化合物作用形成苯腙。底物中的 α-酮戊二酸与 2,4-二硝基苯肼反应,生成 α-酮戊二酸苯腙。因此,在制作标准曲线时,须加入一定量的底物（内含 α-酮戊二酸）,以抵消由 α-酮戊二酸产生的消光影响。

先将试管置于 37 ℃恒温水浴中保温 10 min,以平衡内、外温度。向各管内加入 0.5 mL 2,4-二硝基苯肼溶液后再保温 20 min,最后分别向各管内加入 0.4 mol/L 氢氧化钠溶液 5 mL。在室温下静置 30 min,以 0 号管作参比,分别测定各试管中溶液在 520 nm 波长处的吸光度。以丙酮酸的含量为横坐标,吸光度值为纵坐标,画出标准曲线。

2. 酶活力的测定

取 2 支试管并标号,以 1 号试管作为未知管,2 号试管作为空白对照管。各加入谷-丙转氨酶底物 0.5 mL,置于 37 ℃水浴内保温 10 min,使管内、外温度平衡。取人血清 0.1 mL 加入 1 号试管内,继续保温 60 min。到 60 min 时,向 1、2 号试管内各加入 2,4-二硝基苯肼试剂 0.5 mL,向 2 号试管中补加 0.1 mL 人血清,再向 1、2 号试管内各加入 0.4 mol/L 氢氧化钠溶液 5 mL。在室温下静置 30 min 后,测定未知管在 520 nm 波长处的吸光度值（显色后 30 min 至 2 h 内其色度稳定）。在标准曲线上查出丙酮酸的含量。

3. 计算

用 1 μmol 丙酮酸代表 1.0 酶活力单位,计算每 100 mL 人血清中转氨酶的活力单位数。

【思考题】

实验中 2,4-二硝基苯肼与丙酮酸的颜色反应是不是特异性的?

实验 26　酶 的 制 备

Ⅰ　乳酸脱氢酶粗提液的制备及活力测定

【实验目的】

了解乳酸脱氢酶活力测定的原理,学习用比色法测定酶活力的方法。

【实验原理】

乳酸脱氢酶(lactate dehydrogenase,简称 LDH)是一种氧化还原酶,其辅酶为 NAD^+,为糖酵解的关键酶,广泛分布于人体及动物的各种组织内。它以辅酶Ⅰ为辅酶,催化乳酸和丙酮酸之间的可逆性氧化还原反应,反应式如下:

$$\underset{\text{乳酸}}{\begin{matrix} \text{COOH} \\ | \\ \text{HO—CH} \\ | \\ \text{CH}_3 \end{matrix}} + \underset{\text{氧化型辅酶Ⅰ}}{NAD^+} \underset{pH=7.4\sim7.8}{\overset{\underset{\displaystyle \text{LDH}}{pH=8.8\sim9.8}}{\rightleftharpoons}} \underset{\text{丙酮酸}}{\begin{matrix} \text{COOH} \\ | \\ \text{C=O} \\ | \\ \text{CH}_3 \end{matrix}} + \underset{\text{还原型辅酶Ⅰ}}{NADH + H^+}$$

乳酸和丙酮酸通过可逆性氧化还原反应相互转化。当 pH 为 $7.4\sim7.8$ 时,进行丙酮酸还原反应,只需较低浓度的底物(1.2 mmol/L 丙酮酸,0.15 mmol/L NADH),即至最适反应浓度;而进行乳酸氧化反应时,最适 pH 为 $8.8\sim9.8$,因碱性条件可不断移去反应生成的 H^+,以利于反应向生成 NADH 的方向进行,并且此时底物浓度需加大至 30 倍以上(50 mmol/L 乳酸,5 mmol/L NAD^+),才达到最适浓度。

LDH 可溶于水或稀盐溶液。NADH、NAD^+ 在 340 nm 及 260 nm 波长处有各自的最大吸收峰,因此以 NAD^+ 为辅酶的各种脱氢酶类(如苹果酸脱氢酶、醇脱氢酶、醛脱氢酶、甘油醛-3 磷酸脱氢酶等)都可通过其在 340 nm 波长处吸光度值的改变,定量测定其酶活力。本实验测乳酸脱氢酶活力的方法是,在一定条件下,向含丙酮酸及 NADH 的溶液中,加入一定量乳酸脱氢酶提取液,观察 NADH 在反应过程中 340 nm 波长处吸光度减少值,减少得越多,则 LDH 活力越高。其活力单位定义是:在 25 ℃、pH=7.5 条件下每分钟 A_{340} 下降值为 1.0 的酶量为 1 个活力单位。

【仪器、试剂和材料】

1. 仪器

组织捣碎机、恒温水箱、紫外分光光度计、石英比色皿、吸量管、烧杯、试管。

2. 试剂

(1) 50 mmol/L 磷酸氢二钾-磷酸二氢钾缓冲液母液(pH=6.5):取 A 液 31.5 mL、B 液 68.5 mL,调节 pH 至 6.5,置于 4 ℃冰箱中备用。10 mmol/L 磷酸氢二钾-磷酸二氢钾缓冲液(pH=6.5):用上述母液稀释得到,现用现配。

A 液(50 mmol/L K_2HPO_4 溶液):将 1.74 g K_2HPO_4 加蒸馏水溶解后,定容至 200 mL。

B 液(50 mmol/L KH_2PO_4 溶液):将 3.40 g KH_2PO_4 加蒸馏水溶解后,定容至 500 mL。

（2）0.2 mol/L 磷酸氢二钠-磷酸二氢钠缓冲液（pH＝7.5）母液：取 A 液 84 mL、B 液 16 mL，调节 pH 至 7.5，置于 4 ℃冰箱中备用。0.1 mol/L 磷酸盐缓冲液（pH＝7.5）：用上述母液稀释得到，现用现配。

A 液（0.2 mol/L Na₂HPO₄溶液）：将 71.64 g Na₂HPO₄·12H₂O 加蒸馏水溶解后，定容至 1 000 mL。

B 液（0.2 mol/L NaH₂PO₄溶液）：将 31.21 g NaH₂PO₄·2H₂O 加蒸馏水溶解后，定容至 1 000 mL。

（3）NADH 溶液：称 3.5 mg 纯 NADH，置于试管中，加 0.1 mol/L 磷酸缓冲液（pH＝7.5）1 mL 摇匀，现用现配。

（4）丙酮酸溶液：称 2.5 mg 丙酮酸钠，加 0.1 mol/L 磷酸缓冲液（pH＝7.5）29 mL，使其完全溶解，现用现配。

3. 材料

兔肉。

【实验步骤】

1. 制备肌肉匀浆

称取 20 g 兔肉，按兔肉质量（g）与缓冲液体积（mL）之比为 1∶4 的比例加入 4 ℃预冷的 10 mmol/L pH＝6.5 的磷酸氢二钾-磷酸二氢钾缓冲液，用组织捣碎机捣碎，每次 10 s，连续 3 次。将匀浆液倒入烧杯中，置于 4 ℃冰箱中提取过夜，过滤后得到组织提取液。

2. LDH 活力测定

先将丙酮酸溶液及 NADH 溶液放置于 25 ℃水浴中预热。取 1 只石英比色皿，加入 0.1 mol/L 磷酸盐缓冲液（pH＝7.5）3 mL 作为参比置于紫外分光光度计中，选择 340 nm 波长，将吸光度调节至零；另一只石英比色皿用于测定 LDH 活力，依次加入丙酮酸溶液 2.9 mL、NADH 溶液 0.1 mL，加盖摇匀后，测定 340 nm 波长处的吸光度值。取出比色皿，加入经稀释的酶液 10 μL，立即计时，摇匀后，每隔 0.5 min 测吸光度值（A_{340}），连续测定 3 min，以吸光度对时间作图，取反应最初线性部分，计算每分钟 A_{340} 减少值 ΔA_{340}。

3. 计算

计算每毫升组织提取液中 LDH 活力：

$$LDH 活力（U/mL）＝\frac{\Delta A_{340}\times1\,000\times30}{0.1\times3}$$

式中：30 为稀释倍数；0.1 为酶液体积，mL；3 为反应时间，min。

【思考题】

试述本实验中乳酸脱氢酶活力测定方法的基本原理。

Ⅱ　枯草杆菌碱性磷酸酶的制备及酶活力的测定

【实验目的】

掌握枯草杆菌碱性磷酸酶的制备方法，掌握离子交换纤维素柱层析的工作原理及操作技术,掌握枯草杆菌碱性磷酸酶活力测定的方法。

【实验原理】

枯草杆菌在无机磷受限制的培养中能合成碱性磷酸酶,该酶主要存在于细胞质中。要获取该酶,首先必须培养细菌,再用高渗的镁离子溶液将该酶抽提到溶液中,然后经硫酸铵分级沉淀,最后用 DEAE 纤维素层析纯化即可得到纯酶。

碱性磷酸酶在碱性条件下具有较高的活性。该类酶对底物的特异性较低,在实验室条件下,各种各样的磷酸单酯如磷酸苯二钠、对-硝基苯磷酸二钠(NPP)等多种物质都能被水解为磷酸及各种羟基化合物,酶活力可以通过测定其分解产物中游离磷酸或羟基化合物在单位时间内的生成量而得出。本实验用对-硝基苯磷酸二钠为底物,经碱性磷酸单酯酶作用,水解为游离磷酸及对-硝基苯酚。对-硝基苯酚在强碱条件下呈现醌式结构而显示亮黄色,在 405 nm 波长处有强烈的吸收峰,而底物没有这种特性。测定 405 nm 波长处的吸光度值,即可得到酶活力。

【仪器、试剂和材料】

1. 仪器

酸度计、高速冷冻离心机、恒温振荡器、分光光度计、恒温水箱、层析柱、透析袋、磁力搅拌器、分部收集器、冰箱、试管、锥形瓶、吸量管。

2. 试剂

(1) 斜面培养基:取 0.5％牛肉膏、1％蛋白胨、0.5％氯化钠、2％琼脂,加水溶解,调 pH 为 7.4,121 ℃灭菌 20 min。

(2) 种子及发酵培养基(Tris 培养基):将 0.4％葡萄糖、0.1％酪蛋白水解物、0.5％氯化钠、1％硫酸铵、0.1％氯化钾、0.1 mmol/L 氯化钙、1 mmol/L 氯化镁、20 mmol/L 磷酸氢钠,溶解于 0.01 mol/L Tris-HCl 缓冲液中,调 pH 至 7.4,121 ℃灭菌 20 min。

(3) 1 mol/L Tris-HCl 缓冲液(pH=9.5)、0.01 mol/L Tris-HCl 缓冲液(pH=7.4)、含 1 mmol/L 氯化镁的 0.01 mol/L Tris-HCl 缓冲液(pH=7.4)、40 mmol/L NPP 溶液、DEAE-32 纤维素、5％氯化钡溶液、40 mmol/L 对硝基苯磷酸二钠溶液。

(4) 含 0.3 mol/L 氯化钠、1 mmol/L 氯化镁的 0.01 mol/L Tris-HCl 缓冲液(pH=7.4)。

(5) DEAE-32 干粉,固体硫酸铵,饱和硫酸铵溶液(约 900 g/L),1 mol/L 氯化镁溶液,5％氯化钡溶液,0.2 mol/L、0.3 mol/L、0.4 mol/L、0.5 mol/L 氯化钠溶液,重蒸水等。

3. 材料

枯草杆菌。

【实验步骤】

1. 枯草杆菌的培养

(1) 斜面活化:从保存的枯草杆菌斜面上挑取一环菌,接种于另一新鲜的斜面培养基中,于 37 ℃培养 18 h。

(2) 种子培养:从活化后的斜面中挑菌接种于 25 mL Tris 培养基中,于 37 ℃振荡培养 10 h。

（3）发酵培养：吸取 5 mL 种子液接入 100 mL Tris 培养基中（5％的接种量），剧烈振荡培养 10～14 h。由于碱性磷酸酶产生于对数生长后期，因此在培养过程中要不断取样测定酶活力，直到酶活力保持稳定时，停止发酵。

（4）培养完毕后，将培养液于 8 000 r/min 离心 5 min，收集菌体。用预冷的 0.01 mol/L Tris-HCl 缓冲液（pH＝7.4）洗涤菌体 3 次。

2. 碱性磷酸酶的分离

将收集的湿菌体悬浮在 0.01 mol/L Tris-HCl 缓冲液（pH＝7.4）中，加入 2 mL 1 mmol/L 氯化镁溶液，于 37 ℃振荡 30 min 后，10 000 r/min 离心 10 min，弃去沉淀物，上清液即为酶的粗提液。

取上述酶液（注意留样测酶活力），在磁力搅拌器搅拌下，慢慢加入硫酸铵粉末，使其达 50％饱和度（313 g/L，25 ℃），静置 30 min，于 13 000 r/min 离心 20 min，去除杂蛋白沉淀。将上清液分成五部分，分别加入固体硫酸铵，使其达到 70％、75％、80％、85％和 90％的饱和度，充分混匀后，静置 30 min 以上，分别于 13 000 r/min 离心 20 min。收集各管沉淀并混合，用 1/50 体积的含 1 mmol/L 氯化镁的 0.01 mol/L Tris-HCl 缓冲液（pH＝7.4）溶解。将此酶液装入透析袋，然后用含 1 mmol/L 氯化镁的 0.01 mol/L Tris-HCl 缓冲液（pH＝7.4）透析 20～30 h，每隔 5 h 更换一次透析液，除去硫酸铵。直到用 5％氯化钡溶液检查无硫酸根离子时为止，最后用缓冲液透析一次。

3. 碱性磷酸酶的纯化

（1）DEAE 纤维素的预处理及装柱。

称取 DEAE-32 干粉 4 g，在重蒸水中溶胀 4 h 以上。悬浮除去小颗粒，加入 200 mL 0.5 mol/L 氯化钠溶液，搅拌 20 min，用重蒸水洗至中性。再加入 200 mL 0.5 mol/L 氯化钠溶液搅拌 20 min，用含 1 mmol/L 氯化镁的 0.01 mol/L Tris-HCl 缓冲液洗涤至 pH 为 7.4。

取内径为 1.5 cm，长 20～25 cm 的层析柱。向层析柱内加入一些含 1 mmol/L 氯化镁的 0.01 mol/L Tris-HCl 缓冲液（pH＝7.4），以除去柱底的气泡，然后将经过预处理的 DEAE-32 装柱。再用上述缓冲液平衡，控制流速为 0.2 mL/min，直至流出液 pH 为 7.4 为止。将层析柱放入冰箱中预冷。

（2）加样。

打开层析柱出口，使柱内液面下降到刚好接近 DEAE 纤维素表面，关闭层析柱出口，小心用吸量管将样液加到纤维素表面，然后慢慢打开出口，使样品液面降至接近 DEAE 纤维素表面，再加入少量缓冲液，反复 2～3 次。开始进行梯度洗脱。

（3）梯度洗脱。

先以 50 mL 含 1 mmol/L 氯化镁的 0.01 mol/L Tris-HCl 缓冲液（pH＝7.4）淋洗，流速控制在 0.5 mL/min。直到流出液的吸光度值（A_{280}）低于 0.1 后，依次换用 0.2 mol/L、0.3 mol/L、0.4 mol/L 氯化钠溶液淋洗。用含 1 mmol/L 氯化镁的 0.01 mol/L Tris-HCl 缓冲液（pH＝7.4）洗脱，流速为 0.5 mL/min。每 5 mL 收集一管，于 280 nm 波长处测定吸光度值。以吸光度值为纵坐标，洗脱液体积为横坐标，绘制洗脱曲线。将洗脱液合并（留取 1 mL 测定酶活力）。用饱和硫酸铵溶液（约 900 g/L）反透析 5～10 h。透析液用冷冻离心机于 0 ℃、13 000 r/min 离心 20 min，弃去上清液，沉淀即为碱性磷酸酶的纯品。

4. 碱性磷酸酶活力的测定

取纯化液 0.5 mL 于小试管中,加入 1 mol/L Tris-HCl 缓冲液(pH=9.5)1 mL,混合后于 30 ℃水浴预热 5 min,然后加入 40 mmol/L NPP 溶液 0.5 mL,于 30 ℃恒温水浴反应 10 min,分别测定反应前、后 405 nm 波长下的吸光度值。

5. 计算

活力单位定义为:在 30 ℃、pH=9.5 条件下,每分钟 A_{405} 下降值为 0.001 的酶量为 1 个单位。

$$碱性磷酸酶活力(U/mL)=\frac{\Delta A_{405}\times 1\,000}{0.5\times 10}$$

式中:0.5 为酶液体积,mL;10 为反应时间,min。

【思考题】

(1) 为什么可以用 DEAE 纤维素离子交换层析提纯酶?

(2) 本实验是采用何种方法测定碱性磷酸酶活力的?

Ⅲ 马铃薯多酚氧化酶的制备及性质实验

【实验目的】

学习从组织细胞中制备酶的方法,掌握多酚氧化酶的作用及各种因素对其作用的影响。

【实验原理】

多酚氧化酶是一种含铜的氧化酶,pH 为 6.8～7.5 时活性较高。在有氧的条件下,能使一元酚和二元酚氧化产生醌(如多酚氧化酶可催化邻苯二酚氧化形成邻苯二醌)。由多酚氧化酶催化的氧化还原反应可通过溶液的颜色的变化鉴定,这个反应在自然界中很常见,如去皮的马铃薯和水果变成褐色就是该酶作用的结果。

多酚氧化酶的最适底物是邻苯二酚(儿茶酚)。间苯二酚和对苯二酚与邻苯二酚的结构相似,它们也可以被氧化为各种有色物质。

酶是生物催化剂,其催化活性易受各种因素的影响,如温度、pH、底物种类、底物浓度、酶浓度以及抑制剂和蛋白质变性剂等都会改变其生物催化活性。

【仪器、试剂和材料】

1. 仪器

组织捣碎机、离心机、恒温水箱、试管、吸量管、小刀。

2. 试剂

(1) 0.1 mol/L 氟化钠溶液(将 4.2 g 氟化钠溶于 1 000 mL 水中)、0.1 mol/L 磷酸盐缓冲液(pH=6.8)、0.1 mol/L 磷酸盐缓冲液(pH=5.0,6.0,7.0,8.0)、0.01 mol/L 间苯二酚溶液(将 0.11 g 间苯二酚溶解于 100 mL 水中)、0.01 mol/L 对苯二酚溶液(将 0.11 g 对苯二酚溶解于 100 mL 水中)、固体硫酸铵。

（2）0.01 mol/L 邻苯二酚溶液：将 1.1 g 邻苯二酚溶解于 1 000 mL 水中，用稀 NaOH 溶液调节溶液的 pH 为 6.0，以防止其自身的氧化作用。当溶液变成褐色时，应重新配制。新配制的溶液应储存于棕色瓶中。

3. 材料

马铃薯。

【实验步骤】

（1）多酚氧化酶的制备：称取 200 g 去皮的马铃薯，切块后放入组织捣碎机，加入 200 mL 0.1 mol/L 氟化钠溶液，捣碎成匀浆后用四层纱布过滤。量取 100 mL 滤液置于离心管中，于 3 500 r/min 离心 5～10 min，取上清液，加入 32 g 固体硫酸铵，溶解后，于 4 ℃ 冰箱内放置 30 min，3 500 r/min 离心 10 min，弃去上清液，沉淀用 30 mL pH＝6.8 的 0.1 mol/L 磷酸盐缓冲液溶解，即为含有马铃薯多酚氧化酶的粗酶液。

（2）多酚氧化酶的催化作用：取 3 支试管，编号，按表 6-8 加入各试剂，混匀后置于30 ℃恒温水箱中保温 10 min，观察并记录颜色变化，分析原因。

表 6-8　多酚氧化酶的催化作用实验试剂用量

试 管 号	1	2	3
酶液体积/mL	1	1	0
0.01 mol/L 邻苯二酚溶液体积/mL	1	0	1
水体积/mL	0	1	1

（3）底物专一性：取 3 支试管，编号，按表 6-9 加入各试剂，混匀后 30 ℃ 保温 10 min，观察并记录反应现象，分析原因。

表 6-9　底物专一性实验试剂用量

试 管 号	1	2	3
酶液体积/mL	1	1	1
0.01 mol/L 邻苯二酚溶液体积/mL	1	0	0
0.01 mol/L 间苯二酚溶液体积/mL	0	1	0
0.01 mol/L 对苯二酚溶液体积/mL	0	0	1

（4）温度的影响：取 5 支试管，编号，按表 6-10 加入各试剂，混匀后按不同的温度保温 10 min，观察并记录反应现象，分析原因。

表 6-10　温度影响实验试剂用量

试 管 号	1	2	3	4	5
酶液体积/mL	1	1	1	1	1
0.01 mol/L 邻苯二酚溶液体积/mL	1	1	1	1	1
反应温度/℃	0	15	30	45	60

（5）pH 的影响：取 4 支试管，编号，按表 6-11 加入各试剂，混匀后 30 ℃ 保温 10 min，观察并记录反应现象，分析原因。

表 6-11　pH 影响实验试剂用量

试　管　号	1	2	3	4
0.1 mol/L pH=5.0 的磷酸盐缓冲液体积/mL	5	0	0	0
0.1 mol/L pH=6.0 的磷酸盐缓冲液体积/mL	0	5	0	0
0.1 mol/L pH=7.0 的磷酸盐缓冲液体积/mL	0	0	5	0
0.1 mol/L pH=8.0 的磷酸盐缓冲液体积/mL	0	0	0	5
酶液体积/mL	1	1	1	1
0.01 mol/L 邻苯二酚溶液体积/mL	1	1	1	1

（6）底物浓度的影响：取 4 支试管，编号，按表 6-12 加入各试剂，混匀后 30 ℃保温10 min，观察并记录反应现象，分析原因。

表 6-12　底物浓度的影响实验试剂用量

试　管　号	1	2	3	4
酶液体积/mL	0.5	0.5	0.5	0.5
0.01 mol/L 邻苯二酚溶液体积/mL	0.1	0.5	1	2
水体积/mL	1.9	1.5	1	0

（7）酶浓度的影响：取 3 支试管，编号，按表 6-13 加入各试剂，混匀后 30 ℃保温 10 min，观察并记录反应现象，分析原因。

表 6-13　酶浓度的影响实验试剂用量

试　管　号	1	2	3
酶液体积/mL	0.1	1	2
0.01 mol/L 邻苯二酚溶液体积/mL	1	1	1
水体积/mL	1.9	1	0

【思考题】

（1）在酶制备过程中加入固体硫酸铵的目的是什么？

（2）高温可以使多酚氧化酶失活，在马铃薯加工中可否采用热处理的方法防止褐变？

实验 27　酶的固定化及对酶活力的影响

【实验目的】

学习包埋法的原理和方法，掌握甲醛滴定法测定氨基酸含量的原理和方法。

【实验原理】

酶固定化的常用方法有吸附法、交联法和包埋法等。酶经固定化后既可保持酶的催化特性，又能克服游离酶的不足。酶经固定化后，一般稳定性增加，可以避免外界不利因素的影响；

可以反复使用或者连续使用较长的时间,有利于降低生产成本;有利于酶和产物分开,有利于产物的分离纯化,从而提高产品质量。但酶经固定化后,酶的活性有可能降低。

本实验采用包埋法固定木瓜蛋白酶,包埋法是将酶均匀地包埋在水不溶性载体的紧密结构中,使酶不易漏出。酶和载体应不起任何反应,酶处于最佳生理状态。

用甲醛滴定法测定游离氨基酸,可比较固定化酶与游离酶的酶解效率。水溶液中的氨基酸为兼性离子,因而不能直接用碱滴定氨基酸的羧基。甲醛可与氨基酸上的—NH_3^+结合,形成—$NH—CH_2OH$、—$N(CH_2OH)_2$等羟甲基衍生物,使—NH_3^+上的H^+游离出来,这样就可以用碱滴定—NH_3^+的放出H^+,测出氨基氮,从而计算氨基酸的含量。若样品中只含有单一的已知氨基酸,则可由此法滴定的结果算出氨基酸的含量。若样品中含有多种氨基酸(如蛋白质水解液),则不能由此法算出氨基酸的含量。脯氨酸与甲醛作用后,生成的化合物不稳定,导致滴定后结果偏低;酪氨酸含酚基结构,导致滴定结果偏高。

甲醛滴定法常用以测定蛋白质水解程度。随着水解程度的增加,滴定值增加;当水解完全后,滴定值即保持不变。

【仪器、试剂和材料】

1. 仪器

玻璃棒、锥形瓶(100 mL)、小烧杯、胶头滴管、量筒、烧杯(250 mL)、吸量管、恒温水浴锅。

2. 试剂

(1) 5%木瓜蛋白酶溶液、2.5%海藻酸钠溶液、1.5 mol/L氯化钙溶液、0.100 mol/L氢氧化钠标准溶液、1%甘氨酸溶液、蒸馏水。

(2) 0.5%酚酞-乙醇溶液:称取0.5 g酚酞,溶于100 mL 60%乙醇溶液中。

(3) 0.05%溴麝香草酚蓝溶液:取0.05 g溴麝香草酚蓝,溶于100 mL 20%乙醇溶液中。

(4) 中性甲醛溶液:取甲醛溶液50 mL,加0.5%酚酞指示剂约3 mL,滴加0.1 mol/L氢氧化钠溶液,使溶液呈微红色,临用前中和。

3. 材料

牛乳。

【实验步骤】

(1) 在2.5%海藻酸钠溶液中,加入2 mL木瓜蛋白酶溶液,混合均匀后以无菌滴管缓慢而稳定地加入1.5 mol/L氯化钙溶液中,边滴加边搅拌,即可得到直径约3 mm左右的凝胶珠,钙化30 min。

(2) 固定化酶水解牛乳:在玻璃棒的帮助下倒掉氯化钙溶液,加蒸馏水于盛有制得的固定化酶的烧杯中,洗一次凝胶珠,将50 mL牛乳倒入盛有制得的固定化小球的锥形瓶中,60 ℃培养0.5 h(样品1)。

(3) 于50 mL牛乳中加入2 mL木瓜蛋白酶溶液,60 ℃培养0.5 h(样品2)。

(4) 分别取水解0.5 h后的牛乳(样品1及样品2),采用甲醛滴定法测定牛乳中游离氨基酸的含量。

取3个100 mL锥形瓶,按表6-14加入试剂。

表 6-14　酶固定化实验试剂用量

锥形瓶号	样品 1	样品 2	样品 3
酶解酸乳样品体积/mL	2.0	2.0	0
蒸馏水体积/mL	5.0	5.0	7.0
中性甲醛溶液体积/mL	5.0	5.0	5.0
0.05%溴麝香草酚蓝溶液用量/滴	2	2	2
0.5%酚酞-乙醇溶液用量/滴	4	4	4

混匀后用 0.100 mol/L 氢氧化钠标准溶液滴定至紫色(pH＝8.7～9.0)。

(5) 结果与分析。

分别计算样品 1 和样品 2 每毫升氨基酸溶液中含氨基氮的质量:

$$m = \frac{V_1 - V_0}{2} \times 1.400\ 8$$

式中:m 为 1 mL 氨基酸溶液中含氨基氮的质量,mg;V_1 为滴定样品消耗氢氧化钠溶液的体积,mL;V_0 为滴定空白消耗氢氧化钠溶液的体积,mL;1.400 8 表示每毫升 0.100 mol/L 氢氧化钠溶液相当的氮质量,mg/mL;2 是样品体积,mL。根据计算结果,比较固定化酶与游离酶的酶解效率。

【思考题】

固定化酶相对于游离酶,性质会发生哪些改变?

实验 28　琥珀酸脱氢酶竞争性抑制

【实验目的】

了解和验证丙二酸对琥珀酸脱氢酶的竞争性抑制作用。

【实验原理】

琥珀酸脱氢酶存在于有氧呼吸细胞中,与线粒体内膜结合,而且直接与电子传递链相连,是三羧酸循环中的一个重要酶。该酶的氢受体是 FAD,催化琥珀酸脱氢氧化为延胡索酸,并产生 $FADH_2$。$FADH_2$ 所携的氢可经过一系列传递体最后递给氧而生成水。在体外,可以人为地使反应在无氧条件下进行,若有适当的氢受体,也可显示琥珀酸脱氢酶的作用。如组织匀浆液中的琥珀酸脱氢酶在缺氧情况下催化琥珀酸脱氢形成的 $FADH_2$,可将蓝色的美蓝(甲烯蓝,氧化型)还原为无色的美白(甲烯白,还原型)。因此,可以从美蓝的褪色情况观察琥珀酸脱氢酶的作用。

$$琥珀酸 + FAD \xrightarrow{\text{琥珀酸脱氢酶}} 延胡索酸 + FADH_2$$

$$美蓝 + FADH_2 \xrightarrow{\text{无氧条件}} 美白 + FAD$$

丙二酸的分子结构与琥珀酸相似,它能与琥珀酸竞争而与琥珀酸脱氢酶结合,从而降低酶对琥珀酸的催化活性,这种现象称为酶的竞争性抑制。本实验通过是否向反应体系中加入丙二酸,观察美蓝颜色消褪的程度,判断丙二酸对琥珀酸脱氢酶的抑制作用。

【仪器、试剂和材料】

1. 仪器

恒温水浴锅、解剖盘、手术剪、研钵、试管、试管架、吸量管、漏斗、电子天平、酒精灯。

2. 试剂

(1) 生理盐水、0.02 mol/L 丙二酸钠溶液、0.02 mol/L 琥珀酸钠溶液、0.01%美蓝溶液、液体石蜡。

(2) 0.1 mol/L 磷酸缓冲液(pH=7.4):0.1 mol/L Na_2HPO_4 溶液 80.8 mL 和 0.1 mol/L KH_2PO_4 溶液 19.2 mL 混合而成。

3. 材料

小白鼠(或兔、蛙、鸡、猪)的新鲜肌肉、脱脂棉、吸水纸。

【实验步骤】

(1) 取新杀死的动物肌肉约 3 g,以预冷的生理盐水淋洗后用吸水纸吸干,剪碎放入研钵中,加入预冷的 0.1 mol/L 磷酸缓冲液(pH=7.4)10 mL,在冰浴中充分研磨成匀浆。取少量脱脂棉,用漏斗过滤,滤液即为酶提液,低温保存备用。

(2) 取 4 支试管,编号后按表 6-15 加入试剂。

表 6-15　琥珀酸脱氢酶作用实验的试剂用量

试　管　号	1	2	3	4
酶提液体积/mL	2	2	2	2(煮沸)
0.02 mol/L 琥珀酸钠溶液体积/mL	2	2	2	2
0.02 mol/L 丙二酸钠溶液体积/mL	0	1	0.2	0
蒸馏水体积/mL	1	0	0.8	1
0.01%美蓝溶液用量/滴	5	5	5	5

(3) 将各管溶液混匀,各加 5 滴液体石蜡覆盖在液面上,置于 37 ℃恒温水浴中保温,其间不要摇动试管。随时观察各管颜色变化,记录各管美蓝的褪色时间。

(4) 取出美蓝已褪色的试管,用力振摇,观察溶液颜色有何变化,并解释现象。

【思考题】

(1) 为什么酶液的提取要在低温下进行?

(2) 为什么要在反应液表面覆盖液体石蜡,而且在保温过程中不能振摇试管?

(3) 通过比较观察到的实验现象,分析酶的竞争性抑制作用有何特点。

实验 29　蔗糖酶相对分子质量的测定(SDS-PAGE 电泳法)

【实验目的】

学习用 SDS-PAGE 电泳法测定蛋白质相对分子质量的原理和操作方法。

【实验原理】

聚丙烯酰胺凝胶是由单体丙烯酰胺(acrylamide,Acr)和交联剂甲叉双丙烯酰胺在加速剂和催化剂的作用下聚合交联成三维网状结构的凝胶,以此凝胶为支持物的电泳称为聚丙烯酰胺凝胶电泳(polyacrylamide gel electrophoresis,PAGE)。在聚丙烯酰胺凝胶系统中引进十二烷基硫酸钠(sodium dodecyl sulfate,SDS),则将分子所带电荷差异这一因素除去,分子在凝胶上的泳动速度完全取决于相对分子质量。

SDS 的作用原理在于,阴离子去污剂与蛋白质结合,破坏蛋白质分子内部、分子之间以及与其他物质分子之间的非共价键,使蛋白质变性而改变原有的空间构象。当有强还原剂(如巯基乙醇)存在时,可使蛋白质分子内的二硫键被彻底还原。并且当 SDS 的总量为蛋白质量的 3～10 倍且 SDS 单位浓度大于 1 mmol/L 时,这两者的结合是定量的,大约每克蛋白质可结合 1.4 g SDS。蛋白质分子一经结合一定量的 SDS 阴离子,所带负电荷的量就远远超过它原有的电荷量,从而消除不同种类蛋白质间电荷符号的差异。且相对分子质量越大的蛋白质,结合的 SDS 越多,所带负电荷也越多,这就使各蛋白质-SDS 复合物的电荷密度趋于一致。同时,不同蛋白质的 SDS 复合物形状也相似,均是长椭圆形。因此,在电泳过程中,迁移率仅取决于蛋白质-SDS 复合物的大小,也可以说是取决于蛋白质相对分子质量的大小,而与蛋白质原来所带电荷量无关。据经验得知,当蛋白质的相对分子质量在 15 000～200 000 时,样品的迁移率与其相对分子质量的对数呈线性关系,符合方程式:$\lg M_r = -bm_r + K$。其中,M_r 为蛋白质的相对分子质量,m_r 为相对迁移率,b 为斜率,K 为截距。当条件一定时,b 与 K 均为常数。因此,通过已知相对分子质量的蛋白质与未知蛋白质的比较,就可以得出未知蛋白质的相对分子质量。

【仪器、试剂和材料】

1. 仪器

电泳仪电源、垂直板电泳槽、微量进样器、移液枪、大培养皿、烧杯、滤纸、脱色摇床。

2. 试剂

(1) 30% 丙烯酰胺混合液:称取丙烯酰胺 29 g、N,N-甲叉双丙烯酰胺(Bis)1 g,加蒸馏水至 100 mL,用 0.45 μm 滤膜过滤后置于棕色瓶中。于 4 ℃保存 1～2 个月,pH 应不大于 7.0。

(2) 10% SDS 溶液:称取 100 g 电泳级 SDS,加水 900 mL,加热到 68 ℃助溶,用浓盐酸调至 pH=7.2,定容至 1 L,分装备用。

(3) 1.5 mol/L Tris-HCl 缓冲液(pH=8.8):称取 Tris 18.2 g,加入 50 mL 水,用 1 mol/L 盐酸调 pH 至 8.8,最后用蒸馏水定容至 100 mL。

（4）1.0 mol/L Tris-HCl 缓冲液(pH＝6.8)：称取 Tris 12.1 g，加入 50 mL 水，用1 mol/L 盐酸调 pH 至 6.8，最后用蒸馏水定容至 100 mL。

（5）0.05 mol/L Tris-HCl 缓冲液(pH＝8.0)：称取 Tris 0.6 g，加入 50 mL 水，用1 mol/L 盐酸调 pH 至 8.0，最后用蒸馏水定容至 100 mL。

（6）10％过硫酸铵溶液(AP)：4 ℃保存，1 周内用完。

（7）TEMED(四甲基乙二胺)。

（8）样品溶解液：取 SDS 100 mg、巯基乙醇 0.1 mL、溴酚蓝 2 mg、甘油 2 g、0.05 mol/L Tris-HCl 缓冲液(pH＝8.0)2 mL，最后定容至 10 mL。

（9）染色液：称取考马斯亮蓝 R-250 0.125 g，加固定液 250 mL(50％甲醇 227 mL、冰醋酸 23 mL 混匀)，过滤后备用。

（10）脱色液：取冰醋酸 75 mL、甲醇 50 mL，加蒸馏水定容至 1 000 mL。

（11）电极缓冲液(内含 0.1％ SDS、0.05 mol/L Tris-0.384 mol/L 甘氨酸缓冲液(pH＝8.3))：称取 Tris 6.0 g、甘氨酸 28.8 g，加入 SDS 1.0 g，加蒸馏水使其溶解后定容至1 000 mL。

3. 材料

蔗糖酶、标准蛋白质。

目前国内外均有低相对分子质量及高相对分子质量的标准蛋白质成套试剂盒，用于 SDS-PAGE 电泳法测定未知蛋白质相对分子质量。低相对分子质量标准蛋白质的组成见表 6-16。

表 6-16　低相对分子质量蛋白质组成

蛋白质名称	相对分子质量	蛋白质名称	相对分子质量
兔磷酸化酶 B	97 400	中碳酸酐酶	31 000
牛血清白蛋白	66 200	胰蛋白酶抑制剂	20 100
兔肌动蛋白	43 000	鸡蛋清溶菌酶	14 400

注：同时按说明书要求处理。

【实验步骤】

（1）按要求安装垂直板电泳槽。

（2）将玻璃板用蒸馏水洗净晾干，准备 2 个干净的小烧杯。

（3）把玻璃板装入主体，用楔形插板夹紧，将主体放入制胶器内，旋转手柄夹紧主体。

（4）按比例配好分离胶，用滴管快速加入，大约 5 cm，之后加少许异丙醇，静置至呈胶凝状。凝胶配制过程要迅速，催化剂 TEMED 要在注胶前再加入，否则会凝结而无法注胶。注胶过程最好一次性完成，避免产生气泡。异丙醇封的目的：保持分离胶上沿平直，排气泡。胶凝好的标志：胶与水层之间形成清晰的界面。

（5）倒出异丙醇并用滤纸把剩余的异丙醇吸干，按比例配好浓缩胶，连续平稳加入浓缩胶至上缘，迅速插入梳子，静置。梳子需一次性平稳插入，梳口处不得有气泡，梳底需水平。

12％分离胶 10 mL：重蒸水 3.3 mL、30％丙烯酰胺 4.0 mL、1.5 mol/L Tris-HCl 缓冲液 2.5 mL(pH＝8.8)、10％SDS 溶液 100 μL、TEMED 10 μL、10％过硫酸铵溶液 100 μL。

5％浓缩胶 4 mL：重蒸水 2.44 mL、30％丙烯酰胺 520 μL、1.50 mol/L Tris-HCl 缓冲液 1.0 mL(pH＝6.8)、10％SDS 溶液 40 μL、TEMED 4 μL、10％过硫酸铵溶液 40 μL。

（6）将主体从制胶器上取下，放入电泳槽中。先在内槽中加入缓冲液，再在电泳槽中倒入缓冲液，拔出梳子。

（7）取标准蛋白质 10 μL，蔗糖酶样品 5 μL 与缓冲液 5 μL 共 20 μL，100 ℃沸水浴，3～5 min，旨在除去亚稳态聚合物。

（8）微量进样器上样，上样量 10 μL。一般每个凹形样品槽内，只加一种样品或已知相对分子质量的混合标准蛋白质，若加样品的槽中有气泡，可用微量进样器针头挑除。微量进样器进样量不可过低，以防刺破胶体；也不可过高，样品下沉时易发生扩散，溢出加样孔。

（9）接通电源，进行电泳，开始电压恒定在 80 V，当进入分离胶后改为 120 V，溴酚蓝接近凝胶边缘时，停止电泳。

（10）凝胶板剥离与染色：电泳结束后，撬开玻璃板，将凝胶板做好标记后放在大培养皿内，加入考马斯亮蓝染色液，染色 40 min 左右。

（11）脱色：染色后的凝胶板用蒸馏水漂洗数次，再用脱色液脱色，直到蛋白质区带清晰。剥胶时要小心，保持胶完好无损，染色要充分。

（12）实验结果分析。

计算相对迁移率，用直尺分别量出样品区带中心及染料与凝胶顶端的距离，按下式计算：

$$相对迁移率(m_r) = \frac{蛋白样品距加样端迁移距离}{溴酚蓝区带中心距加样端距离}$$

以标准蛋白质的相对分子质量的对数对相对迁移率作图，得到标准曲线。根据待测样品的相对迁移率，从标准曲线上查出其相对分子质量。当蛋白质的相对分子质量在 15 000～200 000 时，样品的迁移率与其相对分子质量的对数呈线性关系。以每个标准蛋白质的相对分子质量的对数对它的相对迁移率作图，得标准曲线，量出未知蛋白质的迁移率即可测出其相对分子质量，这样的标准曲线只对同一块凝胶上的样品的相对分子质量的测定才具有可靠性。

【思考题】

（1）用 SDS-PAGE 电泳法测定时，上样量的多少对实验结果将产生什么影响？

（2）SDS 在电泳法中的作用是什么？

第7章 维生素和辅酶

实验30 紫外分光光度法测定鱼肝油中维生素 A 的含量

【实验目的】

学习用紫外分光光度计测定维生素 A 的含量。

【实验原理】

维生素 A 的异丙醇溶液在 325 nm 波长处有最大吸收峰,其吸光度与维生素 A 的含量成正比。

【仪器和试剂】

1. 仪器

紫外分光光度计、锥形瓶、分液漏斗、量筒、容量瓶、抽滤装置、吸量管、电热板、电子天平。

2. 试剂

(1) 维生素 A 标准溶液:视黄醇(85%)或视黄醇乙酸酯(90%)经皂化处理后使用。称取一定量的标准品,用脱醛乙醇溶解,使其浓度大约为 1 mg/mL。临用前需进行标定。取标定后的维生素 A 标准溶液配制成 10 IU/mL 的标准使用液。

标定:取一定体积(μL)的维生素 A 溶液,用脱醛乙醇稀释至 3.00 mL,在 325 nm 波长处测定吸光度,根据吸光度计算维生素 A 的浓度。

$$\rho = \frac{\overline{A}}{E_{1\,cm}^{1\%}} \times \frac{1}{100} \times \frac{3.00}{S \times 10^{-3}}$$

式中:ρ 为维生素 A 的质量浓度,g/mL;$\overline{A}$ 为维生素 A 的平均吸光度值;S 为加入的维生素 A 溶液量,μL;$E_{1\,cm}^{1\%}$ 为维生素 A 的百分吸光系数,$\frac{3.00}{S \times 10^{-3}}$ 为标准溶液稀释倍数。

(2) 无水脱醛乙醇:取 2 g 硝酸银,溶入少量水中。取 4 g 氢氧化钠,溶于温乙醇中。将两者倾入盛有 1 L 乙醇的试剂瓶中,振摇后,于暗处放置 2 天(不时摇动促进反应)。取上层清液蒸馏,弃去初馏液 50 mL。

(3) 酚酞(用 95% 乙醇配制成 1% 的溶液)、50% 氢氧化钾溶液、0.5 mol/L 氢氧化钾溶液、无水乙醚(不含过氧化物)、异丙醇、无水硫酸钠、鱼肝油。

【实验步骤】

1. 样品处理

(1) 皂化:称取 0.5~5 g 充分混匀的鱼肝油于锥形瓶中,加入 10 mL 50% 氢氧化钾溶液及 20~40 mL 无水脱醛乙醇,在电热板上回流 30 min。加入 10 mL 水,稍稍振摇,若有混浊现象,表示皂化完全。

(2)提取:将皂化液移入分液漏斗,先用 30 mL 水分两次洗涤皂化瓶(若有渣,可用脱脂棉过滤),再用 50 mL 乙醚分两次洗涤皂化瓶,所有洗液并入分液漏斗中,振摇 2 min(注意放气),静置分层后,水层放入第二分液漏斗。皂化瓶再用 30 mL 乙醚分两次洗涤,洗液倒入第二分液漏斗,振摇后静置分层,将水层放入第三分液漏斗,乙醚层并入第一分液漏斗。重复操作 3 次。

(3)洗涤:向第一分液漏斗的乙醚液中加入 30 mL 水,轻轻振摇,静置分层后放出水层。再加 15~20 mL 0.5 mol/L 氢氧化钾溶液,轻轻振摇,静置分层后放出碱液。再用水同样操作至洗液不使酚酞变红为止。将乙醚液静置 10~20 min 后,小心放掉析出的水。

(4)浓缩:将乙醚液经过无水硫酸钠滤入锥形瓶中,再用约 25 mL 乙醚洗涤分液漏斗和硫酸钠 2 次,洗液并入锥形瓶中。用水浴蒸馏回收乙醚,待瓶中剩余约 5 mL 乙醚时取下减压抽干,立即用异丙醇溶解并移入 50 mL 容量瓶中,用异丙醇定容。

2. 绘制标准曲线

取 6 个 10 mL 容量瓶,分别取维生素 A 标准溶液 0 mL、1.00 mL、2.00 mL、3.00 mL、4.00 mL、5.00 mL 于 10 mL 容量瓶中,用异丙醇定容。以零管(即第一管,不含维生素 A)调零,于紫外分光光度计上在 325 nm 波长处分别测定吸光度,绘制标准曲线。

3. 样品测定

取浓缩后的定容液,于紫外分光光度计上在 325 nm 波长处测定吸光度,从标准曲线上查出此吸光度对应的维生素 A 的含量。

4. 计算

$$维生素 A 含量(IU/(100\ g)) = \frac{C \times V}{m} \times 100$$

式中:C 为测出的样品浓缩后的定容液中维生素 A 的含量,IU/mL;V 为浓缩后的定容液的体积,mL;m 为样品的质量,g。

【思考题】

本实验操作能否在光线极强的环境中进行?为什么?

【附注】

在乙醚为溶剂的萃取体系中,易发生乳化现象,故在提取、洗涤操作中,不要用力过猛。若发生乳化现象,可加几滴乙醇破乳。

实验 31　食物中脂溶性维生素含量分析(高效液相色谱)

【实验目的】

了解高效液相色谱仪的工作原理,掌握用高效液相色谱(HPLC)测定食物中脂溶性维生素含量的方法。

【实验原理】

样品中的维生素 A 及维生素 E 经皂化提取处理后,将其从不可皂化部分提取至有机溶剂中,用高效液相色谱 C_{18} 反相柱将维生素 A 和维生素 E 分离,经紫外检测器检测,并用内标法定量测定。最小检出量分别为维生素 A 0.8 ng、α-生育酚 91.8 ng、γ-生育酚 36.6 ng、δ-生育酚 20.6 ng。

【仪器和试剂】

1. 仪器

实验室常用设备、小离心管(1.5~3.0 mL 带盖塑料离心管,与高速离心机配套)、高速离心机、旋转蒸发器、恒温水浴锅、紫外分光光度计、高效液相色谱仪(带紫外检测器)。

2. 试剂

(1) 高纯氮气、pH 试纸。

(2) 无水乙醚(不含过氧化物)。

① 过氧化物检查方法:用 5 mL 乙醚加 1 mL 10%碘化钾溶液,振摇 1 min,如有过氧化物则放出游离碘,水层呈黄色或加 4 滴 0.5%淀粉溶液后水层呈蓝色,则该乙醚需处理后使用。

② 去除过氧化物的方法:熏蒸乙醚时,在瓶中放入纯铁丝或铁末少许,弃去 10%蒸馏水和10%残留液。

(3) 无水乙醇:不得含有醛类物质。

① 检查方法:取 2 mL 银氨溶液于试管中,加入少量乙醛,摇匀,再加入 10%氢氧化钠溶液,加热,放置冷却后,若有银镜反应则表示乙醇中有醛。

② 脱醛方法:取 2 g 硝酸银,溶于少量水中;取 4 g 氢氧化钠,溶于温乙醇中。将两者倾入1 L 乙醇中,振摇后,于暗处放置 2 天(不时摇动,促进反应),经过滤,置于蒸馏瓶中蒸馏,弃去最初蒸出的 50 mL。当乙醇中含醛较多时,适当增加硝酸银用量。

(4) 无水硫酸钠、50%氢氧化钾溶液、10%氢氧化钠溶液、5%硝酸银溶液。

(5) 甲醇(重蒸后使用)。

(6) 重蒸水:水中加少量高锰酸钾,临用前蒸馏。

(7) 10%抗坏血酸溶液(100 g/L):临用前配制。

(8) 银氨溶液:加氨水至 5%硝酸银溶液中,直至生成的沉淀重新溶解为止,再加 10%氢氧化钠溶液数滴,如发生沉淀,再加氨水直至溶解。

(9) 维生素 A 标准溶液:视黄醇(纯度 85%)或视黄醇乙酸酯(纯度 90%)经皂化处理后使用,用脱醛乙醇溶解维生素 A 标准品,使其浓度大约为 1 mL 相当于 1 mg 视黄醇。临用前用紫外分光光度法标定其准确浓度。

(10) 维生素 E 标准溶液:用脱醛乙醇分别溶解三种维生素 E 标准品(α-生育酚(纯度95%)、γ-生育酚(纯度 95%)、δ-生育酚(纯度 95%)),使其浓度大约为 1 mg/mL。临用前用紫外分光光度法分别标定此三种维生素 E 的准确浓度。

(11) 内标溶液:称取苯并[a]芘(纯度 98%),用脱醛乙醇配制成 10 μg/mL 苯并[a]芘的内标溶液。

【实验步骤】

1. 样品处理

(1) 皂化：称取 1~10 g 样品(含维生素 A 约 3 μg、维生素 E 各异构体约 40 μg)于皂化瓶中,加 30 mL 无水乙醇,进行搅拌,直到颗粒物分散均匀为止。然后加 5 mL 10% 抗坏血酸溶液、2 mL 苯并[a]芘标准溶液,混匀。加 10 mL 50% 氢氧化钾溶液,混匀。放在沸水浴上回流30 min,使其皂化完全。皂化后立即放入冰水中冷却。

(2) 提取：将皂化后的样品移入分液漏斗中,用 50 mL 水分 2~3 次洗涤皂化瓶,洗液并入分液漏斗中。用 100 mL 乙醚分 2 次洗涤皂化瓶及残渣,乙醚液同样并入分液漏斗中。如有残渣,可将此液通过有少许脱脂棉的漏斗滤入分液漏斗。轻轻振摇分液漏斗 2 min,静置分层,弃去水层。

(3) 洗涤：用约 50 mL 水洗分液漏斗中的乙醚层,用 pH 试纸检验直至水层不显碱性(最初水洗轻摇,振摇强度可逐次增加)。

(4) 浓缩：将乙醚提取液经过无水硫酸钠(约 5 g)滤入与旋转蒸发器配套的 250 mL 球形蒸发瓶内,用约 10 mL 乙醚冲洗分液漏斗及无水硫酸钠 3 次,并入蒸发瓶内,将蒸发瓶接至旋转蒸发器上,于 65 ℃水浴中减压蒸馏并回收乙醚,待瓶中剩下约 2 mL 乙醚时,取下蒸发瓶,立即用氮气吹掉乙醚。再立即加入 2 mL 乙醇,充分混合,溶解提取物。

(5) 将乙醇液移入小离心管中,离心 5 min(5 000 r/min)。上清液供色谱分析。如果样品中维生素含量过少,可用氮气将乙醇液吹干,然后再用乙醇重新定容,并记下体积比。

2. 标准曲线的制备

(1) 维生素 A 和维生素 E 标准溶液的标定方法：取一定体积(μL)的维生素 A 和各维生素 E 标准溶液,分别用乙醇稀释至 3 mL,并分别按给定波长测定各维生素的吸光度值,用百分吸光系数计算出该维生素的浓度。测定条件如表 7-1 所示。

表 7-1　测定条件

标　准　物　质	加入标准溶液的量 S/μL	百分吸光系数 $E_{1\ cm}^{1\%}$	波长 λ/nm
视黄醇	10	1 835	325
γ-生育酚	100	71	294
δ-生育酚	100	92.8	298
α-生育酚	100	91.2	298

浓度按下式计算：

$$X_1 = \frac{\overline{A}}{E_{1\ cm}^{1\%}} \times \frac{1}{100} \times \frac{3.00}{S \times 10^{-3}}$$

式中：X_1 为某维生素浓度, g/mL；$\overline{A}$ 为维生素的平均紫外吸光度值；S 为加入标准溶液的量, μL；$E_{1\ cm}^{1\%}$ 为某种维生素的百分吸光系数；$\dfrac{3.00}{S \times 10^{-3}}$ 为标准溶液稀释倍数。

(2) 标准曲线的制备：本方法采用内标法定量。把一定量的维生素 A、γ-生育酚、α-生育酚、δ-生育酚及内标苯并[a]芘液混合均匀。选择合适的灵敏度,使上述物质的各峰高约为总量程的 70%,为高浓度点。高浓度点的 1/2 为低浓度点(其内标苯并[a]芘的浓度值不变),用此两种浓度的混合标准物进行色谱分析,以维生素峰面积与内标物峰面积之比为纵坐标,维生素浓度为横坐标绘制标准曲线,或计算直线回归方程。如有微处理机装置,则按仪器说明用二点内标法进行定量。

3. 高效液相色谱分析条件(推荐条件)

预柱:ultrasphere ODS 10 μm,4 mm×4.5 cm。

分析柱:ultrasphere ODS 5 μm,4.5 mm×25 cm。

流动相:甲醇-水(体积比 98∶2),混匀,于临用前脱气。

紫外检测器:波长 300 nm,进样量 20 μL,流速 1.7 mL/min。

4. 样品分析

取样品浓缩液 20 μL,待绘制出色谱图及色谱参数后,再进行定性和定量分析。

(1) 定性:用标准物色谱峰的保留时间定性。

(2) 定量:根据色谱图求出某种维生素峰面积与内标物峰面积的比值,以此值在标准曲线上查出其含量或用回归方程求出其含量。

5. 实验结果与分析

$$X_2 = \frac{\rho}{m} \times V \times \frac{100}{1\,000}$$

式中:X_2 为某种维生素的含量,mg/(100 g);ρ 为由标准曲线上查到的某种维生素含量,$\mu g/mL$;V 为样品浓缩定容体积,mL;m 为样品质量,g。

用微机二点内标法进行计算时,按其计算公式计算或由微机直接给出结果。

计算结果取三位有效数字。同一实验室、同时测定或重复测定结果相对偏差不得超过算术平均值的 10%。

【思考题】

本次实验操作能否在极强的光线中进行? 为什么?

【附注】

(1) 在皂化过程中,应每 5 min 摇一下皂化瓶,使样品皂化完全。

(2) 提取过程中,振摇不应太剧烈,避免溶液乳化而不易分层。

(3) 无水硫酸钠如有结块,应烘干后使用。

(4) 洗涤时,最初水洗轻摇,振摇强度可逐次增加。

(5) 用高纯氮吹干时,氮气不能开得太大,避免将样品吹至瓶外,使结果偏低。

(6) 在旋转蒸发时,乙醚溶液不应蒸干,以免被测样品有损失。

实验 32　维生素 B_1 的定性测定

【实验目的】

掌握维生素 B_1 的定性鉴定反应原理和测定方法。

【实验原理】

维生素 B_1 属水溶性维生素,辅酶形式为焦磷酸硫胺素,主要功能是参加糖类的分解代谢。在碱性溶液中,维生素 B_1 能与重氮化-对氨基苯磺酸作用产生红色物质,该反应可用于定性鉴别维生素 B_1。

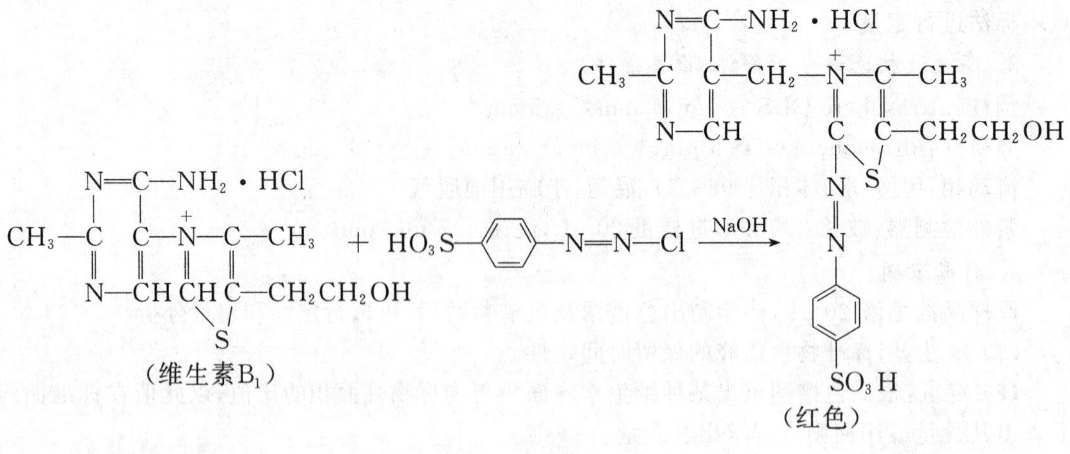
N=C—NH₂ · HCl
CH₃—C
C—N—C—CH₃
N—CH CH C—CH₂CH₂OH
S
(维生素B₁)
+ HO₃S—
—N=N—Cl
NaOH
N=C—NH₂ · HCl
CH₃—C
C—CH₂—N—C—CH₃
N—CH
C
C—CH₂CH₂OH
S
N
N
SO₃H
(红色)

【仪器和试剂】

1. 仪器

量筒、容量瓶、试管、吸管、胶头滴管。

2. 试剂

(1) 氨基苯磺酸溶液:取氨基苯磺酸 4.5 g,溶于 45 mL37%盐酸中,定容至 500 mL。

(2) $NaNO_2$溶液:取 $NaNO_2$2.5 g,溶于蒸馏水中,定容至 500 mL。

(3) 重氮化氨基苯磺酸溶液:取(1)、(2)两溶液各 1.5 mL,置于 50 mL 容量瓶中,将容量瓶冰浴 5 min 后,再加入 6 mL $NaNO_2$溶液,充分混匀,冰浴 5 min,加蒸馏水定容至 50 mL,冰浴保存(可保存 1 天)。

(4) 碱液:取碳酸氢钠 5.76 g,溶于 100 mL 蒸馏水中,再加入 100 mL 1 mol/L NaOH 溶液。

(5) 维生素 B_1溶液:取硫铵素盐酸盐 100 mg,溶于 100 mL 蒸馏水中,避光保存。

(6) 40%甲醛溶液。

【实验步骤】

取 2.5 mL 碱液,加入 1 mL 重氮化氨基苯磺酸溶液及 1 滴 40%甲醛溶液,立即加入维生素 B_1 溶液 2 mL,观察结果(30～60 min 观察结果较好)。

【思考题】

什么食物中含较多的维生素 B_1? 维生素 B_1缺乏症有何症状?

实验 33　维生素 B_1的含量测定

【实验目的】

学习、掌握维生素 B_1含量测定的原理和方法。

【实验原理】

维生素 B_1也叫硫胺素,属于水溶性维生素,在碱性高铁氰化钾溶液中,能被氧化成一种蓝色的荧光化合物——硫色素,在紫外线下,硫色素发出荧光。在没有其他荧光物质干扰时,该荧光强度与硫色素的浓度成正比。在生物样品中由于多存在干扰物质,因此利用人造沸石对维生素 B_1 的吸附作用去除样品中干扰荧光测定的杂质,然后洗脱维生素 B_1,可以测定其荧光强度,计算含量。

【仪器、试剂和材料】

1. 仪器

荧光光度计、水浴锅、布氏漏斗、具塞锥形瓶。

2. 试剂

(1) 维生素 B_1 标准储备液(100 μg/mL):准确称取标准品维生素 B_1 100 mg,溶于 0.01 mmol/L 盐酸中,稀释至 1 L,于冰箱中保存。

(2) 维生素 B_1 标准工作液:将维生素 B_1 标准储备液稀释 100 倍,用冰醋酸调至 pH 为4.5。避光,于 4 ℃冰箱中保存。

(3) 碱性高铁氰化钾溶液:取 1 mL 1%碱性高铁氰化钾溶液,以 15%NaOH 溶液稀释至 15 mL,于棕色瓶中保存(最好现用现配)。

(4) 25%酸性 KCl 溶液:取 8.5 mL 浓盐酸,用 25%KCl 溶液稀释并定容至 1 L。

(5) 25%KCl 溶液、25%NaOH 溶液、无水正丁醇、20%连二亚硫酸钠($Na_2S_2O_4$)溶液、0.04%溴甲酚绿指示剂、0.1 mol/L 盐酸、2 mol/L 醋酸钠溶液、无水硫酸钠、人造沸石。

3. 材料

麸皮。

【实验步骤】

1. 样品制备

称取 2～10 g 麸皮,置于 100 mL 锥形瓶中,加入 50 mL 0.1 mol/L 盐酸,搅拌均匀,在沸水浴中水解样品 30 min。水解液冷却后,以 0.04%溴甲酚绿溶液为指示剂,用 2 mol/L 醋酸钠溶液调 pH=4.5,3 000 r/min 离心 10 min。向上清液中加入已活化的人造沸石 2～4 g,振摇 30 min,用布氏漏斗抽滤,用蒸馏水洗涤沸石 3 次,洗液弃去。然后用 5 mL 25%酸性 KCl 溶液搅拌沸石,洗脱 3 次,将洗脱液合并,并用 25%酸性 KCl 溶液定容至 25 mL,即为样品净化液。

2. 维生素 B_1 的氧化

将 5 mL 样品净化液分别加入试管 1、2 中。在避光条件下将 3 mL 25%NaOH 溶液加入试管 1 中,将 3 mL 碱性高铁氰化钾溶液加入试管 2 中,振摇 15 s,然后加入 10 mL 正丁醇,剧烈振摇 90 s。用标准工作液代替样品净化液,重复上述操作。静置分层后吸去下层碱性溶液,加入 2～3 g 无水硫酸钠使溶液脱水。

3. 测定

(1) 于激发光波长 365 nm、发射光波长 435 nm 处测量样品管及标准管的荧光值。

(2) 待样品及标准的荧光值测量后,向各管的剩余液(5～7 mL)中加 0.1 mL 20%连二亚硫酸钠溶液,立即混匀,在 20 s 内测出各管的荧光值,作为各自的空白值。

4. 计算

$$X=\frac{(A-B)\times S}{(C-D)\times m}\times f\times\frac{100}{1\,000}$$

式中：X 为样品中维生素 B_1 的含量，mg/(100 g)；A 为样品荧光值；B 为样品管空白荧光值；C 为标准管荧光值；D 为标准管空白荧光值；f 为稀释倍数；m 为样品的质量，g；S 为标准管中维生素 B_1 的含量，μg。

【思考题】

维生素 B_1 在生物体内代谢中起什么作用？

实验 34　荧光光度法测定维生素 B_2 的含量

【实验目的】

学习荧光光度计的使用方法，掌握荧光光度法测定维生素 B_2 的原理和方法。

【实验原理】

维生素 B_2 又称为核黄素，是一种异咯嗪衍生物，耐热，微溶于水。其水溶液在 $430\sim440$ nm 蓝光照射下会发出绿色荧光，荧光峰值波长为 535 nm，在 pH$=6\sim7$ 溶液中荧光最强，在 pH$=11$ 时荧光消失。在氧化剂连二亚硫酸钠的存在下可以被还原成无荧光的物质，根据反应前、后的荧光差值可以测定维生素 B_2 的含量。

有荧光　　　　　　　　　　　　　　无荧光

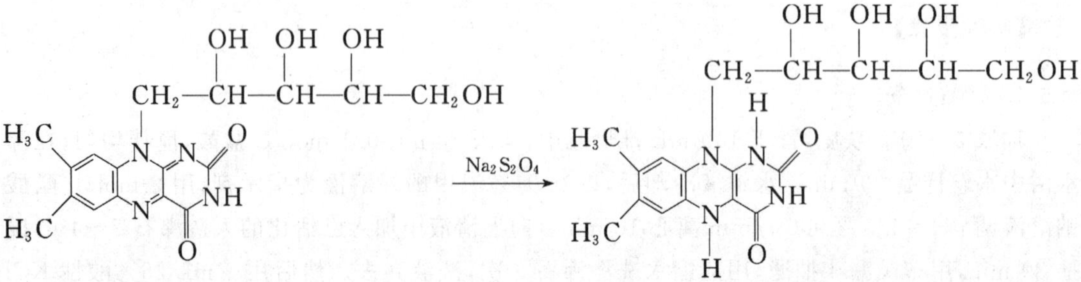

【仪器、试剂和材料】

1. 仪器

荧光光度计、容量瓶、吸量管、电炉、灭菌锅、漏斗、试管、烧杯。

2. 试剂

(1) 10.0 μg/mL 维生素 B_2 标准储备液：称取 10.0 mg 维生素 B_2，先溶解于少量的 1‰醋酸溶液中，然后用 1‰醋酸溶液稀释定容至 1 L。保存于棕色瓶中，置于阴凉处。

(2) 0.5 μg/mL 维生素 B_2 标准工作液：吸取维生素 B_2 标准储备液 5 mL，用蒸馏水稀释定容至 100 mL，现用现配。

(3) 连二亚硫酸钠(保险粉，$Na_2S_2O_4$)、0.1 mol/L 盐酸、0.1 mol/L NaOH 溶液。

3. 材料

新鲜牛乳。

【实验步骤】

(1) 处理样品:取新鲜牛乳 10 g 于 100 mL 烧杯中,加入 0.1 mol/L 盐酸 50 mL,放入灭菌锅中处理 30 min,冷却后用 0.1 mol/L NaOH 溶液调 pH 至 6.0,立即用 0.1 mol/L 盐酸调 pH 至 4.5,沉淀杂质,过滤后将该溶液移至 100 mL 容量瓶中定容。

(2) 含量测定:取 4 支试管,按表 7-2 操作。

表 7-2　荧光光度法测定维生素 B₂ 含量

试　管　号	1	2	3	4
滤液体积/mL	10	10	10	10
蒸馏水体积/mL	1	1	0	0
维生素 B₂ 标准工作液体积/mL	0	0	1	1
荧光读数				
荧光读数平均值				
Na₂S₂O₄ 质量/mg	0	0	20	20
荧光淬灭读数				
荧光淬灭读数平均值				

(3) 计算。

$$维生素\ B_2\ 含量(mg/(100\ g)) = \frac{A-C}{B-A} \times f \times \frac{d}{m} \times \frac{100}{1\ 000}$$

式中:d 为标准管中维生素 B₂ 含量,μg;f 为稀释倍数;m 为样品质量,g;A 为滤液加水的荧光读数平均值;B 为滤液加维生素标准工作液的荧光读数平均值;C 为滤液加连二亚硫酸钠后的荧光读数。

【思考题】

荧光产生的机制是什么? 滴加碱液过程中应注意哪些事项?

实验 35　测定维生素 C 的含量

Ⅰ　2,6-二氯酚靛酚滴定法测定维生素 C 的含量

【实验目的】

学习维生素 C 的性质和生理功能,掌握用 2,6-二氯酚靛酚滴定法测定植物材料中维生素 C 含量的原理和方法。

【实验原理】

维生素 C(又名抗坏血酸)是一种水溶性维生素,人体缺乏维生素 C 时会出现坏血病,故其

又被称为抗坏血酸。维生素 C 广泛分布于动物界和植物界,但在人类和灵长类动物中不能合成,需从食物中获得。水果和蔬菜是人体维生素 C 的主要来源。不同的水果和蔬菜,其栽培条件、成熟度和加工、储存方法的差异都可能影响到维生素 C 的含量,因此,测定维生素 C 的含量是了解果蔬品质、加工工艺优劣等方面的重要参考指标。

维生素 C 具有强还原性,能被染料 2,6-二氯酚靛酚氧化成脱氢抗坏血酸。2,6-二氯酚靛酚在碱性溶液中呈蓝色,在酸性溶液中呈红色,被还原后为无色。因此,用 2,6-二氯酚靛酚滴定含有维生素 C 的酸性溶液时,滴入的 2,6-二氯酚靛酚呈现粉红色并立即被还原成无色,当滴入的染料使溶液变成红色而该红色不立即褪去时,即为终点。在没有其他杂质干扰的情况下,可根据染料消耗量计算出样品中还原型抗坏血酸的含量。

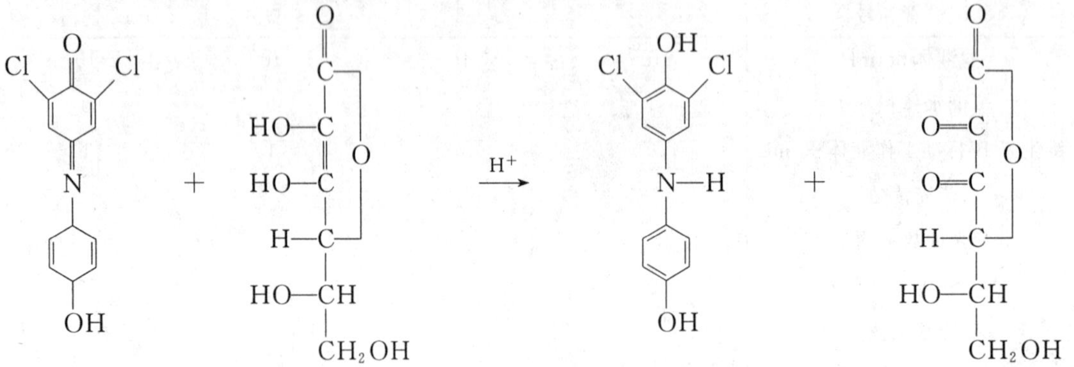

2,6-二氯酚靛酚　　还原型抗坏血酸　　　　还原型 2,6-二氯酚靛酚　　氧化型抗坏血酸
　（红色)　　　　　　　　　　　　　　　　　　（无色)

【仪器、试剂和材料】

1. 仪器

电子天平、组织捣碎机(或研钵)、微量滴定管、容量瓶、吸量管、锥形瓶、漏斗。

2. 试剂

(1) 1%草酸溶液:取草酸 5 g,溶于蒸馏水并定容至 500 mL。

(2) 2%草酸溶液:取草酸 10 g,溶于蒸馏水并定容至 500 mL。

(3) 0.1 mg/mL 抗坏血酸标准溶液:取 25 mg 纯抗坏血酸,用 1%草酸溶液溶解并定容至 250 mL(临用前配制,储存于棕色瓶内)。

(4) 0.05%2,6-二氯酚靛酚溶液:250 mg 2,6-二氯酚靛酚溶于 150 mL 含 52 mg Na_2CO_3 (AR)的热水中,冷却后用蒸馏水稀释至 500 mL,滤去不溶物,棕色瓶中 4 ℃保存。使用前以抗坏血酸标准溶液标定。

3. 材料

新鲜水果或蔬菜。

【实验步骤】

1. 抗坏血酸的提取

取新鲜水果或蔬菜 50 g,加入 50 mL 2%草酸溶液,用组织捣碎机打成匀浆(或用研钵研磨成匀浆)。过滤得滤液,滤渣用少量 2%草酸溶液洗几次,合并滤液,记录滤液体积。

2. 2,6-二氯酚靛酚溶液的标定

移取 4.0 mL 抗坏血酸标准溶液于 100 mL 锥形瓶中,加 16 mL 1％草酸溶液,用 2,6-二氯酚靛酚滴定至淡红色(15 s 内不褪色即为终点)。记录所用 2,6-二氯酚靛酚溶液的体积,计算出 1 mL 2,6-二氯酚靛酚溶液所能氧化抗坏血酸的量。

3. 样品滴定

准确移取样品提取液两份,每份 20 mL,分别放入两个 100 mL 锥形瓶中,滴定方法同上,另取 20 mL 1％草酸溶液作空白对照滴定。

4. 计算

$$样品中维生素 C 含量(mg/(100\ g)) = \frac{(V_1 - V_2) \times V \times m' \times 100}{V_3 \times m}$$

式中:V 为样品提取液的总体积,mL;V_1 为滴定样品所消耗的 2,6-二氯酚靛酚溶液的体积,mL;V_2 为滴定空白对照所消耗的 2,6-二氯酚靛酚溶液的体积,mL;V_3 为滴定时所取用样品提取液的体积,mL;m' 为 1 mL 2,6-二氯酚靛酚溶液所能氧化抗坏血酸的量,mg;m 为待测样品的质量,g。

【思考题】

用该法测定抗坏血酸有什么不足之处?

Ⅱ　铜离子氧化法测定维生素 C 的含量

【实验目的】

学习、掌握铜离子氧化法测定维生素 C 的原理和方法。

【实验原理】

维生素 C 的分子结构中具有共轭双键,在稀酸溶液中于 243 nm 波长处有最大吸收峰,在中性或碱性条件下最大吸收波长红移至 265 nm 处。但一般的蔬菜水果成分比较复杂,具有比较强烈的背景吸收而不适合用紫外吸收法测定其维生素 C 含量。利用铜离子消除背景差异,可以直接测定样品中维生素 C 的含量。

【仪器、试剂和材料】

1. 仪器

紫外分光光度计、水浴锅、高速离心机、组织捣碎机、量筒、试管、容量瓶。

2. 试剂

(1) 维生素 C 标准储备液:取 0.6 g 维生素 C,用蒸馏水溶解后定容至 500 mL,4 ℃冰箱中保存。

(2) $CuSO_4$ 溶液(Cu^{2+} 浓度为 1 mg/mL):取 $CuSO_4 \cdot 5H_2O$ 156.25 mg,用蒸馏水溶解并定容至 100 mL。

(3) 1 mol/L 醋酸溶液。

(4) 1 mol/L 醋酸钠溶液。

(5) 5×10^{-4} mol/L EDTA 溶液。

(6) Cu^{2+} 溶液:取上述 $CuSO_4$ 溶液 5 mL,加入 1 mol/L 醋酸溶液 7 mL 及 1 mol/L 醋酸钠溶液 200 mL 后,用蒸馏水定容至 1 L。

(7) Cu-EDTA 溶液:将上述 Cu^{2+} 溶液与 5×10^{-4} mol/L EDTA 溶液以体积比 4:1 混合(现用现配)。

3. 材料

新鲜水果或蔬菜。

【实验步骤】

1. 制作标准曲线

将维生素 C 标准储备液稀释 10 倍成维生素 C 标准工作液,取 6 支试管按表 7-3 操作。

表 7-3 铜离子氧化法测定维生素 C 含量

试　管　号	1	2	3	4	5	6
维生素 C 标准工作液体积/mL	0	0.1	0.2	0.3	0.4	0.5
蒸馏水体积/mL	1	0.9	0.8	0.7	0.6	0.5
Cu-EDTA 溶液体积/mL	5	5	5	5	5	5
维生素 C 浓度/(μg/mL)	0	1.2	2.4	3.6	4.8	6
A_{265}						

2. 样品制备

取 100 g 新鲜水果或蔬菜,加 50 mL 蒸馏水,用组织捣碎机捣碎,于 10 000 r/min 离心 10 min,上清液稀释 10~20 倍成样品溶液备用。取 1 mL 样品溶液加入 5 mL Cu-EDTA 溶液,混匀,于 265 nm 波长处测定吸光度值,即为 A_1;另取 1 mL 样品溶液,加入 Cu^{2+} 溶液 4 mL,50 ℃水浴 15 min 后,加入 EDTA 溶液 1 mL,混匀,于 265 nm 波长处测定吸光度值,即为 A_2。

3. 计算

$$样品中维生素 C 含量(\mu g/(100\ g)) = \frac{6\times f\times(A_1-A_2)}{K}$$

式中:6 为 Cu-EDTA 溶液稀释的倍数;K 为标准曲线斜率;f 为稀释倍数。

【思考题】

维生素 C 具有什么样的结构和性质?为什么 50 ℃下加热 15 min 能够破坏维生素 C?

Ⅲ　磷钼酸法测定维生素 C 的含量

【实验目的】

掌握磷钼酸法测定维生素 C 的原理和方法。

【实验原理】

在有硫酸及偏磷酸根离子存在的条件下,钼酸铵能与维生素 C 反应生成蓝色配合物,在维生素 C 的浓度不太高的条件下（低于 250 $\mu g/mL$），生成物的吸光度与维生素 C 的浓度呈直线关系。该反应迅速、操作简便，因此可以用该方法测定水果蔬菜中维生素 C 的含量。

$$O=C-C=C-CH-CH-CH_2OH \ +(NH_4)_6Mo_7O_{24}\cdot4H_2O \xrightarrow{H_2PO_3^-、H_2SO_4} 蓝色配合物$$
$$\underset{OH\ OH\quad OH}{\qquad}$$

还原型维生素C

【仪器、试剂和材料】

1. 仪器

分光光度计、水浴锅、低速离心机、组织捣碎机、试管。

2. 试剂

（1）5％钼酸铵溶液：取 5 g 钼酸铵，加蒸馏水定容至 100 mL。

（2）草酸-EDTA 溶液：称取草酸 6.3 g 和 Na_2EDTA 0.75 g，用蒸馏水溶解后定容至 1 000 mL。

（3）醋酸溶液：5 份蒸馏水加 1 份冰醋酸。

（4）硫酸溶液：19 份蒸馏水加 1 份硫酸。

（5）偏磷酸-醋酸溶液：取偏磷酸粉末 3 g，加入醋酸溶液 48 mL，溶解后定容至100 mL，过滤，于冰箱中保存 3 天。

（6）维生素 C 标准溶液：取维生素 C 25 mg，加蒸馏水溶解后加适量草酸-EDTA 溶液，用蒸馏水稀释至 100 mL，于冰箱中保存备用。

（7）蒸馏水。

3. 材料

新鲜蔬菜或水果。

【实验步骤】

1. 制作标准曲线

取 9 支试管，按表 7-4 操作，然后于 30 ℃水浴 15 min 后，在 760 nm 波长处测定吸光度。以维生素 C 质量（μg）为横坐标，吸光度值为纵坐标，绘制标准曲线。

表 7-4　磷钼酸法测定维生素 C 含量

试　管　号	0	1	2	3	4	5	6	7	8
维生素 C 标准溶液体积/mL	0	0.1	0.2	0.3	0.4	0.5	0.6	0.8	1.0
蒸馏水体积/mL	1.0	0.9	0.8	0.7	0.6	0.5	0.4	0.2	0
草酸-EDTA 溶液体积/mL	2.0	2.0	2.0	2.0	2.0	2.0	2.0	2.0	2.0
偏磷酸-醋酸溶液体积/mL	0.5	0.5	0.5	0.5	0.5	0.5	0.5	0.5	0.5
硫酸溶液体积/mL	1.0	1.0	1.0	1.0	1.0	1.0	1.0	1.0	1.0
5％钼酸铵溶液体积/mL	2.0	2.0	2.0	2.0	2.0	2.0	2.0	2.0	2.0
维生素 C 质量/μg	0	25	50	75	100	125	150	200	250
A_{760}									

2. 样品测定

称取新鲜蔬菜或水果 100 g,加入草酸-EDTA 溶液 50 mL,组织捣碎机中匀浆 5 min,3 500 r/min离心 5 min,将上清液定容至 100 mL,为样品液备用。取上述样品液 1 mL,加草酸-EDTA 溶液 2.0 mL、偏磷酸-醋酸溶液 0.5 mL、硫酸溶液 1.0 mL、5％钼酸铵溶液 2.0 mL,于 760 nm 波长处测吸光度值,通过标准曲线查得维生素 C 质量,记为 $m_1(\mu g)$。

3. 计算

$$100 \text{ g 样品中维生素 C 的质量}(\mu g) = \frac{m_1 \times V_1}{V_2}$$

式中:V_1 为稀释液总体积;V_2 为测量时取样体积。

【思考题】

草酸-EDTA 溶液在实验中起什么作用?

实验 36　辅酶 Q_{10} 的制备和检测

【实验目的】

学习辅酶 Q_{10} 的制备方法。

【实验原理】

辅酶 Q_{10} (Coenzyme Q_{10})是辅酶 Q 类的重要成员之一。辅酶 Q 类广泛存在于生物界,故又名"泛醌"。它们与线粒体内膜相结合,是呼吸链中重要的递氢体,广泛参与体内生物代谢过程,对多种酶有激活作用,是细胞代谢和细胞呼吸激活剂;还可作为重要的抗氧化剂和免疫增强剂。其结构式为

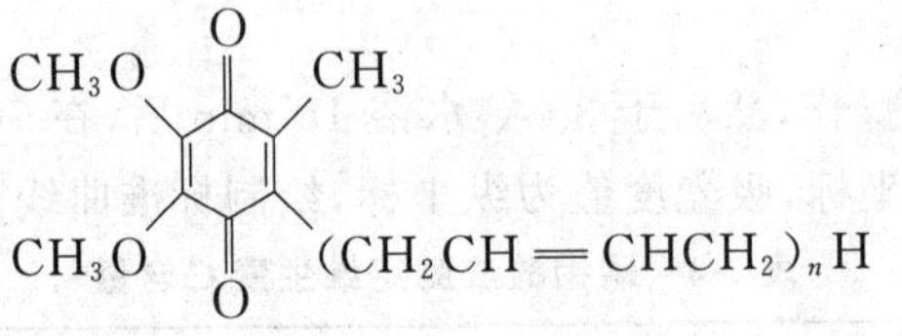

$$CH_3O \quad O \quad CH_3$$
$$CH_3O \quad O \quad (CH_2CH = CHCH_2)_n H$$

不同生物的 n 值不同,范围为 6~10,人体的 n 值为 10,故名 CoQ_{10}。CoQ_{10} 的制备在我国采用生物提取法,常用动物的心、肝等脏器来提取。提取的方法有醇碱皂化法、溶液法和溶剂皂化法等。皂化法因具有成品含杂质较少,易于纯化的特点,故便于推广;缺点是原料彻底被破坏,不能综合利用,其碱性对环境也有污染。

【仪器、试剂和材料】

1. 仪器

圆底烧瓶(250 mL、500 mL)、恒温水浴锅、球形回流管、研钵、色谱柱、分液漏斗(125 mL、500 mL)、组织捣碎机、铁架台带铁圈及蝴蝶夹、旋转蒸发仪、烘箱、碘蒸气缸、离心机、角匙、玻璃板(5.5 cm×12 cm)、毛细点样管、吹风机、具塞试管、722 型分光光度计、剪刀、天平。

2. 试剂

焦性没食子酸、氢氧化钠、95％乙醇溶液、异辛烷、无水乙醇、色谱用硅胶、蒸馏水、薄层色谱用硅胶 G、石油醚、氰基乙酸乙酯、辅酶 Q_{10} 标准品、0.5％氢氧化钾-乙醇溶液、乙醚、碘。

3. 材料

新鲜猪心(或新鲜冰冻猪心)、脱脂棉。

【实验步骤】

1. 皂化

将新鲜猪心剪去心冠脂肪和结缔组织,取心脏肌肉 100 g,剪碎后加入 50 mL 蒸馏水,用组织捣碎机匀浆后转入 500 mL 圆底烧瓶中,再加入 14 g 焦性没食子酸和 13 g 氢氧化钠,最后加入 130 mL 95％乙醇溶液,接上回流管后在沸水浴中加热回流 20 min,回流结束后冷却至室温。

2. 萃取

将皂化液用玻璃棉过滤,将滤液转入分液漏斗中,加入 40 mL 石油醚萃取(注意不要剧烈摇动,以防乳化)。静置分层后,从漏斗下口放出石油醚于 125 mL 分液漏斗中(一定保证无皂液混入)。如此反复萃取 3 次。合并萃取液于 125 mL 分液漏斗中,反复用水洗至中性,在水洗的过程中切勿剧烈振荡致使乳化而不分层。

3. 浓缩

将萃取液置于 250 mL 圆底烧瓶中,用旋转蒸发仪进行浓缩,水浴温度为 55～60 ℃。待萃取液浓缩至 3 mL 左右即停止。将浓缩液放于－5 ℃冰箱内 2 h(或过夜)后,离心去除沉淀物。

4. 色谱纯化

取约 10 g 薄层色谱用硅胶,加入 15～20 mL 异辛烷,混合后用小漏斗装柱,然后用 10 mL 异辛烷过柱,稳定柱床。用滴管小心将浓缩液上柱后以 20 mL 异辛烷洗涤,再用含 20％乙醚的异辛烷洗脱,用小试管收集洗脱液,每管 3 mL 左右。对各管进行薄层层析鉴定。

5. 薄层层析鉴定

称取薄层色谱用硅胶 G 2 g,置于研钵中,加 5 mL 水研磨片刻,迅速用角匙均匀平铺于预先洗净烘干的玻璃板(5.5 cm×12 cm)上,1 h 后轻轻移入烘箱内于 105 ℃活化 1 h。将上述各管收集液分别在离玻璃板的 5.5 cm 宽的边缘 1.5 cm 处点样,并以标准 CoQ_{10} 为对照。点样量为 10～15 μL,用乙醚-异辛烷(体积比 2∶8)作展层剂进行展层。展层剂润湿至离上缘 2 cm 处时取出风干,用吹风机吹干残余溶剂。以饱和碘蒸气显色 30 min,画出色谱图,并计算 R_f 值。

6. 结晶

以旋转蒸发仪对薄层层析鉴定后的溶液减压浓缩,水浴温度不超过 60 ℃,直至蒸干。趁热以数滴无水乙醇将油状物移至小试管中,放入普通冰箱内静置过夜结晶。

7. 检测

CoQ_{10} 有多种鉴定和定量测定的方法,如熔点法、紫外吸收法(275 nm)、红外及核磁共振法等。在本实验中用薄层层析法作定性鉴定,用氰基乙酸乙酯法作定量测定。

(1) 薄层层析鉴定(见前面步骤 5)。

(2) 氰基乙酸乙酯测定:氰基乙酸乙酯在碱性条件下取代了 CoQ_{10} 分子上的甲氧基,形成蓝色化合物。测定时准确吸取 CoQ_{10} 标准品或样品的无水乙醇溶液(1 mg/mL)0.5 mL 于具塞试管内,各加无水乙醇 3.3 mL,再加氰基乙酸乙酯和 0.5％氢氧化钾-乙醇溶液各 1 mL,盖紧塞子,摇匀,放于室温条件下的暗处 35 min 后,在 620 nm 波长处按照表 7-5 条件测量吸光度,然后计算样品中 CoQ_{10} 的含量。

表 7-5　CoQ_{10} 含量测定试剂用量

试剂	测定液 体积/mL	无水乙醇 体积/mL	氰基乙酸乙 酯体积/mL	0.5％氢氧化钾- 乙醇溶液体积/mL	A_{620}
标准品	0.5	3.5	1	1	
样品	0.5	3.5	1	1	
空白	0	4	1	1	

【思考题】

材料为什么要选用新鲜猪心?

【附注】

(1) 在皂化过程中振荡不要剧烈,以免形成乳化层。

(2) 注意薄层层析展层时不要让展层剂没过点样点。

实验 37　分离层析仪分离核黄素和血红蛋白

【实验目的】

掌握凝胶层析的基本原理,熟悉分离层析的过程,掌握分离层析仪的使用方法。

【实验原理】

凝胶层析是利用凝胶将分子大小不同的物质进行分离的方法,又称分子筛层析。凝胶颗粒内部的网状结构具有分子筛作用,当分子大小不同的物质通过凝胶时,分子大小不同的溶质就会受到不同的阻滞作用。本实验用葡聚糖凝胶作支持物,用核黄素(黄色,相对分子质量为267)和血红蛋白(红色,相对分子质量为 67 000)混合物作样品,在层析时,血红蛋白相对分子质量大,不能进入凝胶颗粒内部,而从凝胶颗粒间隙流下,所受阻力小,移动速度快,先流出层析柱;核黄素相对分子质量小,可进入凝胶颗粒内部,洗脱流程长,因而所受阻力大,移动速度慢,后流出层析柱,这样就可达到分离核黄素和血红蛋白的目的。

分离层析仪主要由层析柱、恒流泵、检测仪、记录仪(或电脑采集器,用于连接电脑)、收集器组成。

【仪器、试剂和材料】

1. 仪器

电炉、分离层析仪、烧杯、吸量管、量筒、试管、滴管、细玻璃棒。

2. 试剂

葡聚糖凝胶(Sephadex G-25 或 Sephadex G-50)、0.2 mol/L 氯化钠溶液。

3. 材料

核黄素饱和水溶液、血红蛋白溶液(20 mg/mL)、核黄素饱和水溶液和血红蛋白溶液(按1:1体积比)混合液。

【实验步骤】

1. 凝胶的溶胀

称取 Sephadex G-25 或 Sephadex G-50 3 g,加 0.2 mol/L 氯化钠溶液 50 mL,置于沸水浴中溶胀 2 h,并用 0.2 mol/L 氯化钠溶液进行漂洗,去除漂浮的细小颗粒。

2. 装柱

层析柱有不同的规格。内径 1 cm 以下的层析柱易发生管壁效应(柱中央部分的组分移动较快,管壁周围的组分移动较慢),使分离混乱。一般柱越长,分离效果越好,但是柱过长易造成样品稀释,层析时间也延长,反而影响分离效果。本实验选用内径 1~1.5 cm、长 25~30 cm 的层析柱为宜。层析柱底部有砂板,可阻止凝胶颗粒流出,但缓冲液可以流过。

先将层析柱在支架上固定好,关闭层析柱下端出口,把上端的密封盖拧开,用细玻璃棒将准备好的凝胶搅成悬液,顺玻璃棒缓缓倒入层析柱中。当凝胶颗粒沉积约 2 cm 高时,打开出口,使缓冲液缓缓流出,同时继续倒入凝胶悬液,使其与缓冲液流出速度大体相同,直至凝胶床表面距柱口 2 cm 时为止。关闭层析柱出口,要求凝胶床均匀,中间连续,不得有气泡或断纹,表面平整。如凝胶床表面不平整,可用细玻璃棒轻轻将凝胶床上部颗粒搅起,待其自然下沉,即可使表面平整。凝胶床表面要保留 1 cm 高的缓冲液。

3. 分离层析仪的安装调试

(1) 将分离层析仪系统的各部分管路按以下流程连接:缓冲液容器→恒流泵→层析柱进口→层析柱出口→检测仪进口→检测仪出口→计滴器→收集器。将记录仪的信号连接线连接至对应接线柱(注意不要把正、负极接反)。

(2) 收集器调试:将"手动/自动"键置于手动状态,"顺/逆"键置于"顺"的状态,按"手动"键,使试管架转至顶点(此时会报警),然后再将"顺/逆"键置于"逆"的状态,使滴管口在第一根试管的上方,调整滴管口高低、对准中心位置且固定牢。每管的收集时间设为 2 min。

(3) 恒流泵调试:接通恒流泵电源,调节到合适的流速(0.5 mL/min),使缓冲液流过检测仪样品池,并保证整个系统不出现气泡(如有气泡可按下恒流泵的"排气"按钮将气泡快速排出)。

(4) 检测仪及记录仪调试:检测仪需先开启预热约 1 h,待仪器稳定后再进行调试,选择检测仪波长为 254 nm,将"灵敏度"选择为"T"挡,调节"T"旋钮至"100"(此时透光度为 100%,记录仪指示在 10 mV 满刻度)。再将"灵敏度"选择为"0.5 A"挡("0.5 A"为常用挡,也可选择其他挡,视样品出峰大小而定)。调节"A 调零"旋钮,使吸光度为零(此时吸光度为零,记录仪指示在 0 刻度上)。若有差异,可微调记录仪"调零"旋钮。

(5) 注意事项:不同厂家不同型号的分离层析仪可能有差别,安装调试时应参照仪器使用说明书。调试过程中要仔细观察,确保整个系统无气泡及漏液情况。

4. 加样

分离层析仪各部分调试完毕,并且检测仪预热稳定后,可以进行加样。拧开层析柱上端的密封盖,开启恒流泵,使缓冲液缓缓流出,当液面与凝胶床表面平齐时,关闭恒流泵。用吸管吸取待分离的核黄素和血红蛋白混合液 0.5 mL,在接近凝胶床表面处沿层析柱内壁缓缓加入。打开恒流泵,使样品溶液进入柱床,液面接近凝胶床表面时再关闭恒流泵。然后用滴管沿层析柱内壁加入缓冲液约 1 cm 高,再把密封盖盖上拧紧。

5. 洗脱

打开恒流泵,开始进行层析。随着层析的进行,凝胶床将出现两条明显的区带,血红蛋白区带在下,核黄素区带在上。当血红蛋白区带即将流出层析柱时,开启记录仪,同时将收集器的滴管口移至第一根试管的上方中心位置并固定,将收集方式转换成自动状态,收集器开始定时分管自动收集。直到核黄素区带全部流出,流出液变为无色,洗脱曲线回到基线为止。

6. 结果分析

观察收集管中洗脱液的颜色变化,根据记录仪绘制的 A-t 洗脱曲线,分析实验结果并说明原因。

【思考题】

(1) 如果选用的层析柱过短或加样量过多,对实验结果会有什么影响?

(2) 制备凝胶柱时有哪些注意事项?

【附注】

实验结束后,必须马上对系统进行清洗(将样品池进口接入恒流泵,用蒸馏水清洗 10 min 以上),不然会污染样品池和层析柱,再次使用时会影响检测数据的准确性,严重时会造成系统不能正常工作,尤其会对检测仪的样品池造成永久性的污染,这就必须更换样品池才能正常工作。清洗结束后关闭电源。

第8章 生物能学和物质代谢

实验38 丙酮酸含量的测定(分光光度法)

【实验目的】

掌握植物组织中丙酮酸含量测定的原理和方法。

【实验原理】

植物样品组织液用三氯乙酸去除蛋白质后,其中所含的丙酮酸可与2,4-二硝基苯肼作用,生成丙酮酸-2,4-二硝基苯腙,后者在碱性溶液中呈樱红色,其颜色深度可用分光光度计测定。与已知丙酮酸标准曲线进行比较,即可求得样品中丙酮酸的含量。

【仪器、试剂和材料】

1. 仪器

分光光度计、研钵、具塞刻度试管(20 mL)、容量瓶(100 mL)、吸量管(1 mL、5 mL)、量筒(10 mL)、药物天平、离心机、剪刀。

2. 试剂

8%三氯乙酸溶液、1.5 mol/L NaOH 溶液、0.1% 2,4-二硝基苯肼溶液(用2 mol/L 盐酸配制)、丙酮酸钠。

3. 材料

石英砂,大蒜、大葱或洋葱。

【实验步骤】

(1) 丙酮酸标准曲线的制作:称取丙酮酸钠7.5 mg 于烧杯中,用8%三氯乙酸溶液溶解后转移至100 mL 容量瓶,并用8%三氯乙酸溶液定容,此溶液为60 μg/mL 的丙酮酸原液。取6支试管,按表8-1数据配制不同浓度的丙酮酸标准溶液。

表8-1 不同浓度丙酮酸标准溶液的配制

试 管 号	1	2	3	4	5	6
丙酮酸原液体积/mL	0	0.6	1.2	1.8	2.4	3.0
8%三氯乙酸溶液体积/mL	3.0	2.4	1.8	1.2	0.6	0
丙酮酸浓度/(μg/mL)	0	12	24	36	48	60

在上述各管中分别加入1.0 mL 0.1% 2,4-二硝基苯肼溶液,摇匀,再加入5 mL 1.5 mol/L NaOH 溶液,摇匀显色,在520 nm 波长下比色,绘制标准曲线。

(2) 植物样品组织液的提取:称取植物样品(大蒜、大葱或洋葱)5 g,于研钵中加少许石英砂及少量 8% 三氯乙酸溶液,仔细研成匀浆,再用 8% 三氯乙酸溶液洗后转移至 100 mL 容量瓶(砂则留在研钵中),定容,塞紧瓶塞,振荡混匀,取约 10 mL 匀浆液离心(4 000 r/min)10 min,上清液备用。

(3) 组织液中丙酮酸的测定:取 3 mL 上清液于一刻度试管中,加 1.0 mL 0.1% 2,4-二硝基苯肼溶液,摇匀,再加 5 mL 1.5 mol/L NaOH 溶液,摇匀显色,在 520 nm 波长下比色,记录吸光度值,在标准曲线上查得溶液中丙酮酸的含量。

$$样品中丙酮酸含量(mg/g(鲜重)) = \frac{A \times f}{m \times 1\,000}$$

式中:A 为在标准曲线上查得的丙酮酸质量,μg;f 为稀释倍数;m 为样品质量,g。

【思考题】

测定丙酮酸含量的基本原理是什么?

实验 39 发酵过程中无机磷的利用

【实验目的】

了解 ATP 生物合成的意义,掌握无机磷的测定方法。

【实验原理】

在适当条件下,酿酒酵母分解发酵液中的葡萄糖,释放出能量。同时还利用无机磷,使 AMP 转变成 ATP,一部分能量即储存于 ATP 分子中。因此,在发酵过程中,可测得发酵液中的无机磷含量降低和 ATP 含量上升。

【仪器、试剂和材料】

1. 仪器

量筒(50 mL、100 mL)、烧杯(200 mL)、吸量管(0.50 mL、1.0 mL、5.0 mL、10.0 mL)、电子天平、水浴锅、离心机、722 型分光光度计、水平板、水平仪、紫外分析仪(254 nm)、玻璃片(4 cm×15 cm)、电动搅拌器、微量点样管、吹风机。

2. 试剂

(1) 2% 三氯乙酸溶液(取 2 g 三氯乙酸,溶于 100 mL 蒸馏水)、过氯酸溶液(取 0.8 mL 过氯酸,加蒸馏水 8.4 mL)、钼酸铵溶液(取钼酸铵 20.8 g,溶于蒸馏水并稀释至 200 mL)、ATP 溶液(称取 ATP 晶体或粉末 50 mg,溶于 5.0 mL 蒸馏水,临用时配制)、6 mol/L KOH 溶液、DEAE 纤维素(层析用)。

(2) 阿米酚试剂:取阿米酚(amidol,二氢氯化-2,4-二氨基苯酚)2 g,与亚硫酸氢钠(NaHSO₃)40 g 共同研磨,加蒸馏水 200 mL,过滤,贮于棕色瓶内备用。

(3) 0.05 mol/L 柠檬酸钠缓冲液(pH=3.5):称取柠檬酸 12.20 g、柠檬酸钠 6.70 g,溶于蒸馏水,稀释至 2 000 mL。

(4) KH₂PO₄ 固体、K₂HPO₄ 固体、MgCl₂ 固体、葡萄糖。

3. 材料

酿酒酵母(将新鲜酿酒酵母悬浮于蒸馏水中,离心,弃去上清液。如此用蒸馏水洗涤酵母数次,最后将洗净的酵母沉淀冷冻保存)、AMP 粗制品(用纸电泳法测得 AMP 含量)。

【实验步骤】

1. 发酵

将 1 g KH_2PO_4 及 5.8 g K_2HPO_4 溶于 30 mL 蒸馏水。另将 1 g 100% AMP(按实际含量折算)溶于少量蒸馏水,倾入上述溶液内,用 6 mol/L KOH 溶液调至 pH =6.5,加热至 37 ℃。

取酵母 50 g,用 90 mL 蒸馏水稀释,加热至 37 ℃,倒入上述溶液中,加 $MgCl_2$ 0.16 g 及葡萄糖 5 g,再加蒸馏水至 160 mL,混匀,立即取样 1.0 mL,分别测无机磷及 ATP 含量。此时测得的磷称为初磷,薄板层析图谱上只有 AMP 斑点,无 ATP 斑点。

每隔 30 min 取样测定,至明显看出无机磷及 AMP 含量下降、ATP 含量上升即可(1.5~2 h)。

2. 发酵液样品处理

将所取 1.0 mL 样液置于离心管中,立即加入 2% 三氯乙酸溶液 4.6 mL,摇匀,离心(3 000 r/min)10 min。上清液用以测定无机磷及 ATP 含量。

3. 无机磷测定

吸取上清液 0.3 mL,置于试管内,加过氯酸溶液 8.2 mL、阿米酚试剂 0.8 mL、钼酸铵溶液 0.4 mL,混匀,10 min 后比色测定 A_{650}。

本实验不测无机磷的绝对量,故不作标准曲线。A_{650} 数值降低即表示无机磷下降。一般情况下,当 A_{650} 下降至比初磷 A_{650} 小 0.2 单位时,发酵液中即有较多的 ATP。

4. DEAE 纤维素薄板层析测 ATP 的形成

方法见 DEAE 纤维素薄板层析测定核苷酸,同时用 ATP 溶液作对照。

【思考题】

(1) 本实验是否要作无机磷的标准曲线?

(2) DEAE 纤维素如长期不用,需如何保存?

实验 40　肌糖原酵解作用

【实验目的】

学习检定糖酵解作用的原理和方法,了解糖酵解作用在糖代谢过程中的地位及生理意义。

【实验原理】

肌糖原的酵解作用,即肌糖原在缺氧的条件下,经过一系列的酶促反应最后转变成乳酸的过程。肌肉组织中的肌糖原首先与磷酸化合,经过己糖磷酸酯、丙糖磷酸酯、丙酮酸等一系列中间产物,最后生成乳酸。

肌糖原的酵解作用是糖类供给组织能量的一种方式。当机体突然需要大量的能量,而又供氧不足(如剧烈运动)时,糖原的酵解作用暂时满足能量消耗的需要。一般用肌肉糜或肌肉提取液作为糖原酵解实验的材料。用肌肉糜时,实验必须在无氧条件下进行;用肌肉提取液时,则可在有氧条件下进行。因为催化酵解作用的酶全部存在于肌肉提取液中,而三羧酸循环和呼吸链的酶系统则集中在线粒体中。糖原可用淀粉代替。本实验可用乳酸的生成来检查糖原或淀粉的酵解作用。但糖类和蛋白质会干扰乳酸的测定。在除去蛋白质与糖原后,乳酸可与硫酸共热产生乙醛,后者再与对羟基联苯反应产生紫红色物质,根据颜色的显现而加以鉴定。该法比较灵敏,每毫升溶液含 $1\sim5\ \mu g$ 乳酸即产生明显的颜色反应,若有大量糖类和蛋白质等杂质存在,则严重干扰测定结果,因此,实验中应尽量除净这些物质。另外,测定时所用的仪器应严格洗涤干净。

【仪器、试剂和材料】

1. 仪器

试管及试管架、吸量管(5 mL、2 mL、1 mL、0.5 mL)、滴管、玻璃棒、恒温水浴锅、天平、剪刀、镊子、漏斗、冰浴装置、滤纸等。

2. 试剂

(1) 0.5%糖原或淀粉溶液、15%偏磷酸溶液、液体石蜡、氢氧化钙粉末、浓硫酸、饱和硫酸铜溶液。

(2) 1/15 mol/L 磷酸缓冲液(pH=7.4)。A 液(1/15 mol/L 磷酸二氢钾溶液):取9.078 g KH_2PO_4,溶解并定容至 1 000 mL。B 液(1/15 mol/L 磷酸氢二钠溶液):取 11.876 g $Na_2HPO_4 \cdot 2H_2O$,溶解并定容至1 000 mL。A 液与 B 液按体积比1:4 混合。

(3) 1.5%对羟基联苯试剂:取对羟基联苯 1.5 g,溶于 100 mL 0.5% NaOH 溶液。

3. 材料

鸡。

【实验步骤】

1. 肌肉糜的制备

鸡放血后,立即取腿部或胸部肌肉,在低温条件下用剪刀剪碎制成肌肉糜。

2. 肌肉糜的糖酵解

(1) 取 4 支已编号的试管。各加入 3 mL pH=7.4 的磷酸缓冲液和 1 mL 0.5%淀粉溶液。1、2 号管为实验管,3、4 号管为对照管。向对照管内加入 15%偏磷酸溶液 2 mL,以沉淀蛋白质和终止酶的反应。然后向每支试管内加入新鲜的肌肉糜 0.5 g,用玻璃棒将肌肉碎块打散,搅匀,再分别加入 1 mL 液体石蜡,以隔绝空气。将 4 支试管同时放入 37 ℃恒温水浴锅中保温。

(2) 1~1.5 h 后取出试管,立即向试管内加入 15%偏磷酸溶液 2 mL 并混匀。将各试管内容物分别过滤或 3 000 r/min 离心,弃去沉淀。量取每个样品的滤液 4 mL,分别加入已编号的试管中,然后每管内加入饱和硫酸铜溶液 1 mL,混匀,再加入 0.4 g 氢氧化钙粉末,塞上橡皮塞用力振荡。皮肤上有乳酸,勿与手指接触。放置 30 min,并不时振荡,使糖沉淀完全。将每个样品分别过滤或 3 000 r/min 离心,弃去沉淀。

3. 乳酸的测定

取 4 支洁净、干燥的试管,编号。各加入 1.5 mL 浓硫酸和 2~4 滴 1.5%对羟基联苯试剂,混匀后放入冰浴装置中冷却。将每个样品的滤液 0.25 mL 逐滴加入已冷却的上述混合液中,边加边摇动冰浴中的试管,注意冷却。将各试管混合均匀,放入沸腾的水浴中,待显色后即取出,比较和记录各管溶液的颜色深浅,并加以解释。

【思考题】

本实验在 37 ℃ 保温前是否可以不加液体石蜡?为什么?

实验 41　糖酵解中间产物的鉴定

【实验目的】

了解糖酵解过程的某一中间步骤及利用抑制剂来研究中间代谢的方法。

【实验原理】

利用碘乙酸对糖酵解过程中 3-磷酸甘油醛脱氢酶的抑制作用,使 3-磷酸甘油醛不再继续反应而积累。硫酸肼作为稳定剂,用来保护 3-磷酸甘油醛使其不自发分解。然后用 2,4-二硝基苯肼与 3-磷酸甘油醛在碱性条件下形成 2,4-二硝基苯肼-丙糖的棕色复合物,其棕色程度与 3-磷酸甘油醛的含量成正比。

【仪器、试剂和材料】

1. 仪器

试管(1.5 cm×15 cm)、吸量管(1 mL、2 mL、10 mL)、恒温水浴锅、烧杯(50 mL)、漏斗、滤纸、发酵管。

2. 试剂

(1) 2,4-二硝基苯肼溶液:取 0.1 g 2,4-二硝基苯肼,溶于 100 mL 2 mol/L 盐酸中,贮于棕色瓶中备用。

(2) 0.56 mol/L 硫酸肼溶液:称取 7.28 g 硫酸肼,溶于 50 mL 水中,这时不会全部溶解,当加入 NaOH 使 pH 达 7.4 时则完全溶解。此液也可用于水合肼溶液的配制,可按其分子浓度稀释至 0.56 mol/L,此时溶液呈碱性,可用浓硫酸调 pH 至 7.4 即可。

(3) 5%葡萄糖溶液、10%三氯乙酸溶液、0.75 mol/L NaOH 溶液、0.002 mol/L 碘乙酸溶液。

3. 材料

新鲜酵母。

【实验步骤】

(1) 取小烧杯 3 个,分别加入新鲜酵母 0.3 g,并按表 8-2 分别加入各试剂,混匀。

表 8-2　初始试剂加入量

烧杯号	5%葡萄糖溶液体积/mL	10%三氯乙酸溶液体积/mL	0.002 mol/L 碘乙酸溶液体积/mL	0.56 mol/L 硫酸肼溶液体积/mL	发酵时起泡多少
1	10	2	1	1	
2	10	0	1	1	
3	10	0	0	0	

（2）将各杯混合物分别倒入编号相同的发酵管内，于 37 ℃ 保温 1.5 h，观察发酵管产生气泡的量有何不同。

（3）把发酵管中发酵液倒入同号小烧杯中，并在 2 号和 3 号烧杯中按表 8-3 补加各试剂，摇匀，放 10 min 后和 1 号烧杯中内容物一起分别过滤，取滤液进行测定。

表 8-3　试剂补加量

烧杯号	10% 三氯乙酸 溶液体积/mL	0.002 mol/L 碘乙酸 溶液体积/mL	0.56 mol/L 硫酸肼 溶液体积/mL
2	2	0	0
3	2	1	1

（4）取 3 支试管，分别加入上述滤液 0.5 mL，并按表 8-4 加入试剂并处理。

表 8-4　实验结果记录

试管号	滤液体积/mL	0.75 mol/L NaOH 溶液体积/mL	条件1	2,4-二硝基苯肼 溶液体积/mL	条件2	0.75 mol/L NaOH 溶液体积/mL	观察结果
1	0.5	0.5	室温 放置 10 min	0.5	38 ℃ 恒温 水浴 19 min	3.5	
2	0.5	0.5		0.5		3.5	
3	0.5	0.5		0.5		3.5	

【思考题】

实验中哪一支发酵管生成的气泡最多？哪一支管最后生成的颜色最深？为什么？

实验 42　脂肪酸的 β-氧化

【实验目的】

了解脂肪酸的 β-氧化作用；通过测定和计算反应液内丁酸氧化生成丙酮的量，掌握测定 β-氧化作用的原理及方法。

【实验原理】

脂肪酸在一系列酶催化下，先活化为脂酰 CoA，然后在脂酰基 α，β-碳原子上进行脱氢、加水、再脱氢、硫解，在 α 与 β-碳原子之间断裂，每次均生成一个含二碳单位的乙酰 CoA 和较原来少 2 个碳单位的脂肪酸，如此不断重复进行的脂肪酸氧化过程称为脂肪酸的 β-氧化作用。

在肝脏中脂肪酸 β-氧化生成的乙酰 CoA，绝大多数通过 TCA 循环彻底氧化成 CO_2 和 H_2O，一部分转变成乙酰乙酸、β-羟丁酸及丙酮，这三种中间产物统称为酮体（ketonebodies），β-羟丁酸约 70%，乙酰乙酸约 30%，丙酮含量极微。肝脏是生成酮体的器官，但肝脏缺乏利用酮体的酶，因此不能利用酮体。酮体生成后进入血液，输送到肝外组织利用，酮体进一步分解成乙酰 CoA 参加三羧酸循环。

在饥饿期间,酮体是包括脑在内的许多组织的燃料,因此具有重要的生理意义。酮体的重要性在于由于血脑屏障的存在,除葡萄糖和酮体外的物质无法进入脑为脑组织提供能量。饥饿时酮体可占脑能量来源的 25%～75%。酮体过多会导致中毒。要避免酮体过多产生,就必须充分保证糖供给。

本实验采用新鲜肝糜与丁酸反应生成的丙酮在碱性的条件下与碘生成碘仿。

反应式如下:

$$2NaOH + I_2 \longrightarrow NaIO + NaI + H_2O$$
次碘酸钠

$$CH_3COCH_3 + 3NaIO \longrightarrow CHI_3 + CH_3COONa + 2NaOH$$
碘仿

剩余的碘,可用标准硫代硫酸钠溶液滴定。

$$NaIO + NaI + 2HCl \longrightarrow I_2 + 2NaCl + H_2O$$

$$I_2 + 2Na_2S_2O_3 \longrightarrow Na_2S_4O_6 + 2NaI$$
硫代硫酸钠　　　连四硫酸钠

根据滴定样品与滴定对照样所消耗的硫代硫酸钠溶液体积之差,可以计算由丁酸氧化生成丙酮的量。

【仪器、试剂和材料】

1. 仪器

玻璃皿、锥形瓶(50 mL)、试管及试管架、吸量管(5 mL)、漏斗、微量滴定管(5 mL)、剪刀及镊子、托盘天平、恒温水浴锅。

2. 试剂

(1) Locke 氏溶液:取 0.9 g 氯化钠、0.042 g 氯化钾、0.024 g 氯化钙、0.015 g 碳酸氢钠及 0.1 g 葡萄糖,溶于水中,稀释到 100 mL。

(2) 0.1 mol/L 碘溶液:称取 12.7 g 碘和 25 g 碘化钾,溶于水中,稀释到 1 000 mL,混匀,用标准硫代硫酸钠溶液标定。

(3) 0.2 mol/L 丁酸溶液:取 18 mL 正丁酸,用 1 mol/L 氢氧化钠溶液调至 pH 为 7.6,并稀释至 1 000 mL。

(4) 1/15 mol/L 磷酸缓冲液(pH＝7.6)、15% 三氯乙酸溶液、0.1 mol/L 硫代硫酸钠溶液、10% 氢氧化钠溶液、10% 盐酸。

(5) 0.1% 淀粉溶液(现用现配)。

3. 材料

新鲜兔肝。

【实验步骤】

(1) 取家兔一只,处死,迅速放血,取出肝脏,在玻璃皿上剪成碎糜。

(2) 取 50 mL 锥形瓶两个,编号 1、2,各加 6 mL Locke 氏溶液和 4 mL pH＝7.6 的磷酸缓冲液。在 1 号锥形瓶中加入 6 mL 0.2 mol/L 丁酸溶液,2 号锥形瓶作为对照不加丁酸。称取肝组织两份,每份 2 g,剪成碎块,加入 1、2 号锥形瓶中。混匀后,于 37 ℃恒温水浴锅内保温。

(3) 1.5～2 h后,取出 1、2 号锥形瓶,各加入 4 mL 15%三氯乙酸溶液,在 2 号锥形瓶内追加 6 mL 0.2 mol/L 丁酸溶液。混匀,静置 15 min 后过滤,分别吸取 5 mL 滤液,放入另外两个锥形瓶中,各加 5 mL 0.1 mol/L 碘溶液和 5 mL 10%氢氧化钠溶液,摇匀后静置 10 min,各加入 5 mL 10%盐酸中和。然后用 0.1 mol/L 硫代硫酸钠溶液滴定剩余的碘,滴至浅黄色时,加几滴 0.1%淀粉溶液摇匀,并继续滴加直到蓝色消失,表示已达到滴定终点。记录滴定样与对照样所用的硫代硫酸钠溶液的体积。

(4) 数据处理。按下式计算样品中丙酮含量:

$$丙酮含量(mg/g(鲜重)) = (B-A) \times 0.966\,7 \times \frac{20}{5} \div 2$$

式中:B 为测定对照实验所消耗的 0.1 mol/L 硫代硫酸钠溶液的体积,mL;A 为滴定样品所消耗的 0.1 mol/L 硫代硫酸钠溶液的体积,mL;0.9667 为 1 mL 0.1 mol/L 硫代硫酸钠溶液所相当的丙酮的量,mg;20/5 表示 20 mL 样品液中取 5 mL 进行实验;2 为肝脏样品质量,g。

【思考题】

(1) 为什么说做好本实验的关键是制备新鲜的肝糜?

(2) 什么叫做酮体? 为什么正常代谢时产生的酮体量很少?

实验 43　2,6-二氯酚靛酚显色反应测定电子传递

【实验目的】

了解电子在电子传递链中的传递过程,学习活体外实验法研究电子传递链的原理和方法。

【实验原理】

在体内生物氧化过程中,代谢物脱下的氢由 NAD^+ 或 FAD 接受进入电子传递链,再经一系列电子传递体传递,最后与氧结合生成水。

琥珀酸脱氢酶是线粒体的一种标志酶,直接连在电子传递链上,是连接电子传递与氧化磷酸化的枢纽之一。代谢中间产物琥珀酸在线粒体琥珀酸脱氢酶(辅基 FAD)的作用下脱氢生成延胡索酸和还原型辅基 $FADH_2$,2H 中的电子经 $FADH_2 \to Q \to$ 细胞色素($b \to c_1 \to c \to aa_3$)传递给 O_2。

在活体外实验中,组织细胞生物氧化生成的琥珀酸的量,可采用在琥珀酸脱氢时伴有颜色变化的氢受体来研究。本实验以 2,6-二氯酚靛酚(DPI)为氢受体,蓝色的氧化型 DPI 从还原型辅基 $FADH_2$ 接受电子,生成无色的还原型 DPI·2H,蓝色消失,反应过程如下:

$$琥珀酸 + FAD \xrightarrow{\text{琥珀酸脱氢酶}} 延胡索酸 + FADH_2$$

$$DPI(蓝色) + FADH_2 \longrightarrow DPI \cdot 2H(无色) + FAD$$

根据 DPI 的褪色时间,可测知生物氧化过程中各代谢物与琥珀酸之间在代谢途径中的距离。

【仪器、试剂和材料】

1. 仪器

恒温水浴锅、解剖盘、剪刀、研钵、试管、试管架、吸量管、烧杯、漏斗、冰浴装置、电子天平。

2. 试剂

（1）50 mmol/L KH_2PO_4-NaOH 缓冲液（PBS，pH＝7.4）：0.2 mol/L KH_2PO_4 溶液 250 mL 和 0.2 mol/L NaOH 溶液 197.5 mL 混合，加水稀释至 1 000 mL。

（2）1.5 mmol/L 2,6 -二氯酚靛酚（DPI）-PBS 溶液。

（3）90 mmol/L 琥珀酸溶液、90 mmol/L 乳酸溶液、90 mmol/L 葡萄糖溶液、5 mmol/L FAD 溶液、生理盐水、液体石蜡。

3. 材料

新鲜猪心（或其他动物心脏）、纱布、石英砂。

【实验步骤】

（1）称取心肌 3 g，充分剪碎成糜状，置于 250 mL 烧杯中，加冰冷的生理盐水 50 mL，搅拌 1 min，静置后小心倾去水层。同法洗涤 3 次后，以细纱布过滤并轻轻挤压除去液体。将肉糜转移至研钵中，加少量石英砂和 5 mL PBS，在冰浴中研磨至浆状，再加 15 mL PBS，继续研磨抽提 5 min，以双层纱布过滤，滤液（心肌提取液）收集于试管，置于冰浴中备用。

（2）取 6 支试管，编号，按表 8-5 依次加入各种试剂。

表 8-5　各管试剂用量

试 管 号	1	2	3	4	5	6
1.5 mmol/L DPI 溶液体积/mL	0.5	0.5	0.5	0.5	0.5	0.5
90 mmol/L 琥珀酸溶液体积/mL	0.5	0.5	0	0	0	0
90 mmol/L 乳酸溶液体积/mL	0	0	0.5	0.5	0	0
90 mmol/L 葡萄糖溶液体积/mL	0	0	0	0	0.5	0.5
5 mmol/L FAD 溶液体积/mL	0.5	0	0.5	0	0.5	0
PBS 体积/mL	0.5	1.0	0.5	1.0	0.5	1.0

（3）将各试管摇匀后，置于 37 ℃恒温水浴锅中保温 5 min，加入已在 37 ℃预保温 5 min 的心肌提取液各 1 mL，混匀各管内容物后加 5 滴液体石蜡覆盖在液面上，勿再摇动，继续保温。

（4）观察各管溶液颜色变化，记录各管溶液褪色时间，30 min 不褪色者记为不褪色。对实验结果进行分析说明。

【思考题】

（1）制备高酶活力的心肌提取液时应注意哪些事项？

（2）在呼吸链中，NAD^+、FAD、CoQ 及细胞色素类蛋白是如何行使传递氢原子和电子功能的？

实验 44 乳酸脱氢酶的递氢作用

【实验目的】

理解递氢体在生物氧化中的作用,掌握乳酸脱氢酶及其辅酶的作用。

【实验原理】

乳酸脱氢酶(lactate dehydrogenase,LDH)广泛存在于动物、植物及微生物细胞内,可逆地催化乳酸脱氢形成丙酮酸或丙酮酸接受氢生成乳酸,在代谢过程中有重要意义。该酶属于缀合酶,辅酶是 NAD^+,体内反应中生成的 $NADH(H^+)$ 可与其他酶蛋白结合,将氢传给其他递氢体,通过电子传递链被彻底氧化。

本实验以乳酸为底物,用新鲜的动物肌肉的粗提液分别制成酶蛋白部分(用活性炭吸附除去 NAD^+)和辅酶部分(加热破坏酶蛋白),观察两者单独作用及共同作用。为便于观察,用甲烯蓝替代氧作为最终氢受体。乳酸脱氢酶催化乳酸脱下的氢可经 NAD^+、黄素酶传递给甲烯蓝,使之转变为甲烯白。由此可根据溶液蓝色的消褪判断乳酸脱氢反应的发生。

实验中,用 KCN 与丙酮酸反应生成丙酮酸氰醇以防止反应体系中的丙酮酸积累,保证反应朝着乳酸脱氢生成丙酮酸的方向进行。

【仪器、试剂和材料】

1. 仪器

恒温水浴锅、剪刀、研钵、试管、试管架、吸量管、离心机、电子天平。

2. 试剂

(1) 0.1 mol/L 磷酸缓冲液(pH=7.4):0.1 mol/L Na_2HPO_4 溶液 80.8 mL 和 0.1 mol/L KH_2PO_4 溶液 19.2 mL 混合。

(2) 0.5% KCN 溶液(剧毒! 由教师严格保管,监督使用)。

(3) 2%乳酸钠溶液、0.01%甲烯蓝溶液、液体石蜡、蒸馏水。

3. 材料

大白鼠(或实验家兔)的新鲜肌肉、石英砂、活性炭。

【实验步骤】

(1) NAD^+ 提取液的制备。

将盛有 10 mL 水的试管置于沸水浴中,加热 5 min 后,取新杀死的动物肌肉 5 g,剪碎,立即投入沸水浴中的热水试管中,继续煮沸 5 min。稍冷后,倾入研钵中,加石英砂约 0.5 g,充分研磨成浆状。移入离心管中,以 2 500 r/min 离心 5 min,取上清液备用。

(2) 乳酸脱氢酶提取液的制备。

取新鲜肌肉 5 g,剪碎放入研钵中,加入石英砂约 0.5 g、活性炭 0.5 g 和 0.1 mol/L 磷酸缓冲液(pH=7.4)10 mL,充分研磨成匀浆。放置 15 min,并不时搅拌匀浆液,以吸去辅酶。移入离心管中,以 2 500 r/min 离心 5 min,取上清液低温保存备用。

(3) 取试管 4 支,编号,按表 8-6 加入各种试剂。

表 8-6　乳酸脱氢酶递氢作用实验试剂用量

试　管　号	1	2	3	4
乳酸脱氢酶提取液体积/mL	0.5	0.5	0	0.5
NAD⁺ 提取液体积/mL	0.5	0	0.5	0.5
0.5% KCN 溶液体积/mL	0.2	0.2	0.2	0.2
2%乳酸钠溶液体积/mL	0.5	0.5	0.5	0
蒸馏水体积/mL	0	0.5	0.5	0.5
0.01%甲烯蓝溶液用量/滴	5	5	5	5

注:KCN 溶液剧毒! 严禁口吸。

（4）充分混匀各管溶液,各加 5 滴液体石蜡覆盖在溶液表面,静置于 37 ℃恒温水浴中,随时观察、记录各管溶液褪色情况,并分析结果。

【思考题】

（1）为什么制备辅酶溶液时要加热,而制备酶溶液时不加热?

（2）在缀合酶分子中,酶蛋白与其辅酶有何依赖关系?

（3）KCN 在本实验中起什么作用? 为什么 KCN 有剧毒?

实验 45　氨基移换反应

【实验目的】

通过本实验学习代谢作用的一种研究方法,学习定性测定组织中氨基酸移换酶活力的方法。

【实验原理】

氨基移换反应在氨基酸合成和分解代谢中都十分重要。催化氨基移换反应的酶称为氨基移换酶,这种酶能催化氨基酸上的氨基移换到酮酸上,使酮酸形成相应的氨基酸,而原氨基酸变成酮酸。此反应的最适 pH 是 7.4,需要磷酸吡哆醛作为辅酶。在动物组织中氨基移换酶和它所需的辅酶普遍存在。

本实验采用黑鱼肌肉作材料,将活杀黑鱼肌肉剪成小块,制成匀浆后与丙氨酸和 α-酮戊二酸混合,在 37 ℃保温,然后取其反应滤液进行纸层析,即可观察到丙氨酸 α-酮戊二酸在肌肉谷丙转氨酶（GPT）作用下转变成谷氨酸和丙酮酸,反应式如下:

$$
\begin{array}{c}
\text{COOH} \\
|\\
\text{CHNH}_2 \\
|\\
\text{CH}_2 \\
|\\
\text{CH}_2 \\
|\\
\text{COOH}
\end{array}
\ +\
\begin{array}{c}
\text{COOH} \\
|\\
\text{C=O} \\
|\\
\text{CH}_3
\end{array}
\ \xrightarrow[\text{磷酸吡哆醛}]{\text{谷丙转氨酶}}\
\begin{array}{c}
\text{COOH} \\
|\\
\text{C=O} \\
|\\
\text{CH}_2 \\
|\\
\text{CH}_2 \\
|\\
\text{COOH}
\end{array}
\ +\
\begin{array}{c}
\text{COOH} \\
|\\
\text{CHNH}_2 \\
|\\
\text{CH}_3
\end{array}
$$

【仪器、试剂和材料】

1. 仪器和材料

层析缸、层析滤纸、吸管、试管、漏斗、定性滤纸、培养皿、毛细管、剪刀、镊子、托盘天平、电热恒温水浴箱。

2. 试剂

(1) 0.01 mol/L 磷酸缓冲液(pH＝7.4)：用 0.2 mol/L Na$_2$HPO$_4$ 溶液 81 mL 与 0.2 mol/L NaH$_2$PO$_4$ 溶液 19 mL 混匀，用蒸馏水稀释 20 倍。

(2) 0.1 mol/L 丙氨酸溶液：称取 0.891 g 丙氨酸，以 0.01 mol/L、pH7.4 的磷酸缓冲液溶解并定容到 100 mL。

(3) 0.1 mol/L α-酮戊二酸溶液：称取 1.461 g α-酮戊二酸，以少量 0.01 mol/L pH7.4 磷酸缓冲液溶解，用 NaOH 溶液小心调 pH 到 7.4，再用磷酸缓冲液定容到 100 mL。

(4) 0.1 mol/L 谷氨酸溶液：称取 1.47 g 谷氨酸，用上法配成 100 mL 溶液。

(5) 0.1％茚三酮的丙酮溶液。

(6) 层析展开剂：正丁醇、88％甲酸、水体积比为 15∶3∶2，新鲜配制。

3. 材料

黑鱼肌肉组织。

【实验步骤】

(1) 肌肉糜制备：将刚杀死的黑鱼肌肉在低温(冰浴)下剪碎成糊状备用。

(2) 按表 8-7 中次序分别在 4 支试管中加入相关试剂。

表 8-7　氨基移换反应的条件

试 管 号	1	2	3	4
0.1 mol/L 丙氨酸体积/mL	1	0	1	1
0.1 mol/L α-酮戊二酸体积/mL	1	1	0	1
0.01 mol/L、pH7.4 磷酸缓冲液体积/mL	1	1	1	1
黑鱼肌肉用量/g	1	1	1	1
反应时间	37 ℃保温 30 min，置于沸水浴加热 10 min		煮沸 10 min，置于 37 ℃保温 30 min	

以上 4 支试管冷却后过滤到另 4 支洁净试管内，以作层析点样用。

(3) 纸层析。

① 点样。

取层析滤纸一张(15 cm×12 cm)，在距纸边 1.5 cm 处用铅笔画一基线，并确定 6 个点样标记。

用 0.1 cm 粗的毛细管分别吸取各种氨基酸溶液，点在标记上，点样斑点的直径控制在 2 mm 左右。待样品干燥后，重复点 2～3 次。

待滤纸上点样斑点干燥后，把滤纸卷成圆筒形，中间用铬丝连接但不要重叠。

② 展开。

培养皿中放入正丁醇、88％甲酸、水的混合溶剂(体积比为 15∶3∶2)。溶剂必须充分混和均匀,然后将培养皿放入层析缸中,使点样一端接触溶剂,但点样处不能浸入溶剂中,让溶剂自下而上均匀展开。约 2 h 后溶剂前沿达到距滤纸另一端 2～3 cm 处,取出滤纸,用吹风机充分吹尽溶剂,滤纸干燥。

③ 显色。

用喷雾器均匀喷上茚三酮溶液,再用吹风机吹干,或放于 100 ℃烘箱中,烘烤 5 min,即可显出紫红色的氨基酸斑点,层析图谱上的斑点用铅笔圈出。

【实验结果】

本实验预期的结果如下:

2 号管中因未加丙氨酸,滤纸上不呈现任何斑点;

3 号管中加入丙氨酸但未加入 α-酮戊二酸,转氨基作用也不进行,滤纸上仅出现加入的丙氨酸斑点,但因组织里可能含有少量游离氨基酸和 α-酮戊二酸,在 2 号和 3 号管的滤纸上出现很淡的谷氨酸斑点;

4 号管中虽含有丙氨酸和 α-酮戊二酸,但在保温前曾煮沸使酶破坏,因此滤纸上只呈现丙氨酸斑点;

1 号管中含有丙氨酸、α-酮戊二酸和酶,并有适当的反应条件,因此滤纸上可清楚地看到谷氨酸和丙氨酸的斑点。

【思考题】

转氨基作用在代谢中有何意义?

第 9 章　综合性实验

实验 46　糖的颜色反应

Ⅰ　Molisch 反应鉴定醛糖

【实验目的】

掌握 Molisch 反应鉴定醛糖的基本原理和方法。

【实验原理】

糖在浓无机酸(浓硫酸或浓盐酸)作用下脱水形成糠醛及其衍生物。在浓无机酸环境下,生成的糠醛及其衍生物可与 α-萘酚作用生成紫红色化合物,在糖液和浓无机酸(本实验采用浓硫酸)的液面间形成紫环,因此又称紫环反应。自由存在和结合存在的糖均呈阳性反应。此外,各种糠醛衍生物、葡萄糖醛酸以及丙酮、甲酸和乳酸均呈颜色近似的阳性反应。因此,若为阴性反应,则证明没有糖类物质存在;若为阳性反应,则说明有糖类物质存在的可能性,需进一步通过其他定性实验才能确定有糖的存在。己糖反应式如下:

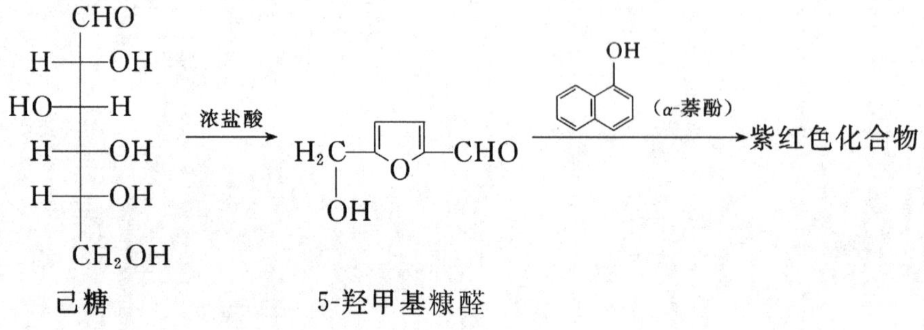

己糖　　　　　　　5-羟甲基糠醛

【仪器、试剂和材料】

1. 仪器

水浴锅、吸量管、试管、滴管。

2. 试剂

(1) Molisch 试剂:称取 5 g α-萘酚,用 95％乙醇溶解并稀释至 100 mL,临用前配制,于棕色瓶中保存。

(2) 1％葡萄糖溶液:称取葡萄糖 1 g,溶于蒸馏水并定容至 100 mL。

(3) 1％淀粉溶液(配制方法同葡萄糖)。

(4) 1％蔗糖溶液。

（5）浓硫酸。

3. 材料

棉花或滤纸。

【实验步骤】

取 4 支试管并做好标记,分别加入 1 mL 1%葡萄糖溶液、1%蔗糖溶液、1%淀粉溶液和少许纤维素(棉花或滤纸浸于 1 mL 蒸馏水中),然后各加 Molisch 试剂 2 滴(注意:Molisch 试剂应直接滴入试液,避免与硫酸接触生成绿色物质而掩盖紫色环),摇匀,将试管倾斜,沿管壁缓慢加入 1.5 mL 浓硫酸(试管切勿摇动!),硫酸沉于试管底部,与糖溶液分成两层,观察液面交界处有无紫色环出现。仔细观察实验中的颜色变化。

【思考题】

材料若为糖类的混合溶液,反应结果如何?

Ⅱ　Seliwanoff 反应鉴定酮糖

【实验目的】

掌握 Seliwanoff 反应鉴定酮糖的基本原理和方法。

【实验原理】

Seliwanoff 反应是鉴定酮糖的特殊反应。酮糖在浓酸的作用下较醛糖更易生成 5-羟甲基糠醛。5-羟甲基糠醛与间苯二酚作用生成鲜红色化合物,反应仅需 20～30 s,有时也同时产生棕红色沉淀,此沉淀溶于乙醇,呈鲜红色溶液。而醛糖反应慢,只有在浓度较高时或长时间煮沸后,才会产生微弱的阳性反应。反应式如下:

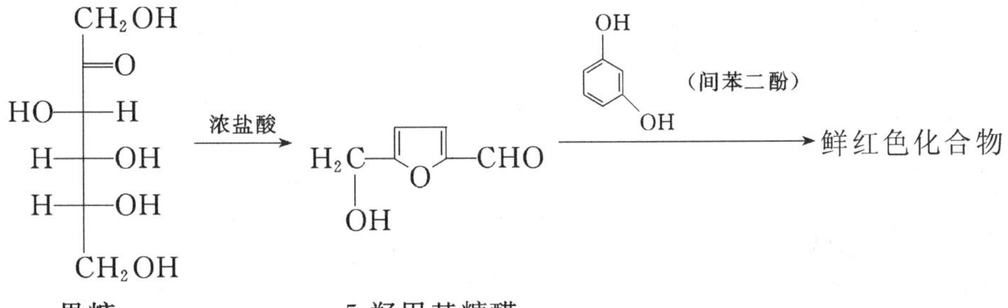

果糖　　　　　　　　　　　5-羟甲基糠醛

【仪器和试剂】

1. 仪器

水浴锅、吸量管、试管。

2. 试剂

（1）Seliwanoff 试剂:取间苯二酚 50 mg,溶于 100 mL 盐酸(水与浓盐酸体积比 2∶1),现用现配。

（2）1%葡萄糖溶液、1%蔗糖溶液、1%果糖溶液。

【实验步骤】

取 4 支试管,做好标记,分别加入 0.5 mL 1%葡萄糖溶液、1%蔗糖溶液、1%果糖溶液及蒸馏水,然后各加入 Seliwanoff 试剂 2.5 mL,摇匀,同时置于沸水浴中,比较各管颜色及红色出现的先后顺序。仔细观察实验中的颜色变化,并记录颜色变化的时间。

【思考题】

葡萄糖、蔗糖、果糖的反应结果是否存在差异? 为什么?

Ⅲ　Tollen 反应鉴定戊糖

【实验目的】

掌握 Tollen 反应鉴定戊糖的基本原理和方法。

【实验原理】

戊糖在浓酸溶液中脱水生成糠醛,后者与间苯三酚结合成樱桃红色物质。本反应虽常用于鉴定戊糖,但并非戊糖的特有反应。果糖、半乳糖和糖醛酸等都呈阳性反应。戊糖反应最快,一般在 45 s 内就有樱桃红色沉淀产生。反应式如下:

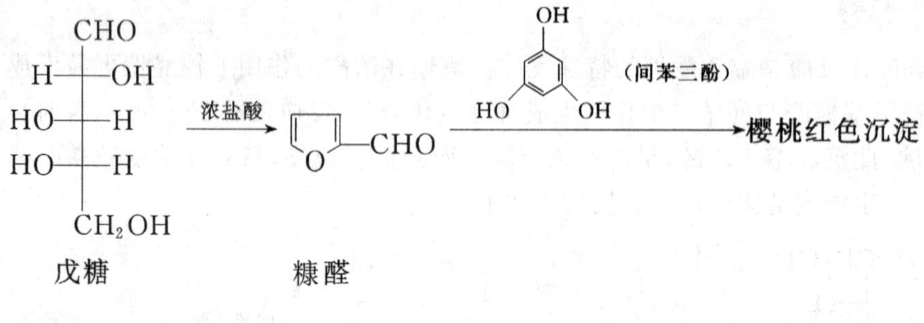

【仪器和试剂】

1. 仪器

水浴锅、吸量管、试管。

2. 试剂

（1）Tollen 试剂:取 2%间苯三酚-乙醇溶液(2 g 间苯三酚溶于 100 mL 95%乙醇中) 3 mL,缓慢加入浓盐酸 15 mL 及蒸馏水 9 mL,现配现用。

（2）1%葡萄糖溶液、1%果糖溶液、1%阿拉伯糖溶液、1%蔗糖溶液。

【实验步骤】

取 4 支试管,做好标记,分别加入 Tollen 试剂 1 mL,再在各管分别加入 1 滴 1%葡萄糖溶液、1%果糖溶液、1%阿拉伯糖溶液及 1%蔗糖溶液,混匀。将试管同时放入沸水浴中,仔细观察实验中的颜色变化,并记录颜色变化的时间。

【思考题】

讨论本实验中所用糖的结构和性质。

实验 47　血糖含量的测定

Ⅰ　Folin-Wu 法测定血糖含量

【实验目的】

掌握 Folin-Wu 法测定血糖含量的基本原理和方法,学习并掌握无蛋白血滤液的制备。

【实验原理】

葡萄糖是血液中主要的糖类,因此测血糖含量就是测血液中葡萄糖的含量,即测复杂组分中一种物质的量,根据生物化学实验基本技术的原理,可采用分光光度法(比色法)进行测定。

血液中的葡萄糖与碱性硫酸铜溶液共热,铜离子即被血液中的葡萄糖还原成氧化亚铜 (Cu_2O),后者又可使钼酸试剂还原成低价的钼蓝(蓝色)。血糖的含量与产生的氧化亚铜 (Cu_2O) 的量成正比,氧化亚铜的量与形成的钼化合物的量成正比,可以用比色的方法进行测定。

【仪器、试剂和材料】

1. 仪器

分光光度计、电炉、血糖管、奥氏吸管、水浴锅、表面皿、滤纸、试管、锥形瓶。

2. 试剂

(1) 碱性硫酸铜溶液(A、B液):临用时,取 A 液 25 mL、B 液 5 mL,混合后,再加 A 液至 50 mL,摇匀。此混合液可于 4 ℃避光保存数日,若暴露于阳光下,数小时便会失效。

A 液:称取无水碳酸钠 35 g、酒石酸钠 13 g 及碳酸氢钠 11 g,溶于蒸馏水后,稀释至约 700 mL,待溶解后,再稀释至 1 000 mL。

B 液:称取硫酸铜晶体 5 g,溶于蒸馏水并稀释至 100 mL,加浓硫酸数滴作稳定剂。

(2) 酸性钼酸盐溶液:称取钼酸钠 600 g,置于烧杯内,加入少量蒸馏水,溶解后倾入 2 000 mL 容量瓶中,定容,摇匀,倾入另一较大试剂瓶中,加溴水 0.5 mL,摇匀,静置数小时。取上清液 500 mL,置于 1 000 mL 容量瓶中,缓慢加入 225 mL 85%磷酸溶液,边加边摇匀。再加入 150 mL 25%硫酸溶液,置于暗处 24 h,用空气将剩余溴赶出,然后加入 75 mL 冰醋酸,摇匀,用蒸馏水定容至 1 000 mL。

(3) 1%葡萄糖母液、标准葡萄糖溶液(0.1 mg/mL)、10%钨酸钠溶液、0.33 mol/L 硫酸溶液。

3. 材料

动物血液。

【实验步骤】

1. 无蛋白血滤液的制备

用奥氏吸管吸取已加抗凝剂的全血 1 mL,缓缓放入 25 mL 锥形瓶中,加水 7 mL,摇匀,血液变成红色透明时加 10%钨酸钠溶液 1 mL,摇匀,再加 0.33 mol/L 硫酸溶液 1 mL,边加边充分摇匀,放置 5～15 min,至沉淀由鲜红色变为暗棕色,用滤纸过滤,并盖一表面皿于漏斗上。若过滤后滤液仍不澄清,可二次过滤至澄清。每毫升无蛋白血滤液相当于 0.1 mL 全血。

2. 血糖的测定

取带有 25 mL 刻度的血糖管 3 支并标记。用奥氏吸管吸取无蛋白血滤液 2 mL,放入第一支血糖管中;第二支血糖管中加 2 mL 标准葡萄糖溶液;第三支血糖管中加 2 mL 蒸馏水。然后均加入 2 mL 新配制的碱性硫酸铜溶液,同时于沸水浴内煮 6 min,取出,在流水中迅速冷却,各加入 4 mL 酸性钼酸盐溶液,1 min 后用蒸馏水稀释至 25 mL,混匀,用分光光度计于420～440 nm 波长处,以空白管为参比,测标准管和样品管的吸光度值。

按下式计算 100 mL 全血中所含的血糖的质量(mg):

$$m=\frac{A_1 C_0}{A_0} \div 0.1 \times 100$$

式中:m 为 100 mL 血中所含的糖的质量,mg;C_0 为标准葡萄糖溶液浓度,即 0.1 mg/mL;A_1 为样品溶液吸光度;A_0 为标准溶液吸光度。

【思考题】

葡萄糖可以用比色法直接测定吗? 为什么?

【附注】

(1) 欲测得准确结果,所取血液的量必须准确。如果由奥氏吸管中放出血液的速度太快,会有大量血液粘在吸管内壁,容量不准,所以一般放出 1 mL 血液所用的时间不应少于 1 min。

(2) 沉淀由鲜红色变为暗棕色,是因钨酸钠与硫酸作用生成钨酸,在适当酸度时,使血红蛋白变性、沉淀。如血沉淀放置后不变为暗棕色或重滤后仍混浊,可在钨酸与血混合液中加入10%硫酸溶液 1～2 滴,待沉淀变为暗棕色后再过滤。

Ⅱ Folin-Malmors 法测定血糖含量

【实验目的】

掌握血糖的测定原理、方法及应用,了解血糖的正常值及糖饮食对血糖浓度的调节作用。

【实验原理】

Folin-Malmors 法的原理是在热碱溶液中的葡萄糖可将铁氰化钾还原为亚铁氰化钾,后者再与硫酸铁作用生成亚铁氰化铁(普鲁士蓝),生成的亚铁氰化铁与样品中还原糖含量成正比。用同样方法处理葡萄糖标准溶液,制作标准曲线,即可求出样品中的血糖含量。

其反应式如下:

$$K_3[Fe(CN)_6] + 葡萄糖 \xrightarrow[\triangle]{碱性} K_4[Fe(CN)_6]$$

$$3K_4[Fe(CN)_6] + 2Fe_2(SO_4)_3 \longrightarrow Fe_4[Fe(CN)_6]_3 + 6K_2SO_4$$

【仪器、试剂和材料】

1. 仪器

分光光度计、水浴锅、离心机、离心管、吸管、试管。

2. 试剂

(1) 碱性铁溶液:取铁氰化钾 0.8 g、无水碳酸钠 2.0 g,加蒸馏水溶解并稀释至 200 mL,储存于棕色试剂瓶中。

(2) 酸性硫酸铁铵溶液:取硫酸铁铵 2.0 g,溶于 50 mL 蒸馏水中,再加 85% 磷酸溶液 20 mL,最后用蒸馏水稀释至 100 mL。

(3) 10 mg/mL 葡萄糖标准储备液:准确称取葡萄糖标准品 1 g,用 0.25% 安息香酸溶液溶解并稀释至 100 mL。

(4) 0.02 mg/mL 葡萄糖标准应用液:吸取 10 mg/mL 葡萄糖标准储备液 2.0 mL,置于 1 000 mL 容量瓶中,用 0.25% 安息香酸溶液稀释至刻度。

(5) 0.05 mg/mL 葡萄糖标准应用液:吸取 10 mg/mL 葡萄糖标准储备液 5.0 mL,置于 1 000 mL 容量瓶中,用 0.25% 安息香酸溶液稀释至刻度。

(6) 0.25% 安息香酸溶液、1% 钨酸钠溶液、0.03 mol/L 硫酸溶液。

3. 材料

血液。

【实验步骤】

1. 标准曲线的制作

取试管 6 支,编号,按表 9-1 进行操作。

表 9-1　标准曲线制作试剂用量

试　管　号	1	2	3	4	5	6	备　　注
0.05 mg/mL 葡萄糖标准应用液体积/mL	0	0.1	0.2	0.3	0.4	0.5	沸水浴 5 min,趁热加酸性硫酸铁铵溶液
蒸馏水体积/mL	0.5	0.4	0.3	0.2	0.1	0	
碱性铁溶液体积/mL	1.0	1.0	1.0	1.0	1.0	1.0	
酸性硫酸铁铵溶液体积/mL	1.0	1.0	1.0	1.0	1.0	1.0	静置 1 min 后加水
蒸馏水体积/mL	4.5	4.5	4.5	4.5	4.5	4.5	混匀后比色
血糖含量/(mg/(100 mL))	0	50	100	150	200	250	
A_{670}							

以葡萄糖浓度(mg/(100 mL))为横坐标,A_{670} 为纵坐标,绘制标准曲线。

2. 样品的测定

(1) 取样:取两人指尖血 20 μL,室温静置,制备血清;采血后两人分别食用蔗糖 100 g 及面包 100 g,30 min 后同上采血,制备血清。

（2）血液中葡萄糖的测定:在离心管中加入 0.5 mL 0.03 mol/L 硫酸溶液,取指尖血 0.02 mL,加入硫酸溶液中,混匀后加 1‰钨酸钠溶液 0.48 mL,静置 10 min,离心 5 min(3 000 r/min),取上清液 0.5 mL 加入测定管中,按表 9-2 操作测定。

表 9-2　样品测定

试　管　号	空白管7	标准管8	测定管9	备　　注
0.02 mg/mL 葡萄糖标准应用液体积/mL	0	0.5	0	沸水浴 5 min,趁热加酸性硫酸铁铵溶液
蒸馏水体积/mL	0.5	0	0	
碱性铁溶液体积/mL	1	1	1	
酸性硫酸铁铵溶液体积/mL	1	1	1	静置 1 min 后加水
蒸馏水体积/mL	4.5	4.5	4.5	混匀后比色
A(λ=670 nm,以空白管调零)				
血糖含量/(%)				

计算公式如下:

$$血糖含量(mg/(100\ mL)) = \frac{A_1}{A_2} \times m \times 2 \times \frac{100}{0.02}$$

式中:A_1 为测定管吸光度值;A_2 为标准管吸光度值;m 为标准管葡萄糖含量,mg;2 为稀释倍数;0.02 为取血量,mL。

另外,根据标准曲线查得测定管的血糖含量。

【思考题】

简述测定血糖在临床上的意义,并说明测定中哪些因素会影响结果的准确性。

【附注】

（1）沸水浴时间要控制在 5～10 min。

（2）试管要清洁,防止被还原物质污染。

Ⅲ　邻甲苯胺法测定血糖含量

【实验目的】

掌握邻甲苯胺法测定血糖的基本原理和方法。

【实验原理】

血液中所含的葡萄糖,称为血糖,它是糖在体内的运输形式。目前国内医院多采用葡萄糖氧化酶法和邻甲苯胺法测定血糖。前者特异性强、价廉、操作简单,其正常值:空腹全血为 3.6～5.3 mmol/L,血浆为 3.9～6.1 mmol/L。后者由于血中绝大部分非糖物质及抗凝剂中的氧化物同时被沉淀下来,因而不易出现假性过高或过低,结果较可靠,其正常值:空腹全血为 3.3～5.6 mmol/L,血浆为 3.9～6.4 mmol/L。邻甲苯胺法测定血糖,其原理是葡萄糖在酸性介质中加热脱水反应生成 5-羟甲基-2-呋喃甲醛,分子中的醛基与邻甲苯胺缩合成青色的希夫碱(Schiff's base),通过 630 nm 比色可以定量测定。反应式如下:

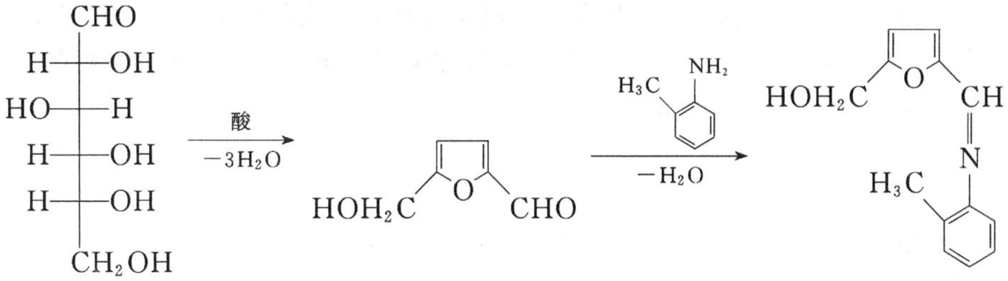

$$\text{葡萄糖} \xrightarrow[-3H_2O]{\text{酸}} \text{5-羟甲基-2-呋喃甲醛} \xrightarrow[-H_2O]{} \text{希夫碱(青色)}$$

【仪器、试剂和材料】

1. 仪器

分光光度计、水浴锅、吸管、容量瓶、试管。

2. 试剂

(1) 邻甲苯胺试剂:称取硫脲 1.5 g,溶于 750 mL 冰醋酸中,加邻甲苯胺 150 mL 及饱和硼酸 40 mL,混匀后加冰醋酸至 1 000 mL,置于棕色瓶中,冰箱中保存。

(2) 葡萄糖标准溶液(5.0 mg/mL):临用时稀释成 1.0 mg/mL。

3. 材料

新鲜血清。

【实验步骤】

1. 标准曲线制作

取 6 支试管,编号后按表 9-3 顺序加入试剂,混匀,沸水浴中煮沸 15 min,取出,在冰水浴中冷却。以 1 号管为参比,在 630 nm 波长处测定吸光度值(反应完 1 h 内测定),以吸光度为纵坐标,葡萄糖含量为横坐标,绘出标准曲线。

表 9-3　标准曲线制作试剂用量

试　管　号	1	2	3	4	5	6
葡萄糖标准溶液体积/mL	0	0.02	0.04	0.06	0.08	0.10
蒸馏水体积/mL	0.10	0.08	0.06	0.04	0.02	0
邻甲苯胺试剂体积/mL	5.00	5.00	5.00	5.00	5.00	5.00

2. 样品测定

取 3 支试管,编号后分别按表 9-4 依次加入试剂,混匀,于沸水浴中煮沸 15 min,取出,在冰水浴中冷却。以 0 号管为参比,在 630 nm 波长处测定吸光度值(反应完 1 h 内测定)。通过

表 9-4　样品测定

试　　样	对照(0)	样品 a(1)	样品 b(2)
稀释的未知血清样品体积/mL	0	0.10	0.10
蒸馏水体积/mL	0.10	0	0
邻甲苯胺试剂体积/mL	5.0	5.0	5.0
A_{630}			

标准曲线查得所测血清葡萄糖含量。邻甲苯胺法测定血糖具有操作简单、试剂成本较低、特异性较高等优点,目前在教学实验或规模较小的基层医院用于测定血糖。但该法一般在浓酸、高温条件下发生反应,因此在测定血糖时须多加注意。

【思考题】

血糖的来源和应用有哪些?

IV GOD-PAP 法测定血糖含量

【实验目的】

学习用 GOD-PAP 法测定血糖含量。

【实验原理】

动物血液中的糖主要为葡萄糖,正常情况下,其含量较恒定。健康家兔的血糖水平为80~120 mg/dL。GOD-PAP 法(即过氧化物酶-抗过氧化物酶法)是近年临床血糖定量测定中普遍采用的方法。市售有 GOD-PAP 试剂盒,操作方法简便、检测灵敏。反应式如下:

$$葡萄糖 + O_2 + H_2O \xrightarrow{\text{葡萄糖氧化酶}} 葡萄糖酸 + H_2O_2$$

$$2H_2O_2 + 氨基安替比林 + 酚 \xrightarrow{\text{过氧化物酶}} 醌亚胺 + 4H_2O$$

醌亚胺在 480~550 nm(505 nm)波长处有最大吸收,所产生颜色的深浅与血清中葡萄糖的量成正比。相同条件下,测定葡萄糖标准溶液和样品的吸光度值,即可求出样品中葡萄糖的含量。

【仪器、试剂和材料】

1. 仪器

恒温水浴锅、721 型分光光度计、微量吸血管(0.1 mL)。

2. 试剂

血糖试剂盒 1 盒:酶试剂(葡萄糖氧化酶,GOD>13 U/mL)、过氧化物酶(POD>0.9 U/mL)、11 mmol/L 磷酸缓冲液、100 mmol/L 酚(pH=7.0)、0.77 mmol/L 4-氨基安替比林、葡萄糖标准溶液 100 mL。使用时,将 90 mL 磷酸缓冲液与 10 mL 酶液混匀即可。试剂盒中有 2 瓶磷酸缓冲液和 2 瓶酶制剂。酶试剂中含叠氮钠作为稳定剂,勿与皮肤、黏膜接触。

3. 材料

新鲜血液。

【实验步骤】

血糖测定方法:取 3 支试管,做好标记,按表 9-5 加入试剂。

表 9-5　GOD-PAP 法测定血糖含量

试　　样	空　白	标　准	样　品
工作液体积/mL	3.00	3.00	3.00
重蒸水体积/mL	0.02	0	0
葡萄糖标准溶液体积/mL	0	0.02	0
样品体积/mL	0	0	0.02

分别将各试管摇匀，37 ℃保温 10～15 min(避免阳光直射)。用光程为 1.0 cm 的比色皿，在 480～550 nm(505 nm)波长处进行比色。将测得的标准品和样品的吸光度值代入下述公式，计算出样品中葡萄糖的浓度。

$$C_1 = C_0 \times \frac{A_1}{A_0}$$

式中：C_1 为样品中葡萄糖的浓度；A_0 为葡萄糖标准溶液在 480～550 nm 波长处的吸光度值；A_1 为待测样品在 480～550 nm 波长处的吸光度值；C_0 为葡萄糖标准溶液中葡萄糖的浓度。

【思考题】

(1) 制取样品时应注意什么？
(2) 测定体液血糖有哪些方法？

实验 48　总糖和还原糖含量的测定

Ⅰ　蒽酮比色法测定糖的含量

【实验目的】

了解蒽酮比色法测定可溶性糖含量的原理，学习用最小二乘法求标准曲线方程。

【实验原理】

蒽酮比色法是一种快速而方便的定糖方法，在强酸性条件下，蒽酮可以与单糖或多糖中存在的己糖、戊糖及己糖醛酸(还原性和非还原性)作用生成蓝绿色的糖醛衍生物，其颜色的深浅与糖的含量在一定范围内成正比。蒽酮也可以和其他一些糖类发生反应，但显现的颜色不同。当存在色氨酸含量较高的蛋白质时，反应不稳定，呈现红色。上述特定的糖类物质反应较稳定。

蒽酮比色法几乎可以测定所有的糖类物质，所以用蒽酮测出的糖含量实际上是溶液中的总糖含量。蒽酮比色法的特点：灵敏度高，测定量少，快速方便。不同的糖类与蒽酮试剂的显色程度不同，果糖最深，葡萄糖次之，半乳糖、甘露糖较浅，戊糖更浅。

反应式如下：

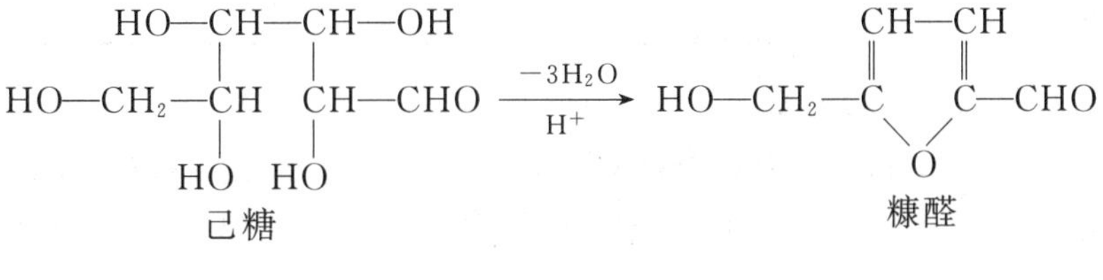

（糖醛衍生物,亮绿色,620 nm有最大吸收）

【仪器、试剂和材料】

1. 仪器

分光光度计、电子天平、恒温水浴锅、试管、试管架、漏斗、吸量管、滤纸、电炉、研钵、量筒、锥形瓶、烧杯、容量瓶、玻璃漏斗、胶头滴管、玻璃棒、剪刀。

2. 试剂

（1）蒽酮试剂：取 2 g 蒽酮,溶于 1 000 mL 80%（体积分数）的硫酸溶液中,即配即用。

（2）葡萄糖标准溶液（0.1 mg/mL）：称取 100 mg 葡萄糖,溶于蒸馏水并稀释至 1 000 mL（可滴加几滴甲苯作防腐剂）。

（3）6 mol/L 盐酸：50 mL 盐酸,加水至 100 mL。

（4）10% NaOH 溶液：称取 10 g NaOH 固体,溶于蒸馏水并稀释至 100 mL。

3. 材料

包菜、白菜或植物叶片。

【实验步骤】

1. 葡萄糖标准曲线的绘制

取 6 支干净试管,编号后按表 9-6 进行操作,1 号管作为参比（保留）。加入葡萄糖标准溶液、蒸馏水、样品溶液,于冰水浴中冷却 5 min,再加入蒽酮试剂,于沸水浴中准确加热 10 min,取出,用自来水冷却,室温下放置 10 min,在 620 nm 波长下比色。以吸光度为纵坐标,各标准溶液浓度（mg/mL）为横坐标作图。

表 9-6　蒽酮比色法测定糖含量

试　管　号	1	2	3	4	5	6	7
葡萄糖标准溶液体积/mL	0	0.1	0.2	0.3	0.4	0.5	样品
蒸馏水体积/mL	1.0	0.9	0.8	0.7	0.6	0.5	总糖
样品溶液体积/mL	0	0	0	0	0	0	1.0
糖溶液浓度/(mg/mL)	0	0.02	0.04	0.06	0.08	0.10	待测
蒽酮试剂体积/mL	4.0	4.0	4.0	4.0	4.0	4.0	4.0
A_{620}							

2. 样品中总糖的提取和测定

准确称取 1.00 g 菜叶（包菜和白菜两个样）,剪碎研细后,放入大试管,加入 25 mL 蒸馏水,煮沸 10 min,经漏斗滤入 250 mL 容量瓶中,并用煮沸蒸馏水提取 2 次,滤液并入容量瓶中,滤纸上的残渣用水冲洗 2 次,冷却、定容。

吸取 1.00 mL 滤液于 3 支试管中,加蒽酮 4.0 mL(于冷水浴中操作),摇匀后于沸水浴中加热 10 min,取出冷却至室温,以求标准曲线的 1 号管作为参比,于分光光度计上 620 nm 波长处测吸光度值。测定后,取样品的吸光度值平均值,在标准曲线上查出对应的糖量。

3. 计算

按照下列公式分别计算植物原料干粉中总糖的质量分数(w):

$$w(总糖)=(CV/m)\times100\%$$

式中:w(总糖)为总糖的质量分数,%;C 为从标准曲线上查出的糖的质量浓度,mg/mL;V 为样品稀释后的体积,mL;m 为样品的质量,mg。

【思考题】

本法多用于测定什么样品?加蒽酮试剂时为什么盛有样品的试管必须浸于冰水中冷却?

Ⅱ　斐林试剂比色法测定糖的含量

【实验目的】

掌握还原糖和总糖的测定原理,学习用直接滴定法测定还原糖的方法。

【实验原理】

还原糖是指含有自由醛基或酮基的单糖和某些二糖(如乳糖和麦芽糖)。在碱性溶液中,还原糖能将 Cu^{2+}、Hg^{2+}、Fe^{3+}、Ag^{+} 等金属离子还原,而糖本身被氧化成糖酸及其他产物。糖类的这种性质常被用于糖的定性和定量测定。

本实验采用斐林试剂比色法。斐林试剂由甲、乙两种溶液组成,甲液含硫酸铜和亚甲基蓝(氧化还原指示剂),乙液含氢氧化钠、酒石酸钾钠和亚铁氰化钾。将一定量的甲液和乙液等体积混合后,硫酸铜与氢氧化钠反应,生成氢氧化铜沉淀。在碱性溶液中,所生成的氢氧化铜沉淀与酒石酸钾钠反应,生成可溶性的配合物酒石酸钾钠铜,其反应式如下:

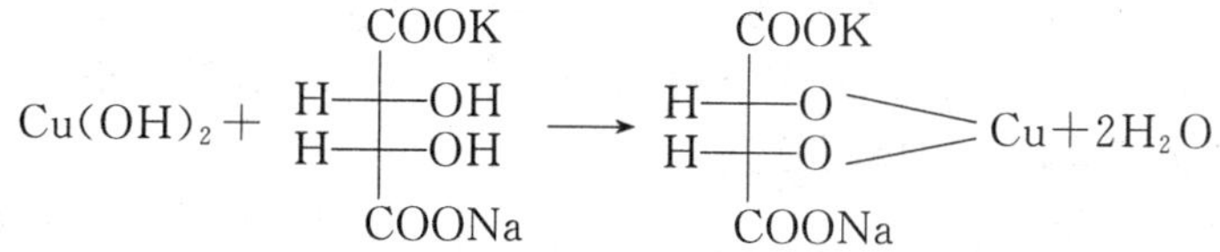

在加热条件下,用待测样液滴定,待测样液中的还原糖与酒石酸钾钠铜反应,酒石酸钾钠铜被还原糖还原,产生红色氧化亚铜沉淀,其反应式如下:

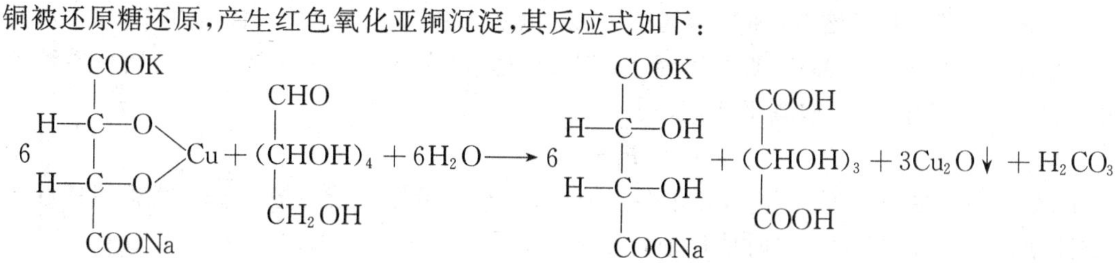

反应生成的氧化亚铜沉淀与斐林试剂中的亚铁氰化钾反应生成可溶性复盐,便于观察滴定终点。滴定时以亚甲基蓝为氧化还原指示剂。根据样液量可计算出还原糖含量。

【仪器、试剂和材料】

1. 仪器

试管、移液管、吸量管、烧杯、锥形瓶、容量瓶、滴定管、调温电炉、恒温水浴锅、白瓷板、玻璃棒、漏斗、滤纸。

2. 试剂

(1) 斐林试剂:(甲液)称取 15 g 硫酸铜($CuSO_4 \cdot 5H_2O$)及 0.05 g 亚甲基蓝,溶于蒸馏水中并稀释到 1 000 mL;(乙液)称取 50 g 酒石酸钾钠及 75 g NaOH,溶于蒸馏水中,再加入 4 g 亚铁氰化钾($K_4Fe(CN)_6$),完全溶解后,用蒸馏水稀释到 1 000 mL,储存于具橡皮塞玻璃瓶中。

(2) 0.1%葡萄糖标准溶液:准确称取 1.000 g 无水葡萄糖(98～100 ℃干燥至恒重),加蒸馏水溶解后移入 1 000 mL 容量瓶中,加入 5 mL 浓盐酸(防止微生物生长),用蒸馏水定容至 1 000 mL。

(3) 6 mol/L 盐酸:取 250 mL 浓盐酸(35%～38%),用蒸馏水稀释到 500 mL。

(4) 6 mol/L NaOH 溶液:称取 120 g NaOH,溶于 500 mL 蒸馏水中。

(5) 碘-碘化钾溶液:称取 5 g 碘、10 g 碘化钾,溶于 100 mL 蒸馏水中,置于棕色瓶中避光保存。

(6) 0.1%酚酞指示剂。

3. 材料

藕粉、淀粉。

【实验步骤】

1. 样品中还原糖的提取

准确称取 1 g 藕粉,放入 100 mL 烧杯中,先以少量蒸馏水调成糊状,然后加入约 40 mL 蒸馏水,混匀,于 50 ℃恒温水浴锅中保温 20 min,不时搅拌,使还原糖浸出。过滤,将滤液全部收集在 50 mL 容量瓶中,用蒸馏水定容,即为还原糖提取液。

2. 样品中总糖的水解及提取

准确称取 1 g 淀粉,放在大试管中,加入 6 mol/L 盐酸 10 mL、蒸馏水 15 mL,在沸水浴中加热 0.5 h,取出 1～2 滴置于白瓷板上,加 1 滴碘-碘化钾溶液检查水解是否完全。如完全,则不显蓝色。水解完毕,冷却至室温后加入 1 滴酚酞指示剂,以 6 mol/L NaOH 溶液中和至溶液呈微红色,并定容到 100 mL,过滤,取滤液 10 mL 于 100 mL 容量瓶中,定容,混匀,即为稀释 1 000 倍的总糖水解液,用于总糖测定。

3. 空白滴定

准确吸取斐林试剂甲液和乙液各 5 mL 于 250 mL 锥形瓶中,加蒸馏水 10 mL。从滴定管滴加约 9 mL 葡萄糖标准溶液,加热使其在 2 min 内沸腾,准确沸腾 30 s,趁热以每 2 s 1 滴的速度继续滴加葡萄糖标准溶液,直至溶液蓝色刚好褪去即为终点。记录消耗葡萄糖标准溶液的总体积。平行操作 3 次,取其平均值,按下式计算:

$$F = C \times V'$$

式中:F 为 10 mL 斐林试剂(甲液和乙液各 5.00 mL)相当于葡萄糖的量,mg;C 为葡萄糖标准溶液的浓度,mg/mL;V' 为标定时消耗葡萄糖标准溶液的总体积,mL。

4. 样品糖的定量测定

(1) 样品溶液预测定:吸取斐林试剂甲液及乙液各 5.00 mL,置于 250 mL 锥形瓶中,加蒸馏水 10 mL,加热使其在 2 min 内沸腾,准确沸腾 30 s,趁热以先快后慢的速度从滴定管中滴加样品溶液,滴定时要保持溶液呈沸腾状态。待溶液由蓝色变浅时,以每 2 s 1 滴的速度滴定,直至溶液的蓝色刚好褪去即为终点,记录消耗样品溶液的体积。

(2)样品溶液测定:吸取斐林试剂甲液及乙液各 5.00 mL,置于锥形瓶中,加蒸馏水 10 mL,加玻璃珠 3 粒,从滴定管中加入比测试样品溶液消耗的总体积少 1 mL 的样品溶液,加热使其在 2 min 内沸腾,准确沸腾 30 s,趁热以每 2 s 1 滴的速度继续滴加样品溶液,直至蓝色刚好褪去即为终点。记录消耗样品溶液的总体积。平行操作 3 次,取其平均值。

5. 结果处理

$$还原糖含量(以葡萄糖计,\%) = \frac{F \times V_1}{m \times V \times 1\ 000} \times 100\%$$

$$总糖含量(以葡萄糖计,\%) = \frac{F \times V_2}{m \times V \times 1\ 000} \times 100\%$$

式中:m 为样品质量,g;F 为 10 mL 斐林试剂(甲液和乙液各 5.00 mL)相当于葡萄糖的量,mg;V 为标定时平均消耗还原糖或总糖样品溶液的总体积,mL;V_1 为还原糖样品溶液的总体积,mL;V_2 为总糖样品溶液的总体积,mL;1 000 为 mg 换算成 g 的系数。

【思考题】

(1)用斐林试剂比色法测定还原糖,为什么整个滴定过程必须使溶液处于沸腾状态?

(2)在斐林试剂比色法中,样品溶液预测定有何作用?

【附注】

(1)斐林试剂甲液和乙液应分别储存,用时才混合,否则酒石酸钾钠铜配合物长期在碱性条件下会慢慢分解析出氧化亚铜沉淀,使试剂有效浓度降低。

(2)滴定必须是在沸腾条件下进行,其原因一是加快还原糖与 Cu^{2+} 的反应速度;二是亚甲基蓝的变色反应是可逆的,还原型亚甲基蓝遇空气中的氧时会再被氧化为氧化型。此外,氧化亚铜也极不稳定,易被空气中的氧所氧化。保持反应液沸腾可防止空气进入,避免亚甲基蓝和氧化亚铜被氧化而增加消耗量。

(3)滴定时不能随意摇动锥形瓶,更不能把锥形瓶从热源上取下来滴定,防止空气进入反应液中。

Ⅲ　3,5-二硝基水杨酸比色法测定糖的含量

【实验目的】

掌握还原糖和总糖测定的基本原理,学习比色法测定还原糖的操作方法和分光光度计的使用。

【实验原理】

还原糖的测定是糖定量测定的基本方法。还原糖是指含有自由醛基或酮基的糖类,单糖都是还原糖,双糖和多糖不一定是还原糖,如乳糖和麦芽糖是还原糖,蔗糖和淀粉是非还原糖。利用糖的溶解度不同,可将植物样品中的单糖、双糖和多糖分别提取出来,对没有还原性的双

糖和多糖,可用酸水解法使其降解成有还原性的单糖进行测定,再分别求出样品中还原糖和总糖的含量(还原糖以葡萄糖含量计)。

还原糖在碱性条件下加热被氧化成糖酸及其他产物,3,5-二硝基水杨酸则被还原为棕红色的 3-氨基-5-硝基水杨酸。在一定范围内,还原糖的量与棕红色物质颜色的深浅成正比。利用分光光度计,在 540 nm 波长下测定吸光度值,查对标准曲线并计算,便可求出样品中还原糖和总糖的含量。由于多糖水解为单糖时,每断裂一个糖苷键需加入一分子水,因此在计算多糖含量时应乘以 0.9。

【仪器、试剂和材料】

1. 仪器

具塞玻璃刻度试管、滤纸、烧杯、锥形瓶、容量瓶、吸量管(1 mL、2 mL、10 mL)、恒温水浴锅、电炉和石棉网、漏斗、天平、分光光度计、玻璃棒、白瓷板。

2. 试剂

(1) 1 mg/mL 葡萄糖标准溶液:准确称取 80 ℃烘至恒重的分析纯葡萄糖 100 mg,置于小烧杯中,加少量去离子水溶解后,转移到 100 mL 容量瓶中,用去离子水定容,混匀,4 ℃冰箱中保存备用。

(2) 3,5-二硝基水杨酸(DNS)试剂:称取 0.65 g DNS,溶于少量热去离子水中,移入 100 mL 容量瓶,加入 2 mol/L NaOH 溶液 32.5 mL,再加入 4.5 g 丙三醇,摇匀,冷却后定容至 100 mL。

(3) 碘-碘化钾溶液:称取 5 g 碘和 10 g 碘化钾,溶于 100 mL 去离子水中。

(4) 酚酞指示剂:称取 0.1 g 酚酞,溶于 250 mL 70%乙醇中。

(5) 6 mol/L 盐酸和 6 mol/L NaOH 溶液:分别取 59.19 mL 37 %浓盐酸和 24 g NaOH,溶解后定容至 100 mL。

3. 材料

食用面粉。

【实验步骤】

1. 制作葡萄糖标准曲线

取 7 支 20 mL 刻度试管,编号,按表 9-7 分别加入 1 mg/mL 葡萄糖标准溶液、去离子水和 3,5-二硝基水杨酸(DNS)试剂,配成不同葡萄糖含量的反应液。

表 9-7　葡萄糖标准曲线制作

试管号	1 mg/mL 葡萄糖标准溶液体积/mL	去离子水体积/mL	DNS 试剂体积/mL	葡萄糖含量/mg	吸光度 A_{540}
0	0	5.0	3.75	0	
1	0.5	4.5	3.75	0.2	
2	1.0	4.0	3.75	0.4	
3	1.5	3.5	3.75	0.6	
4	2.0	3.0	3.75	0.8	
5	2.5	2.5	3.75	1.0	
6	3.0	2.0	3.75	1.2	

将各管摇匀,在沸水浴中准确加热 5 min,取出,用冷水迅速冷却至室温,并转移至 50 mL 容量瓶中,用去离子水定容至 50 mL,颠倒混匀。调分光光度计波长至 540 nm,用 0 号管调零点,等后面 7~10 号管准备好后,测出 1~6 号管的吸光度值。以吸光度值为纵坐标,葡萄糖含量(mg)为横坐标,绘出标准曲线。

2. 样品中还原糖和总糖的测定

(1)还原糖的提取。

准确称取 3.00 g 食用面粉,放入 100 mL 烧杯中,先用少量去离子水调成糊状,然后加入 50 mL 去离子水,搅匀,置于 50 ℃恒温水浴中保温 20 min,不时搅拌,使还原糖浸出。过滤,将滤液全部收集在 100 mL 容量瓶中,用去离子水定容,即为还原糖提取液。

(2)总糖的水解和提取。

准确称取 1.00 g 食用面粉,放入 100 mL 锥形瓶中,加 15 mL 去离子水及 10 mL 6 mol/L 盐酸,置于沸水浴中加热水解 30 min,取 1~2 滴置于白瓷板上,加 1 滴碘-碘化钾溶液检查水解是否完全。如已水解完全,则不呈现蓝色。水解毕,冷却至室温后加入 1 滴酚酞指示剂,以 6 mol/L NaOH 溶液中和至溶液呈微红色,并定容到 100 mL,过滤,取滤液 10 mL 于 100 mL 容量瓶中,定容,混匀,即为稀释 1 000 倍的总糖水解液,用于总糖测定。

(3)显色和比色。

取 4 支 20 mL 刻度试管,编号,按表 9-8 分别加入待测液和显色剂,将各管摇匀,在沸水浴中准确加热 5 min,取出,用冷水迅速冷却至室温,并转移至 50 mL 容量瓶中,用去离子水定容至 50 mL,加塞后颠倒混匀。在分光光度计上进行比色。调波长至 540 nm,用 0 号管调零点,测出 7~10 号管的吸光度值。

表 9-8　样品还原糖测定

试管号	还原糖待测液体积/mL	总糖待测液体积/mL	去离子水体积/mL	DNS体积/mL	吸光度 A_{540}	查曲线所得葡萄糖质量/mg	平均值
7	1.25		3.75	3.75			
8	1.25		3.75	3.75			
9		2.5	2.5	3.75			
10		2.5	2.5	3.75			

【结果与计算】

计算出 7、8 号管吸光度值的平均值和 9、10 号管吸光度值的平均值,在标准曲线上分别查出相应的葡萄糖质量(mg),按下式计算出样品中还原糖和总糖的百分含量(以葡萄糖计)。

$$w(还原糖)=\dfrac{查曲线所得葡萄糖质量(mg)\times\dfrac{提取液总体积(mL)}{测定时取用体积(mL)}}{样品质量(mg)}\times100\%$$

$$w(总糖)=\dfrac{查曲线所得水解后葡萄糖质量(mg)\times稀释倍数}{样品质量(mg)}\times0.9\times100\%$$

【思考题】

(1)在提取样品的总糖时,为什么要用浓盐酸处理?而在其测定前,又为何要用 NaOH 中和?

(2) 标准葡萄糖浓度系列和样品含糖量的测定为什么要同步进行？比色时设 0 号管有什么意义？

(3) 绘制标准曲线的目的是什么？

【附注】

(1) 标准曲线制作与样品测定应同时进行显色，并使用同一空白调零点和比色。

(2) 面粉中还原糖含量较少，计算总糖时可将其合并入多糖一起考虑。

实验 49　脂类的测定

I　索氏抽提法测定粗脂肪含量

【实验目的】

学习和掌握索氏(Soxhlet)抽提法抽提粗脂肪的原理和测定方法；熟悉和掌握重量分析的基本操作，包括样品的处理、定量转移、烘干、恒重等。

【实验原理】

粗脂肪是脂肪、游离脂肪酸、酯、磷脂、固醇及色素等脂溶性物质的总称。这类物质一般溶于乙醚、石油醚、苯及氯仿等，不溶于水或微溶于水。本法为重量法，用脂肪溶剂将脂肪提出后进行称量。它适用于固体和液体样品，通常将样品浸于脂肪溶剂，如乙醚或沸点为 $30 \sim 60$ ℃的石油醚，借助于索氏提取管进行循环抽提。本法提取的脂溶性物质为脂肪类似物的混合物，其中含有脂肪、游离脂肪酸、磷脂、酯、固醇、芳香油、某些色素及有机酸等。用该法测定样品含油量时，通常采用沸点低于 60 ℃的有机溶剂，此时，样品中结合状态的脂类(脂蛋白)不能直接提取出来，所以该法又称为游离脂类定量测定法。

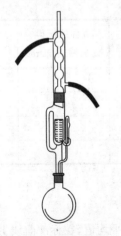

图 9-1　索氏提取器

索氏提取器由提取瓶、提取管、冷凝器三部分组成(见图 9-1)。提取时，将待测样品包在脱脂滤纸内，放入提取管内。提取管内加入无水乙醚(或石油醚)。加热提取瓶，无水乙醚汽化，由连接管上升进入冷凝器，凝成液体滴入提取管内，浸提样品中的脂类物质。待提取管内的无水乙醚液面达到一定高度时，溶有粗脂肪的无水乙醚经虹吸管流入提取瓶。流入提取瓶的无水乙醚继续被加热汽化、上升、冷凝，滴入提取管内，如此循环往复，直到抽提完全为止。本法利用乙醚在索氏提取器中提取样品中的脂肪，然后蒸发除去乙醚，干燥、称重，即可得样品中粗脂肪的含量。

【仪器、试剂和材料】

1. 仪器

天平、烘箱、研钵、滤纸、脱脂滤纸、索氏提取器、电炉等。

2. 试剂

无水乙醚或石油醚(沸程 60~90 ℃)。

3. 材料

花生。

【实验步骤】

1. 样品的准备

将花生在 80 ℃烘箱内烘去水分,烘干时需避免过热,冷却后准确称取 1 g,放入研钵中研碎,研磨后的研钵应用滤纸擦净,将样品及擦净研钵的滤纸一并用脱脂滤纸包扎好,勿使样品漏出。将滤纸包放入索氏提取管内,注意勿使纸包内样品高于提取管的虹吸部分,用少量溶剂洗涤研钵,将该洗涤溶剂也倒入提取管中。

2. 抽提

洗净提取瓶,于 105 ℃烘干至恒重,记下其质量。装入石油醚,达提取瓶容积的一半,连接索氏提取器各部分,接口处不能漏气(不能用凡士林或真空脂)。

加热提取:使石油醚每小时循环 10~20 次,时间为 2~2.5 h,用滤纸粗略判断脂肪是否提取完全。最后蒸去石油醚,烘干至恒重。

3. 称量计算

$$样品中粗脂肪质量分数 = \frac{m - m_0}{m_1} \times 100\%$$

式中:m_0 为接收瓶质量;m 为提取脂肪干燥后接收瓶质量;m_1 为样品质量。

【思考题】

(1) 本实验装置磨口处为什么不能涂抹凡士林或真空脂?

(2) 索氏抽提法为什么又称游离脂类定量测定法?

Ⅱ 脂肪酸的测定

【实验目的】

了解气相色谱法测定食用油脂肪酸组成的原理,掌握样品的前处理方法,学习食用油脂中脂肪酸组分的色谱分析技术。

【实验原理】

脂肪酸(甘油酯)皂化后,释出的脂肪酸在三氟化硼存在下进行酯化,将萃取得到的脂肪酸甲酯用气相色谱分析。样品中的脂肪酸经过适当的前处理(甲酯化)后,进样,样品在汽化室汽化,在一定的温度下,汽化的样品随载气通过色谱柱,由于样品中组分与固定相间相互作用的强弱不同而被分离,分离后的组分到达检测器时经检测口的相应处理(如 FID 的火焰离子化),产生可检测的信号。根据色谱峰的保留时间定性,用归一法确定不同脂肪酸的含量。

【仪器、试剂和材料】

1. 仪器

气相色谱仪(具氢火焰离子化检测器(FID))、恒温水浴锅、吸量管、胶头滴管、小圆底烧瓶、冷凝管、样品瓶。

2. 试剂

正己烷(AR,沸程 60～90 ℃或 30～60 ℃,重蒸)、KOH-甲醇溶液、BF₃-甲醇溶液、饱和食盐水。

3. 材料

大豆油(市售)。

【实验步骤】

1. 样品预处理

甲酯化过程:取 2～4 滴大豆油样品于圆底烧瓶中,加入 3 mL KOH-甲醇溶液,70 ℃水浴加热回流 5 min;取出冷却至室温(可用水冷),加入 5 mL BF₃-甲醇溶液,70 ℃水浴加热回流 5 min;取出冷却至室温,加入 3 mL 正己烷,70 ℃水浴加热回流 5 min;取出冷却至室温,加入适量饱和食盐水,静置 3～5 min,取上层油样 1 mL 于样品瓶中,进气相色谱分析。

2. 测定步骤

(1) 气相色谱条件。

① 色谱柱:石英弹性毛细管柱,0.25 mm(内径)×60 m。

② 程序升温:150 ℃保持 3 min,5 ℃/min升温至 220 ℃,保持 10 min。进样口温度 250 ℃,检测器温度 300 ℃。

③ 气体流速:氮气为 40 mL/min,氢气为 40 mL/min,空气为 450 mL/min,分流比为 30∶1。

④ 柱前压:25 kPa。

(2) 色谱分析。

自动进样,吸取 1 μL 样品注入气相色谱仪,记录色谱峰的保留时间和峰高。利用标准图谱确定每个色谱峰的性质(定性),利用软件自带的自动积分方法计算各脂肪酸组分的含量。

【思考题】

常用的检测某样品中脂肪酸组成的分离和分析方法有哪些?

Ⅲ　血清甘油三酯简易测定法

【实验目的】

了解血清甘油三酯简易测定的原理,掌握测定血清甘油三酯的方法。

【实验原理】

血清甘油三酯的简易测定原理如下:首先,用异丙醇抽提血清中的甘油三酯,再以氧化铝吸附磷脂,经皂化后释放出的甘油用过碘酸钠氧化生成甲醛。甲醛与乙酰丙酮在有铵离子存在下生成 3,5-二乙酰-1,4-双氢二甲基吡啶(呈黄色),再以同样处理的标准管为参比测定吸光度值,从而计算出样品中甘油三酯的含量。

【仪器、试剂和材料】

1．仪器

分光光度计、水浴锅、具塞磨口试管、吸量管、玻璃棒、离心机。

2．试剂

（1）氧化铝（中性、层析用）：用蒸馏水反复洗去不易下沉的细颗粒，置于 100～110 ℃烘箱中过夜，储存于干燥器内。

（2）氧化剂：取过碘酸钠 325 mg，溶于 250 mL 蒸馏水中，然后加入无水醋酸铵 38.5 g，使其溶解。再加冰醋酸 30 mL，加蒸馏水至 500 mL，混匀，保存于棕色瓶中。

（3）显色剂：取乙酰丙酮 0.75 mL、异丙醇 20 mL，用蒸馏水稀释至 100 mL，储存于棕色瓶中。

（4）甘油三酯标准溶液。

A 储存液（4 mg/mL）：精确称取三油酸甘油酯 400 mg，用异丙醇溶解并稀释至 100 mL，混匀，冰箱中保存。

B 反应液（0.08 mg/mL）：取储存液 2 mL，用异丙醇稀释至 100 mL，混匀，冰箱中保存。

（5）异丙醇、50 g/L KOH 溶液。

3．材料

血清（人或动物）。

【实验步骤】

（1）取待测血清 0.2 mL，加至具塞磨口试管中，向管底部吹入异丙醇 4.8 mL，冲散血清，使蛋白质沉淀。加塞混合后，置于 60 ℃水浴 2 min。然后加入氧化铝 1 g，加塞，快速振摇 2 min。3 000 r/min 离心 5 min，上清液即为抽提液。

（2）取试管 3 支，做好标记后，按表 9-9 操作。

表 9-9　血清甘油三酯测定

试　　样	空白	标准	待测	备　　注
抽提液体积/mL	0	0	1.0	混匀后，置于 60 ℃水浴中保温 10 min
0.08 mg/mL 甘油三酯标准溶液体积/mL	0	1.0	0	
异丙醇体积/mL	1.0	0	0	
50 g/L KOH 溶液体积/mL	0.1	0.1	0.1	
氧化剂体积/mL	0.5	0.5	0.5	混匀后，置于 60 ℃水浴中保温 20 min
显色剂体积/mL	0.25	0.25	0.25	

取出反应后的 3 支试管，待冷却后，用 420 nm 的单色光，以空白管为参比，测定其他两管的吸光度并计算待测品甘油三酯含量。计算公式如下：

$$甘油三酯含量（mg/(100~mL)）=\frac{A_1}{A_0}\times 0.08\times 5\times\frac{100}{0.2}=\frac{A_1}{A_0}\times 200$$

式中：A_1 为测定管吸光度；A_0 为标准管吸光度；0.08 为标准甘油三酯含量，mg；5 为稀释倍数；0.2 为取血量，mL。

【思考题】

(1) 测定过程中有哪些需要注意的事项?

(2) 血清甘油三酯的量还可以用什么方法进行测定?

Ⅳ 醋酸酐法测定血清中胆固醇含量

【实验目的】

掌握醋酸酐法测定血清中胆固醇含量的基本原理和方法。

【实验原理】

血清总胆固醇是指血液中所有脂蛋白所含胆固醇之和,包括游离胆固醇和胆固醇酯。肝脏是合成和储存胆固醇的主要器官。胆固醇是合成肾上腺皮质激素、性激素、胆汁酸及维生素 D 等生理活性物质的重要原料,也是细胞膜的主要成分,其血清浓度可作为脂代谢的指标。临床上将血总胆固醇增高称为高胆固醇血症。目前,我国医学界将血清总胆固醇水平大致分为以下三个等级:合适范围,小于 5.20 mmol/L;边缘升高,5.23～5.69 mmol/L;过高值,大于 5.72 mmol/L。本实验的原理如下:提取、分离并纯化胆固醇,然后在胆固醇的氯仿或醋酸溶液中加入醋酸酐-硫酸试剂,产生蓝绿色,再在 620 nm 波长下比色确定胆固醇的量。本法在临床中常用,测定 100 mL 血清总胆固醇的正常值为 125～200 mg。本实验采用的醋酸酐-硫酸显色法中,醋酸酐能使胆固醇脱水,再与硫酸结合生成绿色化合物,反应式如下:

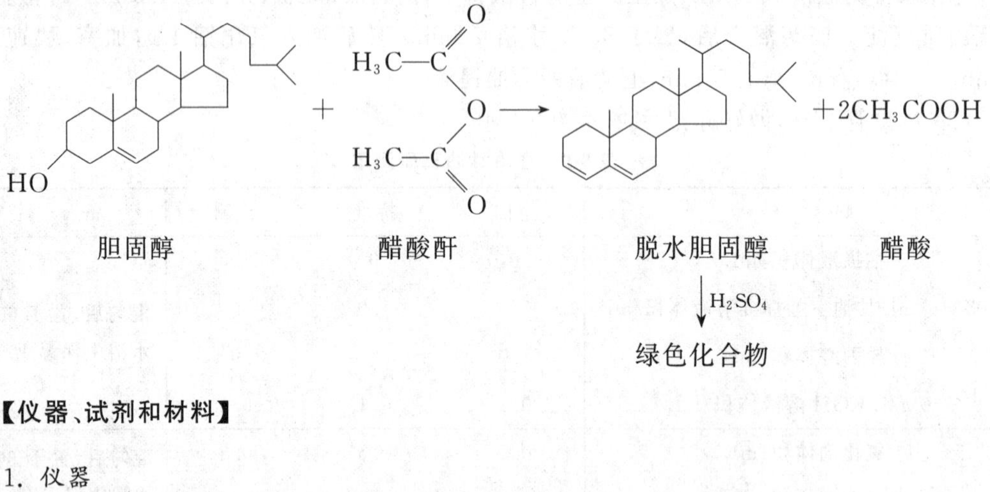

【仪器、试剂和材料】

1. 仪器

电子天平、分光光度计、烧杯、容量瓶、试管、吸量管、恒温水浴锅。

2. 试剂

(1) 胆固醇标准溶液(2 mg/mL):准确称取干燥胆固醇 200 mg,先用少量无水乙醇溶解,转移到 100 mL 容量瓶中,再用无水乙醇稀释至刻度。

(2) 硫脲显色剂:称取硫脲 0.5 g,溶解于 350 mL 冰醋酸及 650 mL 醋酸酐的混合液中,此溶液放置于冰箱内可长期保存。制备使用液时可向上述 100 mL 硫脲溶液中逐滴加入浓硫酸 10 mL,边加边摇,不得使溶液过热。冷却后放置于冰箱中,可保存半个月以上。若溶液发黄,则不能再用。

3. 材料

血清(人或动物)。

【实验步骤】

取试管 3 支,分别标记为"空白"、"标准"、"待测",按表 9-10 进行操作。快速加入显色剂,迅速混匀,于 37 ℃水浴中保温 10 min,取出后,立即以显色剂作为空白调零点,于 620 nm 波长处进行比色,计算待测液中胆固醇含量。

表 9-10　醋酸酐法测定血清中胆固醇含量

试　　样	空　　白	标　　准	待　　测
胆固醇标准溶液体积/mL	0	0.1	0
血清体积/mL	0	0	0.1
硫脲显色剂体积/mL	4.0	4.0	4.0

计算公式:

$$m = \frac{A_1 \rho_0}{A_0} \times 100$$

式中:m 为 100 mL 血清中胆固醇的质量,mg;A_1 为样品液的吸光度;A_0 为标准溶液的吸光度;ρ_0 为标准溶液胆固醇的质量浓度,mg/mL;100 为 100 mL 血清。

【思考题】

哪些因素会影响结果测定的准确性?应如何避免?

实验 50　天然产物中多糖的分离、纯化与鉴定

Ⅰ　多糖的提取、纯化

【实验目的】

了解多糖提取和纯化的一般方法。

【实验原理】

真菌多糖主要是细胞壁多糖,多糖组分主要存在于其形成的小纤维网状结构交织的基质中,利用多糖溶于水而不溶于醇等有机溶剂的特点,通常采用热水浸提后用乙醇沉淀的方法,对多糖进行提取。影响多糖提取率的因素很多,如浸提温度、时间、加水量以及脱除杂质的方法等都会影响多糖的得率。多糖的纯化,就是将存在于粗多糖中的杂质去除而获得单一的多糖组分。一般是先脱除非多糖组分,再对多糖组分进行分级。常用的去除多糖中蛋白质的方法有 Sevag 法、三氟三氯乙烷法、三氯乙酸法,这些方法的原理是使多糖不沉淀而使蛋白质沉淀,其中 Sevag 法脱蛋白效果较好,它是用氯仿与戊醇或丁醇,以 4∶1 比例混合,加到样品中

振摇,使样品中的蛋白质变性成不溶状态,用离心法除去。

本实验采用 Sevag 法(氯仿与正丁醇以 4∶1 体积比混合摇匀)进行脱蛋白,用 DEAE Sepharose 层析柱进行纯化,然后合并多糖高峰部分,浓缩后透析,冻干。

【仪器、试剂和材料】

1. 仪器

旋转真空蒸发仪、恒温振荡器、冷冻干燥机、透析袋、恒温水浴锅、烧杯、玻璃棒、离心机、层析柱。

2. 试剂

(1) 平衡缓冲液:0.01 mol/L Tris-HCl 溶液(pH=7.2)。

(2) 洗脱液。A 液每升含 0.1 mol NaCl、0.01 mol Tris-HCl,pH=7.2。

　　　　　　B 液每升含 0.5 mol NaCl、0.01 mol Tris-HCl,pH=7.2。

(3) 高流速琼脂糖凝胶(DEAE Sepharose Fast Flow)、氯仿、正丁醇、95%乙醇、活性炭等。

3. 材料

灰树花子实体。

【实验步骤】

1. 粗多糖的提取

将多糖子实体切碎烘干后称量,采用热水浸提法,每次原料和水之比均为 1∶5,浸提温度为 70~80 ℃,浸提时间为 3~5 h,共提取 4 次,合并 4 次浸提液。真空旋转蒸发浓缩至一半体积。对多糖提取液需进行脱色处理,即以 1%的比例加入活性炭,搅拌均匀,15 min 后过滤即可。在浓缩液中加入 3 倍体积的乙醇并搅拌,沉淀为多糖和蛋白质的混合物,此为粗多糖。它只是一种多糖的混合物,其中可能存在中性多糖、酸性多糖、单糖、低聚糖、蛋白质和无机盐,必须进一步分离纯化。

2. 粗多糖的纯化

粗多糖溶液加入 Sevag 试剂(氯仿与正丁醇以 4∶1 体积比混合摇匀)后,置于恒温振荡器中振荡过夜,使蛋白质充分沉淀,离心(3 000 r/min)分离,去除蛋白质。然后浓缩,透析,加入 4 倍体积的乙醇沉淀多糖,将沉淀冻干。

取样品 0.1 g,溶于 10 mL 0.01 mol/L Tris-HCl 缓冲液(pH=7.2)中,上样用洗脱液(A 液:0.1 mol/L NaCl-0.01 mol/L Tris-HCl(pH=7.2)溶液。B 液:0.5 mol/L NaCl-0.01 mol/L Tris-HCl(pH=7.2)溶液)进行线性洗脱,分部收集。各管用硫酸苯酚法检测多糖。合并多糖高峰部分,浓缩后透析,冻干,即得多糖组分。

Ⅱ　多糖的鉴定

【实验目的】

了解薄层层析法分析单糖组分的原理和方法,了解红外光谱法鉴定多糖的原理和方法。

【实验原理】

采用薄层层析法分析单糖组分。薄层层析显色后,比较多糖水解所得单糖斑点的颜色和

R_f 值与不同单糖标样参考斑点的颜色和 R_f 值,确定样品多糖的单糖组分。

多糖的分析鉴定一般借助于气相色谱(GC)、高效液相色谱(HPLC)、红外光谱(IR)和紫外光谱(UV)等技术,气相(液相)色谱-质谱(GC/HPLC-MS)联用技术成为分析多糖更为有效的手段。

本实验利用红外光谱对多糖进行鉴定。多糖类物质的官能团在红外谱图上表现为相应的特征吸收峰,可以根据其特征吸收来鉴定糖类物质。O—H 的吸收峰在 3 650～3 590 cm^{-1},C—H 的伸缩振动的吸收峰在 2 962～2 853 cm^{-1},C=O 的振动峰为 1 670 ～1 510 cm^{-1} 的吸收峰,C—H 的弯曲振动吸收峰为 1 485～1 445 cm^{-1},吡喃环结构的 C—O 的吸收峰为 1 090 cm^{-1}。

【仪器和试剂】

1. 仪器

沸水浴装置、玻璃板、傅里叶变换红外光谱仪、烧杯、漏斗、滤纸、玻璃棒、离心管、点样器、烘箱、喷雾器、层析缸、干燥箱。

2. 试剂

(1) 浓硫酸、氢氧化钡、各种单糖标准品。

(2) 展开剂:乙酸乙酯、无水乙醇、水、吡啶以 8∶1∶2∶1 比例混合。

(3) 显色剂:1,3-二羟基萘硫酸溶液(0.2% 1,3-二羟基萘乙醇溶液与浓硫酸以体积比 1∶0.04 混合)。

(4) 0.3 mol/L 磷酸二氢钠溶液、1 mol/L 硫酸溶液、硅胶。

【实验步骤】

1. 单糖组分分析

(1) 薄层板制备:称取硅胶 5 g 于 50 mL 烧杯中,加入 12 mL 0.3 mol/L 磷酸二氢钠溶液,用玻璃棒慢慢搅拌至硅胶分散均匀,铺在玻璃板(7.5 cm×10 cm)上,110 ℃活化 1 h。置于有干燥剂的干燥箱中备用。

(2) 点样:取少许的多糖(0.1 mL)于 2.0 mL 离心管中,加入 1 mol/L 硫酸溶液 1 mL,于沸水浴水解 2 h,然后加氢氧化钡中和至中性,过滤除去硫酸钡沉淀,得多糖水解澄清液。以此水解液和单糖标准品进行点样,薄层层析展开。用点样器点样于薄层板上,一般为圆点,点样基线距底边 2.0 cm,点样直径为 2～4 mm,点间距离为 1.5～2.0 cm,点间距离可视斑点扩散情况以不影响检出为宜。点样时注意勿损伤薄层表面。

(3) 展开:展开室需预先用展开剂饱和,将点好样品的薄层板放入展开室的展开剂中,浸入展开剂的深度为距薄层板底边 0.5～1.0 cm(切勿将样点浸入展开剂中),密封室盖,等展开至规定距离(一般为 10～15 cm)后,取出薄层板,晾干。

(4) 显色:将展开晾干后的薄层板再在 100 ℃烘箱内烘烤 30 min,将显色剂均匀地喷洒在薄层板上,此板在 110 ℃下烘烤 10 min 即可显色。

薄层显色后,将样品图谱与标准样图谱进行比较,参考斑点颜色、相对位置及 R_f 值,确定样品中有哪几种糖。

2. 红外光谱在多糖分析上的应用

将冻干后的样品用 KBr 压片,在 4 000～400 cm^{-1} 区间内进行红外光谱扫描,记录多糖的特征吸收峰。在 900 cm^{-1} 处的吸收峰说明该多糖以 β-糖苷键连接。在 N—H 变角振动区 1 650～1 550 cm^{-1} 处有明显的蛋白质吸收峰,表明该样品是多糖蛋白质复合物。

【思考题】

简述红外光谱鉴定糖的原理。

实验 51　血清蛋白的分离、纯化与鉴定

【实验目的】

了解蛋白质分离提纯的总体思路,掌握盐析法、分子筛层析法、离子交换层析法等实验原理及操作技术。

【实验原理】

血清中蛋白质按电泳法一般可分为五类:清蛋白、α_1-球蛋白、α_2-球蛋白、β-球蛋白和 γ-球蛋白,其中 γ-球蛋白含量约为 16%,100 mL 血清中约含 1.2 g。

首先利用清蛋白和球蛋白在高浓度中性盐溶液(常用硫酸铵)中溶解度的差异而进行沉淀分离,此为盐析法。半饱和硫酸铵溶液可使球蛋白沉淀析出,清蛋白则仍溶解在溶液中,经离心分离,沉淀部分即为含有 γ-球蛋白的粗制品。用盐析法分离得到的蛋白质中含有大量的中性盐,会妨碍蛋白质进一步纯化,因此首先必须去除。常用的方法有透析法、凝胶层析法等。本实验采用凝胶层析法,其目的是利用蛋白质与无机盐类之间相对分子质量的差异进行分离。当溶液通过 Sephadex G-25 凝胶柱时,溶液中分子直径大的蛋白质不能进入凝胶颗粒的网孔,而分子直径小的无机盐能进入凝胶颗粒的网孔。因此在洗脱过程中,小分子的盐会被阻滞而后洗脱出来,从而可达到去除盐的目的。

脱盐后的蛋白质溶液尚含有各种球蛋白,利用它们等电点的不同可进行分离。α-球蛋白、β-球蛋白的 pI<6.0,γ-球蛋白的 pI 为 7.2 左右。因此在 pH=6.3 的缓冲液中,各类球蛋白所带电荷不同。经 DEAE(二乙基氨基乙基)纤维素阴离子交换层析柱进行层析时,带负电荷的 α-球蛋白和 β-球蛋白能与 DEAE 纤维素进行阴离子交换而被结合,带正电荷的 γ-球蛋白则不能与 DEAE 纤维素进行交换结合而直接从层析柱流出。因此随洗脱液流出的只有 γ-球蛋白,从而使 γ-球蛋白粗制品被纯化。其反应式如下:

$$\alpha\text{-}(\beta\text{-})\,球蛋白\begin{matrix}COO^-\\|\\NH_3^+\end{matrix} \xrightarrow[\text{(OH}^-\text{)}]{\text{pH}=6.3} \alpha\text{-}(\beta\text{-})\,球蛋白\begin{matrix}COO^-\\|\\NH_2\end{matrix} +H_2O$$

$$\gamma\text{-}球蛋白\begin{matrix}COO^-\\|\\NH_3^+\end{matrix} \xrightarrow[\text{(H}^+\text{)}]{\text{pH}=6.3} \gamma\text{-}球蛋白\begin{matrix}COOH\\|\\NH_3^+\end{matrix}$$

$$纤维素—O—(CH_2)_2—N(C_2H_5)_2 \xrightarrow[\text{H}^+ +\text{H}_2\text{PO}_4^-]{\text{pH}=6.3} 纤维素—O—(CH_2)_2—^+N \cdot H_2PO_4^-\begin{matrix}C_2H_5\\|\\|\\H\quad C_2H_5\end{matrix}$$

$$纤维素—O—(CH_2)_2—^+N \cdot H_2PO_4^- \quad + \quad \alpha\text{-}(\beta\text{-}) \text{球蛋白}$$

（结构式：纤维素—O—(CH₂)₂—⁺N，上下带 C₂H₅、H、C₂H₅；右侧 α-(β-)球蛋白带 COO⁻、NH₂）

$$\downarrow pH = 6.3$$

$$纤维素—O—(CH_2)_2—^+N \cdot \alpha\text{-}(\beta\text{-})\text{球蛋白} \quad + H_3PO_4$$

（结构式：纤维素—O—(CH₂)₂—⁺N，上下带 C₂H₅、H、C₂H₅；右侧 α-(β-)球蛋白带 COO⁻、NH₂）

可将纯化前后的 γ-球蛋白进行电泳比较而鉴定,分析用上述方法分离得到的 γ-球蛋白是否纯净。

【仪器、试剂和材料】

1. 仪器

层析柱、长滴管、醋酸纤维素薄膜、试管、比色板、玻璃棒、锥形瓶、离心机、电泳仪。

2. 试剂

(1) 饱和硫酸铵溶液:称固体硫酸铵(AR)850 g,置于 1 000 mL 蒸馏水中,在 70~80 ℃水中搅拌溶解。调节至 pH＝7.2,室温中放置过夜,瓶底析出白色结晶,上清液即为饱和硫酸铵溶液。

(2) 葡聚糖凝胶 G-25 的处理:按每 100 mL 凝胶床体积需要葡聚糖凝胶 G-25 干胶 25 g 的量称取,置于锥形瓶中。每毫升干胶加入蒸馏水约 30 mL,用玻璃棒轻轻混匀,置于 90~100 ℃水中不时搅动,使气泡逸出。1 h 后取出,稍静置,倾去上清液细粒。也可于室温下浸泡 24 h,搅拌后稍静置,倾去上清液细粒,用蒸馏水洗涤 2~3 次,然后加 17.5 mmol/L 磷酸盐缓冲液(pH＝6.3)平衡,备用。

(3) DEAE-32(二乙基氨基乙基-32)纤维素的处理:按 100 mL 柱床体积需 DEAE 纤维素 14 g 称取,每毫升加 0.5 mol/L 盐酸 15 mL,搅拌。放置 30 min(盐酸处理时间不可太长,否则 DEAE 纤维素变质)。加约 10 倍量的蒸馏水搅拌,放置片刻,待纤维素下沉后,倾弃含细微悬浮物的上层液。如此反复数次。静置 30 min,虹吸去除上清液(也可用布氏漏斗抽干),直至上清液 pH＞4 为止。加等体积 1 mol/L 氢氧化钠溶液,使最终浓度约为 0.5 mol/L 氢氧化钠,搅拌后放置 30 min,以虹吸除去上层液体。同上用蒸馏水反复洗至 pH＜7 为止。虹吸去除上层液体,然后加入 17.5 mmol/L 磷酸盐缓冲液(pH＝6.3)平衡,备用。

(4) 17.5 mmol/L 磷酸盐缓冲液(pH＝6.3):取 A 液 77.5 mL,加入 B 液 22.5 mL,混匀后即成。

A 液:称取磷酸二氢钠(NaH₂PO₄ · 2H₂O)2.730 g,溶于蒸馏水中,加蒸馏水稀释至 1 000 mL。

B 液:称取磷酸氢二钠(Na₂HPO₄ · 12H₂O)6.269 g,溶于蒸馏水中,加蒸馏水稀释至 1 000 mL。

(5) 奈氏(Nessler)试剂应用液。

储存液:称取碘化钾(KI)7.58 g 于 250 mL 锥形瓶中,加 5 mL 蒸馏水溶解,再加入碘(I₂)5.5 g 溶解,加 7.0~7.5 g 汞用力振摇 10 min(此时产生高热,须冷却),直至棕红色的碘转变成绿色的碘化汞钾溶液为止,过滤上清液,倾入 100 mL 容量瓶,洗涤沉淀,洗涤液一并倒入容量瓶内,用蒸馏水稀释至 100 mL。

应用液:取储存液 75 mL,加 10% NaOH 溶液 350 mL,加水至 500 mL。

(6) 0.9%氯化钠溶液、20%磺基水杨酸溶液、葡聚糖凝胶 G-25。

3. 材料

人血清。

【实验步骤】

1. 盐析——中性盐沉淀

取正常人血清 2.0 mL 于小试管中,加 0.9%氯化钠溶液 2.0 mL,边搅拌混匀边缓慢滴加饱和硫酸铵溶液 4.0 mL,混匀后于室温下放置 10 min,3 000 r/min 离心 10 min。小心倾去含有清蛋白的上清液,重复洗涤一次,于沉淀中加入 17.5 mmol/L 磷酸盐缓冲液(pH=6.3)0.5~1.0 mL 使之溶解。此液即为粗提的 γ-球蛋白溶液。

2. 脱盐——凝胶柱层析

(1) 装柱:将洗净的层析柱保持竖直放置,关闭出口,柱内留下约 2.0 mL 洗脱液。一次性将凝胶从塑料接口加入层析柱内,打开柱底部出口,调节流速为 0.3 mL/min。凝胶随柱内溶液慢慢流下而均匀沉降到层析柱底部,最后使凝胶床达 20 cm 高,床面上保持有洗脱液,操作过程中切忌让凝胶床表面露出液面,使层析床内出现"纹路"。在凝胶表面可盖一圆形滤纸,以免加入液体时冲起胶粒。

(2) 上样与洗脱:可以在凝胶表面上加圆形尼龙滤布或滤纸使表面平整,小心控制凝胶柱下端活塞,使柱上的缓冲液面刚好下降至凝胶床表面,关紧下端出口,用长滴管吸取盐析球蛋白溶液,小心缓慢加到凝胶床表面。打开下端出口,将流速控制在 0.25 mL/min,使样品进入凝胶床内。关闭出口,小心加入少量 17.5 mmol/L 磷酸盐缓冲液(pH=6.3)洗涤柱内壁。打开下端出口,待缓冲液进入凝胶床后再加少量缓冲液。如此重复 3 次,以洗净内壁上的样品溶液。然后加入适量缓冲液开始洗脱。加样开始应立即收集洗脱液。洗脱时接通蠕动泵,流速为 0.5 mL/min,用部分收集器收集,每管 1 mL。

(3) 洗脱液中 NH_4^+ 与蛋白质的检查:取比色板两个(其中一个为黑色背底),按洗脱液的顺序每管取 1 滴,分别滴入比色板中,前者加 20%磺基水杨酸溶液 2 滴,出现白色混浊或沉淀即表示有蛋白质析出,由此可估计蛋白质在洗脱各管中的分布及浓度;于另一比色板中,加入奈氏试剂应用液 1 滴,以观察 NH_4^+ 出现的情况。

合并球蛋白含量高的各管,混匀。除留少量作电泳鉴定外,其余用 DEAE 纤维素阴离子交换柱进一步纯化。

3. 纯化——DEAE 纤维素阴离子交换层析

用 DEAE 纤维素装柱 8~10 cm 高,并用 17.5 mmol/L 磷酸盐缓冲液(pH=6.3)平衡,然后将脱盐后的球蛋白溶液缓慢加于 DEAE 纤维素阴离子交换柱上,用同一缓冲液洗脱、分管收集。用 20%磺基水杨酸溶液检查蛋白质分布情况。装柱、上样、洗脱、收集及蛋白质检查等操作步骤同凝胶层析。

4. 浓缩

经 DEAE 纤维素阴离子交换柱纯化的 γ-球蛋白液往往浓度较低。为便于鉴定,常需浓缩。收集较浓的纯化的 γ-球蛋白溶液 2 mL,按每毫升 0.2~0.25 g 加 Sephadex G-25 干胶,摇动 2～3 min,3 000 r/min 离心 5 min。上清液即为浓缩的 γ-球蛋白溶液。

5. 鉴定——醋酸纤维素薄膜电泳

取醋酸纤维素薄膜 2 条,分别将血清、脱盐后的球蛋白、DEAE 纤维素阴离子交换柱纯化的 γ-球蛋白液等样品点上。然后进行电泳分离、染色。比较电泳结果。

【思考题】

如何从血清中分离纯化免疫球蛋白 g(IGg)?

【附注】

(1) 装柱是层析操作中最重要的一步。为使柱床装得均匀,务必做到凝胶悬液或 DEAE 纤维素混悬液不稀不浓,一般浓度为 1∶1,进样及洗脱时切勿使床面暴露在空气中,不然柱床会出现气泡或分层现象;加样时必须均匀,切勿搅动床面,否则均会影响分离效果。

(2) 本法是利用 γ-球蛋白的等电点与 α-球蛋白、β-球蛋白不同,用离子交换层析法进行分离的。因此层析过程中用的缓冲液 pH 要求精确。

(3) 凝胶的储存:凝胶使用后如短期不用,为防止凝胶发霉可加防腐剂如 0.02% 叠氮钠,保存于 4 ℃冰箱内。若长期不用,应脱水干燥保存。脱水方法:将膨胀凝胶用水洗净。用多孔漏斗抽干后,逐次更换由稀到浓的乙醇溶液浸泡若干时间,最后一次用 95% 乙醇溶液浸泡脱水,然后用布氏漏斗抽干后,于 60～80 ℃烘干储存。

(4) 离子交换剂的再生和保存:离子交换剂较贵,每次用后只需再生处理便能反复使用多次。处理方法如下:交替用酸、碱处理,最后用水洗至接近中性。阳离子交换剂最后为 Na 型,阴离子以 Cl 型为最稳定,故阴离子交换剂处理顺序为:碱→水→酸→水。由于上述交换剂都是糖链结构,容易水解破坏,因此须避免强酸、强碱长时间浸泡和高温处理,一般纤维素浸泡时间为 3～4 h。

实验 52　凝胶层析法分离纯化脲酶

【实验目的】

掌握脲酶凝胶过滤分离纯化的原理和方法。

【实验原理】

脲酶的相对分子质量较大,达 483 000。本实验采用凝胶层析法,使用交联葡聚糖 Sephadex G-150 作支持物,层析时大分子的脲酶不能进入凝胶颗粒内部,从凝胶颗粒间隙流下,所受阻力小,移动速度快,先流出层析柱,而其他小分子物质及相对分子质量较小的蛋白质可扩散进入凝胶颗粒,所受阻力大,移动速度慢,后流出层析柱,从而达到使脲酶与其他物质分离的目的。定时或定量收集洗脱液,分别在紫外分光光度计 280 nm 波长处测定其吸光度,以收集管号为横坐标,280 nm 波长处的吸光度为纵坐标,绘出脲酶粗制品蛋白质分离的洗脱曲线;再分别测定洗脱峰内各管的脲酶活力,以管号为横坐标,酶活力为纵坐标,绘出酶活力曲线。酶活力与蛋白质洗脱曲线中峰值重叠的部位即为分离所得到的脲酶所在部位。脲酶催化尿素水解释放出氨和 CO_2,加入的奈氏试剂与氨反应,产生黄色化合物(碘代双汞铵),且颜色的深浅与脲酶催化尿素释出的氨量成正比,故可用比色法测定脲酶活力。

【仪器、试剂和材料】

1. 仪器

层析柱、紫外分光光度计、恒温水箱、锥形瓶、收集管、试管、试管架、吸量管、离心机、离心管、玻璃棒、滴管。

2. 试剂

(1) 3%尿素溶液、1 mol/L 盐酸、32%丙酮溶液、Sephadex G-150。

(2) 0.1 mol/L 磷酸缓冲液(pH=6.8):称取 11.18 g $K_2HPO_4 \cdot 3H_2O$ 和 6.94 g KH_2PO_4,溶于 100 mL 蒸馏水中。

(3) 奈氏试剂:取 35 g 碘化钾和 1.3 g 氯化汞,溶解于 70 mL 水中,然后加入 30 mL 4 mol/L 氢氧化钾溶液,必要时过滤,并保存于密闭的玻璃瓶中。

(4) 0.01 mol/L 硫酸铵标准溶液:将硫酸铵(AR)置于 10 ℃烘箱内烘 3 h,取出后在干燥器内冷却,精确称取干燥的硫酸铵 132 mg,溶解后置于 100 mL 容量瓶中,用重蒸水稀释至刻度,即为 0.01 mol/L 硫酸铵标准溶液。

(5) 3%阿拉伯胶:称取 3 g 阿拉伯胶,先加 50 mL 蒸馏水,加热溶解,最后加蒸馏水定容至 100 mL。

(6) 0.001 mol/L 硫酸铵应用液:取 0.01 mol/L 硫酸铵标准溶液 10 mL 至 100 mL 容量瓶中,用水稀释至刻度,即为 0.001 mol/L 硫酸铵应用液。

3. 材料

大豆粉(用粉碎机将大豆磨成粉,以 100 目钢筛筛出豆粉,放置于冰箱中备用)。

【实验步骤】

(1) 凝胶的准备。称取 4.0 g Sephadex G-150,置于锥形瓶中,加蒸馏水 200 mL,置于沸水浴中溶胀 2 h,然后用蒸馏水漂洗几次,去除漂浮的细小颗粒。

(2) 装柱。将直径为 1~1.5 cm,长度为 20~25 cm 的层析柱在支架上竖直固定好,关闭层析柱底部的出口。在溶胀好的凝胶中加入 2 倍体积的蒸馏水,用玻璃棒搅成悬液,顺玻璃棒缓慢倒入层析柱中,当底部凝胶沉积到约 2 cm 时,再打开出口,使溶剂缓慢流出,同时继续倒入凝胶悬液,使凝胶沉积至离层析玻璃管顶端 2~3 cm 为宜,最后用蒸馏水平衡凝胶柱。在加入凝胶时速度应均匀,以免层析床分层,同时凝胶床表面应始终保持约 1 cm 高溶液,防止空气进入柱内产生气泡。如层析床表面不平整,可在凝胶表面用玻璃棒轻轻搅动,再让凝胶自然沉降,使床面平整。

(3) 样品的制备。称取 2.0 g 大豆粉,置于锥形瓶中,加入 32%丙酮溶液 6 mL,振摇 10 min(进行提取),然后倒入离心管中,用 32%丙酮溶液 2 mL 洗锥形瓶,洗液也倒入离心管中,3 500 r/min 离心 10 min,取上清液,加入等体积的冷丙酮溶液,使蛋白质沉淀。再以 3 500 r/min 离心 10 min,弃去上清液。待沉淀中的丙酮蒸发后,加 2.5 mL 蒸馏水,使沉淀完全溶解,得脲酶粗提液,待凝胶分离纯化。留取 0.1 mL 粗提液,用蒸馏水稀释 10 倍作为样品稀释液,用于检测酶活力。

(4) 加样。先将层析柱出口打开,使蒸馏水缓慢流出,当蒸馏水液面接近凝胶床面时,关闭出口。用吸管吸取 0.5 mL 脲酶粗提液,在接近凝胶床表面处沿层析柱内壁缓缓加入。然后打开出口,使样品进入床内,液面接近凝胶床表面时关闭出口。再用滴管小心加入蒸馏水至

2～3 cm 高。接上贮液瓶,进行洗脱。

(5) 洗脱与收集。洗脱液的流速直接影响层析分离的效果,流速控制在每分钟 7～8 滴为宜(流速慢分离效果好,但太慢则形成的峰形过宽,反而影响分离效果)。流出的液体分别收集在收集管中,收集量为每管 3 mL,共约收集 9 管。

(6) 检测与制图。蛋白质检测:将所有的收集管分别在紫外分光光度计 280 nm 波长处测定吸光度,并以吸光度为纵坐标,管号为横坐标,在坐标纸上绘制出蛋白质洗脱曲线。

脲酶活力的检测:取试管若干,1 支为空白,其他对应编号,制备酶促反应液,按表 9-11 操作。

表 9-11 脲酶活力检测

试 样	空 白	洗脱液(各管)	样品稀释液
3%尿素体积/mL	0.5	0.5	0.5
pH=6.8 的 0.1 mol/L 磷酸缓冲液体积/mL	1.0	1.0	1.0
对应收集管酶液体积/mL	0	0.5	0.5
去离子水体积/mL	0.5	0	0

立即混匀,置于 37 ℃恒温水浴中保温 10 min。准确计时,时间到后立即向各管中加入 1 mol/L 盐酸 0.5 mL 以终止反应。另取若干支试管同上编号,按表 9-12 操作,进行显色反应。

表 9-12 显色反应试剂用量

试 样	空 白	洗脱液(各管)	样品稀释液
酶促反应液体积/mL	0.1	0.1	0.1
去离子水体积/mL	2.9	2.9	2.9
3%阿拉伯胶用量/滴	2	2	2
奈氏试剂体积/mL	0.75	0.75	0.75

立即混匀,用分光光度计在 480 nm 波长处比色,测定各管的吸光度值。

硫酸铵标准曲线的制备:取 7 支试管,编号,按表 9-13 操作。

表 9-13 硫酸铵标准曲线制备试剂用量

试 管 号	1	2	3	4	5	6	7
0.001 mol/L 硫酸铵应用液体积/mL	0	0.1	0.2	0.3	0.4	0.5	0.6
重蒸水体积/mL	3.0	2.9	2.8	2.7	2.6	2.5	2.4
3%阿拉伯胶用量/滴	2	2	2	2	2	2	2
奈氏试剂体积/mL	0.75	0.75	0.75	0.75	0.75	0.75	0.75
含 NH_3 的量/μmol	0	0.2	0.4	0.6	0.8	1.0	1.2

加入奈氏试剂后,立即混匀,在 480 nm 波长处比色。以所含 NH_3 的量为横坐标,测定得到的吸光度值为纵坐标,绘制标准曲线。

(7) 计算。

根据测得的吸光度值对照标准曲线查得氨的含量,计算各管中洗脱液的酶活力,单位为

U/mL,计算公式如下:

$$洗脱液的酶活力(U/mL) = \frac{NH_3\ 含量(\mu mol) \times 酶促反应液总量(mL) \times 60\ min}{酶促反应液体积(mL) \times 洗脱液体积(mL) \times 15\ min}$$

$$每管洗脱液的酶活力 = 每毫升洗脱液的酶活力 \times 3$$

$$各管脲酶比活力 = 每毫升洗脱液的酶活力/每毫升洗脱液的蛋白质含量$$

【思考题】

试比较上样稀释液及酶活力最高一管的比活力,从而计算酶活力提高的倍数。

实验53 小麦萌发前、后淀粉酶活力的比较

【实验目的】

学习分光光度计的原理和使用方法,学习测定淀粉酶活力的方法,了解小麦萌发前、后淀粉酶活力的变化。

【实验原理】

种子中储藏的碳水化合物主要以淀粉的形式存在。淀粉酶能使淀粉分解为麦芽糖。

$$2(C_6H_{10}O_5)_n + H_2O \longrightarrow nC_{12}H_{22}O_{11}$$

麦芽糖有还原性,能使3,5-二硝基水杨酸还原成棕色的3-氨基-5-硝基水杨酸。后者可用分光光度计测定。

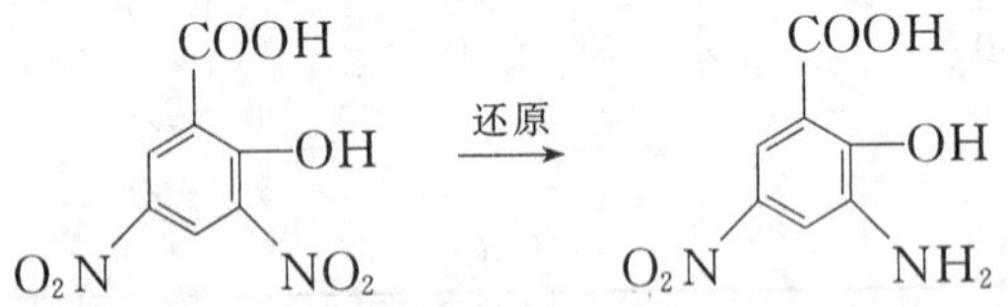

休眠种子的淀粉酶活力很弱,种子吸胀萌动后,酶活力逐渐增强,并随着发芽天数的增多而增加。本实验通过测定小麦种子萌发前、后淀粉酶活力来了解此过程中淀粉酶活力的变化情况。

【仪器、试剂和材料】

1. 仪器

刻度试管(25 mL)、吸量管、量筒、研钵、离心管、分光光度计、离心机、恒温水浴锅、恒温箱。

2. 试剂

(1) 0.1%麦芽糖标准溶液:精确称量100 mg麦芽糖,用少量水溶解后,移入100 mL容量瓶中,加蒸馏水至刻度。

(2) 0.02 mol/L磷酸缓冲液(pH=6.9)。

(3) 1%淀粉溶液:取1 g可溶性淀粉,溶于100 mL 0.02 mol/L磷酸缓冲液,其中含有0.006 mol/L氯化钠。

(4) 1%氯化钠溶液、海砂。

(5) 1‰ 3,5-二硝基水杨酸试剂:取 1.0 g 3,5-二硝基水杨酸,溶于 20 mL 2 mol/L 氢氧化钠溶液和 50 mL 水中,再加入 30 g 酒石酸钾钠,定容至 100 mL。若溶液混浊,可先过滤再使用。

3. 材料

小麦种子。

【实验步骤】

1. 种子发芽

小麦种子浸泡 2.5 h 后,放入 25 ℃恒温箱内或在室温下发芽。小麦萌发所需要的时间与品种有关,若难以萌发,可适当延长浸泡时间和发芽时间。

2. 酶液提取

取发芽第三天或第四天的幼苗 15 株,放入研钵内,加海砂 200 mg,加 1‰氯化钠溶液 10 mL,用力磨碎。在室温下放置 20 min,搅拌几次。将提取液离心(1 500 r/min)6～7 min。将上清液倒入量筒,测定酶提取液的总体积。进行酶活力测定时,将酶提取液稀释 10 倍。

取干燥种子或浸泡 2.5 h 后的种子 15 粒作为对照(提取步骤同上)。

3. 酶活力测定

(1) 取 25 mL 刻度试管 4 支,编号,按表 9-14 要求加入各试剂(试剂需在 25 ℃下预热 10 min)。将各管混匀,于 25 ℃水浴中保温 3 min 后,立即向各管中加入 1‰ 3,5-二硝基水杨酸溶液 2 mL。

表 9-14 酶活力测定

试 样	①干燥种子(或浸泡 2.5 h) 酶提取液	②发芽 3～4 天 幼苗酶提取液	③标准管	④空白管
酶液体积/mL	0.5	0.5	0	0
0.1‰麦芽糖标准溶液体积/mL	0	0	0.5	0
1‰淀粉溶液体积/mL	1	1	1	1
水体积/mL	0	0	0	0.5

(2) 取出各试管,放入沸水浴中加热 5 min。冷却至室温,加水稀释至 25 mL,将各管充分混匀。

(3) 用空白管作对照,在 500 nm 波长处测定各管的吸光度值,将读数填入表 9-15。

表 9-15 各管吸光度值

试 样	①干燥种子 酶提取液	②发芽 3～4 天 幼苗酶提取液	③标准管	④空白管
500 nm 吸光度值				
溶液浓度				

4. 计算

根据溶液的浓度与吸光度值成正比的关系进行计算,即

$$\frac{A_{\text{标准}}}{A_{\text{未知}}} = \frac{C_{\text{标准}}}{C_{\text{未知}}}$$

式中:C 为浓度;A 为吸光度值。

【思考题】

(1) 如何选择未知样品的浓度?

(2) 实验中误差的来源及消除方法有哪些?

实验 54　质粒 DNA 的分离、纯化及鉴定

【实验目的】

熟悉质粒的基本特性,掌握质粒 DNA 的碱裂解法提取工艺,掌握质粒 DNA 的纯化步骤及原理,了解分光光度计测定 DNA 含量的原理和方法。

【实验原理】

质粒(plasmid)是携带外源基因进入细菌中扩增或表达的主要载体,它在基因操作中具有重要作用。质粒的分离与提取是最常用、最基本的实验技术。质粒的提取方法很多,大多包括三个主要步骤:细菌的培养、细菌的收集和裂解、质粒 DNA 的分离和纯化。从细菌如大肠杆菌或枯草杆菌中提取 DNA 的方法很多,其分离可根据 DNA 分子大小的不同、碱基组成的差异以及质粒 DNA 的超螺旋共价闭合环状结构的特点来进行。目前常用的有碱变性提取法、酸酚法、PEG 法、煮沸法以及氯化铯-溴化乙锭梯度平衡离心法。本实验以碱变性法为例,介绍质粒的抽提过程。

碱变性法提取质粒 DNA 是基于染色体 DNA 与质粒 DNA 的变性与复性的差异而达到分离的目的的。在 pH 高达 12.6 的碱性条件下,染色体 DNA 的氢键断裂,双螺旋结构解开而变性。质粒 DNA 的部分氢键也断裂,但超螺旋共价闭环结构的两条互补链不能完全分离,当以 pH=4.8 的 NaAc 缓冲液调节其 pH 至 7 时,变性的质粒 DNA 又恢复到原来的构型,保存于溶液中,而染色体 DNA 不能复性,形成缠连的网状结构,通过离心与不稳定的大分子 RNA、蛋白-SDS 复合物等一起沉淀下来。离心后,质粒 DNA 将留在上清液中,染色体 DNA 则与细胞碎片一起沉淀到离心管的底部,从而达到分离的目的。

纯化质粒 DNA 的方法通常是利用质粒 DNA 相对较小及共价闭环两个性质。多年来,氯化铯-溴化乙锭梯度平衡离心法已成为制备大量质粒 DNA 的首选方法。然而该过程既昂贵又费时,为此发展了许多替代方法。其中最好的方法应是聚乙二醇分级沉淀法,使用该方法可得到极高纯度的质粒。聚乙二醇分级沉淀法与氯化铯-溴化乙锭梯度平衡离心法有一点不同,它不能有效地把带切口的环状分子同闭环质粒 DNA 分开。用于测定生物物理学的闭环质粒时,平衡离心法仍是首选的方法。

测定 DNA 浓度的方法有两种。①分光光度法:因为组成核酸的碱基在 260 nm 波长处具有强吸收峰,所以通过测定 260 nm 波长处的吸收峰即可对 DNA 进行定量。一般在中性环境下进行测定,此方法常用于测定比较纯净的 DNA 样品。②溴化乙锭荧光强度法:溴化乙锭能与 DNA 结合并嵌入双链中,当受紫外光照射时会激发产生荧光,且荧光的强度与 DNA 含量成正比。

在琼脂糖凝胶电泳中,DNA 分子的迁移速度与相对分子质量的对数值成反比。可以此特征区别染色体 DNA、质粒 DNA 和 RNA,若用小刀取下含质粒 DNA 的凝胶带,经电泳洗脱则可得纯 DNA。若将质粒 DNA 用单一切点的酶消化后,与已知相对分子质量的标准 DNA 片段进行电泳对照,观察其迁移距离就可估计出该样品相对分子质量的大小。

【仪器、试剂和材料】

1. 仪器

电泳仪(包括直流电源整流器和电泳槽两部分)、紫外分光光度计、锥形瓶、烧杯、微波炉、微量加样器、Eppendorf 管、台式高速离心机、高压灭菌锅、超净工作台、摇床、滤纸、紫外灯。

2. 试剂

(1) 溶液 I:取葡萄糖 2.25 g,加 0.5 mol/L EDTA 溶液(pH=8.0)5 mL、1 mol/L Tris-HCl 缓冲液(pH=8.0)6.25 mL,调 pH 至 8.0 后,用水定容至 250 mL。

溶液 I 可成批配制,每瓶约 100 mL。在 6.859×10^4 Pa 压力下蒸汽灭菌 15 min,4 ℃冰箱储存(注意:不能将 RNase A 加入溶液 I 中一起灭菌,RNase A 临用时现加)。

(2) 溶液 II:准备 0.2 mol/L NaOH 溶液(临用前用 10 mol/L NaOH 储备液配制,临用时稀释)、1% SDS 溶液(临用前用 10 mol/L SDS 储备液配制,临用时稀释)。1 mL 溶液 II 需要 1% SDS 溶液 980 μL、10 mol/L NaOH 溶液 20 μL。

(3) 溶液 III:5 mol/L 醋酸钾溶液 60 mL、冰醋酸 11.5 mL 和 28.5 mL 蒸馏水混合,高温灭菌后保存。

(4) TE 缓冲液(10 mmol/L Tris-HCl,1 mmol/L EDTA,pH=8.0):量取 1 mol/L Tris-HCl 缓冲液(pH=8.0)5 mL、0.5 mol/L EDTA 溶液(pH=8.0)1 mL 于 500 mL 烧杯中,向烧杯中加入约 400 mL 重蒸水,均匀混合;将溶液定容到 500 mL 后,高温高压灭菌,室温下保存。

(5) 6×上样缓冲液:取溴酚蓝 0.25 g、蔗糖水溶液 40 g,用三蒸水 80 mL 溶解,定容至 100 mL。

(6) 7.5×Tris-硼酸(TBE)缓冲液:称取 54 g Tris 碱、27.5 g 硼酸,溶于 500 mL 蒸馏水中,加入 20 mL 0.5 mol/L EDTA 溶液(pH=8.0)混匀,补加蒸馏水至 1 000 mL,4 ℃冰箱储存。

(7) 8.5×Tris-醋酸(TAE)缓冲液:称取 242 g Tris 碱,溶于 500 mL 蒸馏水中,加入 57.1 mL 冰醋酸(17.4 mol/L)及 200 mL 0.5 mol/L EDTA 溶液(pH=8.0)混匀,补加蒸馏水至 1 000 mL,4 ℃冰箱储存。

(8) 溴化乙锭(EB)工作液(0.5 μg/mL 左右):4 ℃冰箱中避光保存。

(9) 100%乙醇、70%乙醇、氯仿。

3. 材料

含有质粒的大肠杆菌、琼脂糖。

【实验步骤】

1. 质粒 DNA 的提取

(1) 培养细菌:将带有质粒的大肠杆菌接种到液体培养基中,37 ℃振荡培养 12~16 h,到细菌对数生长期即可收获。

（2）取 3 mL 细菌培养液（分 2 次，每次 1.5 mL）于 Eppendorf 管中，10 000 ×g 离心 1 min，弃去上清液（尽可能完全）。

（3）加入 100 μL 冰预冷的溶液 I，剧烈振荡使细胞完全重悬。

（4）加入 200 μL 新配制的溶液 II，快速颠倒 4 次，轻轻混合，将离心管放置于冰上。

（5）加入 150 μL 冰预冷的溶液 III，温和振荡 10 s，使溶液 III 均匀地分散在细菌裂解物中，置于冰浴中 3～5 min。

（6）12 000 × g 离心 5 min，将上清液移入另一支离心管中。

（7）加等量氯仿，振荡混匀，用台式高速离心机于 10 000 r/min 离心 7 min，将上清液移入另一支干净离心管。

（8）加 2 倍体积的 100%乙醇混匀，于室温静置 5 min，沉淀双链 DNA。

（9）用台式高速离心机于 40 ℃、12 000 r/min 离心 5 min。

（10）小心弃去上清液，将离心管倒置于滤纸上，让剩余液体滴尽。

（11）用 1 mL 70%乙醇于 40 ℃洗涤双链 DNA 沉淀，按步骤（10）弃去上清液，在空气中使沉淀干燥 10 min。

（12）取 20 μL TE 缓冲液重新溶解质粒 DNA，加 4 μL 20 μg/mL RNase A 溶液，于 −20 ℃ 冰箱储存备用。

2. 质粒 DNA 含量测定

（1）取 2 μL 提取的质粒 DNA，加入 98 μL 蒸馏水，对待测 DNA 样品进行 1∶50（或更高倍数）的稀释。

（2）以蒸馏水作为空白，在波长 260 nm、280 nm 处调节紫外分光光度计读数至零。

（3）加入 DNA 稀释液，测定 260 nm 及 280 nm 的吸光度值。A_{260} 读数用于计算样品中核酸的浓度，A_{260} 值为 1 时相当于约 50 mg/mL 双链 DNA、33 mg/mL 单链 DNA。可根据 DNA 溶液在 260 nm 以及 280 nm 处吸光度比值（A_{260}/A_{280}）估计核酸的纯度。一般 DNA 的纯品，其比值为 1.8，低于此值说明有蛋白质或其他杂质的污染。

（4）记录吸光度值，通过计算确定 DNA 浓度或纯度（mg/mL），公式如下：

$$dsDNA 含量(mg/mL) = 50 \times A_{260} \times 稀释倍数$$

式中：50 表示当 A_{260} 值为 1 时相当于约 50 mg/mL 双链 DNA。

3. 质粒 DNA 的琼脂糖凝胶电泳

（1）琼脂糖凝胶的制备。称取 0.5 g 琼脂糖，置于锥形瓶中，加入 50 mL TBE 或 TAE 工作液，瓶口倒扣一个小烧杯，将该锥形瓶置于微波炉加热至琼脂糖溶解。

（2）胶板的制备。取有机玻璃内槽，洗净、晾干；取纸胶条（宽约 1 cm），将有机玻璃内槽置于一水平位置模具上，放好梳子。将冷却至 65 ℃左右的琼脂糖凝胶液小心地倒入有机玻璃内槽，使胶液缓慢地展开，直到在整个有机玻璃板表面形成均匀的胶层。室温下静置 30 min 左右，待凝固完全后，轻轻拔出梳子，在胶板上即形成相互隔开的上样孔。制好胶后将铺胶的有机玻璃内槽放在含有 Tris-醋酸或 Tris-硼酸工作液的电泳槽中使用。

（3）加样。用微量加样器将上述样品分别加入胶板的样品孔内。每加完一个样品，换一个加样头。加样时应防止碰坏样品孔周围的凝胶面以及穿透凝胶底部，本实验样品孔容量为 15～20 μL。在第一个上样孔或最后一个上样孔内加入 6 μL 的 1 kb DNA ladder(50 ng/μL)。

（4）电泳（戴上手套操作）。加完样后的凝胶板即可通电进行电泳，建议在 80～100 V 的电压下电泳，当溴酚蓝移动到距离胶板下沿约 1 cm 处停止电泳，将凝胶放入溴化乙锭工作液

(0.5 μg/mL 左右)中染色约 20 min。为了获得电泳分离 DNA 片段的最大分辨率,电场强度不应高于 5 V/cm(两电极间的距离)。电泳温度视需要而定,对大分子的分离,以低温较好,也可在室温下进行。在琼脂糖凝胶浓度低于 0.5% 时,由于凝胶太稀,最好在 4 ℃进行电泳以增加凝胶硬度。

(5) 观察与拍照。在紫外灯(波长为 310 nm)下观察染色后的凝胶。DNA 存在处显示出红色的荧光条带。紫外光激发 30 s 左右,肉眼可观察到清晰的条带。在紫外灯下观察时,应戴上防护眼镜或有机玻璃防护面罩,避免眼睛遭受强紫外光损伤。拍照电泳图谱时,可采用快速凝胶成像系统。

【思考题】

(1) 质粒抽提用具、试剂为何要高压灭菌?
(2) 溶液Ⅰ、溶液Ⅱ、溶液Ⅲ的作用是什么?
(3) 质粒抽提过程为何要防止 DNA 酶污染?
(4) 细菌收获的最佳时期是什么时期?
(5) 质粒 DNA 电泳时为何要加 EB? 为何又要特别小心?
(6) 质粒 DNA 的电泳图谱为何有时只有 1 条带,有时又有 2～3 条带?

【附注】

(1) 收获细菌应在其对数生长期,此时细菌生长活跃,死菌较少,质粒产量高。
(2) 质粒提取过程中,溶液Ⅱ应现用现配,不宜储存。
(3) 在质粒提取的整个过程中都应特别注意 DNase 污染,防止质粒 DNA 被 DNase 水解。
(4) 质粒提取过程复杂,在抽质粒前一定要做好充分准备,将离心管、枪头等消毒。
(5) 质粒 DNA 进行琼脂糖凝胶电泳时,要特别注意 EB 的使用,因为 EB 是一种诱变剂,有致癌作用,操作时应戴塑料或乳胶手套。

实验 55　多聚酶链式反应(PCR)技术扩增目的基因片段

【实验目的】

掌握 PCR 反应的基本原理和方法,了解引物设计的要求,学会使用 PCR 热循环仪。

【实验原理】

多聚酶链式反应(polymerase chain reaction,PCR)是一种体外酶促合成特异 DNA 片段的方法,其原理与 DNA 的变性和复制过程相似。微量模板 DNA、引物、四种脱氧核苷酸(dNTP)、耐热 DNA 聚合酶(Taq 酶)和 Mg^{2+} 等反应物质,经高温变性、低温退火和适温延伸等三步反应组成一个循环周期,通过多次循环过程使目的 DNA 迅速扩增。

具体为在高温(93～95 ℃)下,待扩增的靶 DNA 双链受热变性成为两条单链 DNA 模板。然后在低温(37～65 ℃)下,两条人工合成的寡核苷酸引物与互补的单链 DNA 模板结合,形成部分双链。再在 Taq 酶的最适温度(72 ℃)下,以引物 3′端为合成的起点,以单核苷酸为原料,沿模板以 5′→3′方向延伸,复制互补合成 DNA 新链。这样,每一个双链的 DNA 模板经过一次循环后就成了两个双链 DNA 分子。每一次循环所产生的 DNA 均能成为下一次循环的模板,使两条人工合成的引物间的 DNA 特异区拷贝数扩增一倍,PCR 产物得以以 2^n 的指数形式迅速扩增,经过 25~30 个循环后,DNA 可以扩增 10^6~10^7 倍。

【仪器、试剂和材料】

1. 仪器

PCR 热循环仪、经高压灭菌的 Eppendorf 离心管、琼脂糖凝胶电泳系统、DNA 模板、移液枪、吸头、小指管、烧杯。

2. 试剂

(1) 10×PCR 缓冲液:500 mmol/L KCl、100 mmol/L Tris-HCl(pH = 8.3,室温)、15 mmol/L $MgCl_2$、0.1% 明胶、1% Triton X-100。

(2) dNTPs(2 mmol 10×中性混合液)、Taq 酶(1 U/μL)、DNA 模板(1 ng/μL)、引物溶液(10 pmol/μL)、TBE 稀释缓冲液、溴化乙锭水溶液、0.05% 溴酚蓝、50% 甘油、液体石蜡、琼脂糖。

3. 材料

引物 1、引物 2。

【实验步骤】

1. 建立 PCR 反应体系

如表 9-16 所示,在无菌的 0.5 mL Eppendorf 离心管内加入各反应物,配制成 25 μL 反应体系。

表 9-16　PCR 反应体系

反 应 物	体积/μL	终 浓 度
重蒸水	11	
10×PCR 缓冲液	2.5	1×缓冲液
dNTPs	2.5	200 μmol/L
引物 1	1	每个反应 25 pmol
引物 2	1	每个反应 1 μL
DNA 模板	5	每个反应 5 μL
Taq 酶	2	每个反应 2 U

轻弹管壁,使各成分充分混匀。离心 15 s 混匀,并使液体沉至管底。然后加 25 μL 液体石蜡于反应液表面,以防止加温过程中液体蒸发影响反应体积。

2. 按下述程序进行扩增

(1) 95 ℃预变性 5 min。

(2) 94 ℃变性 1 min。

(3) 52 ℃退火 1 min。

(4) 72 ℃延伸 1 min。

(5) 重复步骤 (2)~(4) 25~35 次。

（6）72 ℃延伸 5 min,迅速冷却,并离心 15 s,上清液用于检测分析。

3. 用电泳分析 PCR 结果

（1）琼脂糖凝胶板的制备。①将凹形有机玻璃内槽洗净、晾干。用胶布将内槽两端边缘封好,并放置于一水平位置,选择一适合的样品槽梳子插于内槽一端,注意梳齿底与凝胶底之间应保持 0.5～1.0 mm 的缝隙。②称取 0.5 g 琼脂糖,置于锥形瓶中,加入 30 mL TBE 稀释缓冲液。将瓶口盖上小烧杯,置于沸水浴中加热,直至琼脂糖完全溶解。冷却至 60 ℃左右,加入溴化乙锭水溶液 10 μL,混匀后倒入凹形内槽中。室温下放置 30～45 min,使凝胶完全凝固,取出梳子,去掉两端胶布,将凹形内槽放入电泳槽内。加入 TBE 稀释缓冲液,使之超过凝胶面约 1 mm。

（2）加样。吸取需鉴定样品溶液 10 μL,与 10 μL 0.05％溴酚蓝-50％甘油混合,用移液枪吸取混合好的样品,然后穿过缓冲液缓慢加入凝胶样品孔中,使样品落入槽底,点样量为每孔 5 μg。注意每加完一个样品,要用蒸馏水反复洗净加样器。如需测定样品 DNA 分子的大小,则在另一样品槽中加入 1 μg 已知相对分子质量的标准 DNA 与溴酚蓝-甘油混合的样品。

（3）电泳。样品加完后,应立即盖好电泳槽进行电泳。电泳时点样端接负极,打开电源,样品进入凝胶前,应使电流控制在 10 mA,样品进入凝胶后电流应保持在 20 mA 左右。为了获得电泳分离 DNA 片段的最大分辨率,电场强度不应高于 5 V/cm。当溴酚蓝染料移动到距离胶板下沿 1～2 cm 处,停止电泳。一般 10～15 cm 长度的胶板需电泳约 2 h。

（4）观察和鉴定。电泳结束后,取出凝胶板,在波长为 254 nm 的紫外灯下,观察电泳图谱。紫外光激发 30 s 左右,有 DNA 存在的地方会呈现出橙红色的荧光条带。记录电泳图谱,并根据标准 DNA 的电泳图谱估计待测样品 DNA 的相对分子质量。

【思考题】

（1）PCR 的反应体系需要哪些物质? 各有何作用?

（2）什么是 PCR 技术的三部曲?

【附注】

（1）所用的 PCR 扩增管、移液枪的吸头都要灭菌,混合试剂时要在超净工作台中进行,戴上一次性手套,防止污染,要离心混匀。

（2）各试剂小份分装,−20 ℃保存,现用现取。

实验 56　重组质粒 DNA 的转化

【实验目的】

掌握 DNA 重组的具体方法及操作步骤,掌握转化子的筛选方法。

【实验原理】

转化是将外源 DNA 分子导入受体细胞,使之获得新的遗传特性的一种方法。进入受体细胞的 DNA 分子通过复制和表达实现信息的转移,使受体细胞具有新的遗传性状。将经过转化的细胞在筛选培养基上培养,即可筛选出转化子(带有异源 DNA 分子的细胞)。转化过程所用的受体细胞一般是限制修饰系统缺陷的变异株,即不含限制性内切酶和甲基化酶的突变体(R⁻、M⁻),它可以容忍外源 DNA 分子进入体内并稳定地遗传给后代。受体细胞经过一些特殊方法(如电击法,$CaCl_2$、RbCl(KCl)等化学试剂法)的处理后,细胞膜的通透性发生暂时性的改变,成为能允许外源 DNA 分子进入的感受态细胞(competent cells)。

本实验采用 $CaCl_2$ 法制备感受态细胞。其原理是细胞处于 0~4 ℃、$CaCl_2$ 低渗溶液中,大肠杆菌细胞膨胀成球状。转化混合物中的 DNA 形成抗 DNA 酶的羟基-钙磷酸复合物黏附于细胞表面,经 42 ℃、90 s 热激处理,促进细胞吸收 DNA 混合物。将细菌放置在非选择性培养基中保温一段时间,促使在转化过程中获得新的表型,如氨苄青霉素耐药得到表达,然后将此细菌培养物涂在含氨苄青霉素 Amp 的选择性培养基上,倒置培养过夜,即可获得细菌菌落。

本实验采用 pBS 质粒转化大肠杆菌 DH5α 菌,由于 pBS 质粒带有氨苄青霉素抗性基因,可通过 Amp 抗性来筛选转化子。若受体细胞没有转入 pBS,则在含 Amp 的培养基上不能生长。能在 Amp 培养基上生长的受体细胞(转化子)肯定已导入 pBS。转化子扩增后,可将转化的质粒提取出来,进行电泳、酶切等进一步鉴定。

【仪器、试剂和材料】

1. 仪器

恒温摇床、电热恒温培养箱、台式高速离心机、低温冰箱、恒温水浴锅、制冰机、分光光度计、移液枪、Eppendorf 管。

2. 试剂

(1) LB 液体培养基:称取蛋白胨(tryptone)10 g、酵母提取物(yeast extract) 5 g、NaCl 10 g,溶于 800 mL 去离子水中,用 NaOH 调 pH 至 7.5,加去离子水至总体积为 1 L,高压下蒸汽灭菌 20 min。

(2) LB 固体培养基:液体培养基中每升加 12 g 琼脂粉,高压灭菌。

(3) Amp 母液:配成 50 mg/mL 水溶液,−20 ℃保存备用。

(4) 含 Amp 的 LB 固体培养基:将配好的 LB 固体培养基高压灭菌后冷却至 60 ℃左右,加入 Amp 储存液,使终浓度为 50 μg/mL,摇匀后铺板。

(5) 麦康凯培养基:取 52 g 麦康凯琼脂,加蒸馏水 1 000 mL,微火煮沸至完全溶解,高压灭菌,待冷至 60 ℃左右加入 Amp 储存液使终浓度为 50 μg/mL,摇匀后涂板。

(6) 0.05 mol/L $CaCl_2$ 溶液:称取 0.28 g 无水 $CaCl_2$(AR),溶于 50 mL 重蒸水中,定容至 100 mL,高压灭菌。

(7) 含 15%甘油的 0.05 mol/L $CaCl_2$ 溶液:称取 0.28 g 无水 $CaCl_2$(AR),溶于50 mL重蒸水中,加入 15 mL 甘油,定容至 100 mL,高压灭菌。

3. 材料

E.coli DH5α 菌株(R⁻、M⁻、Amp⁻)、pBS 质粒、DNA 溶液(购买或实验室自制)、培养皿。

【实验步骤】

1. 受体菌的培养

从 LB 平板上挑取新活化的 *E.coli* DH5α 单菌落,接种于 3~5 mL LB 液体培养基中,

37 ℃下振荡培养 12 h 左右,直至对数生长后期。将该菌悬液以 1 :(50～100)的比例接种于 100 mL LB 液体培养基中,37 ℃振荡培养 2～3 h 至吸光度 $A_{600} \approx 0.5$。

2. 感受态细胞的制备

(1) 将培养液转入离心管中,于冰浴上放置 10 min,然后于 4 ℃下 3 000 r/min 离心 10 min。

(2) 弃去上清液,用预冷的 0.05 mol/L $CaCl_2$ 溶液 10 mL 轻轻悬浮细胞,于冰浴上放置 15～30 min 后,4 ℃下 3 000 r/min 离心 10 min。

(3) 弃去上清液,加入 4 mL 预冷的含 15% 甘油的 0.05 mol/L $CaCl_2$ 溶液,轻轻悬浮细胞,于冰浴上放置几分钟,即成感受态细胞悬液。

(4) 将感受态细胞悬液分装成 200 μL 的小份,于 −80 ℃下可保存半年。

3. 转化

(1) 从 −80 ℃冰箱中取 200 μL 感受态细胞悬液,室温下使其解冻,解冻后立即置于冰浴上。

(2) 加入 pBS 质粒 DNA 溶液(含量不超过 50 ng,体积不超过 10 μL),轻轻摇匀,于冰浴上放置 30 min。

(3) 在 42 ℃水浴中热激 90 s 或 37 ℃水浴 5 min,热激后迅速置于冰浴上冷却 3～5 min。

(4) 向管中加入 1 mL LB 液体培养基(不含 Amp),混匀后 37 ℃振荡培养 1 h,使细菌恢复正常生长状态,并表达质粒编码的抗生素抗性基因(Amp^r)。

(5) 将上述菌液摇匀后取 100 μL 涂布于含 Amp 的筛选平板上,正面向上放置 0.5 h,待菌液完全被培养基吸收后倒置培养皿,37 ℃培养 16～24 h。

同时做两个对照。

对照组 1:以同体积的无菌重蒸水代替 DNA 溶液,其他操作同上。此组正常情况下在含抗生素的 LB 平板上应没有菌落出现。

对照组 2:以同体积的无菌重蒸水代替 DNA 溶液,但涂板时只取 5 μL 菌液涂布于不含抗生素的 LB 平板上,此组正常情况下应产生大量菌落。

4. 计算转化率

统计每个培养皿中的菌落数。

转化后在含抗生素的平板上长出的菌落即为转化子,根据培养皿中的菌落数可计算出转化子总数和转化频率,公式如下:

$$转化子总数 = 菌落数 \times 稀释倍数 \times 转化反应原液总体积/涂板菌液体积$$

$$转化频率 = \frac{转化子总数}{质粒 DNA 加入量(mg)}$$

$$感受态细胞总数 = \frac{对照组 2 菌落数 \times 稀释倍数 \times 菌液总体积}{涂板菌液体积}$$

$$感受态细胞转化率 = \frac{转化子总数}{感受态细胞总数}$$

【思考题】

(1) 制备感受态细胞的原理是什么?

(2) 如果实验中对照组本不该长出菌落的平板上长出了一些菌落,是什么原因?

【附注】

本实验方法也适用于其他 E.coli 受体菌株的不同质粒 DNA 的转化,但它们的转化效率并不一定一样,有的转化效率高,需将转化液进行多梯度稀释涂板才能得到单菌落平板,而有的转化效率低,涂板时必须将菌液浓缩(如离心)才能较准确地计算转化率。

实验 57　感受态细胞的制备及转化

【实验目的】

掌握大肠杆菌感受态细胞的制备和转化方法,学习利用感受态细胞来达到转化的目的。

【实验原理】

转化(transformation)是将外源 DNA 分子引入受体细胞,使之获得新的遗传性状的一种手段,它是微生物遗传、分子遗传、基因工程等研究领域的基本实验技术。

转化过程所用的受体细胞一般是限制修饰系统缺陷的变异株,即不含限制性内切酶和甲基化酶的突变体(R^-、M^-),它可以容忍外源 DNA 分子进入体内并稳定地遗传给后代。受体细胞经过一些特殊方法处理后,细胞膜的通透性发生暂时性的改变,成为能允许外源 DNA 分子进入的感受态细胞。进入受体细胞的 DNA 分子通过复制、表达实现遗传信息的转移,使受体细胞出现新的遗传性状。将经过转化后的细胞在筛选培养基中培养,即可筛选出转化子(transformant,即带有异源 DNA 分子的受体细胞)。目前常用的感受态细胞制备方法有 $CaCl_2$ 法和 RbCl(KCl)法,RbCl(KCl)法制备的感受态细胞转化效率较高,但 $CaCl_2$ 法简便易行,且其转化效率完全可以满足一般实验的要求,制备出的感受态细胞暂时不用时,可加入占总体积 15% 的无菌甘油于 -80 ℃保存(半年),因此 $CaCl_2$ 法使用更为广泛。

【仪器、试剂和材料】

1. 仪器

恒温摇床、电热恒温培养箱、台式高速离心机、无菌工作台、低温冰箱、恒温水浴锅、制冰机、分光光度计、移液枪、Eppendorf 管。

2. 试剂

LB 液体培养基、LB 固体培养基、0.1 mol/L $CaCl_2$ 溶液(以 20% 甘油水溶液配制)。

3. 材料

E.coli JM 109 野生菌株,PHH1010 质粒 DNA(购买或实验室自制)。

【实验步骤】

(1) E.coli JM 109 野生菌株 37 ℃过夜培养以复苏菌种,取过夜培养的菌液 0.3 mL,加入 30 mL LB 培养基中,37 ℃、230 r/min 振荡培养 3 h,至 $A_{600}\approx0.4$。

(2) 无菌条件下,将 50 mL 菌液转移至离心管中,于冰浴上放置 10 min,使培养物冷却至 0 ℃。

(3) 在预冷 4 ℃的离心机上以 4 000 r/min 离心 10 min,弃去上清液,加入 30 mL 预冷的

0.1 mol/L CaCl₂ 溶液重悬沉淀,于冰浴上放置 20 min。

（4）以 4 000 r/min 在 4 ℃离心 10 min,弃去上清液,每 30 mL 初始培养物用 1.0 mL 预冷的 0.1 mol/L CaCl₂ 溶液重悬细胞沉淀,按每管 200 μL 分装。

（5）向分装有 200 μL *E.coli* JM 109 野生菌株感受态细胞的 Eppendorf 管中加入 2 μL PHH 1010 质粒 DNA ,轻轻旋转,以混合内容物为转化实验组,于冰浴上放置 30 min。

（6）将该 Eppendorf 管放入预加温至 42 ℃的水浴中,放置 90 s,快速转移到冰浴中,使细胞冷却 1～2 min。

（7）向 Eppendorf 管加入 800 μL LB 培养基,转移至 37 ℃摇床上,以 150 r/min 温育 45 min,以复苏菌株。

（8）将 200 μL 上述培养物加到含 100 μg/mL 氨苄青霉素的 LB 平板上,以玻璃涂布棒轻轻地将转化细胞平铺于琼脂平板表面。

（9）将平板置于室温下至液体被完全吸收,倒置平板,37 ℃培养过夜。

（10）计算感受态细胞的转化效率。

【思考题】

（1）制备感受态细胞时的注意事项有哪些?

（2）影响本实验转化效率的因素有哪些?

实验 58　DNA 的酶切分析

【实验目的】

掌握限制性内切酶酶切的原理、方法和实验步骤,掌握琼脂糖凝胶电泳的基本操作技术。

【实验原理】

限制性内切酶(restriction endonuclease,RE)是一类能识别双链 DNA 分子中特定核苷酸顺序(一般具有双重对称的回文结构),并以内切方式水解双链 DNA 的核酸水解酶。在质粒载体上进行克隆,先用限制性内切酶切割质粒 DNA 和目的 DNA 片段,然后在体外使两者相连接,再用所得到的重组质粒转化细菌,即可完成。本实验采用双酶切策略,可有效地防止无插入而自身环化的载体分子以及反向插入现象的产生。

琼脂糖凝胶电泳是分离鉴定和纯化 DNA 片段的标准方法,具有简便、快速的优点。本实验中琼脂糖凝胶电泳用于检验、回收酶切产物。DNA 分子在高于其等电点的溶液中带负电荷,在电场中向正极移动。除电荷效应外,凝胶介质还有分子筛效应,与其分子大小及构象有关。对于线性 DNA 分子,其在电场中的迁移率与其相对分子质量的对数值成反比。在凝胶中加入少量溴化乙锭,其分子可插入 DNA 的碱基之间,因此可在紫外灯下直接观察到 DNA 片段在凝胶上的位置,并可在紫外灯下或经凝胶成像系统观察或拍照。

【仪器、试剂和材料】

1. **仪器**

无菌工作台、恒温水浴锅、移液枪、离心管、锥形瓶、电泳仪、台式高速离心机、微波炉、琼脂糖凝胶成像系统。

2. 试剂

(1) 10×TBE 缓冲液(0.89 mol/L Tris-0.89 mol/L 硼酸-0.025 mol/L EDTA 缓冲液)：取 108 g Tris、55 g 硼酸和 9.3 g EDTA(Na$_2$EDTA·2H$_2$O)溶于水，定容至 1 000 mL，调 pH 至 8.3。作为电泳缓冲液时应稀释 10 倍。

(2) 6×电泳加样缓冲液：取 0.25% 溴酚蓝、40% 蔗糖溶液，混合，储存于 4 ℃。

(3) 溴化乙锭(EB)溶液母液：将 EB 配制成 10 mg/mL 溶液，用铝箔或黑纸包裹容器，放置于室温即可。

(4) 1×TBE 稀释缓冲液。

3. 材料

rhIL-18 的 PCR 产物(购买或自行提取纯化)、质粒(pUC18)、限制性内切酶(*Bgl*Ⅱ、*Bam*HⅠ和 *Pst*Ⅰ)及缓冲液、琼脂糖(agarose)。

【实验步骤】

1. DNA 酶切反应

(1) 用移液枪向灭菌的 0.2 mL 离心管(PCR 管)中加入如下酶切反应体系：

PCR 产物 18.8 μL、*Bgl*Ⅱ 0.5 μL、质粒 2 μL、10×TBE 缓冲液 2 μL、BSA 0.2 μL、无菌水 14.8 μL、*Bam*HⅠ 0.5 μL、*Pst*Ⅰ 0.5 μL。

(2) rhIL-18 的 PCR 产物、质粒 pUC18 分别以 *Bgl*Ⅱ、*Pst*Ⅰ和 *Bam*HⅠ、*Pst*Ⅰ进行双酶切。

限制性内切酶最后加入，轻轻混合，37 ℃酶切反应 3 h，使酶切反应完全。

2. 琼脂糖凝胶的制备

(1) 取 10×TBE 缓冲液 20 mL，加水至 200 mL，配制成 1×TBE 稀释缓冲液，待用。

(2) 胶液的制备。称取 0.4 g 琼脂糖，置于 200 mL 锥形瓶中，加入 50 mL 1×TBE 稀释缓冲液，放入微波炉里加热至琼脂糖全部融化，取出摇匀，此为 0.8% 琼脂糖凝胶液。

(3) 胶板的制备。将有机玻璃胶槽置于水平支持物上，插上样品梳子，注意观察梳子齿下缘应与胶槽底面保持 1 mm 左右的间隙。向冷却至 50~60 ℃的琼脂糖凝胶液中加入溴化乙锭(EB)溶液，其终浓度为 0.5 μg/mL(也可不把 EB 加入凝胶中，而是电泳后再用 0.5 μg/mL EB 溶液浸泡染色)。用移液枪吸取少量融化的琼脂糖凝胶封有机玻璃胶槽两端内侧，待琼脂糖溶液凝固后把剩余的琼脂糖小心地倒入胶槽内，使胶液形成均匀的胶层。倒胶时的温度不可太低，否则凝固不均匀；速度也不可太快，否则容易出现气泡。待胶完全凝固后拔出梳子，注意不要损伤梳子底部的凝胶，然后向槽内加入 1×TBE 稀释缓冲液至液面恰好没过胶板上表面。

(4) 加样。取 10 μL 酶解液与 2 μL 6×电泳加样缓冲液，混匀，用移液枪小心加入样品槽中。若 DNA 含量偏低，则可依上述比例增加上样量，但总体积不可超过样品槽容量。每加完一个样品要更换枪头，以防止互相污染。注意上样时要小心操作，避免损坏凝胶或将样品槽底部凝胶刺穿。

(5) 电泳。加完样后，接通电源。控制电压保持在 60~80 V，电流在 40 mA 以上。当溴酚蓝条带距凝胶前沿约 2 cm 时，停止电泳。

(6) 染色。未加 EB 的胶板在电泳完毕后移入 0.5 μg/mL EB 溶液中，室温下染色 20~

25 min。

（7）观察和拍照。在波长为 254 nm 的紫外灯下观察染色后的或已加有 EB 的电泳胶板。DNA 存在处显示出肉眼可辨的荧光条带。

【思考题】

（1）琼脂糖凝胶电泳中 DNA 分子迁移率受哪些因素的影响？

（2）本实验操作过程中有哪些注意事项？

实验 59　植物总黄酮的提取与测定

【实验目的】

掌握植物体内总黄酮的提取和用紫外分光光度法测定总黄酮量的方法。

【实验原理】

黄酮类化合物在植物体内分布很广，主要是以 2-苯基色原酮为母体的一类化合物，以游离的苷或以与糖类结合的苷类等形式存在。目前已知的黄酮类化合物超过 4 000 种，具有广泛的生理活性，不仅对心血管、消化系统疾病有一定效果，且具有抗炎、抗菌、抗病毒、解痉、抗氧化和清除自由基等功能。

利用紫外分光光度法测定植物体内总黄酮含量，即利用黄酮类化合物与铝盐反应生成红色配合物，以芦丁为标准品，在 510 nm 波长处测定吸光度来确定总黄酮的含量。

【仪器、试剂和材料】

1. 仪器

722 型紫外分光光度计、回流装置、干燥箱、组织捣碎机、容量瓶（100 mL、50 mL、25 mL）、移液管、移液枪、旋转蒸发仪、具塞刻度试管、电子天平。

2. 试剂

标准品芦丁、甲醇、石油醚、40%乙醇溶液、30%乙醇溶液、10%硝酸铝溶液、磷酸、1.0 mol/L 氢氧化钠溶液、5%亚硝酸钠溶液、重蒸水。

3. 材料

芹菜叶。

【实验步骤】

1. 标准溶液的配制

精确称取在 120 ℃真空干燥箱中已干燥至恒重的标准品芦丁 20 mg，用 40%乙醇溶液溶解，转入 100 mL 容量瓶中，定容。精确量取上述溶液 25 mL，转入 50 mL 容量瓶中，仍用 40% 乙醇溶液定容，摇匀后即得每毫升含芦丁 0.1 mg 的标准溶液。

2. 标准曲线的制作

（1）精确量取标准溶液 0 mL、2.5 mL、5.0 mL、7.5 mL、10.0 mL、12.5 mL，分别置于

25 mL 容量瓶中,用 30％乙醇溶液补足至 12.5 mL;然后加 5％亚硝酸钠溶液 0.75 mL,摇匀,放置 5 min;精确加入 0.75 mL 10％硝酸铝溶液,摇匀,放置 5 min;再精确加入 1.0 mol/L 氢氧化钠溶液 10 mL,用 40％乙醇溶液定容。

(2) 以第 1 管作为空白,在 510 nm 波长下测定吸光度,以浓度为横坐标,吸光度为纵坐标,绘制标准曲线。

3. 总黄酮的提取

称取新鲜芹菜叶 10 g,捣碎后置于回流装置中,用 70 mL 95％乙醇溶液回流 2 h,过滤后用石油醚(用量约为提取液的一半)作溶剂萃取 1～2 次,除去脂溶物。除脂后用旋转蒸发仪浓缩,用 40％乙醇定容至 100 mL。

4. 芹菜黄酮含量的测定

准确移取 2.0 mL 样品液到 10 mL 具塞刻度试管中,加 40％乙醇溶液约 3 mL 及 5％亚硝酸钠溶液 0.3 mL,摇匀。放置 5 min 后,加入 10％硝酸铝溶液 0.30 mL,摇匀。5 min 后加入 1 mol/L 氢氧化钠溶液 4.00 mL 及蒸馏水 0.40 mL,摇匀,放置 15 min,于 510 nm 波长下测定吸光度值。根据测得的吸光度值(A),利用标准曲线计算样品总黄酮的含量。

$$样品总黄酮的含量(mg/g) = \frac{Y \times V_1}{m \times V}$$

式中:Y 为从回归方程求得的芦丁量,mg;V_1 为样品溶液总体积,100 mL;V 为测定时取样体积,2 mL;m 为样品质量,10 g。

【思考题】

黄酮类化合物是植物体内的天然色素,它有哪些生物活性?

【附注】

(1) 在称取及量取时一定要精确无误。

(2) 操作过程中该放置的一定要放置,不能因时间紧就直接进行下一步操作。

实验 60　芦荟中活性成分的提取和纯化

Ⅰ　芦荟苷的提取和纯化

【实验目的】

学习从原料中提取有效成分的方法。学习采用大孔吸附树脂对提取液进行分离纯化。

【实验原理】

芦荟中所含的蒽醌类化合物主要存在于叶中,存在于绿色组织的渗出物中。根中也有发现,但含量很少,凝胶中的芦荟苷含量几乎检测不到。芦荟蒽醌是芦荟中最为重要的生物活性成分之一,是医药及化妆品的天然原料。蒽醌的含量随着季节的变化、叶位的不同而不同,并且可能存在一定的规律性变化。

芦荟中蒽醌苷的成分比较复杂,糖可以与蒽醌或蒽酮的不同位置的羟基缩合,大都是 1 个糖分子与 1 个羟基缩合,形成单糖苷,也有少数是 2 个糖分子与 1 个羟基缩合形成双糖苷。芦荟苷英文名称为 aloin,别名芦荟甙或芦荟素(barbaloin)。与普通羟基和糖分子缩合形成的苷不同,芦荟苷是糖分子与蒽酮 10 位上的碳原子直接连接形成的苷,称 C 苷(C-glycoside)。芦荟苷结构式:

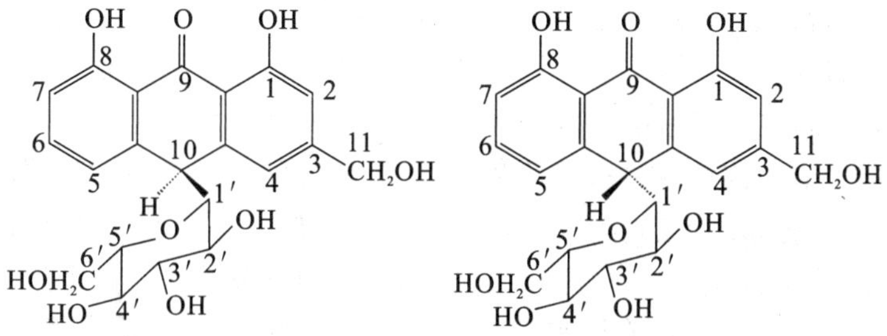

芦荟苷A　　　　　　　芦荟苷B

天然的芦荟苷由于葡萄糖基在蒽酮基的位置不同,而存在芦荟苷 A 和芦荟苷 B 两种同分异构体,芦荟苷 A 分子具有反式结构,芦荟苷 B 分子具有顺式结构。

芦荟苷的分子式为 $C_{21}H_{22}O_9$,相对分子质量为 418.39。芦荟苷为柠檬黄结晶,熔点 148～149 ℃,在室温下易与水形成芦荟苷-水化合物结晶体,熔点变为 70～80 ℃。

【仪器、试剂和材料】

1. 仪器

ALPHA1-2 型冷冻干燥机、XH-2008D 型电脑智能温控低温超声波萃取仪、DHG-9140A 型电热恒温鼓风干燥箱、旋转蒸发仪、WFZ UV-2 型紫外分光光度计、液相色谱仪、烧杯、容量瓶、吸量管、重蒸水。

2. 试剂

芦荟苷标准品、甲醇、乙腈,色谱纯;95％乙醇、无水乙醇、冰醋酸、NaOH、HCl,分析纯。

3. 材料

三年生库拉索芦荟全叶、HZ-801 型大孔吸附树脂。

【实验步骤】

1. 样品溶液的制备

(1) 芦荟叶皮的预处理。

将新鲜芦荟的叶皮与叶肉分开,取皮去肉,将叶皮搅碎,放置于 33 ℃的干燥箱中干燥至恒重,得到芦荟皮粉末备用。

(2) 芦荟粗提物的制备。

称取一定量的芦荟皮粉末,以 1∶10 的料液比用 1 mol/L 醋酸溶液酸化 30 min,然后用 80％乙醇按 1∶25 的料液比,在 40 ℃、超声波功率 360 W 的条件下提取 3 次,合并 3 次提取液,经旋转蒸发,浓缩至溶液无醇味,冷冻干燥。

(3) 配制样品溶液。

称取一定量的芦荟提取物,用重蒸水配制成浓度为 0.3 g/mL 的样品溶液 500 mL。若芦荟提取物不易溶于水,可将样品溶液放入超声波萃取仪中超声处理 10 min。

2．大孔吸附树脂纯化样品

（1）大孔吸附树脂的预处理。

取适量 HZ-801 型大孔吸附树脂，在烧杯中用 95％乙醇浸泡 24 h，充分溶胀后，除去上浮的树脂碎片。湿法半流体装柱，用重蒸水洗去乙醇，至流出液加适量水无白色混浊出现为止。去醇后用 5％HCl 溶液浸泡 2～4 h，然后用重蒸水洗至中性，再用 5％NaOH 溶液浸泡 2～4 h，最后用重蒸水洗至中性，备用。

（2）大孔吸附树脂纯化芦荟粗提物。

将预处理后的大孔吸附树脂进行湿法装柱，柱体积在 30 mL 左右，待柱体沉淀完全，将柱内液体放出至液面与柱床表面接近(1.5～2 cm)，以免降低上样浓度。另外，需在柱床顶端加一小团棉花，防止上样时液体冲坏柱床表面，影响吸附和解吸效果。用恒流泵将样品溶液以 2 mL/min 的流速上样，待树脂吸附饱和后，先用 500 mL 重蒸水淋洗，再用 500 mL10％乙醇淋洗，最后用 60％乙醇以 2 mL/min 的流速进行洗脱。收集洗脱液，旋转蒸发，冷冻干燥，得芦荟提取物，备用。

3．芦荟苷含量的测定

（1）标准曲线的制作。

精确称取芦荟苷标准品 0.005 g，加入甲醇溶解，定容至 25 mL，配制成浓度为 0.2 mg/mL 的对照品溶液。然后分别吸取 1 mL、2 mL、3 mL、4 mL、5 mL、6 mL 至 10 mL 容量瓶中，用甲醇定容，制得浓度分别为 0.02 mg/mL、0.04 mg/mL、0.06 mg/mL、0.08 mg/mL、0.10 mg/mL、0.12 mg/mL 的一系列溶液，按照色谱条件进行 HPLC 测定。以标准品的浓度为横坐标，相对应的峰面积为纵坐标，绘制标准曲线。

（2）样品溶液的配制。

精确称取一定质量的芦荟提取物，用甲醇溶解，定容，配制成适宜浓度的样品溶液，按照色谱条件进行 HPLC 测定。

（3）色谱条件。

色谱柱：Kromasil C_{18}柱(4.6 mm×250 mm)。流动相：乙腈-水(体积比为 25∶75)。流速：1.0 mL/min。检测波长：360 nm。进样量：20 μL。

【思考题】

（1）简述天然产物的提取和分离纯化方法。

（2）分析影响大孔吸附树脂纯化物质的因素，如大孔吸附树脂的性质、纯化时的条件等。

Ⅱ　高速逆流色谱法分离芦荟苷粗提物

【实验目的】

了解高速逆流色谱的原理。学习高速逆流色谱仪器的操作及实验条件的确定。

【实验原理】

高速逆流色谱(HSCCC)是一种连续高效的液-液分配技术，是利用溶质在两种互不相溶的溶剂系统中分配系数的不同进行分离的色谱法。HSCCC 利用特殊的运动方式，使得两相在管柱中单向性分布,实现溶剂体系的有效混合、分配和充分保留,从而使得混合物得到有效的分离纯化。HSCCC操作简单,柱子清洗容易,可重复使用,样品回收率高。此外,HSCCC分离范围广,可以用于小分子、中分子以及生物聚合物的分离,没有分子大小的限制。它既有分离度高、重现性好、分离量大等优势,又具有现代色谱法的自动、连续、快速和高效等特点。

【仪器、试剂和材料】

1. 仪器

LC2000B型高效液相色谱仪、HX-1050型恒温循环器、TBP5002型中压恒流泵、TBE300B型HSCCC、ALPHA1-2型冷冻干燥机、UVD型紫外检测器、旋转蒸发仪、量筒、吸量管。

2. 试剂

芦荟苷标准品、甲醇、乙腈,色谱纯;正丁醇、氯仿,分析纯。

3. 材料

芦荟提取物。

【实验步骤】

1. 溶剂系统的选择

对于已知组成的样品,可根据实际情况参照相关文献,从分离的物质的类别出发,经过多次实验寻找合适的溶剂系统。在实验过程中,既要改变各个系统的溶剂组成,又要改变各组分的比例,然后测定各组分的分配系数、体系的分层时间以及体系的上下相体积比,最终确定合适的溶剂系统。本实验选用的溶剂系统是氯仿-正丁醇-甲醇-水(体积比为4:0.28:3:2)。

2. 操作参数的优化

(1)固定相保留率的测定方法。

首先,将确定的溶剂系统静置分层后超声脱气20 min。上相作为固定相,下相作为流动相。将固定相以8 mL/min的流速注满整个仪器管路,当有固定相从检测器出口流出时说明注满,停泵。设定好仪器螺旋管柱旋转方向(正向(FWD))、转速(一般在800 r/min)、恒温水浴温度(一般在25 ℃),再将流动相以2 mL/min的流速泵入柱内。同时,用量筒在检测器出口接收从柱中流出的固定相。一段时间后,流动相流出,量筒中溶液出现分层,说明流动相和固定相在螺旋管柱中达到动态平衡。

此时,量筒中固定相的体积 V_E 是柱中流动相体积 V_M 和柱外流通管路死体积 V_F 之和。根据 V_E、V_F(管路体积为30 mL)以及柱体积 V_C(柱体积为300 mL)即可推算出柱中固定相的保留率 S_F。

$$S_F = [(V_C + V_F) - V_E]/V_C \times 100\%$$

(2)不同流速下固定相保留率的测定。

设定仪器螺旋管柱旋转方向(正向)、转速(800 r/min)、紫外检测器的检测波长(365 nm)及恒温水浴的温度(20 ℃),分别测定流动相流速在0.5 mL/min、1.0 mL/min、1.5 mL/min、2.0 mL/min、2.5 mL/min、3.0 mL/min时的固定相保留率,以及仪器内部系统达到平衡状态所需要的时间。

（3）不同转速下固定相保留率的测定。

设定仪器螺旋管柱旋转方向（正向）、流速（2 mL/min），紫外检测器的检测波长（365 nm）及恒温水浴的温度（20 ℃），分别测定仪器转速在 700 r/min、750 r/min、800 r/min、850 r/min、900 r/min、950 r/min 时的固定相保留率。

（4）不同温度下固定相保留率的测定。

通过设定循环水浴的温度来研究温度对系统固定相保留率的影响。设定仪器螺旋管柱旋转方向（正向）、流速（2 mL/min），紫外检测器的检测波长（365 nm）及主机转速（870 r/min），调节恒温水浴装置的温度，分别测定温度在 15 ℃、20 ℃、25 ℃、30 ℃、35 ℃、40 ℃时固定相保留率。

（5）不同进样浓度下分离效果的测定。

采用前面实验确定的溶剂系统，设定仪器螺旋管柱旋转方向（正向）、流速（2 mL/min），主机转速（870 r/min），恒温水浴的温度（25 ℃）以及紫外检测器的检测波长（365 nm），当系统达到平衡后，以不同的上样浓度 4 mg/mL、6 mg/mL、8 mg/mL 上样 5 mL，并通过色谱工作站记录实验结果。

3. HSCCC 分离实验

最佳操作参数为转速 870 r/min、正向洗脱、流动相流速 2 mL/min、管柱温度 25 ℃、上样浓度 6 mg/mL、检测波长 365 nm。

（1）样品溶液的制备。

将溶剂系统静置分层后超声脱气 20 min。上相作为固定相，下相作为流动相。称取一定量的芦荟提取物，溶于 5 mL 上相溶液中，制成 6 mg/mL 的上样溶液。

（2）溶剂体系在螺旋管柱中的动态平衡。

将固定相以 8 mL/min 的流速注满整个仪器管路，当有固定相从检测器出口流出时说明注满，停泵。设定仪器螺旋管柱旋转方向为正向（FWD），转速为 870 r/min，恒温水浴温度为 25 ℃，再将流动相以 2 mL/min 的流速泵入柱内。同时，用量筒在检测器出口接收从柱中流出的固定相。一段时间后，流动相流出，量筒中溶液出现分层，说明流动相和固定相在螺旋管柱中达到动态平衡。此时，打开色谱工作站，根据需要设置电压限值、满屏时间等参数，观察基线是否平稳。

（3）样品的分离。

待基线稳定后，将 5 mL 样品缓慢倒入 20 mL 进样针管中。将一支空的 10 mL 玻璃针管插入进样针头中，再将进样阀拨到"LOAD"挡，在色谱工作中点击进样，然后用空的玻璃针管小心地往外抽（此时空针管中会抽到少许溶剂，此属正常现象）。样品溶液完全进样后，先把进样阀拨到"INJECT"挡，再拔出进样针头处的玻璃针管。

（4）仪器的清洗。

样品分离后，在色谱工作中点击结束进样。停泵，将仪器螺旋管柱速降为零。仪器进口接空气压缩泵气管，通气将管柱中的溶剂全部吹入废液缸中。再将仪器进口接恒流泵，以 8 mL/min 的流速向螺旋管柱中注入 50 mL 清洗液（一般为易挥发的溶剂，如甲醇、乙醇等），停泵，调节转速至低于 300 r/min，清洗 30 min。然后调节转速为零，仪器连接气泵，将清洗液吹入废液缸。清洗液完全吹出后，螺旋管柱反转，调节转速至低于 300 r/min，干吹 5 min。调节转速为零，关气阀，停机，关恒温循环器。

4. HPLC 检测

（1）色谱条件。

色谱柱：Kromasil C_{18}柱（4.6 mm×250 mm）。流动相：乙腈-水（体积比为 25∶75）。流速：1.0 mL/min。检测波长：360 nm。进样量：20 μL。

（2）分离组分的 HPLC 检测。

将分离的组分旋转蒸发至干，精确称取一定质量的各样品，用甲醇溶解，定容，配制成适宜浓度的样品溶液。按上述色谱条件进行检测。

【思考题】

（1）高速逆流色谱有制备型、半制备型、分析型，分析型高速逆流色谱的螺旋管柱体积为 20 mL。根据高速逆流色谱的原理，简述分析型高速逆流色谱的用途。

（2）分析高速逆流色谱中固定相保留率对实验结果的影响。

第 10 章　设计性实验

实验 61　半定量 RT-PCR 检测基因的表达差异

【实验目的】

（1）培养学生的创新意识和创新能力。在已掌握生物化学和分子生物学基础知识和基本实验技能的基础上，用科学研究的方式，获取知识、应用知识，发现问题和解决问题。

（2）学习基因特异性引物的设计，学习和掌握用半定量 RT-PCR 对基因表达水平进行相对定量的原理和方法。

【实验内容与基本要求】

1. 查阅资料及选题

任课教师首先介绍半定量 RT-PCR 检测基因的表达差异的原理和方法，指导学生获得相关的资料，并指导学生以小组为单位选择要检测的目的基因及实验材料。最后由教师根据实验室具备的条件、所需时间及实验经费等情况查阅并确认学生所选题目。

2. 拟定实验提纲

学生对所选题目，提出拟实验中的主要问题、重点和难点，写出实验方法和步骤，所需仪器设备、材料和试剂等用品，时间安排，以及预期的主要结果，拟定出实验提纲并交教师审阅、修改和完善。

3. 准备实验

在教师的帮助下，根据拟定的实验提纲，以实验小组为单位进行实验的各项准备工作，包括实验用品的领取、玻璃器皿的清洗和试剂的配制等。

4. 实施实验

按照拟定的实验提纲中的实验方法、步骤，各实验小组独立实施实验，做好实验记录。

（1）逆转录反应：以组织或细胞总 RNA 中的 mRNA 为模板，经逆转录合成 cDNA。

（2）RT-PCR 扩增：DNase Ⅰ 处理总 RNA，37 ℃反应 1 h。以 GADPH 引物进行 PCR 扩增，检测有无 gDNA 残留。采用两步法 RT-PCR：①逆转录反应获得细胞或组织 cDNA；②PCR反应采用内对照 GAPDH 和设计的目的基因特异性引物，分别以细胞或组织 cDNA 为模板，在 PCR 扩增仪上完成扩增。

（3）PCR 产物的琼脂糖凝胶电泳检测：PCR 产物用 1.0% 琼脂糖凝胶电泳，照相。

（4）PCR 产物的灰度扫描及基因表达差异的分析，观察目的基因在不同细胞中的表达差异。

5. 实验报告的写作

对实验记录进行整理、分析与总结，按照研究论文的格式写出实验报告，包括摘要、前言、材料与方法、结果、讨论和参考文献等。

【仪器和试剂】

1. 仪器

低温离心机、恒温水浴锅、台式离心机、恒温培养箱、高压灭菌锅、陶瓷研钵、紫外分光光度计、PCR 仪、电泳仪、水平式电泳槽、微量离心管、紫外线透射仪。

2. 试剂

DNase Ⅰ、2×Taq PCR Mix、逆转录试剂盒、氯仿、异丙醇、乙醇、琼脂糖、溴化乙锭,各种动物组织、植物组织和细胞培养材料的总 RNA。

【参考实验项目】

(1) DNA 琼脂糖凝胶电泳。

(2) RNA 的提取及鉴定。

(3) 质粒 DNA 的分离、纯化及鉴定。

(4) 多聚酶链式反应(PCR)技术扩增目的基因片段。

【操作步骤】

【实验结果】

【成功和失败的主要原因】

【收获和体会】

【主要参考文献】

实验 62　　卵磷脂的提取和鉴定

【目的要求】

学习从材料中提取卵磷脂的方法,掌握卵磷脂的鉴定方法。

【部分提示】

卵磷脂存在于动物的各种组织细胞中,以蛋黄中含量较高。卵磷脂易溶于乙醇、乙醚等溶剂,可利用此性质进行提取。卵磷脂不溶于丙酮,因此可利用这一性质将其同中性脂分开。

新提取的卵磷脂为白色蜡状物,与空气接触后因所含不饱和脂肪酸被氧化而呈黄褐色。卵磷脂可在碱性溶液中加热水解,得到甘油、脂肪酸、磷酸和胆碱,可利用水解液的这些组分进行鉴别。甘油与硫酸氢钾共热,可生成具有特殊臭味的丙烯醛;磷酸盐在酸性条件下与钼酸铵作用,生成黄色的磷钼酸沉淀;胆碱在碱的进一步作用下生成无色且具有氨和鱼腥气味的三甲胺。卵磷脂中的胆碱基在碱性溶液中可分解成三甲胺,具有特殊的鱼腥味。

【仪器和试剂】

1. 仪器

研钵、布氏漏斗、蒸发皿、烧杯、量筒、水浴锅、试管、玻璃棒、吸量管、pH 试纸。

2. 试剂

20％氢氧化钠溶液、95％乙醇溶液、硫酸、丙酮、碘化铋钾溶液、1％硫酸铜溶液、硝酸、10％醋酸铅溶液、钼酸铵溶液、乙醚。

【实验材料】

鸡蛋黄。

【实验步骤】

1. 卵磷脂的提取

取 10 g 鸡蛋黄于研钵中研细,边研磨边加入温热的 20 mL 95％乙醇溶液,冷却后过滤。将滤渣移入研钵中,再加入温热的 10 mL 95％乙醇溶液研磨,冷却后过滤,滤干后,合并二次滤液。若滤液仍然混浊可再过滤一次,将澄清滤液移入蒸发皿内,置于沸水浴上蒸干,得到的干物质即为卵磷脂。

2. 卵磷脂的鉴定

(1) 取 0.2 g 卵磷脂,加入 5 mL 乙醚,用玻璃棒搅动使卵磷脂溶解,然后逐滴加入 5 mL 左右丙酮,观察。

(2) 取 1 支干燥试管,加入一部分卵磷脂及 5 mL 20％氢氧化钠溶液,放入沸水浴中加热 10 min,并用玻璃棒加以搅拌,使卵磷脂水解,观察溶液颜色变化,并嗅其气味。溶液冷却后过滤,滤液供下面检查用。

(3) 脂肪酸的检查:取滤纸上沉淀(滤饼)少许,加 1 滴 20％氢氧化钠溶液与 5 mL 蒸馏水,用玻璃棒搅拌使其溶解,在漏斗中用棉花过滤得澄清液,用硝酸酸化后加入 10％醋酸铅溶液 2 滴,观察溶液的变化。

（4）甘油的检查:取试管 1 支,加入 1％硫酸铜溶液 1 mL（20 滴）、2 滴 20％氢氧化钠溶液,振摇,此时有氢氧化铜沉淀生成,再加入 1 mL 水解液振摇,观察所得结果。

（5）胆碱的检查:取水解液 1 mL,滴加硫酸使其酸化（以 pH 试纸检验）,加入 1 滴碘化铋钾溶液,有砖红色沉淀生成。

（6）磷酸的检验:取干净试管 1 支,加入 10 滴上述滤液和 5～10 滴 95％乙醇溶液,然后加入 5～10 滴钼酸铵溶液,观察现象;最后将试管放入热水浴中加热 5～10 min,观察有何变化。

【实验结果】

【成功和失败的主要原因】

【收获和体会】

【主要参考文献】

【思考题】

（1）本实验分离蛋黄中卵磷脂是根据什么原理?

（2）为什么卵磷脂可以用作乳化剂?

【附注】

（1）在水浴锅中蒸去乙醇时,可能最后有少许水分,需搅动以加速蒸发,并尽量蒸干。

（2）提取卵磷脂时将研磨液体过滤时可以反复过滤几次,尽量使滤液为澄清状态。

实验 63　　强酸性阳离子交换树脂在废水处理中的应用

【实验材料】

焦化废水、焦化厂蒸氨前水样。

【目的要求】

了解废水处理的相关方法,了解阳离子交换树脂处理废水的方案设计,学习离子交换层析法的原理和基本操作技术,进一步掌握阳离子交换树脂的应用范围、操作注意事项等。

【部分提示】

焦化废水是在原煤的高温干馏、煤气净化和化工产品精制过程中产生的。废水成分复杂,其水质随原煤组成和炼焦工艺而变化。焦化废水中含有数十种无机和有机化合物。其中无机化合物主要是大量铵盐、硫氰化物、硫化物、氰化物等,有机化合物除酚类外,还有单环及多环芳香族化合物,含氮、硫、氧的杂环化合物等。总之,焦化废水污染严重,是工业废水排放中一个突出的环境问题。目前,国内大型焦化企业大多采用生化处理工艺处理焦化废水。由于焦化废水中氨氮含量高(1 500~4 500 mg/L),在进行生化处理前,通常需要进行蒸氨预处理工艺,通过加碱蒸氨,使焦化废水中的氨氮降至 300 mg/L 以下。因蒸氨工艺动力消耗高,耗碱量大,使蒸氨工艺费用过高,降低蒸氨处理费用已成为焦化废水处理工艺的瓶颈问题。目前对废水中氨氮的去除方法进行了较多的研究,如活性炭纤维在固定化床上对氨的吸附作用、天然沸石作为吸附剂对废水中氨氮和有机物的去除作用等。本实验采用离子交换树脂对焦化废水中的氨氮进行一定程度的脱除处理。

氨氮的测定方法有纳氏比色法、气相分子吸收法、苯酚-次氯酸盐(或水杨酸-次氯酸盐)比色法和滴定法,均操作复杂且不适合在现场进行测定。在标准分析方法纳氏试剂分光光度法(GB 7479—1987)的基础上,本实验研究利用便携式分光光度计快速分析环境水质样品中氨氮含量。焦化废水经絮凝沉淀处理后,氨与碘化汞和碘化钾的碱性溶液反应,生成淡红棕色胶态化合物,该溶液的吸光度与溶液的浓度呈线性关系,符合朗伯-比尔定律,使用便携式分光光度计在 420 nm 波长处进行比色测定。其中,离子交换树脂对焦化废水的处理效果与树脂吸附时间、树脂的用量、废水的流速、树脂的再生使用等相关,最佳条件有待实验探索。

【仪器和试剂】

1. 仪器

THZ-82B 型气浴恒温振荡器、DR-2800 型便携式分光光度计、螺旋口瓶盖密封比色管(10 mL)。

2. 试剂

(1) 强酸型阳离子交换树脂(磺酸型)。

(2) 纳氏试剂:称取 20 g 碘化钾,溶于约 100 mL 水中,边搅拌边分次少量加入二氯化汞(HgCl₂)结晶粉末(约 10 g),出现朱红色沉淀溶解缓慢时,改为滴加二氯化汞饱和溶液,充分搅拌,当出现少量朱红色沉淀且沉淀不再溶解时,停止滴加二氯化汞饱和溶液。另称取 60 g

氢氧化钾,溶于水并稀释到 250 mL,冷至室温。将上述溶液在搅拌下缓慢地加入冷的氢氧化钾溶液中,用水稀释至 400 mL,混匀。于暗处静置 24 h,倾去上清液,贮于棕色瓶中,用橡皮塞塞紧。存放于暗处,此试剂至少可稳定一个月。

（3）酒石酸钾钠溶液:称取 50 g 酒石酸钾钠,溶于 100 mL 水中,加热煮沸以除去氨,放冷,定容至 100 mL。

（4）铵标准储存液:称取 3.819 g 经 100 ℃ 干燥过的优质纯氯化铵,溶于水中,移入 1 000 mL 容量瓶中,稀释至标线。此溶液每毫升含 1.00 mg 氨氮。

（5）铵标准应用液Ⅰ:移取 10.00 mL 铵标准储存液于 100 mL 容量瓶中,用水稀释至标线。此溶液每毫升含 0.100 mg 氨氮。

（6）铵标准应用液Ⅱ:移取 5.00 mL 铵标准应用液Ⅰ于 100 mL 容量瓶中,用水稀释至标线。此溶液每毫升含 0.005 mg 氨氮。使用当天配制。

（7）实验用水均为离子交换法制备的无氨水:将蒸馏水通过一个强酸性阳离子交换树脂（氢型）柱,流出液收集在带有磨口玻璃塞的玻璃瓶中,密塞保存。

【操作步骤】

【实验结果】

【成功和失败的主要原因】

【收获和体会】

【主要参考文献】

实验 64　转基因植物的 PCR 鉴定

【实验材料】

待检测转基因植物(被检样品)、非转基因植物(阴性对照)、转化使用的含外源基因的重组质粒 DNA(阳性对照)。

【目的要求】

本实验的目的是检测外源基因在植物基因组中的整合,鉴定转基因植物。研究任务是设计一套实验方案,以转基因植物和非转基因植物为材料,用 PCR 技术快速鉴定是否能获得真正的转基因植株,验证所设计实验方案的可行性。

【部分提示】

转基因植物染色体上整合了外源基因,但转基因植物与非转基因植物外观上难以区别,因此需要对转化植株进行分子生物学鉴定。用 PCR 方法可以快速检测植物染色体上是否含有外源基因,可鉴别的外源基因有三类:①导入的外源目的基因;②驱动外源目的基因的启动子(如 35S CaMV 启动子);③整合到植物染色体上的报告基因(如 *gus*、*bar*、*gfp* 基因)。推荐方案如图 10-1 所示。

选定 PCR 分析的外源基因
↓
根据外源基因的序列设计 PCR 引物
↓
提取植物基因组 DNA
↓
PCR 扩增外源基因
↓
检测扩增产物

图 10-1　转基因植物的 PCR 鉴定

【仪器和试剂】

【操作步骤】

【实验结果】

【成功和失败的主要原因】

【收获和体会】

【主要参考文献】

实验 65　卵黄高磷蛋白的提取

【实验目的】

了解卵黄高磷蛋白的性质、作用及应用现状,掌握提取卵黄高磷蛋白的原理和操作方法。

【实验背景】

作为一种安全食品,鸡蛋中含有较高的蛋白质及丰富的脂质,是很好的维生素及矿物质的供给源,同时鸡蛋具有易于吸收、价格低廉等特点,因此,它被人们视为维持生命的营养食品。

蛋黄含有丰富的蛋白质、脂质、维生素和矿物质。特别是蛋白质,其生物价可达 100,不仅含有所有的必需氨基酸,而且含有许多生物活性成分,如卵黄球蛋白(IGY)、溶菌酶、卵铁传递蛋白、抗生物素蛋白、卵清蛋白等。蛋黄中的蛋白质主要是由低密度脂蛋白、卵黄球蛋白、卵黄高磷蛋白以及高密度脂蛋白等几部分组成。而对于脂质,则以甘油三酯为主体的中性脂肪约占 65%,磷脂约占 30%(其主要成分为 70%~80% 的磷脂酰胆碱、10%~15% 的磷脂酰肌醇、1%~3% 的神经鞘磷脂以及 1%~2% 的溶血磷脂酰胆碱)。

鸡蛋中的卵黄高磷蛋白(phosvitin,PV)是已知所有蛋白质中磷酸化程度最高的一种蛋白质,蛋黄中磷含量的 69% 存在于卵黄高磷蛋白中。

1. 卵黄高磷蛋白的结构

卵黄高磷蛋白是蛋黄的主要磷蛋白,占蛋黄干物质的 2%,含氮 11.9%,含磷 9.7%,占蛋黄总磷量的 80%,含碳水化合物 6.5%。通过聚丙烯酰胺凝胶电泳可知,卵黄高磷蛋白由两种蛋白质构成:α-卵黄高磷蛋白和 β-卵黄高磷蛋白。两者的组成和理化性质不尽相同,α-卵黄高磷蛋白含有 59.2% 的丝氨酸和 10.2% 的磷,β-卵黄高磷蛋白则含有 51.5% 的丝氨酸和 8.9% 的磷,并且两者的碳水化合物的含量亦有差别。其中 β-卵黄高磷蛋白主要成分的相对分子质量为 45 000,α-卵黄高磷蛋白主要成分的相对分子质量为 37 500、42 000 和 450 000。氨基酸分析表明:卵黄高磷蛋白是由 216 个氨基酸残基组成的,其中 124 个是丝氨酸残基,占其总氨基酸含量的 56%,90% 以上的丝氨酸残基被磷酸化。仅在碳末端的位置就大约有 15 个疏水氨基酸,具有不易与水结合的特点。卵黄高磷蛋白的氨基酸组成见表 10-1。

表 10-1　卵黄高磷蛋白的氨基酸组成

氨基酸	含量/(%)	氨基酸	含量/(%)
Asp	8.6	Met	1.6
Thr	2.8	Ile	1.1
Ser	34.9	Leu	1.7
Glu	9.0	Tyr	0.8
Pro	1.5	Phe	1.7
Gly	3.7	His	6.7
Ala	5.5	Lys	10.2
Cys	0.5	Arg	7.3
Val	2.4	Trp	0.0

2. 卵黄高磷蛋白的性质

在鸡蛋的蛋黄中,卵黄高磷蛋白是以脂蛋白-卵黄磷脂蛋白复合体的形式存在的。鸡蛋中95％的 Fe^{3+} 存在于蛋黄中,并且几乎都与卵黄高磷蛋白结合。这种蛋白质在溶液中表现出酸性多肽的性质,易于与多价阳离子相结合,现在已知的可以结合的离子有 Ca^{2+}、Fe^{3+}、Fe^{2+}、Mg^{2+}、Mn^{2+}、Co^{2+}、Sr^{2+} 等,特别是容易和 Fe^{3+} 结合。蛋黄中卵黄高磷蛋白与离子间相互作用形成离子桥,尤其是磷酸根与 Ca^{2+} 形成的钙桥对卵黄高磷蛋白的空间结构和蛋黄颗粒的微观结构影响很大。

卵黄高磷蛋白具有较强的抗氧化性和乳化性。蛋白质中所含有的磷酸根与阳离子结合能有效阻止蛋黄中的磷脂被 Fe^{3+} 氧化,卵黄高磷蛋白与半乳甘露糖在一定条件下会发生美拉德反应,得到的高磷蛋白-半乳甘露聚糖聚合体有很强的抗氧化活性。卵黄高磷蛋白磷酸根的静电斥力对其乳化性影响很大,pH 为 7 时其乳化稳定性要优于牛血清白蛋白,因此卵黄高磷蛋白是一种很好的天然食品抗氧化剂和乳化剂。

卵黄高磷蛋白有很好的热稳定性,在 pH 4～8、100 ℃下加热数小时,不产生沉淀,也没有其他明显变化。热处理温度高于 65 ℃时,卵黄高磷蛋白的乳化力开始下降;温度高于 70 ℃时,乳化稳定性也开始下降。α-卵黄高磷蛋白和 β-卵黄高磷蛋白在 100 ℃下加热 10 min,其电泳图谱未发现任何变化。但在 140 ℃下加热时,卵黄高磷蛋白键就完全断开。虽然在 100 ℃下加热时卵黄高磷蛋白不产生沉淀且未见其显著变化,但此时它已开始发生降解。在巴氏杀菌温度下,它能保持功能性质的稳定,但在达到通常的烹饪和灭菌温度条件时开始降解。

卵黄高磷蛋白还具有一定的杀菌作用,和 EDTA 相同,在含有 106 CFU/mL 大肠杆菌的 1 mL 肉汤培养基中加入 0.1 mg 卵黄高磷蛋白,50 ℃下加热 20 min,大肠杆菌完全被杀死。但是在常温下并没有杀菌作用。卵黄高磷蛋白这种杀菌作用与其强烈的金属螯合作用和较高的表面活性密切相关,热处理弱化细胞膜基质,使处于细胞外膜的金属离子变得不稳定,很容易被卵黄高磷蛋白的磷酸根螯合,扰乱细菌细胞正常的生理代谢,从而起到杀菌作用。因此,卵黄高磷蛋白可作为潜在的天然防腐剂应用于食品中,不仅可提高食品的安全性,还能增加食品的营养价值。

3. 卵黄高磷蛋白的应用前景

卵黄高磷蛋白作为功能食品成分,有着广阔的应用前景。除用于食品外,它还作为药用成分,已成功应用于治疗心肌炎、冠心病等心脏疾病。由于含有丰富的磷酸丝氨酸残基,易于与各种金属离子相结合,因此卵黄高磷蛋白被称为"金属蛋白质",其生理功能不容置疑。卵黄高磷蛋白磷酸肽作为其水解产物,是很好的钙吸收促进剂,能增加小肠对钙吸收及钙在体内蓄积,而且磷酸钛诱导的钙代谢不需维生素 D,还能促进铁、锌等离子吸收。到目前为止,尽管卵黄高磷蛋白提取方法有很多种,但是其终产物的纯度和多肽结构仍然不尽相同,因此关于卵黄高磷蛋白及其加工产品的研究仍然有很多值得探讨的地方。

【实验原理】

卵黄高磷蛋白的提取方法,主要有利用卵黄高磷蛋白与镁离子形成复合物从蛋黄蛋白质中沉淀下来,或蛋黄先进行脱脂,然后用高浓度的盐提取蛋黄颗粒,使卵黄高磷蛋白溶解出来。采用等电点法除杂蛋白、酸沉淀卵黄高磷蛋白、DEAE-纤维素离子交换色谱法进一步纯化卵黄高磷蛋白。日本专利报告了用 70％的硫酸铵沉淀法较大规模地制备卵黄高磷蛋白。但上述方法得到的卵黄高磷蛋白产量和产率较低,未考虑其他成分的综合利用且易造成污染,使其应用受到限制。根据已有的提取方法并加以改进,从而建立一种适于批量生产卵黄高磷蛋白的工艺方法,并综合考虑其他成分的有效利用,确定其基本提取工艺流程:

鲜蛋黄(蛋黄粉)加水稀释去除其他水溶性蛋白→0～4 ℃保存过夜→离心取沉淀→加有机溶剂抽提去除脂肪→离心取沉淀→加 NaCl 溶液,75～85 ℃保温 10～15 min→过滤取清液→超滤脱盐→冻干得卵黄高磷蛋白粗制品

【实验步骤】

提取卵黄高磷蛋白的操作步骤如图 10-2 所示。

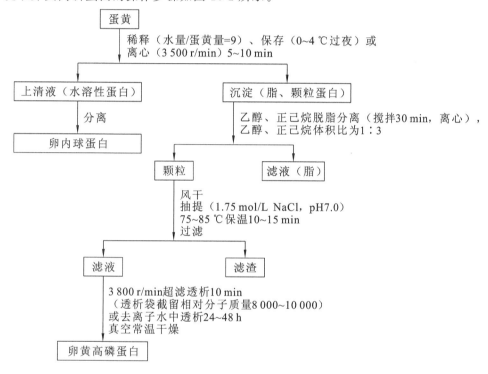

图 10-2　提取卵黄高磷蛋白的操作步骤

卵黄高磷蛋白的纯度测定:对该蛋白质纯度的测定方法很多,如 N/P 值法。N/P 值越小,纯度越大。其中用微量凯氏定氮法来测定 N 元素,用 Molish 快速微量定磷法来测定 P 元素。如 10 g 蛋黄提取 77.7 mg 卵黄高磷蛋白,N/P 值可高达 3.28。此外,还可用 SDS-PAGE 电泳法来测定该蛋白质的纯度。

【注意事项】

(1)卵黄置于滤纸上,除去附着的卵清,用针挑破膜,收集蛋黄的内容物。也可用分蛋器将蛋清和蛋黄分离。

(2)蛋黄的内容物用预冷至 0～4 ℃的去离子水稀释 10 倍,搅拌 30 min 后,在 0～4 ℃下过夜保存或离心分离。

(3)沉淀物用乙醇、正己烷脱脂分离(乙醇与正己烷的体积比为 1:3,加入有机溶剂后,搅拌 30 min,搅拌时要注意掩盖烧杯口,防止有机溶剂挥发,再 8 000 r/min 离心 15 min)。

(4) 脱脂蛋黄粉风干后用 10 倍体积 1.75 mol/L NaCl 溶液(pH 7.0)提取,提取液透析脱盐,冷冻干燥后即得到卵黄高磷蛋白的粗制品。室温风干物应达到用玻璃棒轻轻一碰即碎成微小颗粒的程度。

(5) 在蛋黄中,卵黄高磷蛋白与脂蛋白形成脂蛋白-卵黄磷脂蛋白复合体,乙醇的作用是使脂质与蛋白质分离,并使蛋白质变性,从而释放出卵黄高磷蛋白,用正己烷提取脂质。卵黄高磷蛋白的 NaCl 溶液中还含有其他盐溶的杂蛋白,经 75～85 ℃保温,大部分杂质蛋白变性沉淀,而卵黄高磷蛋白的热稳定性很好,在 pH 4～8、100 ℃下加热数小时,卵黄高磷蛋白不产生沉淀,也不发生其他明显变化。

(6) 乙醇-正己烷有机溶剂的用量:2.5 mL/g(原料)。

(7) NaCl 溶液与原料体积比为 1∶2。

【思考题】

(1) 测定卵黄高磷蛋白提取物的纯度的方法有哪些?

(2) 分析成功和失败的原因。

附 录

附录 A 缓冲液的配制

表 A-1 磷酸氢二钠-磷酸二氢钠缓冲液(0.2 mol/L)

pH	0.2 mol/L 磷酸氢二钠溶液体积/mL	0.2 mol/L 磷酸二氢钠溶液体积/mL	pH	0.2 mol/L 磷酸氢二钠溶液体积/mL	0.2 mol/L 磷酸二氢钠溶液体积/mL
5.8	8.0	92.0	7.0	61.0	39.0
5.9	10.0	90.0	7.1	67.0	33.0
6.0	12.3	87.7	7.2	72.0	28.0
6.1	15.0	85.0	7.3	77.0	23.0
6.2	18.5	81.5	7.4	81.0	19.0
6.3	22.5	77.5	7.5	84.0	16.0
6.4	26.5	73.5	7.6	87.0	13.0
6.5	31.5	68.5	7.7	89.5	10.5
6.6	37.5	62.5	7.8	91.5	8.5
6.7	43.5	56.5	7.9	93.0	7.0
6.8	49.0	51.0	8.0	94.7	5.3
6.9	55.0	45.0			

注:$Na_2HPO_4 \cdot 2H_2O$ $M_r=178.05$,0.2 mol/L 溶液为 35.61 g/L;

$Na_2HPO_4 \cdot 12H_2O$ $M_r=358.22$,0.2 mol/L 溶液为 71.64 g/L;

$NaH_2PO_4 \cdot H_2O$ $M_r=138.01$,0.2 mol/L 溶液为 27.6 g/L;

$NaH_2PO_4 \cdot 2H_2O$ $M_r=156.03$,0.2 mol/L 溶液为 31.21 g/L。

表 A-2 磷酸氢二钠-磷酸二氢钾缓冲液(1/15 mol/L)

pH	1/15 mol/L 磷酸氢二钠溶液体积/mL	1/15 mol/L 磷酸二氢钾溶液体积/mL	pH	1/15 mol/L 磷酸氢二钠溶液体积/mL	1/15 mol/L 磷酸二氢钾溶液体积/mL
4.92	0.10	9.90	7.17	7.00	3.00
5.29	0.50	9.50	7.38	8.00	2.00
5.91	1.00	9.00	7.73	9.00	1.00
6.24	2.00	8.00	8.04	9.50	0.50
6.47	3.00	7.00	8.34	9.75	0.25
6.64	4.00	6.00	8.67	9.90	0.10
6.81	5.00	5.00	8.78	10.00	0.00
6.98	6.00	4.00			

注:$Na_2HPO_4 \cdot 2H_2O$ $M_r=178.05$,1/15 mol/L 溶液为 11.876 g/L;KH_2PO_4 $M_r=136.09$,1/15 mol/L 溶液为 9.078 g/L。

表 A-3　磷酸氢二钠-柠檬酸缓冲液

pH	0.2 mol/L 磷酸氢二钠溶液体积/mL	0.1 mol/L 柠檬酸体积/mL	pH	0.2 mol/L 磷酸氢二钠溶液体积/mL	0.1 mol/L 柠檬酸体积/mL
2.2	0.40	19.60	5.2	10.72	9.28
2.4	1.24	18.76	5.4	11.15	8.85
2.6	2.18	17.82	5.6	11.60	8.40
2.8	3.17	16.83	5.8	12.09	7.91
3.0	4.11	15.89	6.0	12.63	7.37
3.2	4.94	15.06	6.2	13.22	6.78
3.4	5.70	14.30	6.4	13.85	6.15
3.6	6.44	13.56	6.6	14.55	5.45
3.8	7.10	12.90	6.8	15.45	4.55
4.0	7.71	12.29	7.0	16.47	3.53
4.2	8.28	11.72	7.2	17.39	2.61
4.4	8.82	11.18	7.4	18.17	1.83
4.6	9.35	10.65	7.6	18.73	1.27
4.8	9.86	10.14	7.8	19.15	0.85
5.0	10.30	9.70	8.0	19.45	0.55

注：Na_2HPO_4 $M_r=141.98$，0.2 mol/L 溶液为 28.40 g/L；$Na_2HPO_4 \cdot 2H_2O$ $M_r=178.05$，0.2 mol/L 溶液为 35.61 g/L；柠檬酸 $C_6H_8O_7 \cdot H_2O$ $M_r=210.14$，0.1 mol/L 溶液为 21.01 g/L。

表 A-4　柠檬酸-柠檬酸钠缓冲液(0.1 mol/L)

pH	0.1 mol/L 柠檬酸溶液体积/mL	0.1 mol/L 柠檬酸钠溶液体积/mL	pH	0.1 mol/L 柠檬酸体积/mL	0.1 mol/L 柠檬酸钠溶液体积/mL
3.0	18.6	1.4	5.0	8.2	11.8
3.2	17.2	2.8	5.2	7.3	12.7
3.4	16.0	4.0	5.4	6.4	13.6
3.6	14.9	5.1	5.6	5.5	14.5
3.8	14.0	6.0	5.8	4.7	15.3
4.0	13.1	6.9	6.0	3.8	16.2
4.2	12.3	7.7	6.2	2.8	17.2
4.4	11.4	8.6	6.4	2.0	18.0
4.6	10.3	9.7	6.6	1.6	18.4
4.8	9.2	10.8			

注：柠檬酸 $C_6H_8O_7 \cdot H_2O$ $M_r=210.14$，0.1 mol/L 溶液为 21.01 g/L；柠檬酸钠 $Na_3C_6H_5O_7 \cdot 2H_2O$ $M_r=294.12$，0.1 mol/L溶液为 29.41 g/L。

表 A-5　磷酸二氢钾-氢氧化钠缓冲液(0.05 mol/L,20 ℃)

pH	0.2 mol/L 磷酸二氢钾溶液体积/mL	0.2 mol/L 氢氧化钠溶液体积/mL	pH	0.2 mol/L 磷酸二氢钾溶液体积/mL	0.2 mol/L 氢氧化钠溶液体积/mL
5.8	5	0.372	7.0	5	2.963
6.0	5	0.570	7.2	5	3.500
6.2	5	0.860	7.4	5	3.950
6.4	5	1.260	7.6	5	4.280
6.6	5	1.780	7.8	5	4.520
6.8	5	2.365	8.0	5	4.680

表 A-6　Tris-盐酸缓冲液(0.05 mol/L)

pH 23 ℃	pH 37 ℃	0.2 mol/L Tris 溶液体积/mL	0.1 mol/L 盐酸体积/mL	pH 23 ℃	pH 37 ℃	0.2 mol/L Tris 溶液体积/mL	0.1 mol/L 盐酸体积/mL
7.20	7.05	25	45.0	8.23	8.10	25	22.5
7.36	7.22	25	42.5	8.32	8.18	25	20.0
7.54	7.40	25	40.0	8.40	8.27	25	17.5
7.66	7.52	25	37.5	8.50	8.37	25	15.0
7.77	7.63	25	35.0	8.62	8.48	25	12.5
7.87	7.73	25	32.5	8.74	8.60	25	10.0
7.96	7.82	25	30.0	8.92	8.78	25	7.5
8.05	7.90	25	27.5	9.10	8.95	25	5
8.14	8.00	25	25.0				

注：Tris(三羟甲基氨基甲烷)M_r=121.14,0.2 mol/L 溶液为 24.23 g/L。

表 A-7　巴比妥钠-盐酸缓冲液(18 ℃)

pH	0.04 mol/L 巴比妥钠溶液体积/mL	0.2 mol/L 盐酸体积/mL	pH	0.04 mol/L 巴比妥钠溶液体积/mL	0.2 mol/L 盐酸体积/mL
6.8	100	18.4	8.4	100	5.21
7.0	100	17.8	8.6	100	3.82
7.2	100	16.7	8.8	100	2.52
7.4	100	15.3	9.0	100	1.65
7.6	100	13.4	9.2	100	1.13
7.8	100	11.47	9.4	100	0.70
8.0	100	9.39	9.6	100	0.35
8.2	100	7.21			

注：巴比妥钠 M_r=206.18,0.04 mol/L 溶液为 8.25 g/L。

表 A-8　甘氨酸-盐酸缓冲液(0.05 mol/L)

pH	0.2 mol/L 甘氨酸溶液体积/mL	0.2 mol/L 盐酸体积/mL	pH	0.2 mol/L 甘氨酸溶液体积/mL	0.2 mol/L 盐酸体积/mL
2.2	50	44.0	3.0	50	11.4
2.4	50	32.4	3.2	50	8.2
2.6	50	24.2	3.4	50	6.4
2.8	50	16.8	3.6	50	5.0

注:甘氨酸 M_r=75.07,0.2 mol/L 溶液为 15.01 g/L。

表 A-9　甘氨酸-氢氧化钠缓冲液(0.05 mol/L)

pH	0.2 mol/L 甘氨酸溶液体积/mL	0.2 mol/L 氢氧化钠溶液体积/mL	pH	0.2 mol/L 甘氨酸溶液体积/mL	0.2 mol/L 氢氧化钠溶液体积/mL
8.6	50	4.0	9.6	50	22.4
8.8	50	6.0	9.8	50	27.2
9.0	50	8.8	10.0	50	32.0
9.2	50	12.0	10.4	50	38.6
9.4	50	16.8	10.6	50	45.5

注:甘氨酸 M_r=75.07,0.2 mol/L 溶液为 15.01 g/L。

表 A-10　醋酸-醋酸钠缓冲液(0.2 mol/L,18 ℃)

pH	0.2 mol/L 醋酸钠溶液体积/mL	0.2 mol/L 醋酸溶液体积/mL	pH	0.2 mol/L 醋酸钠溶液体积/mL	0.2 mol/L 醋酸溶液体积/mL
3.6	0.75	9.25	4.8	5.90	4.10
3.8	1.20	8.80	5.0	7.00	3.00
4.0	1.80	8.20	5.2	7.90	2.10
4.2	2.65	7.35	5.4	8.60	1.40
4.4	3.70	6.30	5.6	9.10	0.90
4.6	4.90	5.10	5.8	9.40	0.60

注:NaAc·3H₂O M_r=136.09,0.2 mol/L 溶液为 27.22 g/L。

表 A-11　碳酸钠-碳酸氢钠缓冲液(0.1 mol/L)

pH 20 ℃	pH 37 ℃	0.1 mol/L 碳酸钠溶液体积/mL	0.1 mol/L 碳酸氢钠溶液体积/mL	pH 20 ℃	pH 37 ℃	0.1 mol/L 碳酸钠溶液体积/mL	0.1 mol/L 碳酸氢钠溶液体积/mL
9.16	8.77	1	9	10.14	9.90	6	4
9.40	9.12	2	8	10.28	10.08	7	3
9.51	9.40	3	7	10.53	10.28	8	2
9.78	9.50	4	6	10.83	10.57	9	1
9.90	9.72	5	5				

注:Ca²⁺、Mg²⁺存在时不得使用;Na₂CO₃·10H₂O M_r=286.2,0.1 mol/L 溶液为 28.62 g/L;NaHCO₃ M_r=84.0, 0.1 mol/L 溶液为 8.40 g/L。

表 A-12　碳酸氢钠-氢氧化钠缓冲液(0.025 mol/L)

(50 mL 0.05 mol/L 碳酸氢钠溶液＋x mL 0.1 mol/L 氢氧化钠溶液,加水稀释至 100 mL)

pH	x	pH	x	pH	x
9.6	5.0	10.1	12.2	10.6	19.1
9.7	6.2	10.2	13.8	10.7	20.2
9.8	7.6	10.3	15.2	10.8	21.2
9.9	9.1	10.4	16.5	10.9	22.0
10.0	10.7	10.5	17.8	11.0	22.7

注:$NaHCO_3$ $M_r=84.0$,0.05 mol/L 溶液为 4.20 g/L。

表 A-13　氯化钾-氢氧化钠缓冲液(0.025 mol/L)

(25 mL 0.2 mol/L 氯化钾溶液＋x mL 0.2 mol/L 氢氧化钠溶液,加水稀释至 100 mL)

pH	x	pH	x	pH	x
12.0	6.0	12.4	16.2	12.8	41.2
12.1	8.0	12.5	20.4	12.9	53.0
12.2	10.2	12.6	25.6	13.0	66.0
12.3	12.8	12.7	32.2		

注:KCl $M_r=74.55$,0.2 mol/L 溶液为 14.91 g/L。

表 A-14　硼砂-氢氧化钠缓冲液(0.05 mol/L 硼酸根)

pH	0.05 mol/L 硼砂溶液体积/mL	0.2 mol/L 氢氧化钠溶液体积/mL	pH	0.05 mol/L 硼砂溶液体积/mL	0.2 mol/L 氢氧化钠溶液体积/mL
9.3	50	0	9.8	50	34.0
9.4	50	11.0	10.0	50	43.0
9.6	50	23.0	10.1	50	46.0

表 A-15　硼酸盐缓冲液(0.2 mol/L 硼酸盐)

pH	0.05 mol/L 硼砂溶液体积/mL	0.2 mol/L 硼酸溶液体积/mL	pH	0.05 mol/L 硼砂溶液体积/mL	0.2 mol/L 硼酸溶液体积/mL
7.4	1.0	9.0	8.2	3.5	6.5
7.6	1.5	8.5	8.4	4.5	5.5
7.8	2.0	8.0	8.7	6.0	4.0
8.0	3.0	7.0	9.0	8.0	2.0

注:硼砂 $Na_2B_4O_7 \cdot 10H_2O$ $M_r=381.43$,0.05 mol/L 溶液为 19.07 g/L;硼酸 $M_r=61.84$,0.2 mol/L 溶液为 12.37 g/L。
硼砂易失去结晶水,必须在带塞的瓶中保存,硼砂溶液也可以用半中和的硼酸溶液代替。

附录 B　常用实验数据表

表 B-1　常用酸碱制剂的相关数据

名称	分子式	相对分子质量	密度/(g/mL)	物质的量浓度/(mol/L)	质量分数/(%)	质量浓度/(g/L)	1 mol/L 溶液加入量/mL	主要性质
冰醋酸	CH_3COOH	60.05	1.05	17.4	99.5	1 045	57.5	刺鼻性气味有腐蚀性
醋酸	CH_3COOH	60.05	1.045	6.27	36	376	159.5	刺鼻性气味有腐蚀性
甲酸	$HCOOH$	46.02	1.22	23.4	90	1 080	42.7	有刺激性味
盐酸	HCl	36.5	1.18	11.6	36	424	86.2	强腐蚀性
			1.05	2.9	10	105	344.8	
硝酸	HNO_3	63.02	1.42	15.99	71	1 008	62.5	强腐蚀性
			1.40	14.9	67	938	67.1	
			1.37	13.3	61	837	75.2	
硫酸	H_2SO_4	98.1	1.84	18.0	95.6	1 766	55.6	腐蚀性极强,易吸水
磷酸	H_3PO_4	80.0	1.70	18.1	85	1 445	55.2	对皮肤有刺激作用
高氯酸	$HClO_4$	100.5	1.67	11.65	70	1 172	85.8	强腐蚀性可能爆炸
			1.54	9.2	60	923	108.7	
氨水	$NH_3 \cdot H_2O$	35.0	0.898	14.8	28	251	67.6	腐蚀性
氢氧化钾	KOH	56.1	1.52	13.5	50	757	74.1	强腐蚀性
			1.09	1.94	10	109	515.5	
氢氧化钠	$NaOH$	40.0	1.53	19.1	50	763	52.4	强腐蚀性
			1.11	2.75	10	111	363.6	

表 B-2　常用盐的性质

名　称	分 子 式	相对分子质量	溶解度/[g/(100 mL(水))]	
			冷(℃)	热(℃)
醋酸铵	CH_3COONH_4	77.08	148(4)	分解
氯化铵	NH_4Cl	53.49	29.7(0)	75.8(100)
硝酸铵	NH_4NO_3	80.04	118.3(0)	871(100)
硫酸铵	$(NH_4)_2SO_4$	132.13	70.6(0)	103.8(100)
氯化钙	$CaCl_2 \cdot 2H_2O$	147.02	97.7(0)	326(60)
	$CaCl_2 \cdot 6H_2O$	219.08	279(0)	536(20)
次氯酸钙	$Ca(ClO)_2$	142.99	溶	溶
氯化锂	$LiCl$	42.39	63.7(0)	130(95)
醋酸镁	$(CH_3COO)_2Mg \cdot 4H_2O$	214.4	120(15)	极易溶
氯化镁	$MgCl_2 \cdot 6H_2O$	203.3	167(0)	367(100)
硝酸镁	$Mg(NO_3)_2 \cdot 6H_2O$	256.41	125(0)	极易溶
硫酸镁	$MgSO_4 \cdot 7H_2O$	246.47	71(20)	91(40)
氯化锰	$MnCl_2 \cdot 4H_2O$	197.9	151(8)	656(100)
硫酸锰	$MnSO_4 \cdot H_2O$	223.06	172	
醋酸钾	CH_3COOK	98.14	253(20)	492(62)
氯化钾	KCl	74.55	34.7(20)	56.7(100)
碘化钾	KI	166.00	127.5(0)	208(100)
硝酸钾	KNO_3	101.1	13.3(0)	247(100)
高锰酸钾	$KMnO_4$	158.03	6.4(20)	25(65)
酒石酸钾钠	$KOOCCH(OH)CH(OH)COONa \cdot 4H_2O$	282.22	26(0)	66(25)
硫酸钾	K_2SO_4	174.52	12(25)	24.1(100)
氯化钠	$NaCl$	58.44	35.7(0)	39.1(100)
焦亚硫酸钠	$Na_2S_2O_5$	190.1	54(20)	81.7(100)
硝酸钠	$NaNO_3$	84.99	92.1(25)	180(100)
亚硝酸钠	$NaNO_2$	69.0	81.5(15)	163(100)
水杨酸钠	$C_6H_4(OH)COONa$	160.1	111(15)	125(25)
琥珀酸钠	$(CH_2COONa)_2 \cdot 6H_2O$	270.14	21.5(0)	86.6(75)
硫酸钠	Na_2SO_4	142.04	4.7(0)	42.7(100)
	$Na_2SO_4 \cdot 10H_2O$	322.19	11(0)	92.7(30)
氯化锌	$ZnCl_2$	136.29	423(25)	615(100)
硫酸锌	$ZnSO_4 \cdot 7H_2O$	287.54	96.5(20)	663.6(100)

注：引自 Chambers J A A, Rickwood D. Biochemistry：LABFAX. Bios Scientific Publishers, 1993。

表 B-3　常用的有机溶剂

名　称	化学式	相对分子质量	熔点/℃	沸点/℃	溶解性	性　质
甲醇	CH_3OH	32.04	−97.8	64.7	溶于水、乙醇、乙醚、苯等	有毒
乙醇	C_2H_5OH	46.07	−114.1	78.50	与水及多种有机溶剂混溶	易燃
正丙醇	C_3H_7OH	60.09	−127.0	97.20	与水、乙醇、乙醚、氯仿混溶,不溶于盐溶液	对眼有刺激作用
异丙醇	$(CH_3)_2CHOH$	60.09	−88.5	82.5	与水、乙醇、乙醚、氯仿混溶,不溶于盐溶液	易燃
正丁醇	$CH_3(CH_2)_2CH_2OH$	74.12	−90.0	117~118	与乙醇、乙醚等有机溶剂混溶	有刺激性
异丁醇	$(CH_3)_2CHCH_2OH$	74.12	−108	107	溶于水,易溶于醇、醚	有刺激性
正戊醇	$CH_3(CH_2)_4OH$	88.15	−79.0	137.5	与乙醇、乙醚混溶	具刺激性
异戊醇	$(CH_3)_2CHC_2H_4OH$	88.15	−117.2	132.5	与醇、醚混溶	具刺激性
甘油	$C_3H_5(OH)_3$	92.09	18.18	290.9	与水、乙醇混溶	能吸潮
乙醚	$C_2H_5OC_2H_5$	74.12	−116.3	34.6	微溶于水,易溶于浓盐酸,与苯、氯仿、石油醚及脂肪溶剂混溶	易挥发、易燃、有麻醉性
石油醚	戊烷、己烷等		<−73	35.8	不溶于水,能与多种有机溶剂混溶	有挥发性、极易燃
乙酸乙酯	$CH_3COOC_2H_5$	88.1	−83.0	77.0	微溶于水,与乙醇、氯仿、丙酮、乙醚混溶	易挥发、易燃
氯仿	$CHCl_3$	119.39	−63.5	61~62	不溶于水,能与多种有机溶剂及油类混溶	易挥发
丙酮	CH_3COCH_3	58.08	−94	56.5	与水、甲醇、乙醇、乙醚、氯仿、吡啶等混溶	易挥发、易燃
四氯化碳	CCl_4	153.84	−23	76.7	微溶于水,能与乙醇、苯、氯仿、乙醚、石油醚、油类等混溶	不燃烧,可用于灭火,有毒
苯	C_6H_6	78.11	5.5	80.1	难溶于水,与乙醇、乙醚、氯仿等有机溶剂及油类等混溶	极易燃、有毒
甲苯	$C_6H_5CH_3$	92.13	−95	110.6	不溶于水,与多种有机溶剂混溶	易燃,高浓度有麻醉作用

名　称	化　学　式	相对分子质量	熔点/℃	沸点/℃	溶解性	性　质
二甲苯	$C_6H_4(CH_3)_2$	106.16	−34	137～140	不溶于水,与无水乙醇、乙醚等多种有机溶剂混溶	易燃、高浓度有麻醉作用
苯酚	C_6H_5OH	94.11	40.85	182.0	能溶于水,易溶于乙醇、乙醚、氯仿、甘油等,不溶于石油醚	有毒、具腐蚀性
己烷	$CH_3(CH_2)_4CH_3$	86.17	−100～−95	69.0	不溶于水,与乙醇、乙醚、丙酮、苯等混溶	易挥发、易燃,有麻醉作用
环己烷	$CH_2(CH_2)_4CH_2$	84.16	6.47	80.7	不溶于水,能与乙醇、乙醚、丙酮、苯等混溶	易燃、刺激皮肤、可作麻醉剂
吡啶	C_5H_5N	79.10	−42	115～116	能与水、乙醇、乙醚、石油醚等混溶	易燃、有刺激作用
乙腈	C_2H_3N	41.05	−45	81.6	与水、甲醇、醋酸、甲酯、乙酯、丙酮、乙醚等混溶	有毒、易燃

表 B-4　常见生物化学实验试剂母液的配制

名　称	主要化学药品	配制方法	备　注
10 mol/L NaOH 溶液	NaOH,$M_r=40$,AR	称取 NaOH 固体 80 g,溶于 160 mL 重蒸水,定容至 200 mL	
3 mol/L NaAc 溶液	NaAc,$M_r=82.03$,AR	称取无水 NaAc 固体 123.04 g,溶于 400 mL 重蒸水,加热搅拌,定容至 500 mL	107.8 kPa 灭菌 20 min
3 mol/L NaAc 溶液(pH=5.6)	NaAc,$M_r=82.03$,AR	称取无水 NaAc 固体 49.2 g,溶于 140 mL 重蒸水,加热搅拌,加入冰醋酸 30 mL,调 pH 至 5.6,定容至 200 mL	107.8 kPa 灭菌 20 min,4 ℃冰箱保存
3 mol/L NaAc 溶液(pH=4.8)	NaAc,$M_r=82.03$,AR	称取无水 NaAc 固体 49.2 g,溶于 140 mL 重蒸水,加热搅拌,加入冰醋酸 40 mL,调 pH 至 4.8,定容至 200 mL	107.8 kPa 灭菌 20 min,4 ℃冰箱保存
3 mol/L KAc 溶液(pH=4.8)	KAc,$M_r=98.14$,AR	称取 KAc 固体 147.2 g,溶于 300 mL 重蒸水,加热搅拌,加入冰醋酸 40 mL,调 pH 至 4.8,定容至 500 mL	107.8 kPa 灭菌 20 min
5 mmol/L NH₄Ac 溶液	NH₄Ac,$M_r=77.08$,AR	称取 NH₄Ac 固体 192.7 g,溶于 250 mL 重蒸水,定容至 500 mL	107.8 kPa 灭菌 20 min

名　称	主要化学药品	配 制 方 法	备　注
1 mol/L $CaCl_2$ 溶液	$CaCl_2$, $M_r = 110.99$, AR	称取 $CaCl_2$ 固体 55.5 g,溶于300 mL重蒸水,定容至 500 mL	107.8 kPa 灭菌 20 min
1 mol/L $MnCl_2$ 溶液	$MnCl_2 \cdot 4H_2O$, $M_r = 197.8$, AR	称取 $MnCl_2 \cdot 4H_2O$ 固体 98.9 g,溶于 300 mL重蒸水,定容至 500 mL	107.8 kPa 灭菌 20 min, 4 ℃冰箱保存
1 mol/L $MgCl_2$ 溶液	$MgCl_2 \cdot 6H_2O$, $M_r = 203.3$, AR	称取 $MgCl_2 \cdot 6H_2O$ 固体 4.06 g,溶于 16 mL 重蒸水,加热搅拌,定容至 20 mL	103.4 kPa 灭菌 20 min, 4 ℃冰箱保存
1 mol/L $MgSO_4$ 溶液	$MgSO_4 \cdot 7H_2O$, $M_r = 246.48$, AR	称取 $MgSO_4 \cdot 7H_2O$ 固体 4.93 g,溶于 16 mL重蒸水,加热搅拌,定容至 20 mL	103.4 kPa 灭菌 20 min
1 mol/L Na_3PO_4 溶液(pH=7.2)	$Na_3PO_4 \cdot 12H_2O$, $M_r = 380.12$, AR	称取 $Na_3PO_4 \cdot 12H_2O$ 固体 3.8 g,溶于 8 mL重蒸水,加热搅拌,定容至 10 mL	
20%SDS 溶液	$C_{12}H_{25}OSO_3Na$, $M_r = 288.44$	称取 SDS 固体 20 g,溶于 42 ℃重蒸水 70 mL,定容至 100 mL	
200 mmol/L 葡萄糖溶液	$C_6H_{12}O_6 \cdot H_2O$, $M_r = 198.17$, AR	称取葡萄糖 3.96 g,用重蒸水溶解,定容至 100 mL	55.16 kPa 灭菌 20 min, 4 ℃冰箱保存
500 mmol/L EDTA 溶液(pH=8.0)	Na_2EDTA, $M_r = 372.24$, AR	称取 Na_2EDTA 固体 18.6 g,溶于 70 mL重蒸水,加入 10 mol/L NaOH 溶液 10 mL,加热搅拌,用 10 mol/L NaOH 溶液调 pH 至 8.0,定容至 100 mL	103.4 kPa 灭菌 20 min
250 mmol/L EDTA 溶液(pH=7.6)	Na_2EDTA, $M_r = 372.24$, AR	称取 Na_2EDTA 固体 9.3 g,溶于 70 mL重蒸水,加入 5 mol/L NaOH 溶液 10 mL,加热搅拌,用 10 mol/L NaOH 溶液调 pH 至 7.6,定容至 100 mL	103.4 kPa 灭菌 20 min
10 mg/mL EB (溴化乙锭)溶液	$C_{21}H_{20}BrN_3$, $M_r = 394.33$	戴手套谨慎称取 EB 约 200 mg,置于棕色试剂瓶内,按 10 mg/mL 溶于重蒸水	剧毒、致癌物, 4 ℃冰箱保存

附录 C　硫酸铵饱和度常用表

表 C-1　调整硫酸铵溶液饱和度的计算表（25 ℃）

		硫酸铵溶液的终浓度(饱和度)/(%)																
		10	20	25	30	33	35	40	45	50	55	60	65	70	75	80	90	100
		每升溶液中加入固体硫酸铵的量/g																
硫酸铵溶液的初浓度(饱和度)/(%)	0	56	114	144	176	196	209	243	277	313	351	390	430	472	516	561	662	767
	10		57	86	118	137	150	183	216	251	288	326	365	406	449	494	592	694
	20			29	59	78	91	123	155	189	225	262	300	340	382	424	520	619
	25				30	49	61	93	125	158	193	236	267	307	348	390	485	583
	30					19	30	62	94	127	162	198	235	273	314	356	449	546
	33						12	43	74	107	142	177	214	252	292	333	426	522
	35							31	63	94	129	164	200	238	278	319	411	506
	40								31	63	97	132	168	205	245	285	375	469
	45									32	65	99	134	171	210	250	339	431
	50										33	66	101	137	176	214	302	392
	55											33	67	103	141	179	264	353
	60												34	69	105	143	227	314
	65													34	70	107	190	275
	70														36	72	153	237
	75															36	115	198
	80																77	157
	90																	79

表 C-2　调整硫酸铵溶液饱和度的计算表（0 ℃）

		硫酸铵溶液的终浓度(饱和度)/(%)																
		20	25	30	35	40	45	50	55	60	65	70	75	80	85	90	95	100
		每 100 mL 溶液中加入固体硫酸铵的量/g																
硫酸铵溶液的初浓度(饱和度)/(%)	0	10.6	13.4	16.4	19.4	22.6	25.8	29.1	32.6	36.1	39.8	43.6	47.6	51.6	55.9	60.3	65.0	66.7
	5	7.9	10.8	13.7	16.6	19.7	22.9	26.2	29.6	33.1	36.8	40.5	44.4	48.4	52.6	57.0	61.5	66.2
	10	5.3	8.1	10.9	13.9	16.9	20.0	23.3	26.6	30.1	33.7	37.5	41.2	45.2	49.3	53.6	58.1	62.7
	15	2.6	5.4	8.2	11.1	14.1	17.2	20.4	23.7	27.1	31.6	34.3	38.1	42.0	46.0	50.3	54.7	59.2
	20	0	2.7	5.5	8.3	11.3	14.3	17.5	20.7	24.1	27.6	31.2	34.9	38.7	42.7	46.9	51.2	55.7
	25		0	2.7	5.6	8.4	11.5	14.6	17.5	21.1	24.5	28.0	31.7	35.5	39.5	43.6	46.8	52.2
	30			0	2.8	5.6	8.6	11.7	14.6	18.1	21.4	24.9	28.5	32.3	36.2	40.2	44.5	48.8
	35				0	2.8	5.7	8.7	11.7	15.1	18.4	21.8	25.4	29.1	32.9	36.9	41.0	45.3
	40					0	2.9	5.8	8.7	12.0	15.3	18.2	21.2	25.8	29.6	33.5	37.6	41.8
	45						0	2.9	5.8	9.0	12.3	15.6	19.0	22.6	26.3	30.2	34.2	38.3
	50							0	2.9	6.0	9.2	12.5	15.9	19.4	23.0	26.8	30.8	34.8
	55								0	3.0	6.1	9.3	12.7	16.1	19.7	23.5	27.3	31.3
	60									0	3.1	6.2	9.5	12.9	16.4	20.1	23.9	27.9
	65										0	3.1	6.3	9.7	13.2	16.8	20.5	24.4
	70											0	3.2	6.5	9.9	13.4	17.1	20.9
	75												0	3.2	6.6	10.1	13.7	17.4
	80													0	3.3	6.7	10.3	13.9
	85														0	3.4	6.8	10.5
	90															0	3.4	7.0
	95																0	3.5
	100																	0

附录 D 层析技术实验数据

表 D-1 Sephadex G 型葡聚糖凝胶的数据*

Sephadex 型号	粒度范围(湿球)/μm	得水值/(mL/g(干胶))	溶胀体积/(mL/g(干胶))	有效分离范围	pH 稳定性(工作)	最小溶胀时间/h 室温	最小溶胀时间/h 沸水浴	最大流速/(mL/min)**
G-10	55～166	1.0±0.1	2～3	$<7\times10^2$	2～13	3	1	按达西定律计算
G-15	60～181	11.5±0.2	2.5～3.5	$<1.5\times10^3$	2～13	3	1	按达西定律计算
G-25 粗	172～516							
G-25 中	86～256	2.5±0.2	4～6	$1\times10^3\sim5\times10^3$	2～13	6	2	按达西定律计算
G-25 细	34～138							
G-25 超细	17.2～69							
G-50 粗	200～606							
G-50 中	101～303	5.0±0.3	9～11	$1.5\times10^3\sim3\times10^4$	2～10	6	2	按达西定律计算
G-50 细	40～60							
G-50 超细	20～80							
G-75	92～277	7.5±0.5	12～15	$3\times10^3\sim8\times10^4$	2～10	24	3	6.4
G-75 超细	23～92			$3\times10^3\sim7\times10^4$				1.5
G-100	31～103	10.0±1.0	15～20	$4\times10^3\sim1.5\times10^5$	2～10	48	5	4.2
G-100 超细	26～103			$4\times10^3\sim1\times10^5$				
G-150	34～116	15.0±1.5	20～30	$5\times10^3\sim3\times10^5$	2～10	72	5	1.9
G-150 超细	29～116		18～22	$5\times10^3\sim1.5\times10^5$				0.5
G-200	129～388	20.0±2.0	30～40	$5\times10^3\sim6\times10^5$	2～10	72	5	1.0
G-200 超细	19～32		20～25	$5\times10^3\sim2.5\times10^5$				0.25

注：* 为 2.6 cm×30 cm 层析柱在 25 ℃用蒸馏水测定的值。

** 溶胀时要将凝胶浸泡在过量的水或缓冲液中，在整个溶胀过程中应避免剧烈搅拌，尤其不能使用电磁搅拌，以免破坏它的颗粒结构，以及产生许多碎末而影响洗脱时的流速。

表 D-2 Sephadex LH 型嗜脂性葡聚糖凝胶的柱床体积

溶剂	柱床体积/(mL/g(干胶)) LH-20	柱床体积/(mL/g(干胶)) LH-60	溶剂	柱床体积/(mL/g(干胶)) LH-20	柱床体积/(mL/g(干胶)) LH-60
二甲基亚砜	4.4～4.6	13.4～13.8	二氯甲烷	3.6～3.9	11.0～11.3
吡啶	4.2～4.4	13.4～13.8	丁醇	3.5～3.8	11.0～11.3
二甲基甲酰胺	4.2～4.4	12.9～13.3	异丙醇	3.3～3.6	10.0～10.3
水	4.0～4.4	12.4～12.8	四氢呋喃	3.3～3.6	9.6～9.9
甲醇	3.9～4.3	11.9～12.2	二氧六环	3.2～3.5	9.8～10.1
二氯乙烷	3.8～4.1	11.0～11.3	丙酮	2.4～2.6	3.1～3.3
氯仿(含 1%乙醇)	3.8～4.1	12.3～12.6	四氯化碳	1.8～2.2	1.9～2.1
丙醇	3.7～4.0	11.0～11.3	苯	1.6～2.0	2.4～2.6
乙醇(含 1%苯)	3.6～3.9	12.0～12.3	乙酸乙酯	1.6～1.8	2.0～2.1
异丁醇	3.6～3.9	10.8～11.1	甲苯	1.5～1.6	1.9～2.1
甲酰胺	3.6～3.9	8.6～8.9			

表 D-3 Sephacryl S 型聚丙烯酰胺葡聚糖凝胶数据[*]

Sephacryl	S-100 HR	S-200 HR	S-300 HR	S-400 HR	S-500 HR	S-1000 SF
球形蛋白 M_r	$1\times10^3\sim$ 1×10^5	$5\times10^3\sim$ 2.5×10^5	$1\times10^4\sim$ 1.5×10^6	$2\times10^4\sim$ 8×10^6		
多糖 M_r		$1\times10^3\sim$ 8×10^4	$2\times10^3\sim$ 4×10^5	$1\times10^4\sim$ 2×10^6	$4\times10^4\sim$ 2×10^7	$5\times10^4\sim$ 10^8
DNA 排阻限/bp		118	118	271	1 078	20 000
珠型	球形；粒度范围 $25\sim75~\mu m$，平均值 $47~\mu m$					
结构	丙烯葡聚糖和 N,N'-亚甲双丙烯酰胺					
化学稳定性	对所有常用缓冲液稳定：0.2 mol/L 或 0.1 mol/L 盐酸，1 mol/L 醋酸溶液，8 mol/L 尿素溶液，6 mol/L 盐酸胍溶液，1%十二烷基硫酸钠溶液，2 mol/L 氯化钠溶液，24%乙醇溶液，30%丙醇溶液，30%乙腈溶液（在 40 ℃时试验 7 天），0.5 mol/L 氢氧化钠溶液（仅用于在位清洗）					
物理稳定性	对因 pH 及离子强度所引起的体积变化可忽略不计					
pH 稳定性（长时）	$3\sim11$	$3\sim11$	$3\sim11$	$3\sim11$	$3\sim11$	$3\sim11$
pH 稳定性（短时）	$2\sim13$	$2\sim13$	$2\sim13$	$2\sim13$	$2\sim13$	$2\sim13$
高压灭菌	可在 121 ℃、pH＝7 时，消毒 30 min					
抗菌剂	20%乙醇溶液	20%乙醇溶液	20%乙醇溶液	20%乙醇溶液	20%乙醇溶液	20%乙醇溶液

注：* 本表数据取自 Pharmacia 公司 Biotech BioDirectory(1996)。

表 D-4 Sepharose 型琼脂糖凝胶数据

凝 胶 介 质	分离范围	颗粒大小 /μm	特性/应用	pH 稳定性 工作（清洗）	耐压 /MPa	最大流速 /(cm/h)
Sepharose 6 Fast Flow	$1\times10^4\sim$ 4×10^6	平均值 90	巨大分子	$2\sim12$ $(2\sim14)$	0.1	300
Sepharose 4 Fast Flow	$6\times10^4\sim$ 2×10^7		巨大分子	$2\sim12$ $(2\sim14)$	0.1	250
Sepharose 2B	$7\times10^4\sim$ 4×10^7	$60\sim200$	蛋白质，大分子复合物，病毒，不对称分子如核酸、多糖	$4\sim9$ $(4\sim9)$	0.004	10
Sepharose CL-2B				$3\sim13$ $(2\sim14)$	0.005	15
Sepharose 4B	$6\times10^4\sim$ 2×10^7	$45\sim165$	蛋白质、多糖	$4\sim9$ $(4\sim9)$	0.008	11.5
Sepharose CL-4B				$3\sim13$ $(2\sim14)$	0.012	26
Sepharose 6B	$1\times10^4\sim$ 4×10^6	$45\sim165$	蛋白质、多糖	$4\sim9$ $(4\sim9)$	0.02	14
Sepharose CL-6B				$3\sim13$ $(2\sim14)$	0.02	30

表 D-5　离子交换层析数据

凝胶介质	最高载量	颗粒大小/μm	pH 稳定性 工作(清洗)	耐压/MPa	最大流速 /(cm/h)
QAE-Sephadex A-25	1.5 mg TB、10 mg HSA	干粉 40~120	2~12 (2~14)	0.11	475
QAE-Sephadex A-50	1.2 mg TB、80 mg HSA	干粉 40~120	2~12 (2~14)	0.01	45
SP-Sephadex C-25	1.1 mg IgG、70 mg BHC、 230 mg RNase	干粉 40~120	4~9 (4~9)	0.13	475
SP-Sephadex C-50	8 mg IgG、10 mg BHC	干粉 40~120	3~13 (2~14)	0.01	45
DEAE SP-Sephadex A-25	1 mg TB、30 mg HSA、 140 mg α-乳清蛋白	干粉 40~120	4~9 (4~9)	0.11	475
DEAE SP-Sephadex A-50	2 mg TB、110 mg HSA	干粉 40~120	3~13 (2~14)	0.01	45
CM-Sephadex C-25	1.6 mg IgG、70 mg BHC、 190 mg RNase	干粉 40~120	4~9 (4~9)	0.13	475
CM-Sephadex C-50	7 mg IgG、140 mg BHC、 120 mg RNase	干粉 40~120	3~13 (2~14)	0.01	45
Source 15Q 或 15S	25 mg 蛋白质	15	2~12 (1~14)	4	1 800
Q Sepharose H. P.	70 mg 牛血清白蛋白	24~44	2~12 (2~14)	0.3	150
Q Sepharose F. F.	120 mg HSA	45~165	2~12 (1~14)	0.2	400
SP Sepharose F. F.	75 mg HSA	45~165	4~13 (3~14)	0.2	400
DEAE Sepharose F. F.	110 mg HSA	45~165	2~9 (1~14)	0.2	300
CM Sepharose F. F.	50 mg RNase	45~165	6~13 (2~14)	0.2	300
Q Sepharose Big Beads		100~300	2~12 (2~14)	0.3	1 200~ 1 800
SP Sepharose Big Beads	60 mg HSA	100~300	4~12 (3~14)	0.3	1 200~ 1 800

注:甲状腺球蛋白(thyroglobulin,TB);人血清白蛋白(human serum albumin,HSA);核糖核酸酶(RNase);牛羰合血红蛋白(bovine hemoglobin carbonyl,BHC)。

参 考 文 献

[1] 陈毓荃.生物化学实验方法和技术[M].北京:科学出版社,2002.

[2] 陈钧辉,李俊,张太平,等.生物化学实验[M].4 版.北京:科学出版社,2008.

[3] 蒋立科,杨婉身.现代生物化学实验技术[M].北京:中国农业出版社,2003.

[4] 石庆华.生物化学实验指导[M].北京:中国农业出版社,2006.

[5] 董晓燕.生物化学实验[M].2 版.北京:化学工业出版社,2008.

[6] 俞建英,蒋宇.生物化学实验技术[M].北京:化学工业出版社,2005.

[7] 何忠效.生物化学实验技术[M].北京:化学工业出版社,2004.

[8] 白玲,黄健.基础生物化学实验[M].上海:复旦大学出版社,2004.

[9] 王秀奇,秦淑媛,高天慧,等.基础生物化学实验[M].2 版.北京:高等教育出版社,1999.

[10] 梁宋平.生物化学与分子生物学实验教程[M].北京:高等教育出版社,2003.

[11] 熊大胜,席在星,李峰.现代生物学实验[M].长沙:中南大学出版社,2005.

[12] 王冬梅,吕淑霞,王金胜.生物化学实验指导[M].北京:科学出版社,2009.

[13] 刘箭.生物化学实验教程[M].2 版.北京:科学出版社,2010.

[14] 余瑞元,袁明秀,陈丽蓉,等.生物化学实验原理和方法[M].2 版.北京:北京大学出版社,
      2005.

[15] 梁国栋.最新分子生物学实验技术[M].北京:科学出版社,2000.

[16] 张龙翔,张庭芳,李令媛.生化实验方法和技术[M].2 版.北京:高等教育出版社,2005.

[17] 刘进元,张淑平,武耀廷.分子生物学实验指导[M].北京:清华大学出版社,2006.

[18] 赵永芳.生物化学技术原理及应用[M].3 版.北京:科学出版社,2002.

[19] 郭蔼光.基础生物化学[M].2 版.北京:高等教育出版社,2009.

[20] 黄建华,袁道强,陈世锋.生物化学实验[M].北京:化学工业出版社,2009.

[21] 邓天龙,廖梦霞.生物化学实验[M].成都:电子科技大学出版社,2006.

[22] 滕利荣,孟庆繁.生物学基础实验教程[M].3 版.北京:科学出版社,2008.

[23] 钱国英,汪财生,尹尚军,等.生化实验技术与实施教程[M].杭州:浙江大学出版社,
      2009.